水利科技专著译著出版项目

水工补偿收缩混凝土

吴来峰　张锡祥　著

中国水利水电出版社
www.waterpub.com.cn

内 容 提 要

本书阐述著者国家发明专利，首次实现水泥微观结构优化，并由我国科学家研制生产的高档生态水泥。它具有优越的热力学、强度、变形性能，以及抗裂、抗渗、抗冻等耐久性。主要内容：水工补偿收缩混凝土优质快速筑坝的新理论、新材料、新设计、新施工及其在工程实践中的高效益应用；低热微膨胀水泥机理、性能、提高补偿收缩能、水泥石微观结构优化，水泥等级划分标准、等级评定、标准；大体积混凝土工程理论补偿收缩曲线、补偿原理、预压应力测定实验方法。

本书可供水利水电、工民建、冶金、铁道、化工、交通、港口、国防等单位，从事水泥和混凝土工程设计、施工、科研的专业人员阅读，也可供有关大专院校师生教学时的参考。

图书在版编目（CIP）数据

　　水工补偿收缩混凝土 / 吴来峰，张锡祥著. －－ 北京：
中国水利水电出版社，2011.2
　　ISBN 978-7-5084-8405-1

　　Ⅰ. ①水… Ⅱ. ①吴… ②张… Ⅲ. ①水工材料－膨
胀混凝土－研究 Ⅳ. ①TV431

中国版本图书馆CIP数据核字（2011）第019762号

书　　名	**水工补偿收缩混凝土**
作　　者	吴来峰　张锡祥著
出版发行	中国水利水电出版社 （北京市海淀区玉渊潭南路1号D座　100038） 网址：www.waterpub.com.cn E-mail：sales@waterpub.com.cn 电话：（010）68367658（营销中心）
经　　售	北京科水图书销售中心（零售） 电话：（010）88383994、63202643 全国各地新华书店和相关出版物销售网点
排　　版	中国人民大学出版社印刷厂
印　　刷	北京盛兰兄弟印刷装订有限公司
规　　格	184mm×260mm　16开本　16.25印张　385千字
版　　次	2011年2月第1版　2011年2月第1次印刷
印　　数	0001—3000册
定　　价	55.00元

凡购买我社图书，如有缺页、倒页、脱页的，本社营销中心负责调换

版权所有·侵权必究

吴来峰简历

吴来峰，男，1937年生，浙江淳安人，1960年河海大学毕业后，在中国科技大学清华大学学习放射化学、原子核物理各一年。教授级高级工程师。先后任中国水利水电科学研究院渗流运动研究组长，核效应—长江三峡工程研究组成员，前水电部水工补偿收缩混凝土快速建坝研究组长，中国制冷学会常务理事，北京水电新技术研究中心常务副总经理、总工程师，天津大学硕士研究生导师，中国科学院北京中科慧智建材设计研究所副所长，北京晔峰科技有限责任公司总经理、总工程师，原水利水电建设总局、水电水利规划设计研究总院科技组长。事迹被入编国家级科技成果研制功臣名录、当代科学家与发明家大辞典及中华人民共和国创业功臣大辞典等书。

1962年提出渗流流速测试方法与计算，并应用于河南省新乡地下水测试。1964年提出渗流流量全流速条件计算公式，并成功解决浙江青田石郭水库渗漏。1965年在黄河支流洮河发现和解决卵石河床沙浪形成理论测试方法和计算。1985年研究低热微膨胀水泥补偿收缩能提高获得成功。2000年水泥微观结构优化研究获得成功，曾获国家发明奖两项、国家发明专利，以及三项水利水电科技进度奖。著有《建坝新途径》、《水工混凝土工程施工》、《我国核试验工程效应》、《飞瀑》、《雾中的太阳》、《水工补偿收缩混凝土》等6种书及发表论文50余篇。

张锡祥简历

张锡祥，河南固始县人，1935年生。1950年参加治淮工作，1961年河海大学应用力学专业毕业后，任长江科学院材料结构所副总工程师兼温控技术及计算研究室主任，教授级高级工程师。长期从事水工大体积混凝土温度应力、温度控制分析及补偿收缩混凝土试验、应用和理论计算研究。

先后参与或主持了丹江口、葛洲坝、隔河岩、长江三峡等十余座水电站的裂缝调查与分析。其中，1974年"丹江口大坝裂缝调查分析"获湖北省二等优秀成果奖。1975年起参加低热微膨胀水泥长诏水库大坝、池潭水电站大坝应用研究工作，该水泥1979年获国家二等奖。1982~1983年参加水工补偿收缩混凝土紧水滩水电站拱围堰整体设计、连续浇筑81m长拱坝科学试验研究工作。该工程获全国水利水电建设科技进步一等奖。1986年与吴来峰共同参与鲁布革水电站大体积混凝土堵头工程整体设计、连续浇筑设计与施工，该工程成果评审专家组评定为国际领先水平，开创了大体积混凝土工程设计和施工的新途径。1993年该成果以新理论、新材料、新设计、新施工成套新技术，获国家发明奖。1989~1990年参与安康水电站混凝土高坝取消甲、乙块纵缝设计与施工研究，该成果获水利电力部科技进步二等奖。

著有《建坝新途径》、《水工大体积混凝土温控与防裂》，发表论文《混凝土坝基础约束与允许温差分析》、《补偿收缩混凝土在筑坝中的应用》、《大体积混凝土工程通仓连续浇筑设计与施工》、《低热微膨胀水泥在池潭水电站大坝工程中的应用》、《鲁布革水电站大体积混凝土堵头工程整体设计、连续浇筑、侧壁不灌浆设计与施工》、《气温骤降与大体积混凝土表面裂缝》、《混凝土大坝内外温差及控制设计》、《补偿收缩混凝土筑坝原理》、《补偿收缩混凝土预压应力的确定》等20余篇。1995年入选《当代中国科学家与发明家大辞典》。

序 （一）

著作《水工补偿收缩混凝土》一书全面、真实反映著者从事水工补偿收缩混凝土优质快速建坝研究 30 余年的科学试验、工程应用、原型观测的新成果。从理论到实践论述了我国自主创新的发明专利对水利水电事业和混凝土工程科学的深远意义与理论价值，以及该新学科所创造和蕴藏的巨大经济、社会、环保效益。

本书是作者 30 多年来孜孜不倦，刻苦攻关，为探索"不裂、绿色混凝土和高效益的建坝新途径"，理论和实践经验的总结。这个成果使世界首个发明水泥微观结构优化和补偿收缩能提高的建坝技术取得了突破性的进展，在工程实践中实现大坝整体设计优质快速施工。并以大体积混凝土工程建设新理论、新材料、新设计、新施工成套新技术获国家发明。以水泥微观结构优化，大体积混凝土工程整体设计，通仓连续浇筑设计施工获国家发明专利。

低热微膨胀水泥研究成果获国家二等发明奖后，试验组有的成员急流勇退了，而本书作者却在科学试验和工程实践中发现该水泥的补偿收缩能弱，后期强度增长少，抗冻性能不足。从补偿收缩能提高到国内外第一个完成水泥石微观结构优化，他整整用了三十年时间，终于使第三代 WD-III 型低热微膨胀水泥的所有性能全面超过英国人发明使用百年之久的波特兰水泥和美国防裂工程应用的 K 型膨胀水泥。从创立全流速条件渗流流量计算公式到解决浙江石郭水库渗漏和加固，从非卵石河床国内外首次沙浪的发现、测试方法、计算公式建立到输入刘家峡水库泥沙量的计算，所有这些都留下了他探索求真，对事业完美的忘我追求和永不休止的不断创新精神。

作者在创新中发展，最后终于获得了成功，荣获国家发明奖和发明专利，并在生产建设中取得了显著的经济、技术、社会效益。

成功解决了鲁布革水电站大体积混凝土堵头工程的建设难题。他们凭着亲自参与长诏、池潭、紧水滩工程，从低热微膨胀水泥生产到工程设计施工全过程实践丰富经验所累积的深厚功底和理论升华成《建坝新途径》、《低热微膨胀水泥》、《水工混凝土工程施工》、《水工补偿收缩混凝土建坝》等著作后，以大体积混凝土工程"新理论、新材料、新设计、新施工"成套原创发明解决了世界级的水利水电建设技术难题，开创了大体积混凝土工程建设的新途径。缩短工程建设工期90%，创造了可观的经济效益，并获得了国家发明奖和多国外国专家好评和赞扬。

成功解决了安康水电站混凝土高坝取消甲乙块纵缝设计，大仓面连续浇筑施工，实现大坝高质量建设，水电站提前发电，为国家创下巨大的经济效益。安康水电站要按期发电，设计提出务必取消甲乙块纵缝，国家、水利电力部、设计单位已多年提出要求解决这个技术难题。又是他们满腔热情地在毫无个人任何报酬条件下接受承担了这个研究任务，经过他们三年的研究并和工人们一道，十分完美地使安康水电站抢回了被延误的建设工期，实现了安全渡汛和提前发电。实现大坝工程以最大拉应力0.66MPa，最小抗裂安全系数4.7和渗透系数小于10^{-9}m/s的高质量无裂缝，缩短工程建设周期2/3的预期目标，为国家创造了巨大的经济效益。

从急工程渡汛防裂,到亲赴现场设计施工新浇混凝土工程,解决过水冷击新浇混凝土必然发生裂缝,这个先人未能解决的技术难题。

研制成世界上目前唯一的全部耐久性能指标达到优秀高质量环保的 WD-III 型高档低热微膨胀生态水泥。并使水泥热力学、耐久性能、经济、环保指标,全面大幅度超过英国人发明的波特兰水泥,和美国防裂工程广泛使用的 K 型膨胀水泥。并以质量守恒化学反应平衡设计水泥新配比的新方法,和以耐久性为指标的水泥新标准,保证产品稳定的高性能与高质量。为了实现中华民族的二高(高性能、高效益)四低(低碳、低能耗、低资源消耗、低成本)知识型循环经济产品及工业体系以及"建坝新途径",他用人生最美好的时光整整奋斗了 30 年。"微观结构优化的 WD-III 型低热微膨胀水泥和水工补偿收缩混凝土工程整体设计连续浇筑建坝方法"不仅获国家发明专利,经中国发明协会优秀成果评审委员会评审为科技成果金奖。而且由国家知识产权局、国家经贸会、人民日报组织专家联合评审,认为该发明专利科技含量高、经济、社会、环保效益显著,建议列为国家扶持我国原创重点发明专利。

作为两位颇有成就的科学家与发明家,能从理论和实践两个方面科学系统总结新学科——不裂、绿色、高效益"水工补偿收缩混凝土",对我国原创低碳低能耗高性能高效益的知识型循环经济产品及工业体系走向世界,对我国水利水电建设和生产事业、对全球最大人工材料水泥和混凝土产业均具有开拓创新意义,是一本值得水利水电、水泥和混凝土行业及科技人士阅读的新颖、先进、实用的著作。

祝贺这个专著,在解决水利水电大体积混凝土工程工期长、投资大、收效慢的关键核心技术取得突破,使混凝土工程和水利水电工程建设周期短、投资省、工程质量好,耐久、收效快、效益高成为现实。我们老一代的水利水电工作者感到由衷高兴。

严克强

原水利部副部长(水利专家、主管全国水利科技工作)

2007 年 11 月 15 日

序（二）

温度控制和防止混凝土裂缝是混凝土坝建设中的重点研究课题之一。几十年来在水工建设人员的思想中，特别是在我国经济建设大发展的今天，要求高质量、高速度建设的情况下，如何满意地完成此项任务，确有相当困难。因为这个问题是一个复杂的综合问题，必须采用综合的方法解决。除了在设计时采用结构措施、施工时采用施工措施以外，在混凝土材料方面也必须创新和采取必要的措施。遗憾的是以往在这方面并没有给予足够的重视。一方面归因于习惯，另一方面在实践上确有困难。但国内外补偿收缩混凝土和"水工补偿收缩混凝土"研究和实践确实在概念和理论上显露出曙光。实践证明，新材料研究确大有作为。

本书著者通过几十年的潜心研究，从混凝土的主要材料入手，创新研制成 WD-Ⅲ型低热微膨胀水泥，不仅提高了水泥的补偿收缩能，而且通过水泥石微观结构优化，大幅度提高混凝土耐久、力学、变形性能。用此种水泥配制出的混凝土，利用其低热和稳定的微膨胀性能，抵消因混凝土降温产生的收缩拉应力，从而首次实现大体积混凝土工程整体设计，通仓连续优质快速施工。并可避免大坝产生危害性裂缝，保证了大坝的整体性和耐久性，增加大坝的安全性，延长大坝的使用寿命，较大增加工程的经济效益和社会效益。

本书著者详细阐述了不裂、绿色、高效益"水工补偿收缩混凝土"几十年来所做的科学试验研究和工程实践及原型观测资料,花费了著者大量劳动、资金所获得的发明专利和成果,大力发展了生产力,创造了大量社会财富,保护了环境。对大体积混凝土工程常见不断发生的表面裂缝、早期混凝土过水冷击发生裂缝,刚性屋面防渗工程等,著者从新理论、新材料到新设计、新施工及其具体实施的工程实践,均收到不裂不渗的好效果。对工程较难解决的外掺粉煤灰混凝土早期强度降低,混凝土收缩、干缩率大等问题,以新材料为主攻方向,同样,也获得较好解决。这些都为后来者参考使用这些理论、观点、经验和实践,提供了宝贵经验。

《水工补偿收缩混凝土》一书,是一部内容创新,从理论到实践解决了当今混凝土和大体积混凝土工程的关键技术,是十分珍贵和有价值的专业著作。

丁宝瑛

(中国水利水电科学研究院温控专家,
原清华大学混凝土、钢筋混凝土结构
专业博士研究生导师)

2010 年 1 月 29 日

前 言

在人生烛光未熄之前,为后人留下著者30余年潜心研究的新理论和新成果。渴望我国原创世界领先水平的发明专利为国家、人类提高生产力,其节能低碳循环经济产品为老百姓谋福祉。并望后人在人类最大人造材料水泥、混凝土工程不裂、耐久、绿色、高性能、高效益的创新研究中,在先人和不断生产实践的基础上更创辉煌。

本书内容:我国原创二高(高性能、高效益)四低(低碳、低能耗、低物耗、低成本)知识型循环经济新型水泥产品,自主创新建立的水工补偿收缩混凝土优质快速筑坝的新理论、新材料、新设计、新施工及其无裂缝、高效益的工程实践。Ⅲ型低热微膨胀水泥机理、性能、水泥等级划分标准、等级评定、标准,大体积混凝土工程理论补偿收缩曲线、补偿原理、预压应力测定实验方法,补偿收缩特性的测定、变形模式的建立,混凝土工程裂缝防治,刚性防渗屋面设计、施工与经济分析,水工补偿收缩混凝土应用技术规范。拱围堰取消三条横缝、重力坝取消甲乙块纵缝长块连续浇筑、导流洞堵头工程连续浇筑侧壁不灌浆的设计、施工,以及上述工程多年原型观测成果的总结和分析。怎样解决世界一直未能解决的水泥石微观结构优化、补偿收缩能提高、大体积混凝土工程整体设计通仓连续浇筑施工、不裂绿色高效益的混凝土工程、外掺粉煤灰混凝土早期强度降低等有关问题。本书解决了怎样优质、不裂、耐久、快速高效益筑坝,怎样优质、高效益建设混凝土工程。书中理论、观点、工程实践成果新颖、先进、实用,对建材工业和水利水电、交通、国防、工民建等工程很有推广价值。

本著作特点:创新的理论和产品、工程实践创新,表现在:

1. 创新提出并经20余座水利水电工程实践检验的"水工补偿收缩混凝土优质快速建坝"的新理论、新材料、新设计、新施工:①开创世界大体积混凝土工程整体设计,通仓连续浇筑施工;②实现大坝高质量耐久无裂缝;③比美国"柱状法"设计施工缩短工程建设工期2/3以上(安康大坝2/3,紧水滩4/5,鲁布革9/10),如鲁布革导流洞封堵工程,是在我国高薪聘请外国专家(5国9专家)无法解决情况下,由著者设计水泥配比,找厂生产,并进行温控设计和工人一起进行工程施工,将原硅酸盐水泥混凝土5个月建设工期,缩短为13天,工程无渗无裂,创造出高效益。

2. 世界上首次实现水泥微观结构优化和补偿收缩能提高。从而使 WD-III 型低热微膨胀水泥及混凝土性能如强度、水化热、极限拉伸、干缩、变形及耐久性能全面大幅度超过英国人发明的波特兰水泥。如抗拉强度超过 52.5MPa 中热硅酸盐水泥混凝土 1.8 倍,强热比(抗拉强度/水化温升)超过 112%。(1.2 两项已获国家发明专利)。

3. 改变传统水泥混凝土行业高能耗、高污染、高碳排放、高成本、高资源消耗和变形性能差、收缩大、抗拉强度低、混凝土工程工期长、裂缝不断、不耐久。开创水泥混凝土工程三高(高性能、高质量、高效益)四低[低能耗(节能 50% 以上)、低碳(减少 CO_2 排放 80% 以上)、低物耗(节省资源 80% 以上)、低成本新时代]。(德国 2009 年 12 月以石灰、沙子为原材料,低温(300℃)锻烧生产出新的水泥,比波特兰水泥节能 50%)。

不裂、高效益我国原创的《水工补偿收缩混凝土》及其优质快速《建坝新途径》是著者一生中潜心研究 30 年的理论和工程实践的总结,是世界第一部"水工补偿收缩混凝土优质快速筑坝"的著作,也是著者创新研究中历时最长、最复杂、与天斗、与地斗、与人的旧习惯势力奋斗的结晶。而与建设者一起构筑一个个伟大工程成功丰碑,成了国家和著者人生最美丽的乐章。今天《水工补偿收缩混凝土》应用于刚性防渗屋面已 30 年,中型水利水电水工补偿收缩混凝土水坝建成已 30 年,大型工程水工补偿收缩混凝土高坝、导流洞堵头工程竣工已 20 年,它们工程建设的高效益、工程质量的优质、耐久、无裂缝、无渗漏,这是献给祖国、人民和水工建设者最好的献礼。本书主要内容承蒙吴中伟、丁宝瑛、张津生、严克强、赵佩钰、程山、康立民、岳强审阅,并提了许多宝贵意见。外掺粉煤灰混凝土早期强度不降低、"化学法"解决混凝土的膨胀回缩、水泥石微观结构优化等研究成果:以"长江三峡大坝新型材料研制"为论文,2001 年 9 月交由以长江三峡工程开发总公司技术委员会科研成果验收组进行验收。感谢为著者创新创造机会的钱正英、马君寿、潘家铮、张瑞箴、马新林、薛国荣、程山、张津生、严克强等同志。对混凝土试验单位长江科学院、长江三峡工程总公司试验中心、中国水利水电科学研究院、铁道科学研究院、南京水利科学研究院、地质研究院、工程建设单位闽江水电工程局、浙江水电工程局、中国水电十二、十四、三、五工程局等单位在工程建设中的宝贵支持,在此一并表示衷心感谢。

著 者

2009 年 5 月

目 录

序(一)
序(二)
前言
第一章 绪论 1
  第一节 国内外补偿收缩混凝土的研究及应用发展概况 1
  第二节 水工补偿收缩混凝土的特性和应用优点 11
第二章 WD-Ⅲ型高档绿色耐久低热微膨胀水泥 14
  第一节 低热微膨胀水泥的发展简史 14
  第二节 提高低热微膨胀水泥的补偿收缩能研究 15
  第三节 低热微膨胀水泥机理及微观结构优化后性能 23
  第四节 高档绿色耐久水泥 28
  第五节 水泥等级划分标准及等级评定 29
  第六节 外掺粉煤灰混凝土早期强度不降低 31
  第七节 怎样解决混凝土膨胀回缩 32
第三章 混凝土的基本性能 38
  第一节 混凝土的物理、力学、变形性能 38
  第二节 混凝土的徐变性能 48
  第三节 混凝土的绝热温升 55
  第四节 不裂混凝土指标及抗裂计算 56
  第五节 混凝土的抗渗性能 59
  第六节 混凝土的抗冻性 60
  第七节 混凝土的耐侵蚀性 61
  第八节 混凝土的碱—骨料反应 65
  第九节 混凝土施工性能 72
第四章 水工补偿收缩混凝土的特性 75
  第一节 水工补偿收缩混凝土的自生体积变形 75
  第二节 膨胀率的测试方法 76
  第三节 不同养护条件下混凝土的补偿收缩性质 77
  第四节 约束条件下混凝土的补偿收缩性质 80
  第五节 膨胀预压应力 82

第五章　补偿收缩原理及其在水工建筑物上的应用 85
第一节　大体积混凝土工程理论补偿收缩曲线 85
第二节　补偿收缩的基本原理 86
第三节　约束分析—试验法测定预压应力 95
第四节　约束分析—试验法在水工结构中的应用 97
第五节　预压应力的分析实例 102

第六章　水工补偿收缩混凝土优质快速筑坝 105
第一节　长诏坝对比试验 105
第二节　池潭水电站大坝基础坝块 114
第三节　紧水滩拱围堰整体设计长块连续浇筑工程 125
第四节　鲁布革水电站导流洞混凝土堵头工程整体设计优质快速施工 137
第五节　安康水电站高坝优质快速筑坝 158
第六节　三峡大坝应用Ⅲ-1型低热微膨胀水泥混凝土取消纵缝温度应力仿真计算 175
第七节　优质快速筑坝工程实践成果分析 189

第七章　水工补偿收缩混凝土刚性防渗屋面 197
第一节　刚性防渗屋面设计 197
第二节　屋面防水工程影响膨胀量的因素 199
第三节　刚性防渗屋面工程施工 199
第四节　屋面防水工程实例 203
第五节　刚性防渗屋面经济分析 205

第八章　混凝土工程裂缝防治 207
第一节　混凝土工程裂缝现状及危害 207
第二节　混凝土工程裂缝发生的原因 209
第三节　混凝土工程裂缝防治 223
第四节　水工补偿收缩混凝土无裂缝工程实例 229

第九章　水工补偿收缩混凝土的应用和展望 231

附录一　低热微膨胀水泥新标准 235
附录二　水工补偿收缩混凝土工程应用技术规范 240
参考文献 244
附　注 246

第一章 绪 论

第一节 国内外补偿收缩混凝土的研究及应用发展概况

自 1824 年 J·Aspdin 发明波特兰水泥以来,它一直是拌制混凝土的主要胶结材料。用它拌制的混凝土称为普通混凝土,至今已有 180 余年的历史。普通混凝土是一种最常用的建筑材料。普通混凝土的优点很多,缺点也有,如收缩大(自生收缩大+干缩量大)及由收缩大而发生的裂缝。收缩是普通混凝土固有特性,它不仅自生收缩,在混凝土硬化期间析出水分,也产生收缩。如果混凝土构件受到约束,不能自由变形,就产生拉应力。当拉应力超过极限拉伸强度,就出现裂缝;另外,在大体积混凝土中,由于混凝土在硬化期间放出大量水化热,使混凝土内部温度上升很高,在散热降温过程中受到约束,也将在混凝土内部出现拉应力;尤其是大坝浇筑施工期,气温骤降也在坝块表面引起拉应力,使之产生裂缝。这些裂缝不论是表面的还是贯穿的,都会影响结构的整体性和耐久性。为了防止裂缝的产生,在大体积混凝土工程大坝施工时需采取分缝分块,和预埋水管加片冰及预冷骨料等温度控制措施,以降低混凝土的浇筑温度。采取这些措施不但增加了工程投资,还使得混凝土坝快速、高质量的施工难以实现。因此,设法降低水泥水化热,减少收缩,简化温度控制措施,一直是混凝土快速经济施工中一个重要研究课题。近期研究成果表明,单凭水泥水化热的降低并不能完全解决大体积混凝土的温度控制问题。

为消除或减少结构裂缝,曾采用各种各样的措施,如薄壁结构。薄壁结构的预应力方法是 1886 年首先被采用,一开始就使混凝土处于受压状态,抵消一部分或全部的收缩变形,则裂缝自然被防止。这样处理虽然可以采用机械方法完成,但需要复杂设备和工艺。若是利用混凝土在约束条件下由膨胀产生的预压应力来补偿收缩,则可以代替预应力方法,从而达到消除或减少裂缝的目的,这样混凝土就是补偿收缩混凝土。

根据(Bogue)认为,膨胀水泥历史的起源很大程度上是归因于 Candlist 在 1890 年对钙矾石(et-tnigite)的发现。

1930 年法国研究人员 Henri Lossier 认为水泥中的水化硫铝酸钙 $3CaO·Al_2O_3·3CaSO_4·31H_2O$ 能提供一种抵消收缩并可能产生预应力的潜在力量,但他无法制成这种水泥。

20 世纪 50 年代,国外开始生产膨胀水泥。1955 年前苏联研制成硅酸盐自应力水泥;在美国则有 K、M、S 型三种[49],以 K 型为主。1963 年 K 型水泥大量用于工民建工程。它依靠混凝土早期水化作用产生膨胀,在限制条件下将膨胀能储存起来,借以补偿收缩减少开裂。实践证明,应用膨胀水泥混凝土在公路、停车场工程中,其浇筑尺寸可以明显加大,而裂缝却比普通水泥少得多。

1952 年,Lafuma 用 x-射线分析证明了 Lossier 水泥是一种由铝酸钙无水石膏和 $βC_2S$ 组成的混合物。他提出可以用矾土水泥和石膏,或 Alternately 矾土,火山灰和石膏代替 Lossier 熟料作为膨胀剂。对 Lafuma 讨论的多少表现出这样的倾向,认为膨胀水泥作为预应力混凝土的希望很小,Lafuma 本人持有类似的观点。

苏联对膨胀水泥进行了广泛的研究,MiK-hailov 在 1955 年和 1960 年(在英国)曾报导了他的研究成果。他发明了一种水泥,是用人工合成的水化铝酸钙的膨胀剂,他称这为膨胀性不透水水泥 WEC。但凝结非常快,酒石酸和亚硫酸废液可以把凝结时间推迟到 15～20min 左右,但减少膨胀达到 30%～50%。自应力水泥显然不能应用到普通混凝土上。Mik-hailov 记述了这种尝试,制造了两种 1:1 砂浆(自应力)管道。Budnikov 和 Kravchen KO 报导了 1968 年苏联膨胀水泥工业的概况。三种膨胀水泥是膨胀性不透水水泥,石膏矾土膨胀水泥和波特兰膨胀水泥,它们通常是以铝酸盐水泥为基础的,膨胀性不透水水泥曾应用在地下铁的铸造品的接缝上和混凝土构件的接缝上。自应力水泥也是应用在上述的接缝上,用膨胀水泥砂浆连接钢筋混凝土构筑物,铝酸盐膨胀水泥在应用方面主要作为自应力水泥砂浆。Mention 在 1968 年制造膨胀水泥管道未获成功。在 1970 年,ACI223 委员会报导,自应力混凝土正处在试验阶段,和这些观点实际相一致的。

加利福尼亚大学的亚力山大·克莱因(Ale-Xander Klein)认为,无水硫铝酸钙可能是比其他含铝物质较好控制钙矾石生成反应的膨胀剂。他制备的这种化合物,通过 x-射线分析结果证明是一种新的化合物。Fukuda(日本)在 1961 年指出,这种化合物的精确成分是 $C_4A_3S(C_3A_3 \cdot CaSO_4)$,在 1958 年首先由克莱因(Klein)发表了这方面的报导,广泛研究和发展这种膨胀水泥开发者是加利福尼亚大学的 Klein 及其同事 Bertiro, Bresler, Lin, mehta, pirtz, polivka 等。这些研究成果已在许多文献中论述了,在几个报告中对这些研究成果进行了广泛的讨论。Klein 第一个发明发布在 1961 年 8 月 18 日的专利发明书上。在 1964 年,这一发明专利已经转让给几个国家。

从 1963 年以来,Klein 补偿收缩水泥的使用比其他膨胀水泥有更广泛的发展。Monjore 报导了波特兰水泥,矾土水泥和石膏制得的膨胀水泥的实验室试验结果。这种水泥的组分和生产都十分相似于 Miknailov 水泥。一种以矾土水泥为基础的新型补偿收缩水泥是在 1900 年由美国钢铁公司的 Atlass 分公司水泥部门通过实验室研究而发明出来的。这种水泥的性质与苏联的铝酸盐膨胀水泥不同,并在 1970 年以 M-X 型膨胀水泥进行生产。M-X 型水泥应用普通方法和在常温养护下,应用到普通混凝土上的膨胀性水泥。

波特兰水泥协会的 greeniny 发明的 S 型水泥,除了含有高的 C_3A 和 SO_3 含量外,与第Ⅰ类水泥很相似。这一发明部分发表在 Gustafaf-erro, Greening 和 Klieger 的报告中。这种水泥在 1968 年首次生产,它是新的两组分膨胀水泥。

日本的无收缩混凝土已应用在各种建筑结构上,含有 C_4A_3S 的膨胀剂以 10%～11% 加入到混凝土中作为一种外加混合物。对于自应力混凝土的制造,则加入较高的百分比的膨胀剂。

在 1970 年,Benuska, Tretero 和 Polivka 通过试验后认为:"自应力水泥对于建筑结构的坚固性是可能的。同时,自应力混凝土板和墙体是安全的"。实验是采用了 K 型和 M,S 型膨胀水泥。

K 型膨胀水泥由硅酸盐水泥熟料、含有无水硫铝酸钙($3CaO \cdot 3Al_2O_3 \cdot CaSO_4$)的膨胀熟料、石膏或无水石膏按一定比例粉磨而制成。膨胀熟料由石灰石、含铝材料和石膏经配比后,在1300℃高温下煅烧而成。

第一个K型水泥工厂生产是在1971年以前就有了,生产是满足工程需要的,实践证明该产品与其他建筑材料具有竞争性。1963年补偿收缩混凝土的试用就取得了直接的成功。在1972年,这种水泥的生产总量已达到38万t。K型水泥补偿收缩性能较好,缺点是强度低、水化热高、成本高、工程应用水泥用量高[40]。

普通混凝土的极限延伸率为1/万～2/万;而收缩率为4/万～6/万,由于前者小于后者。因此,普通混凝土的收缩开裂是经常发生的。引起混凝土膨胀基因有钙矾石、明矾石和氧化镁等。研究证明,钙矾石是最稳定膨胀源。以钙矾石而言,由于膨胀混凝土在水化硬化过程中生成大量的钙矾石。一方面,钙矾石引起填充、堵塞和切断毛细孔和其他孔隙的作用,使混凝土的总孔隙降低,毛细孔径变小,改善了混凝土的密实度和抗渗性。使膨胀混凝土比普通混凝土的抗渗标号高2～5倍。另一方面,钙矾石使混凝土体积增大,产生一定的膨胀能,在基础或钢筋等限制下,化学能转化为张拉钢筋的机械能,在混凝土中建立了预压应力。使长期处于干燥状态下工作的补偿收缩混凝土的收缩值比普通混凝土减少1/3～1/2,从而改善了混凝土的应力状态,提高了混凝土的抗裂能力。

由于膨胀混凝土具有优良的抗裂防渗性能,它能避免或减少混凝土的裂缝,扩大伸缩缝的间距。配制对于水、气、油(原油或轻油)等介质具有很高抗渗性能的混凝土(或砂浆)容器。

不同种类的膨胀混凝土具有抗裂防渗,早强,耐腐蚀,能在低温,负温条件下施工等特点。在节能,快速施工等方面效果显著。因此,是一种很有发展前途的材料。

膨胀混凝土近50年发展较快,前苏联、日本、美国、英国、德国、意大利、匈牙利、瑞典和澳大利亚等国家先后进行了研究,并在水泥制品、构件及实际工程中进行了实践与应用。

我国研究、生产膨胀水泥已有50年历史。用来配制自应力混凝土,补偿收缩混凝土的膨胀水泥年产量约为30万t。

1979年我国著名科学家吴中伟院士著书由中国建筑工业出版社出版了《补偿收缩混凝土》(不裂或少裂混凝土)[2]。

1974年起,吴来峰、张锡祥等开始研究水工补偿收缩混凝土建坝,这是国内外首次从水泥—混凝土—工程实践研究补偿温降收缩混凝土,而国外研究补偿收缩混凝土仅限于对干缩的补偿。1987年,水利电力出版社出版了他们的专著《建坝新途径》(水工补偿收缩混凝土建坝)[10]。

从以上补偿收缩混凝土的发展史,我们可以得到以下认识:

1) 补偿收缩混凝土是防止工程发展裂缝优良途径,钙矾石是优良稳定的膨胀源。

2) 国外研究补偿收缩混凝土,仅在硅酸盐水泥系列内做文章,不仅水化热高、强度低、极限拉伸值低,而且以牺牲强度去换取补偿收缩能,如美国K型、M型膨胀水泥28天强度仅24.5MPa(日本29.4MPa),且仅研究干缩收缩补偿。

3) 大体积混凝土工程优质快速施工,必须研究干缩和温降两种收缩的补偿,并要研究一种新水泥品种。它不仅水化热极低、抗拉强度高、干缩率小、极限拉伸大,而且具有上述两种补偿收缩能。

补偿收缩混凝土国内外在各领域的应用情况:

1. 自防渗屋面，自防渗混凝土板

1971年日本建造的24层（地下3层）大楼全部外壁共用膨胀混凝土1.2万 m³。

苏联在一个四层楼的抗渗层楼板上，由于采用膨胀混凝土比传统作法节省经费20.6万新卢布。

美国采用补偿收缩、页岩轻混凝土建造了肯萨斯城国际机场候机大楼的悬索双曲线屋面。

美国在1971～1974年兴建的洛杉矶世界贸易中心，包括一座能容纳2500辆汽车的六层楼停车场（三层在地下），在停车场上部有两座大厅，面积约为9290m²，在大厅上面，又有面积为18580m²的八层办公楼。这座高大建筑全部采用K型水泥配制的补偿收缩混凝土（用普通集料和轻集料），总量达132940m³。轻集料混凝土设计强度为28.1MPa，实际超过30MPa，波特兰水泥混凝土设计强度为35.2MPa，实际超过40.0MPa。在全部混凝土工程中，有40%为现浇后张法预应力混凝土梁板，60%为预制后张法预应力混凝土桌形构件。全部现浇和预制部分，用预应力钢筋分别在水平方面和垂直方向联成一座不透水的整体建筑物。

美国学者对加利福尼亚州的两座补偿收缩混凝土建筑物与一座普通混凝土建筑物所作的对比测验，充分说明了补偿收缩混凝土用于制作预应力混凝土楼板的优越性。第一座是268m×43m的7层停车场（包括地下3层），每1m³混凝土用K型水泥415kg。第二座是60m×46m的4层停车场，也用K型水泥，用量为每384kg/m³。第三座是34m×29m的3层工业建筑，采用Ⅱ类波特兰水泥370kg/m³。这三座建筑物均采用后张法预应力轻集料混凝土楼板，混凝土水灰比为0.45～0.47，设计强度均为28.1MPa，坍落度均为3.5～8.0cm，轻集料粒径均不大于1.3cm，并均掺加引气减水剂，空气含量3%。测定5年的楼板长度变化记录如表1-1。

表1-1 楼板长度变化记录

时间	补偿混凝土(Ⅰ)(%)	补偿混凝土(Ⅱ)(%)	普通混凝土(Ⅲ)(%)
施加预应力前（第7天前）	+0.064	+0.048	-0.008
施加预应力时（第7～8天）	-0.014	-0.026	-0.014
预应力后（第8天到5年）	-0.054	-0.056	-0.090
最终净收缩	-0.004	-0.034	-0.112

注 1. "+"代表膨胀，"-"代表收缩。
    2. 已除去温度变化的影响。

可见，对于后张预应力板，使用补偿收缩混凝土比使用普通混凝土具有三大显著的优点：①可避免在施加预应力之前出现干缩裂缝，保证了建筑物的防渗性能，并可以利用混凝土的抗拉能力；②可较大幅度地减少预应力损失；③净收缩大为减少，能保证不裂或少裂。

1977年建成的美国南部达拉斯市政府建筑系由贝聿铭主持设计的上大下小的倒金字塔形建筑。地上部分建筑面积48400m²，地下部分23250m²，共用混凝土64300m³，其中45900m³为补偿收缩混凝土。完工后检验证明，补偿收缩混凝土比普通混凝土减轻开裂程度约50%。虽然墙面也出现一些裂缝，但尺寸极小。该建筑物被公认为在建筑物构造方面都是卓越的。

补偿收缩混凝土还用于各种仓库建筑。在密执安州有一座冷藏库,工作温度以 $-23\sim+4℃$,其中承受负温($-23℃$)的 $5695m^2$,正温($+4℃$)的 $3214m^2$。在这类建筑中,补偿收缩混凝土同时对干缩和降温收缩能够起到联合补偿的作用。

为了证明补偿收缩混凝土的应用效果,美国波特兰水泥协会(PCA)从1968年开始就对14个州的100座工程建筑进行定期或不定期检查,其中伊利诺州被检查的建筑面积就有 $150000m^2$。

主要的检查结果如下:

1) 对59种建筑物经过48个月的观测后发现,属于优异的占4/10,很好的占3/10,好的占2/10,较好的占1/10。说明补偿收缩混凝土在减少开裂方面具有很好的功效。
2) 室内地板建筑第二年开裂的裂缝数目为第一年的50%,但裂缝的总长度相近。
3) 地板中配有0.05%钢筋时,防裂功效增加,提高配筋率则功效更好。
4) 地板分缝,不论间距大小,均属有利。
5) 水养护的效果优于用纸养护,更优于养护剂薄膜养护。
6) 未发现耐久性不良的问题。
7) 有时发现墙板的膨胀可能引起相邻板柱出现移动。
8) 对于17座建筑物(地、楼板)平均经过7年半后检查,证明补偿收缩混凝土对于减少干缩裂缝具有很好的功能,并发现27个月(平均年龄)以后几乎不再发生变化。

在美国,后张法预应力混凝土结构应用十分普遍,采用补偿收缩混凝土后,与普通混凝土相比,有两个突出的优越性:一是减少了因混凝土收缩带来的预应力损失,二是减少了框架因混凝土收缩引起的二次弯矩。此种弯矩是由于基础不收缩而上层框架收缩产生的,对第一层框架有很大影响。当各层浇筑时间的间距较长时,这种不同层次的收缩也会引起下层柜架产生二次弯矩。因此,补偿收缩混凝土在高层建筑中的推广应用是值得重视的。

我国已经使用膨胀混凝土,砂浆自防渗屋面200余万 m^2,使用时间达20年之久,做法有下述几种。

1) 膨胀混凝土,砂浆防水层:在钢筋混凝土预制屋面板上施工一层膨胀混凝土或砂浆防水层;
2) 现浇补偿收缩混凝土防水屋面:它既能承重,又能防水;
3) 预制膨胀混凝土板防水屋面:它分为多孔板,Ⅱ型板,Ⅴ型等多种形式。

利用预制膨胀混凝土板抗裂防渗,施工时仅需处理接缝即可。

此外,有的地区采用补偿收缩混凝土蓄水屋面,获得较好的技术经济效益。蓄水屋面是在防水屋面上蓄5～20cm深的水,借以改善夏冬季屋顶的隔热保温效果。

实际工程证明:夏季屋顶内表面温度降低 $6.8℃$,混凝土长期处于水中,不会产生干缩裂缝,降低了温差和收缩,提高了混凝土的极限延伸率。此外,还可在屋面上种植浅水植物、花卉、养鱼和进行滑冰。

实际证明:蓄水屋面比卷材防水屋面架空隔热层、刚性防水屋面架空隔热层降低造价20%～50%。

按现行混凝土及钢筋混凝土规范有关设置伸缩缝的规定:对室外无筋素混凝土变形

缝的允许间距为10m,钢筋混凝土为20m;对室内或土中结构相应为20m及30m。若采用膨胀混凝土则可突破以上规定,有的屋面变形缝间距分别为50.54m、68m,经多年使用,效果良好。各地工程实践证明:膨胀混凝土,砂浆自防渗屋面技术可靠,耐久性好,造价低。

与二毡三油卷材防水屋面相比:现浇补偿收缩混凝土防水屋面降低造价20％左右;预制膨胀混凝土板防水屋面降低造价69％～82％,同时由于该板既能承重又可防水,无须再作防水层,因而减轻了屋面自重。

一般油毡屋面3～4年后需要维修,10～15年后,由于沥青油毛毡老化需铲掉重做,还将增加相当一笔修缮费用。国内外实践证明,补偿收缩混凝土的使用寿命可达50年以上。

2. 在管道工程中的应用

国外用膨胀混凝土制作钢管衬砌,钢筋混凝土排水管(日本)输水管(前苏联)。

我国自1966年开始生产自应力钢筋混凝土输水管。内径为100～800mm,高峰年产量达2600km以上,截止1984年底累计产量2万km。

1970～1971年在南京铺设内径150～600mm,自应力钢筋混凝土中,低压煤气管道23km,经地震考验和10多年运行,情况良好,未发生任何事故。

1977～1979年在胜利油田铺设了内径400mm,工作压力分别为5、10kg/cm^{2}的石油伴生气管道近2km,经5、7年运行,情况良好。

以上三种管道分别于1969、1977、1984年通过部级技术鉴定。此外,自力钢筋混凝土输气管道使用情况还有:

1973年吉林煤气管道中铺设使用了3.9km。

1974年在上海铺设使用了内径300mm,使用压力0.6kg/cm^{2}的煤气管道。

1972～1979年研制并铺设使用了内径86、150、200、210mm,设计工作压力15、20 kg/cm^2,出厂检验压力30、45 kg/cm^2,使用压力4～9.5 kg/cm^2,温度45～70℃的输送原油管道。1979年通过了部级鉴定。

由于自应力钢筋混凝土输水、输气、输油管具有耐腐蚀,使用寿命长,省钢材,造价低,安装简便,建厂投资少,见效快等优点,愈来愈引起国内外重视。

3. 地下建筑

前苏联、日本、美国等国家应用膨胀混凝土建造地下铁道、地下停车场、地下仓库、民防工程、隧道、矿井、建筑物基础等等。

前苏联采用膨胀混凝土作地下铁道的防水层,每年混凝土用量约为1万m^2。我国应用膨胀混凝土建筑地下室,人防工程数千m^2,以及山洞油库,油罐,隧道多座。天津市西站地铁工程使用补偿收缩混凝土约2000m^2,长360m,箱涵断面为高6m,宽9.1m。省去了三毡四油防水层,就此一项节省经费4.3万元。还因不做防水层,减轻了工人劳动,加快了施工速度。国家建材总局建材研究院明矾石膨胀水泥自防水混凝土建造一座长52m,宽8m,高5m的人防工程,经10年使用,不裂不渗,防潮良好。

4. 建筑水池,水塔,贮罐,大型容器

前苏联应用膨胀混凝土作10万m^{3}水池和30万m^{3}原油罐的拼装缝的密封材料。

日本于1967、1971年用现浇膨胀混凝土方法,分别建筑了内径20m,高3.5m,壁厚

15cm和外径29m,内径28.2m,有效水深10m的水池。随后在各地推广使用,亦取得满意的效果。

我国用膨胀混凝土来建造,生产抗菌素和固体酱油的反应罐、矿井、粮仓、以及砖、石、混凝土结构轻油罐、水池、粮仓等的防渗层,接缝等等。

5. 公路、停车场、厂房地面的无收缩缝板和防渗板

前苏联于1974年用膨胀混凝土建造了面积为1500 m^2 层间无缝板。

用连续浇注的方法修建了一座人造冰场,伸缩缝间距为200m,而普通混凝土仅为15m。

美国1966年建成两座现浇膨胀轻混凝土停车场,其中一座建筑面积为11524m^2,另一座共4.5层,每层面积为60m×46m。

1969年在机场跑道上使用膨胀混凝土2100m^3。跑道长16.600m,宽22.5m,厚35.6cm,跑道的横向伸缩缝间距由普通混凝土的15m扩大至37.5m。

美国的公路桥面板受到冻融、化冻盐腐蚀以及机械作用的破坏,损坏十分严重。根据1977年的调查资料,有105500座公路桥(占全国六分之一)出现问题。1978年全国修复公路桥面的费用高达63亿美元。补偿收缩混凝土能够减免桥面裂缝,使钢筋锈蚀的危险大大减轻,并减少了冻害和盐类对混凝土的破坏,俄亥俄州从1966年起开始用K型膨胀水泥制作桥面板,到1977年对比检查查明:在普通混凝土桥面板中(用Ⅰ型波特兰水泥)出现了32条裂缝,而在补偿收缩混凝土(用K型膨胀水泥)桥面板中只发现了3条裂缝。前者钢筋明显锈蚀,氯盐透过板厚,后者则无此现象。

1978年我国建造毛主席纪念堂时,全部后浇缝(50～100cm)用明矾石膨胀水泥混凝土回填,不裂不渗,效果良好。

6. 预制建筑单元

预制建筑单元,亦称盒子建筑。

国外实践证明,经干缩,徐变后仍能留一定的自应力值。与普通混凝土的盒子建筑相比,裂缝减少50%,裂缝宽度减小3/4,施工量降低10%～20%,降低造价15%左右。

7. 负温板和正负温度交替作用板

冰球场中有5%断面的制冷管,在钢筋混凝土线膨胀系数相差很大的情况下,由于采用了膨胀混凝土,没有因干缩,徐变,温度变化等而产生裂缝。

日本扎幌市冬季奥林匹克运动场滑冰跑道长60m,宽30m,厚12cm,中间无接缝。

美国先在明尼苏达州建造了面积为1780m^2,厚15cm的冰场。由于效果良好,随后分别在芝加哥,克兰夫特,旧金山,洛杉矶等城市建造了大面积,无收缩的补偿收缩混凝土的冰球场。

8. 壳体、异形梁、板

主要用于要求抗裂防渗,预应力值不大,机械方法施加预应力困难的结构,如薄壳等。

9. 堵漏,填缝

修补渗漏水、气、油的裂缝或孔洞、构件、构筑物和建筑物的补强;铸铁管道填缝密封等。

10. 锚接

预制构件,框架结构接头的锚接,浇筑机械设备的地脚螺栓,机械设备底座与混凝土

基础之间的连接,作后张法预应力的构件的灌浆材料等。

11. 铸铁管,钢管等金属管道

用膨胀水泥砂浆作防腐层,可以防止管道空孔、内壁结瘤,降低压力损失,提高输送能力,对比金属输水管道,还可以大大改善水质。

12. 水工建筑和水利水电工程中的应用

在美国,补偿收缩混凝土被大量用于水工建筑,包括晾水池、游泳池、贮水柜、泵站、沉淀池、泄水孔、溢洪道以及污水处理场。

在达拉斯一座大型污水处理场的建筑过程中,发现原先使用普通混凝土的墙上出现很多裂缝,改用补偿收缩混凝土后只有少许发丝裂缝。因此,凡是此后的贮水建筑均大量采用了补偿收缩混凝土。施工者还发现,采用补偿收缩混凝土还可加大浇筑面积。因此,可加快施工速度,减少接缝和止水装置;还可加大坍落度,从而减少振捣工作量,并能消除蜂窝。该工程共用了补偿收缩混凝土76500m³。

美国陆军工程师团于1975年建成列勒埃大坝(Ririe Dam)的溢洪道,共用K型补偿收缩混凝土4269m³。其特点有:

1) 由于分块变大,将原计划(用Ⅱ型波特兰水泥混凝土)104个分块改为18个。因此,加快了施工速度,减少了大量接缝和止水带,增强了钢筋与基础的锚固,取得了良好的经济效益,故承包商选用了补偿收缩混凝土的设计方案。

2) 附近有能够供应K型水泥的水泥厂。

3) 有抗冲刷要求,可以用较高的单位水泥量(304kg/m³)。

4) 底板厚度最小为0.3m,且随基岩开挖尺寸而异。因此,还不属于大体积混凝土。

5) 考虑到较大的基础限制,钢筋配置在中和轴上。

6) 施工季节从7月到10月,亦即从炎热的夏季,到夜间温度为0℃以下的秋季。

7) 补偿收缩混凝土强度:7d18.3MPa,28d27.5MPa,90d32.7MPa。

8) 使用效果良好,符合设计要求,有些分块未发现有裂缝的迹象,有几处表面裂缝也是不连续的。这些裂缝或是由于温度骤降,或是由于基础限制程度不足产生的,并且裂缝很小,只是经过认真观察才能发现,故认为对溢洪道底板是无害的。

日本在补偿收缩混凝土的各种用途中,由于其抗渗特性,应用得最为普遍的是水池、水箱以及其他水工建筑。在日本,贮水建筑都采用多层型,有些贮仓还有气密性要求,采用补偿收缩混凝土能收到最好的效果。其中规模较大的有170m×70m×5.3m的污水处理柜,应用补偿收缩混凝土20800m³,并掺加引气剂;76m×45m×26.5m的滤水柜,壁厚1.5～1.8m,应用补偿收缩混凝土20000m³,也掺加引气剂。

地下建筑物既需要防水防渗,又处于良好的潮湿环境中,是补偿收缩混凝土最能发挥特长的地方。因此,推广使用补偿收缩混凝土最为相宜。例如,有一家钢铁厂的7个地坑中,就用了补偿收缩混凝土101200m³。此外在压力钢管与岩洞壁之间采用补偿收缩混凝土填充灌浆,由于产生膨胀的缘故,可使围岩较多地承担从钢管传来的水压。有一水电站工程用于灌浆和填充的补偿收缩混凝土达25600m³,也掺有减水剂。在东京地下室外墙和地板中采用补偿收缩混凝土已很普遍。

日本膨胀混凝土的成本约比波特兰水泥混凝土高15%～20%。因此,对于迅速推广使用带来一定困难,还需进行更多的研究开发工作,使补偿收缩混凝土使用更简便,功效更显著,价格更低廉,质量有保证。

20世纪70年代初,美国乔治·维尔贝克和日本山本崎之典均设想用膨胀水泥筑坝,利用膨胀补偿收缩以防止裂缝并缩短工期。但是美国的K型膨胀水泥和日本掺膨胀剂水泥(在波特兰水泥中掺入10%~15%的无水硫铝酸钙膨胀剂)的水化热高、抗压、抗拉强度低、膨胀发展快(见表2-21,图3-5c)[27],[30],[39],仅对干缩进行有效补偿,而无补偿降温收缩作用。后来,日本还提出了后期产生适量膨胀水泥作为筑坝材料的设想。1970年在美国召开的混凝土坝快速施工会议上,提出了采用具有膨胀性的混凝土解决大坝温度控制的新设想,即在浇筑两块普通混凝土块之间浇筑膨胀性混凝土块,但至今尚未见到其研究成果或实例。

在第十一届国际大坝会议上,有几位大坝专家提到,为加快大坝建设,有必要研制一种不收缩的混凝土筑坝,但至今国外尚未开始这方面的试验。

我国1974年12月进行了江波潭水库水工补偿收缩混凝土小坝的施工试验,该坝高14.7m,底宽10m,坝顶长31.7m,混凝土设计号100号,混凝土水灰比采用0.6~0.65,外掺松香聚合物,因坝体较小,实行不分缝,层厚为1、1.5、3、5m进行浇筑。施工时平均气温为零下5℃。据埋设仪器观测结果,绝热温升为12.6℃,10天后达到最高温升,20年后著者亲临现场观测未发生任何裂缝。

1975年我国又在浙江诏坝第6坝段上进行,试块尺寸高为10m,宽(沿坝轴线方向)28m,长(顺水流方向)22m,两边相邻坝段均已上升,底部为老混凝土,结构犹如一个大填槽。为进行对比,沿试块对称轴平分(每边14m),一边浇筑补偿收缩混凝土,一边浇筑低热硅酸盐水泥混凝土,两种混凝土块的尺寸、约束与混凝土配合比均相同。并埋有相同的观测仪器,从内部观测温度、变形和两边接缝面的开合度。对5m层厚浇筑块,前者比后者水化热温升低5.8℃,前者并有1~2kg/cm² 的预压应力。

1979年原水利电力部水工补偿收缩混凝土建坝科学实验组又在福建池潭电站第9坝段基础坝块做试验。试验块长61m,宽16.5m,从基岩开始在基础约束范围内全部使用水工补偿收缩混凝土,总浇筑高度23m。池潭电站运行至今已近30年,试验组与电厂观测组1988年春到现场观测及资料整理分析表明,大坝表面虽经反复气温骤降坝体降温和挡水考验,至今尚未发现裂缝。混凝土自生体积变形没有收缩,长期保持初始膨胀值,坝段上游基础廊道干燥无积水,无裂缝和渗漏,表明水工补偿收缩混凝土抗裂防渗性能很好[8]。成果在国内日内瓦发明展览会预展获好评。

1984年1月,在前三次试验取得成功的基础上,在著者提出的水工补偿收缩混凝土建坝基本理论基础上,著者于紧水滩上游拱围堰国内外首次进行81m长块的整体设计通仓、高块和连续浇筑施工的科学试验,取得比较传统"柱状法"快4.7倍的好成果。81m全坝段日上升速度为1m,工程质量优良,开创混凝土快速建坝新的设计与施工途径。由于预留垂直孔的影响,及本身材料补偿收缩能力不够和后期强度增长率低,拱围堰下游面垂直孔下方高程13m处,1986年4月出现了一条宽0.1mm、深5cm、长10cm的表面裂缝。

紧水滩拱围堰整体设计连续浇筑取得了基本成功。但两年后表面裂缝的发生,验证了我们理论,该水泥第一代产品膨胀期仅为5~6天,故补偿收缩能小,和美国膨胀水泥补偿能大致相当,但美国膨胀水泥如K型,水化热高、强度低、只针对混凝土干缩进行收缩补偿。Ⅰ型低热微膨胀水泥混凝土据工程原型观测结果,可获得2℃左右的温降补偿。

著者在国家"75"科技攻关研究中,研制成该水泥的第二代产品。它在两个方面突破了该水泥国家标准的限制,使水泥混凝土膨胀期达到12～15天,对大坝可获4℃左右温降补偿的好处,而且工程混凝土后期强度增长率也有所提高。1997年经专家评审,将著者研究成果列入国家标准。著者在国家"85"科技攻关中,又完成了该水泥的微观结构优化,从而使该水泥的第三代产品,升华为世界领先、唯一的一种高端生态水泥,并获得国家发明专利(国家专利号 E02B 3/10)和由发明专利专家评审会评为发明专利金奖。

池潭大坝、紧水滩水电站拱围堰工程科学试验后,在设计计算、施工原始资料和原型观测结果整理分析对照下,著者对"水工补偿收缩混凝土建坝"进行了理论升华。1987年由水利电力出版社出版了著作《建坝新途径》。

运用著者国家"75"科技攻关成果,在鲁布格水电站大体积混凝土封堵工程中,解决了国际多国著名洋专家无法解决的世界难题,在国内外第一次实现大体积混凝土封堵工程整体设计连续浇筑侧壁不灌浆,使5个月的工程建设期缩短为13天,缩短工程建设周期91.4%。原型观测仪器证明,岩石与混凝土间无渗漏、无缝隙,开创了混凝土堵头工程设计施工新途径,创效益7.398亿元。该成果是大体积混凝土工程,国家第一个以新理论、新材料、新设计、新施工成套新技术,获国家工程发明奖的[21]。1989～1990年著者又在国家重点工程安康水电站混凝土重力坝建设中,取消原设计大坝甲、乙块纵缝,实现大坝整体设计大仓面连续浇筑,使原设计大坝升高32m,326天的工期,缩短为108天,创效益18.53亿元。工程质量优良,无裂缝。原型观测仪器实测结果,坝体最大拉应力为0.66MPa,最小抗裂安全系数达到4.7[37]。

水工补偿收缩混凝土建坝技术继而在宝珠寺水电站大坝取消甲、乙块纵缝整体设计连续浇筑施工,铜街子水电站厂坝连接、莲花水电站、武汉长江公路桥桥墩、小浪底水利枢纽、万家寨水利枢纽和故县水库导流洞封堵等工程得到大力推广应用。

总结国内外补偿收缩混凝土工程应用实践不难发现如下几方面:

1)国外(美、日)补偿收缩混凝土因强度低、水化热高,但能基本对于干缩进行有效补偿,故仅可使补偿收缩混凝土工程比硅酸盐水泥混凝土工程少裂。水工补偿收缩混凝土不仅补偿收缩性能好,而且水化热低、强度高、干缩小、极限拉伸值大,故"水工补偿收缩混凝土"工程不裂。

2)国外补偿收缩混凝土因水化热温升高、强度低等原因,故仅能在一般混凝土工程中应用,对要求更高的大体积混凝土工程没有应用实例。而且研究也仅限于对干缩的补偿。我国水工补偿收缩混凝土已成功应用于大体积混凝土工程。如十余座大、中型水利水电工程的成功应用,而且还在世界上第一个实现大体积混凝土工程整体设计、大仓面连续浇筑施工。大幅度缩短工程建设周期,工程质量好,不裂耐久,并创造了高效益。

3)国外补偿收缩混凝土不仅造价高,而且性能还有待提高,它很难适应高强度、高变形性能要求的结构,水工补偿收缩混凝土可以满足高强度、高抗渗建筑物应用技术要求,而且成本低、建设周期短、耐久而高效益。

4)国外补偿收缩混凝土比硅酸盐水泥混凝土成本要高,如日本要高出15%～20%。水工补偿收缩混凝土比中热硅酸盐水泥外掺40%粉煤灰混凝土成本还低。

我国自主创新的"水工补偿收缩混凝土"及其"建坝新途径"在实践——理论——再实践多次循环中升华,在全国10余座大中型水坝和长江公路桥桥墩、火电站基础、工民建楼板、刚性屋面、国防建设等工程的成功应用中,特别是国家重点工程鲁布革、安康、宝珠寺、铜街子等一批大型水电站、水利枢纽和混凝土高坝的成功应用和极为丰富多年原型观测资料的取得。从低热微膨胀水泥国家标准到《水工补偿收缩混凝土应用技术规程》的制定和成功应用,水工补偿收缩混凝土及其工程中的应用,已经形成从理论——材料——设计——施工,全面为混凝土工程服务的新学科。

第二节 水工补偿收缩混凝土的特性和应用优点

一、水工补偿收缩混凝土的特性

混凝土的开裂主要是由于收缩引起。因此,具有适度膨胀来补偿收缩,即用膨胀抵消全部或大部分收缩,这种混凝土称补偿收缩混凝土。如果具有上述功能的混凝土又具有极低收缩量如极低干缩率和极低的水化热温升,较高的抗裂能力,如较高的早后期强度,特别是抗拉强度和较大的极限拉伸值,这种混凝土我们称"**水工补偿收缩混凝土**"。

水工补偿收缩混凝土,应用于大体积混凝土工程如筑坝,是新理论、新材料、新设计、新施工综合学科。除需要进行一系列科学试验外,同时还需要确立水工补偿收缩混凝土筑坝的原理与方法。下面几章,将从水泥补偿收缩能、微观结构优化研究、室内补偿收缩混凝土试验、补偿收缩基本原理、工程应用、原型观测等几个方面阐述水工补偿收缩混凝土及其应用的成果与方法。

我国自主创新的水工补偿收缩混凝土具有以下特点:①水化热温升低,约比硅酸盐水泥混凝土低 1/3(水泥水化热 7d 仅 185.8kJ/kg);②强度高。如 7d 龄期抗拉强度比 52.5 中热硅酸盐水泥混凝土高 80%。抗压强度硅酸盐水泥一年后强度无增长,而 WD-III 型低热微膨胀水泥 1 年、3 年、5 年增长至 70、80、100MPa;③极限拉伸值高。28d 龄期极限拉伸值比 52.5 中热硅酸盐水泥高 1.65 倍以上。如长江三峡大坝 III 型低热微膨胀水泥混凝土极限拉伸值为 1.52×10^{-4}、1.60×10^{-4}、52.5MPa。中热硅酸盐水泥混凝土极限拉伸值仅为 0.92×10^{-4};④干缩率低(40×10^{-6}),仅为硅酸盐水泥 $400 \times 10^{-6} \sim 600 \times 10^{-6}$ 的 1/10~1/15,故国内外补偿收缩混凝土都在为干缩进行补偿收缩,低热微膨胀水泥混凝土经 7d 养护后置于空气中不仅不产生收缩变形,而且遇雨或水,其膨胀量又会恢复至原始值。长期原型观测资料表明,在大体积混凝土工程内部绝湿条件下,它能永久稳定在原始膨胀量不变,低热微膨胀水泥混凝土干缩率极小的原因是,原材料化学成分量与比例均协调和该水泥水化产物钙矾石本身有 31 个结晶 H_2O;⑤补偿收缩能力好,比国内外补偿收缩水泥,不仅补偿收缩能要高,而且还能进行温降收缩补偿;⑥优良的施工性能。这些特性对工程特别是大体积混凝土工程快速施工,降低工程造价有着重要意义。

长期以来,大体积混凝土工程和大坝施工要采取一套复杂的温度控制措施,避免大坝出现裂缝,因而拖延了工期,提高了工程造价。目前常规的温度控制措施是:将大坝分成许多条纵缝,通冷水冷却至坝体稳定温度,采用预冷骨料及加冰拌和等措施。在美国底特律(Detroit)德沃夏克(Dworshak)等混凝土高坝,为了加快建坝速度,采用了通仓不连续浇筑,坝长达 100 余 m,由于采用了极复杂昂贵的预冷骨料措施,并埋钢管进行通水冷却,使坝块的最高温度达到 30℃ 左右。依靠这一整套的严格措施,做到了快速施工的目标。

但国外这套设计施工方法,大坝造价高,温控措施标准高而严格,但工程质量并不好。如德沃歇克坝就出现了严重的贯穿性裂缝,影响工程安全与耐久。其原因在于波特兰(硅酸盐)水泥自生收缩大、干缩大、抗拉强度小、极限拉伸值低、水化热高的特性所造成。我们是依靠自主创新"水工补偿收缩混凝土"及其"建坝新途径"一套较为简便的做法,达到国外设想而无法做到的工程整体设计,连续浇筑,优质快速施工的目标。

1) 降低混凝土的绝热温升,每 $1m^3$ 内的水泥用量尽可能少,加之低热微膨胀水泥水化热极低,以安康大坝工程为例,原型观测结果,低热微膨胀水泥混凝土比中热硅酸盐水泥外掺40%粉煤灰混凝土,坝内部最高温升要低6℃。另外据该水泥特性,施工中又可连续通水冷却,从而可使混凝土内部最高温度大幅度降低。安康大坝浇筑温度12~15℃,无通水冷却措施,坝体内最高温度仅25℃。

2) 在大坝基础约束部位,利用水工补偿收缩混凝土同步变形和受约束产生的预压应力,补偿外部混凝土气温骤降和坝体降温的收缩变形。

采用水工补偿收缩混凝土筑坝,除了做一套常规的混凝土试验项目,还需要建立一个补偿收缩试验室,试验项目包括:绝湿条件下的自生体积膨胀及约束膨胀;各种约束条件下的预压应力、拉伸徐变及慢荷载作用下混凝土的极限拉伸值等。其次大坝温度控制设计方法需要做一些修改,把混凝土的自生体积变形和预压应力考虑进去,在施工组织设计上应为补偿收缩混凝土创造约束条件。

3) 大坝内部观测系统,与硅酸盐水泥混凝土大坝相比,需要有一套较完整的观测系统,以检验采用的设计是否与实际相符合。

二、水工补偿收缩混凝土的应用优点

通过近30多年多个防裂防渗工程和大体积混凝土筑坝工程实践表明,应用水工补偿收缩混凝土具有下列几方面的优点。

(1) 对防裂、防渗要求高的混凝土工程

应用水工补偿收缩混凝土浇筑房顶屋面,不仅造价低、工程耐久、不裂不渗。如武汉变电站屋面,应用水工补偿收缩混凝土建造,至今已30年,工程不裂不渗,不用翻修,施工简便而耐久。

(2) 对大体积混凝土工程

1) 降低了坝体最高温度。在建坝过程中为防止裂缝,降低水化热温升是一个重要目标。由于低热微膨胀水泥极低的低热性能,和相同条件下的低热硅酸盐水泥混凝土相比,鲁布革工程实践证明,能够使最高温度降低8~11℃。

2) 简化了基础温差控制所需要的冷却措施。由于低热和补偿收缩以及连续冷却等同时发挥作用,大坝可采用取消纵缝进行整体设计、大仓面连续浇筑施工。不必像底特律坝和德沃歇克坝那样,采用昂贵多种复杂的冷却措施使混凝土的浇筑温度降低到4.7~6.3℃。因此,可以大大简化工地冷却设备,降低冷却混凝土的成本,达到简化温度控制及快速施工的目的。

3) 提高了大坝抗御气温骤降的能力。根据已建大坝的资料,多数的表面裂缝是由气温骤降引起的,而水工补偿收缩混凝土坝块表面所具有的预压应力,可以减少表面裂缝的发生。紧水滩围堰应用水工补偿收缩混凝土实践表明,低热微膨胀水泥混凝土表面产生的预压应力为 0.35MPa,比普通混凝土增加 2.6℃抗气温骤降能力,施工中采用了喷射珍珠岩水泥浆 2~3cm,工程完工后,虽遭 9.1~11.1℃气温骤降 4 次,6~8℃以上气温骤降 9 次,工程建成 2 年内没有发生表面裂缝。实测资料表明,对表面裂缝发生机率可削减 90%。

4) 由于绝热温升极低和施工中可进行连续通水冷却,如鲁布革工程原型观测证明,可削减工程内部混凝土最高温度 10.1~13.3℃,故极大地减少了坝体的内外温差。

5) 水工补偿收缩混凝土还具有抗裂、抗渗性等耐久性高,以及施工性能好的优点。

6) 池潭、紧水滩拱围堰、鲁布革、安康、宝珠寺、铜街子水电站工程实践表明,水工补偿收缩混凝土建坝在正确的理论指导下,进行合理的设计和施工(包括施工方法、施工顺序和浇筑强度),不仅工程质量高,而且可大大缩短大坝的建设工期。如紧水滩水电站实现了提前一年发电,安康工程对比硅酸盐水泥混凝土,缩短了建设工期 2/3,鲁布革水电站大体积混凝土堵头,将采用硅酸盐水泥 5 个月的建设工期缩短为 13 天,而且工程无裂缝、无渗漏、耐久。故水工补偿收缩混凝土及其工程应用经济、社会效益特别宏大。

我国自主创新的 WD-III 型低热微膨胀水泥混凝土(水工补偿收缩混凝土)对比美国防裂混凝土工程广泛应用的 K 型膨胀水泥混凝土,具有下列优点:

(1) 补偿收缩性能优越。K 型水泥混凝土 7 天养护后置于空气,90 天龄期微膨胀为 0(我国 UEA 膨胀混凝土、明矾石膨胀混凝土 90 天龄期为收缩),水工补偿收缩混凝土 90d 龄期微膨胀 130×10^{-6}(图 3-5)。

(2) 强度高。K 型水泥标号 24.5MPa,WD-III 型水泥 42.5MPa(5 年龄期 100MPa)。配制 30MPa 混凝土,K 型水泥用量为 384~415kg/m³(水灰比 0.45~0.47),WD-III 型水泥水灰比 0.45~0.5,水泥用量为 186~248kg/m³(表 2-21)。

(3) 水化热低。K 型水泥 7 天水化热 291kJ/kg。WD-III 型水泥 185.8kJ/kg。

(4) 成本造价低。K 型水泥比波特兰水泥价格高 10%以上,WD-III 型水泥比波特兰水泥低 10%以上,如计入相同混凝土标号所需的水泥用量,其成本要低一半左右。

(5) 节能减排效果突出。WD-III 型水泥比波特兰水泥节能 50%以上,CO_2 减排 80%以上,矿山资源消耗节约 80%以上。

(6) 高效益。前者系节能低碳资源节约、工程不裂,耐久高效益的环保型高科技知识体系型产品经济,K 型水泥混凝土工程比波特兰水泥混凝土工程少裂。在工程成本和建设周期缩短产生高效益方面,前者也优于后者。另外,K 型膨胀水泥由于水化热高、强度低,并仅对混凝土干缩进行收缩补偿等原因,至今未实现在大体积混凝土工程中的应用。而"水工补偿收缩混凝土"已成功在 10 余座大中型大体积混凝土工程中应用,并在国内外首创大体积混凝土工程整体设计、通仓连续浇筑施工。

第二章　WD-III型高档绿色耐久低热微膨胀水泥

第一节　低热微膨胀水泥的发展简史

20世纪70年代,美国乔治理·维尔贝克和日本山本崎之典均设想用膨胀水泥筑坝,利用膨胀补偿收缩以防止裂缝并缩短工期,但是美国的K型膨胀水泥和日本掺膨胀剂水泥(在波特兰水泥中掺入10%~15%的无水硫铝酸钙膨胀剂)的水化热高,强度低,干缩率大,膨胀发展快,且仅能对干缩进行补偿,而无降温收缩补偿作用。后来,日本还提出了后期产生适量膨胀水泥作为筑坝材料的设想。1970年在美国召开的混凝土坝快速施工会议上有科学家提出了采用具有膨胀性的混凝土解决大坝温度控制的新设想,即在浇筑两块普通混凝土坝块之间浇筑膨胀性混凝土块,但至今尚未见到其研究成果或实例。

20世纪50年代我国生产了一种石膏矿渣水泥,规范规定该种水泥不得与硅酸盐水泥混合使用。20世纪60年代初湖北陆水水库工人们不慎在工程中混合使用了上述两种水泥,当时认定是一起技术责任事故。开始大家思想上都比较紧张。因为两种不同的水泥混在一起,水泥当时像稀泥一样不凝固。几天以后,发现这种混合的水泥不仅凝固了,而且抗压抗拉早期强度比硅酸盐水泥强,抗渗性能也不错。这次偶然事故,却引起了出人意外的好结果。敏锐的科技人员感觉到其中有必然的规律在起作用,但是什么规律呢?科技人员一时还解释不了,从而陷入困惑迷惘境地。

以后对它开展了调查研究,调查试验后发现两种水泥混合作用的工程部位,各项性能均系正常,这就证明国外某些水泥权威认为两种水泥混合是水泥禁区的结论值得推敲、研究。经过长江科学院几年试验研究,该"禁区"确实萌发着一种新的水泥品种,让人看到新水泥品种的开发前景。1979年长江科学院、浙江大学等单位发明了I型低热微膨胀水泥,并荣获国家二等发明奖。

著者在工程实践中发现I型水泥补偿收缩能低、后期强度增长慢,抗冻性能不足,著者在国家"75"科技攻关中,在专题技术顾问吴中伟院士的提议和指导下,突破水泥标准SO_3含量等限制,研制成功了延长膨胀期,补偿收缩能、力学、抗冻性能提高的II型低热膨胀水泥。并在云南鲁布革水电站大体积混凝土堵头工程中,解决了水利水电建设技术难题,使工程优质高速13天完成原设计采用硅酸盐水泥5个月建设周期的任务,以新理论、新材料、新设计、新施工的新成果,获1993年度国家发明奖。

1996年开始,著者又在国家"85"科技攻关中,从水泥石微观结构改善的偶然发现,到全面、系统科学试验使水泥石微观结构实现优化,著者经过30年的研究,诞生了高档WD-III(通用)型低热微膨胀水泥,并于2000年获得国家发明专利。这种水泥具有水化热低,耐久性能好,早、后期强度特别是抗拉强度高,而且良好的变形性能,如极限拉伸值大,干缩率小,在大气自然条件下不收缩和补偿收缩能力强。为我国独创的建坝新途径打下了坚实的基础。

1998年,根据长江三峡工程需要研究外掺粉煤灰混凝土早期强度不降低现实而迫切的任务,著者和长江三峡工程开发总公司等单位合作开发并完成外掺粉煤灰混凝土早期强度不降低、性能优异的 WD-Ⅲ、Ⅵ(外掺)型高档低热微膨胀水泥,并于 2000 年研制成专供长江三峡工程导流洞堵头使用的膨胀期长、膨胀能大、不回缩、极限拉伸值大、水化热低、抗拉抗压强度高的 WD-Ⅴ(封堵)型高档低热微膨胀水泥❶。

第二节 提高低热微膨胀水泥的补偿收缩能研究

为了提高大体积混凝土工程补偿收缩混凝土的补偿收缩能,著者提出了理论补偿收缩曲线,该曲线要求混凝土 1～7d 龄期具有 80×10^{-6} 微应变,7～15d 80×10^{-6} 微应变,15d 以后至 180d 还有 100×10^{-6} 微应变。为此著者从配比、精度、工艺、原材料,以及综合措施多方面进行探索、研究。

一、调整水泥配比

水工补偿收缩水泥水化时产生膨胀的因素是生成钙矾石,而形成钙矾石的条件,首先是具有铝酸盐和 $CaSO_4$,铝酸盐主要来源于矿渣和熟料,$CaSO_4$ 来源于石膏。一般的低热微膨胀水泥水化 5～7d 后,石膏已基本耗尽,故膨胀集中在 5～7d 以前。如适当增加石膏掺量,使 7～28d 时尚有一定数量的 $CaSO_4$,供制成钙矾石,则可能使膨胀适当后移。此外钙矾石形成速度还与水泥碱度有关。基于这一设想我们进行了提高石膏量来进行改性研究,试验结果如图 2-1、图 2-2 和表 2-3 所示。试验采用 1 号矿渣和 2 号矿渣各半,1 号熟料,1 号硬石膏,熟料掺量为定值,石膏掺量分别为 10%、11%、12%,水泥比面积为 3800～4000cm²/g。

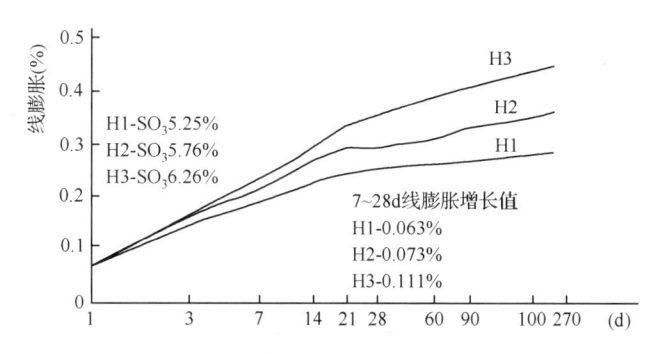

图 2-1 不同 SO_3 含量的低热微膨胀水泥长期线膨胀

由图 2-1、图 2-2 可以看出:适当提高 SO_3 含量至 5.76% 时,可提高水泥的线膨胀,并可使 7～28d 的线膨胀增长值提高为 0.73%,比Ⅰ型低热微膨胀水泥 7～28d 的线膨胀增长值 0.023% 已大为提高。28 天～9 个月的线膨胀虽然仍稍有增长,但增长已不大,可以认为是基本稳定的。当 SO_3 含量提高到 6.36% 时,膨胀值更为提高,尤其是 7～28d 增长比较多,28 天～9 个月的增长也较大。

---

❶ 参加 WD-Ⅲ、Ⅴ、Ⅵ型高档低热微膨胀水泥试验研究人员还有赵素娥、胡风茗等。

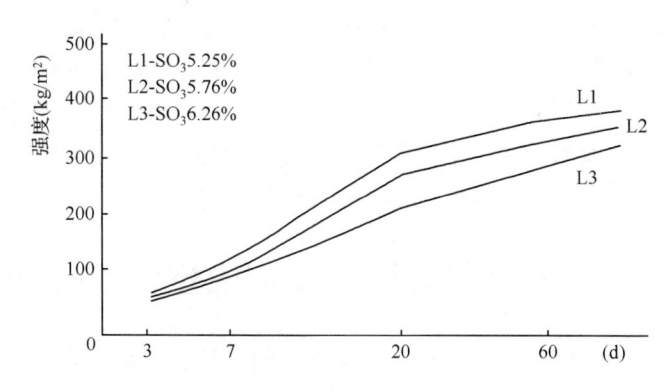

图 2-2 不同 SO_3 含量的低热微膨胀水泥的抗压强度

表 2-1 原料的化学成分

化学成分(%) 原料名称	SiO_2	Al_2O_3	Fe_2O_3	CaO	MgO	SO_3	TiO_2	MnO	K_2O	Na_2O	不溶物	FCaO
1号矿渣	33.18	12.65	1.26	38.22	8.93	0.21	2.85	0.17				
2号矿渣	33.62	12.64	0.88	35.66	14.15	0.17	0.82	0.15				
3号矿渣	35.24	11.69	2.22	36.84	11.84	0.15						
1号熟料	21.10	4.74	5.09	65.04	1.63				0.13	0.14		1.82
2号熟料	19.56	4.83	5.13	62.42	4.22	1.73						
1号硬石膏		0.19	0.03	39.36	2.24	51.11						
2号硬石膏	4.5	0.13	0.12	34.25	4.1	45.25			0.78	0.16		
粉煤灰	51.80	33.37	5.54	3.17	0.74	0.64						

表 2-2 不同 SO_3 含量的水工补偿收缩水泥各龄期的线膨胀增长值

龄期	各龄期间的线膨胀增长率(%)						
	0～1d	0～3d	3～7d	9～28d	28d～3月	3月～9月	
H1	0.077	0.082	0.029	0.063	0.022	0.022	5.25
H2	0.075	0.085	0.064	0.073	0.043	0.033	5.76
H3	0.081	0.091	0.068	0.111	0.067	0.070	6.26

表 2-3 提高 SO_3 含量的水工补偿收缩水泥强度 %

水泥编号	水泥中SO_3含量(%)	以 SO_3 为 5.25% 的 CHEC 水泥为 100% 的强度%							
		抗压				抗折			
		3d	7d	28d	3月	3d	7d	28d	3月
L-1	5.25	100	100	100	100	100	100	100	100
L-2	5.76	92.3	94.6	88.4	92.7	100	80.6	88.1	91.5
L-3	6.26	83.5	91.7	70.9	83.2	92.4	78.5	68.9	96.9

从图 2-2 和表 2-3 可以看出，SO_3 含量提高后，在熟料量不变的条件下，对强度的影响较为明显，所以提高 SO_3 含量的单一措施是不行的。

由此可以认为,采取提高 SO_3 含量的措施,是可以达到膨胀后移动目的的,可以研究国家标准 GB2938-82 SO_3 小于 6% 的规定的科学性和合理性,但要研究使强度不致下降的相应措施。必须指出,仅采取提高 SO_3 含量的单一措施,来达到膨胀后移的效果是不够理想的。

二、调整水泥细度

水泥细度与膨胀、强度、水化热都有着密切的关系。通过改变细度(主要放宽细度)有可能使钙矾石的形成速度放慢,比较后期产生膨胀。为此,我们试验了不同比面积对线膨胀的影响,试验结果列于表 2-4。

表 2-4 不同细度(比面积)和低热微膨胀水泥的性能

水泥编号	比面积(cm^2/g)	标准稠度(%)	凝结时间(h:min) 初	凝结时间(h:min) 终	抗压 3d	抗压 7d	抗压 28d	抗折 3d	抗折 7d	抗折 28d
L-27	3688	22.25			93	201	325	1.9	4.7	7.3
L-23	3926	22.25	3:14	4:30	103	243	419	2.7	5.6	10.7
L-25	4238	22.50	2:26	4:08	153	301	462	3.8	7.4	11.3

水泥编号	净浆线膨胀(%) 1d	3d	7d	14d	21d	28d	2个月	7个月	7~28d
L-27	0.060	0.112	0.171		0.231	0.251	0.325		0.080
L-23	0.055	0.108	0.104	0.154	0.167	0.175	0.207	0.226	0.035
L-25	0.065	0.117	0.142	0.153	0.163	0.170	0.189	0.203	0.028

从表 2-4 可以看出,随着水泥比面积降低,7d 后的线膨胀逐渐提高。当比面积为 $3688cm^2/g$ 时,7~28d 线膨胀增长为 0.080%,达到了要求改进的指标。但比面积降低后,影响强度显著下降,在 $3688cm^2/g$ 时,28d 强度仅 32.5MPa。因此,稳定生产 325 号水泥是困难的,说明单一采取降低比面积措施来达到线膨胀后移的目的,也存在一定问题。

三、采用分别粉磨,使水泥各个组织具有不同的比面积

水工补偿收缩水泥水化过程中形成钙矾石是其产生膨胀的因素。因此,使钙矾石的形成速度慢,则可能达到线膨胀后移的目的。我们采取将水泥和组织中的矿渣、熟料、石膏先分别粉磨到不同的比面积,然后混合粉磨至要求的比面积,以达到水泥中的不同组织具有不同比面积,试验结果列于表 2-5。

表 2-5 不同粉磨方式的水泥的程度和线膨胀

水泥编号	粉磨方式	比面积(cm^2/g) 矿渣	熟料+石膏	水泥	抗压强度(MPa) 3d	7d	28d	净浆线膨胀(%) 1d	3d	7d	14d	21d	28d	7~28d
L-15	混合	—	—	4190	8.1	168	392	0.049	0.116	0.143	0.220	0.255	0.283	0.140
L-16	分别	3200	1784	3904	6.9	169	359	0.062	0.126	0.157	0.171	0.180	0.188	0.031
L-19	分别	1817	3244	4000	7.8	165	376	0.054	0.121	0.174	0.221	0.247	0.271	0.097

从表 2-5 可看出,采用分别粉磨,改变水泥组织的比面积的措施,并不能达到线膨胀后移的目的,但同时可看出水泥组织中矿渣粗,熟料和石膏细的水泥对线膨胀后移有利。反之,矿渣细,熟料和石膏粗的水泥,则对线膨胀后移不利。

四、用粉煤灰代替部分矿渣

粉煤灰具有较高的 AlO_3 含量,而其水化较慢。

从表 2-6 可见,用煤灰粉代替 A‰矿渣,对水泥线膨胀均能引起适当后移效果见图 2-3,其 28d 以内强度见图 2-4。

表 2-6 用粉煤灰代替部分矿渣的试验结果

水泥编号	比面积 (cm²/g)	粉煤灰	抗压强度(MPa)			净浆线膨胀(%)						7-28d 线膨胀增长率(%)
			3d	7d	28d	1d	3d	7d	14d	21d	28d	
L-15	4195	0	0.8	16.8	39.2	0.049	0.116	0.143	0.220	0.255	0.283	0.140
L-5	4001	A	7.0	12.9	30.3	0.077	0.118	0.186	0.226	0.314	0.362	0.176
L-6	4001	A	6.9	13.2	30.6	0.042	0.102	0.172	0.261	0.316	0.372	0.200
L-23	3926	0	10.3	23.4	41.9	0.055	0.108	0.140	0.154	0.167	0.175	0.035
L-26	3987	A	11.5	20.7	39.0	0.052	0.103	0.141	0.162	0.176	0.187	0.046

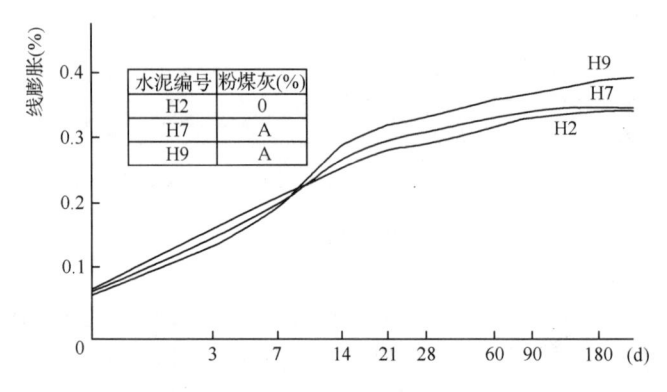

图 2-3 掺加粉煤灰的低热微膨胀水泥的线膨胀值

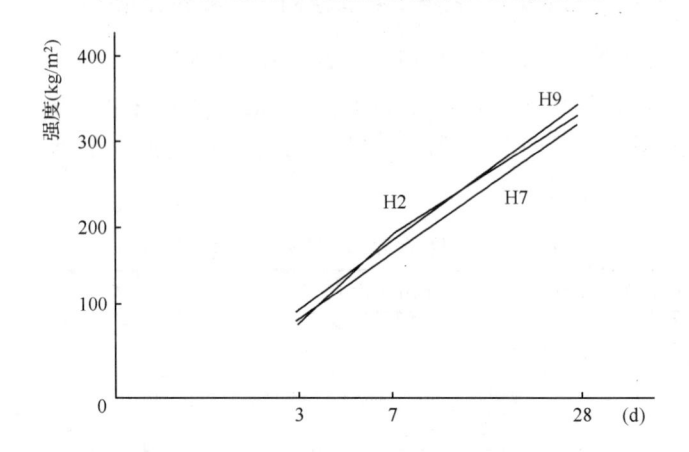

图 2-4 掺加粉煤灰的低热微膨胀水泥的强度

五、粉磨水泥加入膨胀剂

试验水泥其化学成分、比表面积、强度如表2-7～表2-9。

表2-7 水泥化学成分

水泥编号	SiO$_2$	Al$_2$O$_3$	Fe$_2$O$_3$	CaO	MgO	SO$_3$	Σ
X-3	30.22	8.71	2.79	40.41	12.16	4.9	99.19
X-4	29.31	8.93	2.77	41.58	11.63	5.0	99.22

表2-8 比面积、凝结时间、安定试验

水泥编号	比表面积(cm^2/g)	初凝	终凝	标准稠度用水量	安定性
X-3	4830	3：32	4：47	26.8	合格
X-4	4797	3：54	5：30	26.4	合格

表2-9 强度试验（MPa）

水泥编号	3d抗折	3d抗压	7d抗折	7d抗压	28d抗折	28d抗压
X-3	2.5	10.9	5.7	26.4	11.5	47.0
X-4	2.5	11.1	5.9	26.7	11.6	48.2

据强度增长率分析，粉磨水泥加入膨胀剂，其7d抗折、抗压强度比不掺低15%；其28d抗折、抗压强度低2%～5%。

1. 线膨胀试验

用26.5%的水灰比，将水泥成型为25mm×25mm×280mm的水泥净浆试体置于潮湿条件下养护24±2h后脱模测得原始长度，然后分别放入20±0.5℃和初始温度为19℃，每8h升温1℃，560h后，漫升达40℃时，保温（40℃）24h后，每天降0.5～20℃时为常温即标准温度养护，至各龄期（水中养护）测量长度变化测定结果如表2-10和图2-5。

表2-10 线性膨胀率

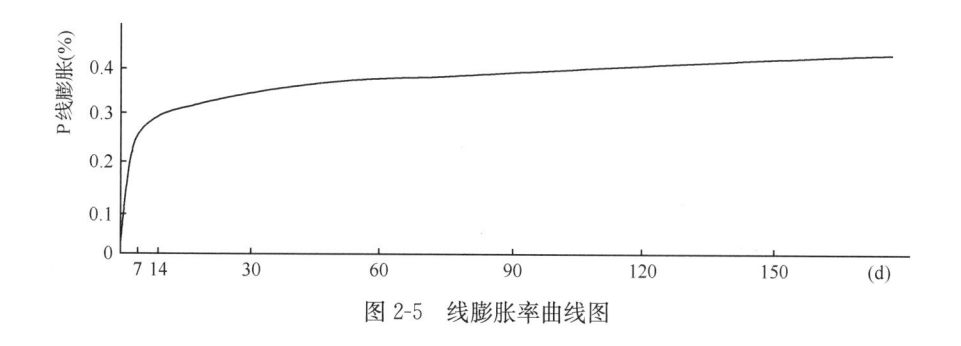

环境温度(℃)	编号	1d	3d	7d	14d	28d	180d
20	II-3	0.127	0.226	0.331	0.331	0.357	0.421
20	II-4	0.118	0.214	0.297	0.325	0.348	0.396
19～40	II-3	0.093	0.231	0.282	0.276	0.292	0.344
19～40	II-4	0.092	0.220	0.272	0.265	0.277	0.326

图2-5 线膨胀率曲线图

线膨胀在各龄期的膨胀率,如表 2-11 所示。

表 2-11　线膨胀在各龄期的膨胀率(以 28d 龄期计 100%)

环境温度(℃)	编号	1d	3d	7d	14d	28d	180d
20	II-3	35.6	63.3	84.0	92.7	100	117.9
	II-4	33.9	61.5	85.3	93.4	100	113.8
19～40	II-3	31.85	79.1	96.6	94.5	100	117.8
	II-4	33.2	79.4	98.2	95.7	100	117.8

1) 在标准温度条件下,膨胀剂在一定范围内变化,自生线膨胀速度变化不大,但粉磨掺有膨胀剂的水泥,对于早期速率有约 5%～7%的抑制作用,而 14～28d,龄期有 7%～8%的后期膨胀作用,1～6 个月还有 10%～17%的膨胀率,起到了一定延缓膨胀作用。

2) 在试验室模拟大坝升温条件下水化速率很接近大坝的实测变型值。随着环境温度的上升,线膨胀率也有所提高,在达到最高温度 40℃时,粉磨中未加入膨胀剂,7d 前发挥 99%的膨胀量,加入膨胀剂后 28～190d 水泥还会产生 15%左右的膨胀值,如图 2-6。

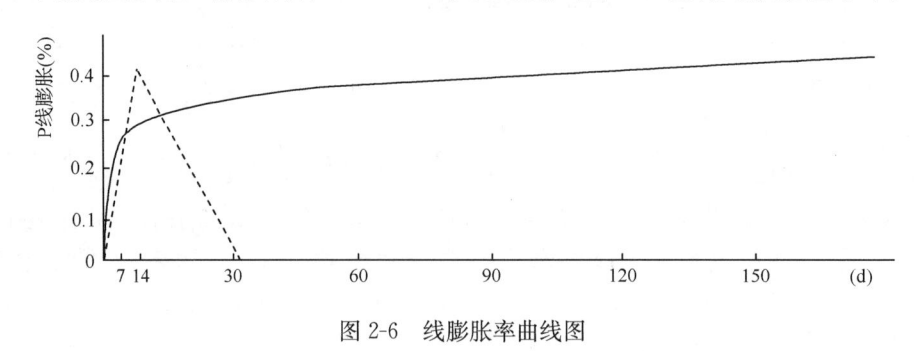

图 2-6　线膨胀率曲线图

2. 水化热试验

该水泥水化热测试如表 2-12。

粉磨中加入膨胀剂改性水泥进行混凝土自生体积变形试验,其混凝土配合比采用 1∶30∶6∶33,水灰比 0.70,水泥用量 210kg/m³,砂率 32%,二级配。在 20℃养护温度条件下,其变化规律如表 2-13。

表 2-12　水化热试验结果

龄期	编号	
	III-3	III-4
3d	158	154
7d	171	168

表 2-13　自 生 体 积 变 形

龄期(d)	3	4	7	12	28	30	45	60	90	120	150	180	240	300	360
自生体变(×10⁻⁶)	225	240	247	253	254	254	250	250	245	243	225	241	240	240	240

掺有膨胀剂混凝土自生体积变形,其自生体积变形绝对值虽有增加,约增加 $60×10^{-6}$,但混凝土自生体积变形未按水泥自生体积膨胀规律,随龄期增长而增加膨胀值,即该方案未达到混凝土自生体积变形后延的目的。

六、采用综合技术措施后的初步试验成果

多年的试验研究表明,水泥的性能与混凝土有十分密切的相关关系,但以自生体积变形来说,它们之间有的一致,有的不完全一致,这不仅表现在数量的相关关系上,也表现在变化规律也绝非完全一致。五的试验结果也表明了这一点。

著者还通过一到四的单项因子因素研究,在六方案中,采取综合技术措施,即考虑加大 SO_3 含量、减少比表面积等因素,也在配比设计中以化学反应平衡决定各种原材料加入量,并在熟料中增加 MgO 含量,试验中 MgO 含量达到 5.8%。国外研究如 P. K. Mchta 认为 MgO 适宜锻烧温度为 900~950℃,MgO 颗粒细度 300~1180μm,其产生的效果为最佳。并通过采用水泥石微观结构优化剂等措施使水泥、混凝土提高耐久和强度等方面的性能,实验成果如表 2-14~表 2-17。

水泥初凝 3h42min,终凝 4h38min,安定性合格,强度指标如表 2-14。

表 2-14 强度试验(MPa)

项 目	3d	7d	28d
抗 折	2.6	6.9	11.8
标 准		4.4	8.3
抗 压	12.0	29.8	49
标 准		26.5	41.7

表 2-15 水化热试验结果(kJ/kg)

龄期(d)	3	7
水化热	169	182
国家标准水化热	175.8	196.8

表 2-16 水泥线膨胀

环境温度(℃) \ 水泥线膨胀 \ 龄期(d)	1	3	7	14	28	180
19~40	0.117	0.200	0.263	0.293	0.307	0.343
20	0.100	0.237	0.273	0.267	0.281	0.325

环境温度(℃) \ 水泥线膨胀 \ 龄期(d)	1	3	7	14	28	180
19~40	38.1	68.1	85.7	95.4	100	111.7
20	35.6	84.3	98.9	95.0		115.7

混凝土自生体积变形试验结果:

试验混凝土配合比(水泥土∶沙∶石)=1∶3.34∶10.09

骨料组合:三级配合:大∶中∶小=50∶20∶30

　　　　　四级配合:大∶中∶小=35∶20∶25

其水灰比、骨料、水泥各占重量如表 2-17。

表 2-17 水灰比、骨料、水泥各占重量

级 配	W/C	W(kg)	C_{kg}	S(%)
三级配	0.65	108	166	25
四级配	0.65	102	157	25

其四级配混凝土各龄期的强度如表2-18。

表2-18 四级配混凝土强度(MPa)

龄　期(d)	3	7	28	90	180
强度(MPa)	3.55	14.32	20.09	25.90	26.67

从自生体积变形试验结果(表2-19,图2-7),我们可以认识到:

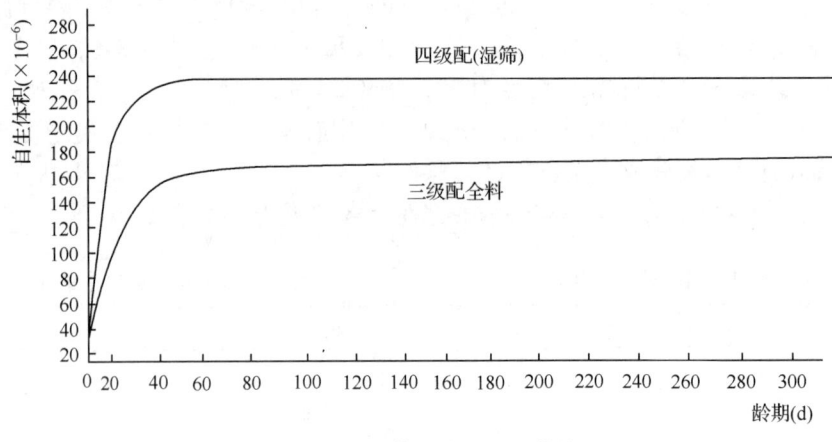

图2-7 自生体积变形过程曲线

1) 膨胀快速变化期,由5~7d增至10~12d。

2) 随龄期增加,10~12d后,自生体积变形量开始缓慢增长,至190d,四级配还增长6.3%,三级配增长6.6%,至190d以后,自生体积变形值才稳定保持不变。

其三、四级配混凝土各龄期自生体积、变形如表2-19、表2-20。

以后著者在水泥石微观结构优化取得成功后,并经试验证明,矿渣比表面积4000cm²/g左右,水泥水化热、膨胀能、强度三者综合指标最优,故又进一步降低水泥的比表面积,使水泥膨胀能、水化热、强度、变形各项指标更为优越(详见本章第三节)。

表2-19 混凝土自生体积变形试验结果(三级配)

龄　期d	1	2	3	4	5	6	7	8
自生变形×10⁻⁶	0.00	20.47	71.23	136.92	156.88	160.07	166.69	166.69
龄　期d	9	10	11	12	15	17	19	24
自生变形×10⁻⁶	166.93	167.32	167.81	168.01	168.11	171.38	171.18	170.92
龄　期d	28	33	39	46	53	56	61	68
自生变形×10⁻⁶	174.20	174.68	174.48	175.12	174.75	174.73	174.43	170.64
龄　期d	84	89	99	106	111	117	123	132
自生变形×10⁻⁶	175.24	175.24	174.11	177.36	178.31	177.92	173.36	175.51
龄　期d	138	147	157	162	165	168	174	180
自生变形×10⁻⁶	175.41	175.74	175.62	176.02	175.85	175.46	175.21	175.23
龄　期d	189	194	200	215	224	230	235	241
自生变形×10⁻⁶	177.19	179.93	198.78	183.09	181.02	179.50	179.32	179.66

续表

龄 期 d	248	253	262	270	283	290	298	304
自生变形×10⁻⁶	178.41	178.62	177.46	177.51	178.07	178.44	176.73	177.31
龄 期 d	313	320	327	335	347	355		
自生变形×10⁻⁶	177.75	177.61	178.10	178.29	178.59	177.15		

表 2-20　混凝土自生体积变化试验结果（四级配）

龄 期 d	1	2	3	4	5	6	7	8
自生变形×10⁻⁶	0.00	44.51	129.33	218.99	232.30	235.59	242.21	242.26
龄 期 d	9	10	11	12	15	17	19	24
自生变形×10⁻⁶	242.47	242.88	243.34	243.55	247.06	246.99	246.80	249.89
龄 期 d	28	33	39	46	53	56	61	68
自生变形×10⁻⁶	253.21	253.67	350.08	254.09	253.72	253.72	243.25	246.20
龄 期 d	84	89	99	106	111	117	123	132
自生变形×10⁻⁶	254.18	254.18	253.01	253.30	256.16	259.16	259.09	261.22
龄 期 d	138	147	157	162	165	168	174	180
自生变形×10⁻⁶	216.22	261.42	261.38	261.75	261.58	261.22	264.35	260.96
龄 期 d	189	194	200	215	224	230	235	241
自生变形×10⁻⁶	262.95	265.74	271.16	268.83	270.19	265.25	265.07	265.44
龄 期 d	248	253	262	270	283	290	298	304
自生变形×10⁻⁶	264.17	264.35	263.22	263.27	263.82	264.17	262.41	263.01
龄 期 d	313	320	327	335	347	355		
自生变形×10⁻⁶	263.45	259.95	260.41	260.59	260.87	259.44		

第三节　低热微膨胀水泥机理及微观结构优化后性能

低热微膨胀水泥的水化硬化过程是熟料和石膏对矿渣的双重激发作用的结果[18]。低热微膨胀水泥的水化产物主要是晶体的水化硫铝酸钙（分子式为 $3CaO·Al_2O_3·3CaSO_4·31H_2O$）、胶体的水化硅酸钙 CSH（B）以及铝酸盐 C_2AH_3 等，而高型硫铝酸钙在水化过程中，由于石膏在一定的时间内即行消失，因而其本身是稳定的，也就没有由低型水化硫铝酸钙向高型水化硫铝酸钙转化而产生膨胀破坏的问题。同时，高型水化硫铝酸钙先形成团集的晶体硫铝酸钙同 CSH（B）交织和连锁；而单个分布的硫铝酸钙晶体在同 CSH（B）的凝缩过程中继续形成 CSH（B）更加紧密的交织和连锁。这两种形态的硫铝酸钙先后形成，同时并存，加上 CSH（B）的作用，从而使水泥产生较高的强度，并产生适度的膨胀。钙矾石由矿渣中 Al_2O_3，以及熟料中的铝酸盐，在石膏和 $Ca(OH)_2$ 作用下形成。

高型硫铝酸钙的形成过程，是不断吸收 CaO、不断降低碱性的过程，在水泥初期呈高碱度，以后碱度不断下降，如图 2-8 所示。

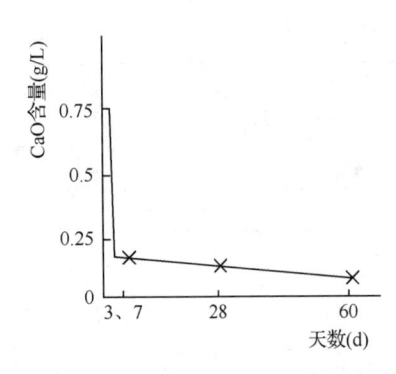

图 2-8　碱度 CaO 与时间关系曲线

这样,在水泥水化初期,在高碱度条件下,高型硫铝酸钙是以固相为依托的,呈放射状的团集分布的晶体,随着碱度的急剧下降,继续形成的高型硫铝酸钙,则是细长棒状的单个分布的晶体。团集分布的高型硫铝酸钙,像是大的"悬臂梁",固相体积的膨胀,加上晶体生长压力,驱动水泥石体积膨胀。单个分布的高型硫铝酸钙晶体,像是小的"简支梁",它不产生或很少产生晶体生长压力,对驱动水泥石体积膨胀,只有较小的作用。实验还证明,这种膨胀水泥比其他一些膨胀水泥更为稳定。

著者在研究过程中,曾突破低热微膨胀水泥原国家标准 GB2938-82 SO_3 含量 4%～6%的规定[23],加大了 SO_3 的掺量,并调整水泥配比和工艺参数,达到混凝土膨胀期后延,后期强度增高,并在工程应用中取得良好效果。GB2938-1997 国家标准已将 SO_3 含量改为 4%～7%[28]。

但目前有的学者在中热硅酸盐水泥中加大 SO_3 含量(亦即石膏掺加量%)以达到水泥早期膨胀是不合适的。硅酸盐水泥(国外称波特兰水泥)体系的水泥中(GB2000-89 的中热硅酸盐水泥和低热硅酸盐水泥属于硅酸盐水泥体系),石膏是作为调凝组份掺入的,同时它又会与熟料或混合材料中的铝酸盐以及水化放出的 $Ca(OH)_2$ 产生水化反应,生成钙矾石。钙矾石在水泥水化的早期生成是无害的。它不仅调节了凝结时间,而且还有提高早期强度和增加硬化体密实度,以及产生微膨胀的作用。但若石膏掺加过多(即使在标准规定的范围之内),在三天或稍后一点的龄期后,仍有较多的剩余 SO_3 存在,一般是不允许的。因为作为硅酸盐水泥体系的水泥,在后期硬化体液相中的 $Ca(OH)_2$ 浓度,一般是饱和的,亦即是处在高碱度(pH 值)的条件下此时如仍有较多的剩余 SO_3,就有可能在后期,缓慢地与后来水化的水泥颗粒中的铝酸盐反应,生成破坏性的钙矾石。这时形成的钙矾石将使硬化体系产生不均匀膨胀,其后果是轻则使混凝土强度下降,重则使混凝土结构破坏。很早以前,国外从事水泥研究工作的学者们,就称它为"水泥杆菌"来作比喻的(不属纯硅酸盐水泥体系的水泥,则另作别论)。衡量石膏掺加量是否过多,是要看水泥水化后期是否存在较多的剩余 SO_3,这就要根据本厂的熟料矿的组成,水泥细度以及强度发展情况,凝结时间等方面的因素来确定 SO_3 的内控指标,而不是只看不超过标准规定的指标就行的。因为标准规定的指标仅是一个极限值,各厂要根据本厂的生产特点来确定适当的石膏掺加量范围,绝不应为了提高早期的膨胀而任意提高石膏掺加量,否则是很危险的。

有学者将中热硅酸盐水泥 SO_3 含量从水泥生产的 2.5%左右提高至 3.2%～3.5%,或大于 3.5%,这是硅酸盐水泥机理和多年生产实践所不允许的。

此外,低热微膨胀水泥还具有良好的耐蚀性能,这对我国硫铝酸盐腐蚀较严重的西北和北方一些地区及海水工程是有意义的。由于该水泥主要水化产生之一 CSH(B),其 CaO 和 SiO_2 之比接近于 1,同时存在大量的尚未作用的矿渣。因此,碱度有越来越低的趋势,最后以高型硫铝酸钙和 CSH(B)的平衡浓度为极限。这一水泥的这种情况,决定着高型硫铝酸钙能够长期稳定存在,它不可能向低型硫铝酸钙转变,也决定着它具有抗海水腐蚀的能力,尤其是抗硫酸盐腐蚀的能力。因为这种水泥中虽有大量尚未作用矿渣能提供活性的Al_2O_3,但没有必要的碱度条件,与海水和其他矿质水中的SO_4不可能进行高型硫铝酸钙的反应。而且即使继续形成一些高型硫铝酸钙,也将是单个分布的晶体,不产生膨胀破坏作用。据铁道科学研究院对该水泥的初步试验结果,证明它的耐硫酸钠腐蚀性能比抗硫酸盐水泥还强。抗硫酸盐水泥耐硫酸钠的极限浓度为10000mg/L,低热微膨胀水泥达到20000mg/L。因此,这一水泥适用于海水和有硫酸盐腐蚀的地区。

从高倍电子显微镜下,低热微膨胀水泥石中的一些缝隙中,充满高型硫铝酸钙,高倍电子显微照片(图2-11、2-12、2-13)还证明其微观结构比低热硅酸盐水泥致密。

水泥水化硬化6年后的$3CaO \cdot Al_2O_3 \cdot 3CaSO_4 \cdot 31H_2O$(钙矾石)稳定存在。水泥水化硬化6年后的试体内几乎不存在$Ca(OH)_2$。

Ⅱ型低热微膨胀水泥混凝土样品存放10年后,1998年11月16日经地质矿产部矿床地质研究所鉴定,未见新生矿物和次生裂隙。

由于偶然机会,著者发现某些元素对低热微膨胀水泥力学性能提高有作用,那么这种偶然性是否蕴藏着必然性的规律呢?著者于1997~2000年,历时3年多,采用几十组配比,上万组试件的优化,终于首次在世界上第一个将水泥微观结构优化获得成功,低热微膨胀水泥从此迎来了第三代产品——WD-Ⅲ型低热微膨胀水泥。

对低热微膨胀Ⅲ型与Ⅰ型水泥的水化样作微观分析,其低热微膨胀水泥水化80dX-衍射图谱见图2-9,差热分析见图2-10中的1、2、4、5曲线。

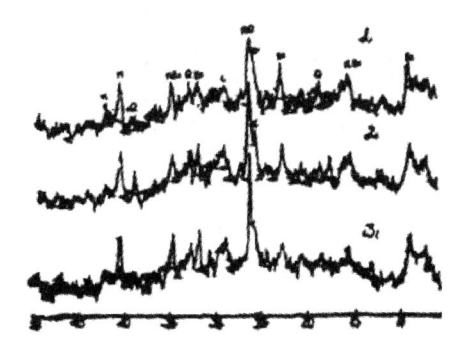

图2-9 水化80天X-衍射图谱
1—Ⅰ型低热膨胀水泥水化80天X-衍射图谱;
2—Ⅲ型低热膨胀水泥水化80天X-衍射图谱

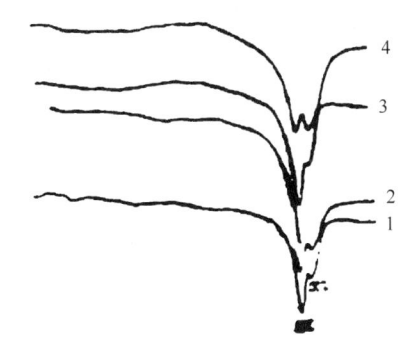

图2-10 差热分析图谱
1—Ⅰ型低热微膨胀水泥水化3d样的差热分析图谱;
2—Ⅲ型低热微膨胀水泥水化3d样的差热分析图谱;
3—Ⅰ型低热微膨胀水泥水化7d样的差热分析图谱;
4—Ⅲ型低热微膨胀水泥水化7d样的差热分析图谱

由曲线可见,Ⅲ型和Ⅰ型水化物一样,没有变化,其主要的水化产物钙矾石也未见增加或减少。

对Ⅲ型和Ⅰ型低热微膨胀水泥水化后进行扫描电镜,照片见图2-11、2-12(a)、(b)。Ⅲ型低热微膨胀水化钙矾石晶体比Ⅰ型更均匀,结晶形态更粗壮。这是由于给Ⅲ型水泥水化产物钙矾石晶体创造周边生长机会,故结晶形态粗壮,致使水泥石结构孔结构改善、优化和孔隙率减少。

水泥石的结构与性能有重要关系,孔隙率大,强度低,但强度不仅决定于孔隙率,而且还决定于孔径分布。

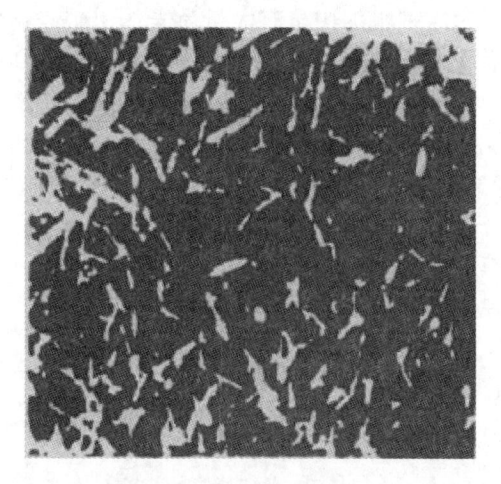

图 2-11　I 型低热微膨胀水泥水化 7d 电镜照片

对 III 型、I 型低热微膨胀水泥水化后作微观结构对比分析，III 型水泥比 I 型水泥不同龄期总孔隙率都要小 10% 以上（7d 减少 10.7%，28d 减少 11.8%）。除了总孔隙率的差别外，孔径分布亦有明显变化，III 型水泥硬化体孔径集中在 250～50A° 之间，随养护时间延长，粗孔减少，细孔比例增大，少于 100A° 的孔明显增加，孔径变小，说明较大孔隙已被水化产物充填，III 型比 I 型孔径更小些。综上所述，III 型低热微膨胀水泥不仅比 I 型低热微膨胀水泥总孔隙率小，而且孔径分布得到改善、优化，孔径变得更小，从而 III 型低热微膨胀

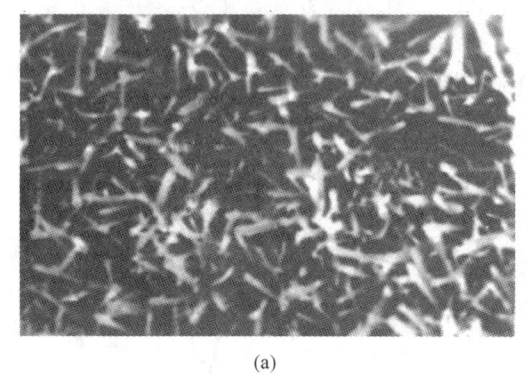

(a)　　　(b)

图 2-12　III 型低热微膨胀水泥水化 7d 电镜照片

水泥力学性能更为优越。其性能也得到了大幅度提高（见表 2-21，表 2-22）。

从影响混凝土工程耐久性水化热、补偿收缩能、极限拉伸值、抗拉强度以及抗冻性能指标看，III 型低热微膨胀水泥与 I 型比较，不仅水泥标号提高了一个等级，而水化热也从 210kJ/kg 下降到 185.8kJ/kg，并较大的提高了补偿收缩能。如混凝土膨胀在混凝土性能方面，混凝土抗裂重要指标极限拉伸值，28d III 型为 1.52×10^{-4}，I 型为 1.01×10^{-4}，提高了 50%；I 型抗拉强度不仅小，而且后期增长率也不大，III 型低热微膨胀水泥混凝土 90d 龄期抗拉强度达到了 3.4MPa 比 I 型 2.26MPa 高出了 51%。抗冻标号，III 型快冻达到 300 次，I 型 50 次。

对比 52.5 中热硅酸盐水泥混凝土，III 型低热微膨胀水泥混凝土 7d 抗拉强度比中热硅酸盐水泥高 81.6%，28d 极限拉伸值，中热硅酸盐水泥混凝土为 0.92×10^{-4}，III 型低热膨胀水泥可达 1.52×10^{-4}。中热硅酸盐水泥 28d～1 年强度增长率 1.15，1 年后强度不增长或略有下降。III 型低热微膨胀水泥 1 年强度增长率为 1.4 以上。3 年增至 80MPa，5 年达到 100MPa。

表 2-21 国内外水泥性能比较表

水泥种类	抗压强度(MPa) 7d	28d	抗折强度(MPa) 7d	28d	1年	3年	5年	水化热(kJ/kg) 3d	7d	28d	自由膨胀率(%) 1d	7d	28d	混凝土极限拉伸值 ×10⁻⁴(28d)
中热硅酸盐水泥 52.5	39.6	56.6	6.2	8.2				252	273					0.92(三峡骨料)
低热硅酸盐水泥 42.5	19.4	45.5	4.4	7.9				172	220					0.805(三峡骨料)
明矾石膨胀水泥 52.5	34.3	52.5	5.3	7.8					251	0.15			0.35～1.2	
日本膨胀水泥	14.7	29.4							291					
美国K型膨胀水泥	14.7	24.5		7.3					291				0.04～0.12	
Ⅰ型低热微膨胀水泥	29.2	45.2	6.0	11.8	11.6	10.6	100.5	180	210		0.068	0.194	0.195	1.01(三峡骨料)
WD-Ⅲ型低热微膨胀水泥	33.2	57.6	7.3		71.6	82.7	11.7	170.4	185.8		0.101	0.241	0.308	1.52(三峡骨料)

表 2-22 水泥微观结构优化后的Ⅲ型低热微膨胀水泥与Ⅰ型低热微膨胀水泥混凝土试验对照表

水泥品种	抗压强度(MPa) 7d	28d	90d	劈拉强度(MPa) 7d	28d	90d	极限拉伸值(×10⁻⁴)	轴拉(MPa)	抗冻标号(次)(28d)	干缩率 3d	28d	90d
Ⅲ型低热微膨胀水泥	24.8	33.9	39.4	2.27	3.05	3.40	1.52	3.52	300			
Ⅰ型低热微膨胀水泥	20.6	27.3	29.5	1.65	2.14	2.26	1.01	1.52	50	−60	−10	40
Ⅲ型低热微膨胀水泥+20%粉煤灰	22.9	31.8	39.5	2.11	2.58	3.23	1.33	3.27	300			
Ⅰ型低热微膨胀水泥+20%粉煤灰	18.9	26.6	31.1	1.36	1.64	1.96	0.99	2.23	50			
中热硅酸盐52.5水泥+20%粉煤灰	18.1	27.0	37.9	1.25	1.77	2.85	0.91		250～300	46	296	379
中热硅酸盐52.5水泥	28.7		37.0		2.05	2.20	0.92					

注 混凝土试验由中国长江三峡工程总公司试验中心采用三峡工程砂石骨料,相同配合比和试验设备,由相同的试验人员进行试验。表 2-22 中Ⅰ型低热微膨胀水泥由华新水泥厂生产提供,Ⅲ型低热微膨胀水泥由著者生产提供。

27

第四节　高档绿色耐久水泥[*]

1999年我国生产5.3亿t水泥，消耗煤4800万t，排放二氧化碳3.6亿t，消耗石灰石4.6亿t，这给环境、能源、资源带来了严重负荷。2003年我国水泥产量达到8.62亿t，占世界水泥产量近50%[53]。我国目前是世界最大的水泥生产国，这么大的水泥工业，如不进行结构调整，不走高科技的绿色环保之路，在环境、能源、料耗上均将无法承受。

被国内外专家称之为中国人奇迹的微观结构优化以水化硫铝酸钙和水化硅酸钙为基础的WD-III型高档低热微膨胀生态水泥，实现了无污染、低能耗、高性能、低成本、低物耗，科技含量高，经济效益又特别宏大，它是21世纪新型高端生态水泥。现将国内外三种生态水泥原材料、环保、能耗、性能、成本、经济效益如表2-23。

表2-23　国内外三种生态水泥

水泥品种	生态法制造的高档耐久水泥	生态水泥	凝石水泥
原材料	冶金渣、粉煤灰、硬石膏80%以上，其他为熟料和微观结构优化剂	石灰石52%（硅酸盐水泥78%），垃圾焚烧灰47%，其他1%	冶金渣、粉煤灰、煤矸石、赤泥90%，成岩剂
制造方法	研磨	高温烧结	常温常压烧结
污染	生产无污染、零排放产品减少CO_2排放量80%以上	利用一系列无害化处理设备后，实现污染零排放	烟尘污染，但无CO_2排放
资源消耗	节省石灰石矿山资源80%以上	高	低
能源消耗	比波特兰水泥节能50%以上	高	一般
产品性能	水化热、抗拉强度、自生体积变形、补偿收缩能以及抗爆、抗裂、抗渗、抗冻、抗硫酸盐侵蚀、抗碱骨反应等耐久性能均大幅度超过硅酸盐水泥，且独有可实现工程整体设计大幅度缩短工程建设周期的优异性能	与硅酸盐（波特兰）水泥同	可满足建筑水泥各项性能指标，耐酸、耐碱、耐高温
成熟度	已工业化生产。并在水坝、桥梁、公路、堵头、大型地下洞室、贮水池、刚性防渗屋面、工业、民用建筑中广泛应用	已批量生产，于2004年列为日本绿色产品。	已走出实验室，进入中试阶段。
生产成本	低	高	低
社会效益	极大	大	大
经济效益	工程、产品两方面均宏大	一般	大
发明人	吴来峰教授	日本太平洋水泥公司	孙恒虎教授

注：2009年12月德国卡尔斯鲁厄技术研究所研发出一种新式水泥生产方法，它以≤300℃锻烧过的石灰和沙子为原材料，生产出以水化硅酸钙为基础的水泥，它比波特兰水泥生产（1450℃）方法节能50%，目前该所这种业已成熟的Celitement水泥，将由新成立的Celitement公司投放市场。

---

[*] 30年潜心研究，抗裂水泥节能50%—2005年4月26日《科技日报》。

由于全球 CO_2 浓度已从 50 年前 280PPm(百万分之 280)增加到 2005 年 379PPm,2008 年初达到创记录 394 PPm,使联合国政府同气候变化问题研究小组建议大气层 CO_2 浓度今后能限制在 450PPm 以内。工业国和发展中国家必须在《京都议定书》基础上,高度重视包括 CO_2 在内温室气体排放,目前各国均十分重视并已开始具体行动。我国也十分重视减少 CO_2 及温室气体排放。著者认为,大力在全球范围推广 WD-III、V、VI 型低热微膨胀水泥生产,不仅工程产品经济效益十分宏大,而且该产业系低碳、低能耗、低物耗、低成本、高效益知识型循环型经济产品,生产无污染零排放,环境效益显著且意义重大。

第五节 水泥等级划分标准及等级评定

一、水泥等级划分标准[*]

目前国内外水泥以水泥 28d 无抗压强度(MPa)为标号划分等级如 32.5、42.5、52.5MPa。著者认为,以水泥的使用对象混凝土工程的耐久性优劣,才是水泥等级划分的唯一正确标准。因此,水泥各项混凝土的耐久性能指标,才实质反映水泥优劣和相应等级。目前以耐久性来评定水泥质量的呼声日趋强烈,以抗压强度指标来划分,不仅具有极大片面性,而且也没有反映工程实际最重要和最需要的抗拉强度指标和变形性能指标。不仅缺乏科学性,而且还会误导用户。如某工程对硅酸盐水泥 62.5 和 52.5 两个标号进行混凝土性能试验比较,62.5 标号不仅价格贵,而且综合性能指标还比不上 52.5 标号,如 62.5 标号水化热、后期强度增长率指标均比 52.5 标号差。再如同一标号的硅酸盐水泥,价格相同,但变形性能指标如干缩率、自生体积变形等,它们相差值达到 2 倍,甚至 4 倍。这种变形性能很差,如收缩率和干缩率特大会使工程开裂不耐久,是工程应用不合格的水泥,但按现行国标仍是合格甚至是高标号的上等水泥。并和同标号的收缩率小的优良水泥销售同样价格。表明现行水泥等级划分不科学和不合理性。本规定以水泥混凝土工程的耐久年限来划分水泥的等级标准,并具体以该水泥混凝土的抗裂、抗渗、抗冻、抗腐蚀、抗碱骨料反应五大耐久性能的实测量值,划分水泥为特等、优质、普通、一般水泥 4 个等级。

(一) 特等水泥

具有以下耐久性能的水泥称特等水泥。
(1) 水泥混凝土抗裂:

1) 抗裂系数 $K_1 = \dfrac{抗拉强度 \times 极限拉伸值}{干缩率 \times 抗拉弹模} \geqslant 3.0$;

2) 抗开裂系数 $K_2 = \dfrac{抗拉强度 \times 极限拉伸值 \times 补偿收缩能系数}{绝热温升 \times 抗拉弹模} \geqslant 10.0$;

3) 水泥混凝土:极限拉伸值 $>1.3/万$;

4) 混凝土绝湿条件无收缩,混凝土干缩率 $\leqslant 50 \times 10^{-6}$。

---

[*] 1) 对一般混凝土工程(非大体积混凝土工程),工程抗裂仅考虑混凝土抗裂系数 K_1 符合水泥等级中的规定即可。
2) 无碱活性骨料地区修建工程,水泥碱含量要求可放宽。
3) 无硫酸盐侵蚀工程,抗腐蚀要求可以放宽。

(2) 水泥混凝土抗渗:渗透系数(cm/s)$K \leqslant 10^{-9}$。

(3) 水泥混凝土抗冻:快冻≥300次。

(4) 水泥砂浆抗腐蚀:硫酸盐侵蚀对水泥侵蚀作用是最普遍和危害最大的破坏。抗SO_4^{-2}浓度≥15000mg/L。

(5) 抗碱骨料反应:水泥碱含量<0.5%。

(二)优质水泥

具有以下耐久性能的水泥称优质水泥。

(1) 抗裂:

1) $K_1 \geqslant 2.5$。

2) $K_2 \geqslant 8.0$。

水泥混凝土:极限拉伸值>1.1/万,绝湿条件收缩值<0.1/万,干缩率≤60×10^{-6}。

(2) 抗渗:$K < 10^{-8}$

(3) 抗冻:快冻≥250次

(4) 抗SO_4^{-2}侵蚀:抗SO_4^{-2}侵蚀浓度>10000mg/L

(5) 水泥碱含量<0.6%

(三)普通水泥

具有以下强度和变形性能的水泥称普通水泥。

$R_{28压} \geqslant 42.5$MPa

$R_{28折} \geqslant 7$MPa

水泥混凝土:极限拉伸值>0.9/万,绝湿条件收缩值<0.5/万,干缩率<300×10^{-6}。

抗渗$K < 10^{-7}$,快冻≥200次

(四)一般水泥

达不到普通水泥性能标准,但能满足一般工程使用的水泥称一般水泥。

二、水泥等级评定

按上述标准划分,WD-III型高档低热微膨胀水泥,由于上述八项耐久性能指标均符合特等水泥规定,评为特等水泥,而且还是高档绿色高效益水泥。而硅酸盐水泥只能达到3和4级。

水泥混凝土的耐久性能指标,才能真实全面反映水泥的优劣和它在工程实践中呈现的全面性能,并真实反映工程耐久性。我国要逐步建立以工程耐久性来评定划分水泥的等级和标准。根据先易后难的实施方法,著者建议第一步将影响水泥质量大的变形性能,而工厂现有试验室条件,不必加什么设备,测试也较方便的干缩率(砂浆)指标和养护条件下的收缩率(砂浆)指标,列入水泥性能指标。大型、特大型水泥厂,则要逐步建立混凝土试验室,并进行以耐久性为指标水泥新标准(见附录一)或以水泥等级划分标准(第五节)所列各项指标进行测试,确立水泥等级、标号,并在产品说明书列入该产品的各项性能指标。并选择代表水泥耐久性(如抗裂、抗渗)、变形性能(收缩率、干缩率)、强度(抗拉、抗压

强度)等主要指标,在水泥包装袋上或产品说明书(散装水泥)中详细说明。

三、新标准与现行低热微膨胀水泥国标相比

1)强度等级增加了42.5级。

2)增加了变形性能和耐久性指标。

3)产品水化热更低、强度更高。

4)以砂浆线膨胀率代替净浆线膨胀率。因净浆线膨胀率指标,不仅不能反映混凝土砂浆和混凝土的膨胀能实际情况,而且在实验室和工程实践中,水泥净浆试块线膨胀是增长的正值,而混凝土和工程原型观测结果却为负值。故将净浆线膨胀率作为膨胀能的指标,不管从道理上——不符合混凝土膨胀实际,还是从效果上——不能为工程建设服务,都是极不合适的。

5)现行代表低热微膨胀水泥生产厂的意见的一些指标,不仅没有考虑该水泥三项指标:水化热、强度、补偿收缩能协调至使水泥总体性能达到最佳,而是工厂在生产中以强度为中心,尽量加大水泥细度,比表面积有的大于4500cm^2/g,甚至4700cm^2/g以上,使产品7d、28d强度指标能达标。著者经过试验和研究,以及著者对低热微膨胀水泥和长江科学院据著者建议,对低热硅酸盐水泥的试验研究均证明了水泥中的矿渣细度达到4000cm^2/g左右,其矿渣能量的综合指标则可发挥至最佳。细度再细对强度后期增长率、水化热、补偿收缩能均产生不利作用。由于产品细度过细,工程和用户需要的强度后期增长率没了,水化热也高了、发热也过快,补偿收缩性能也不好,这对工程十分不利。

6)近年当原材料化学成分发生变化后,有些工厂仍以"重量法"进行水泥配合比设计和生产。因没有以质量守恒原理的"化学法"设计配比生产水泥,故使混凝土膨胀回缩,甚至收缩、干缩率增大,抗裂耐久等产品性能大幅下降。

7)以耐久性为指标,"低热微膨胀水泥"新标准,除真实反映水泥的强度、水化热、微膨胀的优良性能外,还反映代表水泥优劣的耐久性能。从而保证了我国自主创新产品高档优质和品牌的权威性。而现行国标不仅没有反映代表水泥优劣的耐久性能指标,没有技术措施解决原材料原因产生的混凝土回缩与收缩,而采取简单落后办法,降低技术指标要求,反映标准的科技退步,更为严重的是按现行国标生产水泥,没有符合微膨胀指标,收缩不合格产品,也纳入符合低热微膨胀水泥的标准。

8)新标准由于低热微膨胀水泥在技术上实现了补偿收缩能的提高和水泥石微观结构的优化,产品品质发生质的变化和提高。表现在标号等级提高了,而水化热更低、强度更高、变形性能和耐久性能更好。它真实反映产品新标准的先进性和世界领先水平的水泥新产品的具体性能指标。以耐久性为指标,低热微膨胀水泥新标准,详见附录一。

第六节 外掺粉煤灰混凝土早期强度不降低

众所周知,任何品种水泥,外掺粉煤灰混凝土均会出现早期强度下降,I型低热微膨胀水泥也不例外,当前国内外很多学者都研究外掺粉煤灰混凝土,使混凝土早期强度不降低,是工程建设实际需要,而又是有意义的问题。在III型低热微膨胀水泥研究中,著者采用不同思路和技术方案,进行探索、试验研究,在1999年秋我们终于获得了成功。III

型低热微膨胀水泥外掺粉煤灰对早期水泥强度的影响研究成果如表2-24。

表2-24 III型低热微膨胀水泥外掺粉煤灰对早期水泥强度的影响研究成果表

序 号	1	2	3	4	5	6	7	8	9	10	11	12
粉煤灰取代水泥量(%)	0	20	30	0	20	30	0	20	30	0	20	30
7天抗压强度(MPa)	31.8	32.7	29.7	30.2	30.4	29.2	28.5	30.5	27.1	27.6	25.8	25.3
强度影响率(%)	/	增长2.8	下降6.6	/	增长0.07	下降3.3	/	增长8.8	下降4.9	/	下降6.5	下降8.3
7天抗折强度(MPa)	7.4	7.8	7.6	6.7	7.4	7.9	6.8	8.1	6.9	6.2	6.3	6.3
强度影响率(%)	/	增长5.4	增长2.7	/	增长10	增长17.9	/	增长19.1	增长1.5	/	增长1.6	增长1.6

上述结果表明III型低热微膨胀水泥外掺粉煤灰20%和30%,对水泥早期抗压强度影响不大,对外掺20%粉煤灰的还有所增长。对结构更为重要的水泥抗折强度,外掺20%～30%粉煤灰后,试验结果表明均有所增长,原因除水泥配比设计中,以混凝土抗裂性能最佳为原则外,另外粉煤灰中的Al_2O_3含量比水泥中的Al_2O_3高,而这次水泥成分中,原材料Al_2O_3又偏低。

长江三峡工程开发总公司试验中心,2000年3月对中热硅酸盐水泥和III型低热微膨胀水泥外掺粉煤灰进行混凝土试验结果如表2-25。

从表2-25可见,中热硅酸盐水泥掺粉煤灰20%后,7d抗压强度平均下降19.3%,7d抗拉强度平均下降21.8%。28d抗压强度平均下降13.8%,28d抗拉强度平均下降8.1%;90d抗压强度平均下降4.9%,90d抗拉强度平均下降4.2%。而III型低热微膨胀水泥外掺粉煤灰20%,在水灰比0.45时,7d、28d、90d抗压、抗拉强度均有增长。而早期强度、水灰比0.45和0.50时,其7天早期抗压强度增长8.6%和2.4%,早期抗拉强度增长16%和3.9%。表明III型低热微膨胀水泥混凝土性能更为优越。取得这样好的成果,究其原因有以下几个方面:①在严格控制原材料质量,优化水泥配比基础上,以混凝土抗裂性能最佳,作为水泥配比设计的原则;②优化水泥石的孔结构,在技术措施上,尽量加大水泥中小孔径(<100A°)的比例,使水泥石较大孔隙由水化产物充填,并尽力降低水泥石的总孔隙率。特别值得一提的是,当前世界上,对外掺粉煤灰混凝土增强早期强度的研究,至今未有外掺粉煤灰混凝土不降低混凝土早期强度的工程实例,也未见这方面有成效的研究成果报导。

对I型低热微膨胀水泥,在III型低热微膨胀水泥试验相同条件下,外掺20%粉煤灰,其混凝土7天抗压强度下降8.3%,7天抗拉强度下降17.5%。

第七节 怎样解决混凝土膨胀回缩

20世纪70～80年代,至20世纪90年初,虽然混凝土试验发现,水泥净浆膨胀率与混凝土膨胀率没有相关性,但净浆试件膨胀,混凝土也是膨胀的。从没有发生回缩现象,

表 2-25 中热硅酸盐水泥混凝土、III型低热微膨胀水泥混凝土掺粉煤灰强度关系试验结果表

(中国长江三峡开发总公司试验中心试验)

序号	水泥品种	粉煤灰掺量(%)	混凝土抗压强度(MPa) 7d	28d	90d	混凝土抗拉强度(MPa) 7d	28d	90	W/C	掺粉煤灰后强度下降(%) 抗压 7d	28d	90d	抗拉 7d	28d	90d
1	中热硅酸盐525#	0	35.7	46.6	52.4	2.42	3.10	3.23	0.35	/	/	/	/	/	/
2		20	28.9	40.2	51.1	2.26	2.74	2.94	0.35	19	12	2.5	6.6	11.6	8.9
3		0	29.9	42.2	48.9	2.32	2.62	2.83	0.40	/	/	/	/	/	/
4		20	23.6	36.6	44.1	1.98	2.40	2.59	0.40	21	13.4	9.8	14.6	8.4	8.5
5		0	24.5	42.2	44.0	1.98	2.12	2.49	0.45	/	/	/	/	/	/
6		20	19.8	36.6	41.9	1.47	2.03	2.41	0.45	19.2	15.4	4.8	25.8	4.4	3.2
7		0	20.2	36.9	39.4	1.69	1.91	2.06	0.50	/	/	/	/	/	/
8		20	16.6	31.2	38.3	1.01	1.76	2.16	0.50	17.8	14.5	2.8	40.2	7.8	-4.0
9		0	24.8	33.9	39.4	2.27	3.05	3.40	0.45	/	/	/	/	/	/
10		0	21.2	36.5	39.4	1.88	2.97	3.45	0.50	/	/	/	/	/	/
11	III型低热微膨胀	0	21.1(22.36)	28.8(33.07)	35.3(38.03)	1.95(2.03)	2.76(2.93)	2.94(3.26)	0.55	/	/	/	/	/	/
12		20	24.3	42.1	49.2	2.36	3.18	3.59	0.45	-8.6	-27	-29	-16	-8.5	-11.2
13		20	22.9	31.8	39.5	2.11	2.58	3.23	0.50	-2.4	3.8	-3.9	-3.9	6.5	0.92
14		30	24.4	36.9	45.6	2.01	2.93	3.22	0.40	-3.9	-11.6	-19.9	0.98	0	1.23

注 括号内为三组不掺粉煤灰混凝土强度平均值。

混凝土的干缩率也极小。20世纪90年代中叶至今一段时期，略阳、新华水泥厂生产的Ⅰ型低热微膨胀水泥，混凝土试验和工程应用中发现，水泥净浆线膨胀虽然符合国家标准，但砂浆和混凝土的线膨胀却出现膨胀至5或7d后产生回缩现象，即5或7d后，混凝土膨胀率反而下降。混凝土干缩率也增大了，这引起国内很多学者、工程建设者的关心和注意。著者在2000年7月~12月对此问题开展了调研和试验研究，找到问题原因是铁矿石质量原因引起矿渣质量下降，矿渣化学成分如CaO、Al_2O_3含量和比例改变失调所致。1993~2008年，我国钢铁产量突飞猛进，年产量已达6亿t。炼铁所用主要原材料铁矿石开采量亦用同样高速发展，2008年我国铁矿石产量若换算成全球平均品级——含铁量63%~64%，则为3.6亿t，鉴于我国的地质条件，其铁矿石多数为低品质矿石，这在很大程度上决定了中国铁矿石产业结构。我国铁矿多达8000座，铁矿石企业也非常多，我国铁矿石生产增速超过普遍估计，因高运费使得进口铁石价格高昂，国内铁矿石生产曾欣欣向荣，但这样的趋势后来中断了，自2007年以来铁矿石生产迟滞。另外我国铁矿石的平均品级一直在下降，几年前还超过30%。2008年已经介于27%~28%之间。2009年上半年，我国铁矿石产出急速下降，进口则大幅增加，其原因是国际铁矿石现货价格下滑，加上运费走低之故。

从上述调查和矿渣化学成分实测结果，1993~2008年我国很多钢铁厂采用低品质（不到国际平均品位一半）铁矿石进行炼铁，其矿渣质量当然就差。矿渣内可以形成水泥产生强度及膨胀的化学成分当然就少，有用的化学成分量不足，而又比例失调，但有的科技人员和有关工厂仍然采用1992年前矿渣化学成分基本正常的原材料，按重量百分比，即"重量法"进行低热微膨胀水泥的配比设计和生产，强度不足则加大细度，水化热高了，不从技术上寻找原因解决问题，而是降低标准将水化热指标提高。致使水泥混凝土无收缩无回缩，变成有收缩有回缩，并使水泥干缩率、水化热加大，补偿收缩能、后期强度降低，较大地影响了水泥质量和抗裂耐久性能。

著者改变过去以原材料按重量比的水泥配方方法，简称"重量法"，改为以原材料各化学成分和水泥产生强度和膨胀的水化产物在化学反应中的平衡为条件，其原材料中各化学成分的比例和量来确定水泥配方。该水泥配合比设计方法简称"化学法"，举个简单例子：

氢气和氧气在点燃条件下生成水，根据质量守恒定律，参加化学反应的各物质的质量总和，等于反应后生成的各物质的质量总和，其化学反应平衡条件为：

$$2H_2 + O_2 \xrightarrow{点燃} 2H_2O$$

上式以$2H_2$和$1O_2$的比例和量进行配方设计与生产，该配方设计方法称"化学法"。

采用"化学法"设计水泥配合比，并以混凝土抗裂性能最佳，作为水泥配方的设计原则，从而解决了由于矿渣质量下降，影响补偿收缩性能的技术关键，其试验结果见表2-26和图2-13、2-14、2-15、2-16。测定砂浆膨胀率确定膨胀水泥的膨胀性能获得成功，也为今后膨胀水泥膨胀性能检验和水泥产品质量检测提供可靠的新检测方法。

通过质量守恒原理的科学配方，即以原材料的化学成分和水化产物的化学成分在水化反应中的平衡为条件，作为水泥配合比的设计生产原则。著者从多种原料、多次反复实验结果和理论分析证明，这一科学配比设计方法是成功的。

表 2-26 重量法、化学法试验结果比较表

序号 (配方法)	砂浆线膨胀(%)													强度(Mpa)						水化热 (KJ/Kg)		净浆线膨胀 (%)			注
	1d	3d	5d	7d	9d	11d	13d	15d	17d	19d	24d	28d	30d	40d	60d	抗压			抗折							
																3d	7d	28d	3d	7d	28d	3d	7d	1d	7d	28d	
第一组 711 (重量法)	0.0471	0.0877	0.1117	0.1452	0.1416	0.1356	0.1356	0.1356	0.1327	0.1419	0.1419		0.1420	0.1460	0.1462	9.0	19.3	49.6	2.1	4.1	9.1	155.7	181.5	0.1044	0.2309	0.3924	砂浆线膨胀 7天后回缩
第一组 712 (化学法)	0.0321	0.0623		0.0738				0.0727				0.0685				13.7	27.6	51.6	3.1	6.2	12.2	165.5	179.9	0.0707	0.1838	0.2154	砂浆线膨胀 7天后回缩
第一组 72 (化学法)	0.0282	0.0688	0.0685	0.0927	0.0927	0.0927	0.0927	0.0927	0.0948	0.0948	0.0950		0.0958	0.1010	0.1063	9.5	21.3	49.3	2.3	4.8	9.4	153.9	180.7	0.0760	0.2475	0.3011	砂浆线膨胀7 天后一直增长
第一组 73 (重量法)	0.0458	0.0917	0.1146	0.1229	0.1292	0.1302	0.1292	0.1292	0.1292	0.1292	0.1354		0.1333	0.1385	0.1048	11.2	5.7	46.1	2.5	25.6	10.7	153.9	180.7	0.1091	0.2430	0.2894	砂浆线膨胀 13天后回缩
第一组 74 (重量法)	0.0252	0.0604	0.0750	0.0886	0.0919	0.1000	0.1021	0.1021	0.1021	0.1042	0.1063		0.1063	0.1094		9.1	21.4	43.0	2.0	4.7	9.8	136.3	154.0	0.0583	0.1869	0.2548	砂浆线膨胀13 天后一直增长
第一组 75 (重量法)	0.0627	0.0763	0.0804	0.0835	0.0752	0.0752	0.0804	0.0794	0.080	0.0860	0.0860		0.080			20.4	45.6	59.0	4.4	11.2	12.3	182.6	193.7	0.1204	0.2204	0.2585	砂浆线膨胀 7天后回缩
第三组 76 (化学法)	0.0615	0.0750	0.0875	0.0907	0.0907	0.0917	0.0919	0.0938	0.0940	0.0940	0.0948		0.0948	0.0948		15.0	33.8	54.9	3.1	7.8	12.5	173.4	180.0	0.0701	0.1873	0.2576	砂浆线膨胀 19天后回缩
第四组 771 (重量法)	0.0352	0.0696	0.0758	0.0821	0.0825	0.0825	0.0825	0.0863	0.0889	0.0874	0.0874		0.0873	0.0874		17.7	39.1	65.2	4.0	11.6	8.9	191.9	199.0	0.0756	0.1887	0.2865	砂浆线膨胀 7天后回缩
第四组 772 (重量法)	0.0258	0.0550	0.0571	0.0550	0.0550	0.0529	0.0519	0.0560	0.0571	0.0581	0.0504		0.0539			30.0	44.2	52.6	6.7	9.2	10.2	157.3	171.9	0.1417	0.2446	0.3244	砂浆线膨胀 5天后回缩
第四组 78 (化学法)	0.0352	0.0696	0.0758	0.0821	0.0825	0.0825	0.0825	0.0863	0.0889	0.0894	0.0894		0.0894			12.3	33.4	61.2	2.7	7.5	10.7	173.1	189.3	0.0717	0.2204	0.2990	砂浆线膨胀 17天后平稳

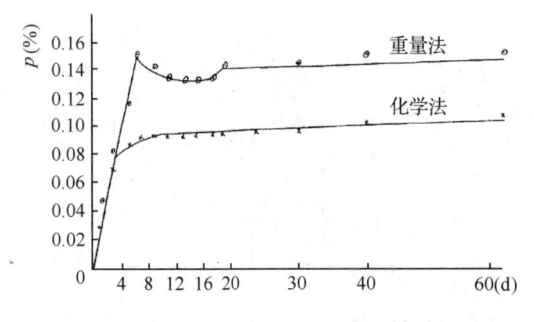

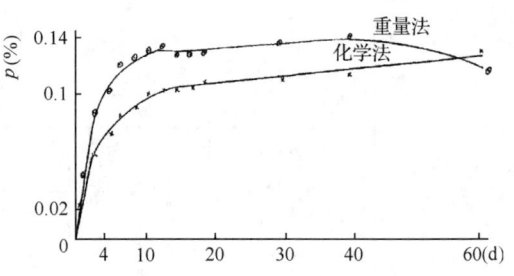

图 2-13 原材料 1 两种配比法砂浆线膨胀曲线

图 2-14 原材料 2 两种配比法砂浆线膨胀曲线

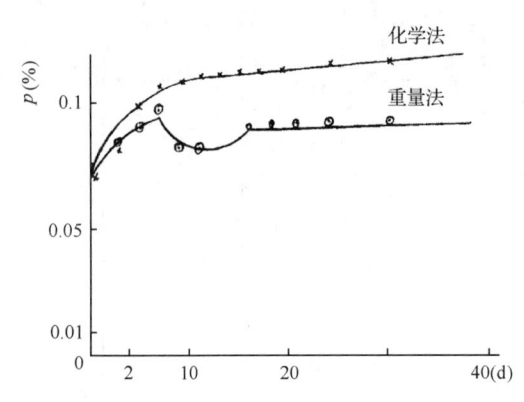

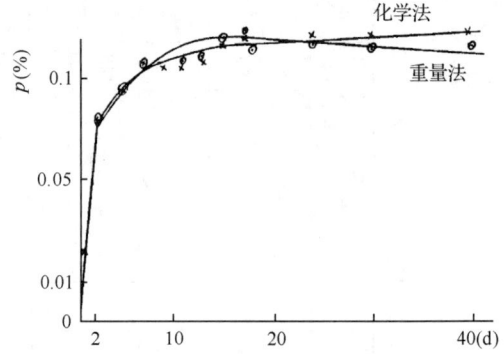

图 2-15 原材料 3 两种配比法砂浆线膨胀曲线

图 2-16 原材料 4 两种配比法砂浆线膨胀曲线

具体做法如下:按钙矾石形成化学反应平衡计算所需 CaO、Al_2O_3、SO_3 等所需量。第一种情况,低铝低钙型矿渣,则和合适比例的高铝高钙型矿渣混合,以满足上述化学成分所需量,反之高钙高铝型矿渣则配以低钙低铝型矿渣。第二种情况,低铝高钙或高铝低钙型矿渣,则配以高铝低钙或低铝高钙型矿渣。而低铝高钙型矿渣还可配以合适比例粉煤灰,因粉煤灰往往都是高铝低钙型的。第三种情况计算所需 CaO、Al_2O_3、SO_3 等实际情况,少什么加什么,缺多少量,加多少量,如缺少 CaO 若干加 CaO 若干,缺少 Al_2O_3 若干加 Al_2O_3 若干等,几种化学成分缺少,则按各需要量补足加入,以满足钙矾石形成,保证化学反应平衡。第四种情况理想型中铝中钙型矿渣。据著者 2008 年调查和对矿渣化学成分测试,我国以富铁矿或从澳大利亚、巴西进口铁矿石为主炼铁的,如山西、河北等我国钢铁大型联合企业,其高炉水淬矿渣基本接近中铝中钙型矿渣,美、日等国矿渣据著作获得的资料也是如此,这种情况则可采用单一矿渣或对单一矿渣作一定的技术处理,就可生产出 WD-III、V、VI 型高档低热微膨胀生态水泥,不仅可保证产品的无收缩无回缩,而且还有较好的补偿收缩能和优秀的力学及变形性能指标。

"化学法"的配方设计,解决多年工厂由于原材料原因,致使低热微膨胀水泥混凝土膨胀回缩和膨胀能大幅下降。产品生产实际问题的解决,对低热微膨胀水泥机理、生产产品品质质量和工程应用效果、效益等方面均具有重要意义。"重量法"配方设计致使混凝土膨胀量与膨胀期减少,以及膨胀回缩和干收缩率增加,造成水泥的品质和质量大幅下降,使该水泥原有微膨胀产生的补偿收缩能极大地减少,它将直接和严重影响工程应用效果和经济效益。

应用 CaO、Al_2O_3 等化学成分量与比例不协调的矿渣,并采用"重量法"进行Ⅰ型低热微膨胀水泥生产,其产品水泥净浆膨胀率符合国标,混凝土却发生膨胀回缩,甚至是严重的回缩和收缩。长江科学院 2005 年在"三峡工程导流底孔封堵材料试验研究"[47]中,采用华新水泥厂生产的Ⅰ型低热微膨胀水泥,水泥净浆膨胀率符合国标,但 0.5 水灰比,$250kg/m^3$ 低热微膨胀水泥混凝土,第 2d 龄期膨胀量即达到最大值 $153×10^{-6}$,之后重倒缩,到 90d 龄期时,仅剩下 $1×10^{-6}$,210d 为 $-19×10^{-6}$[47],使低热微膨胀水泥产品关键特征之一的"微膨胀"变成"微收缩"。正品低热微膨胀水泥,上述条件Ⅰ型低热微膨胀水泥混凝土膨胀量$>250×10^{-6}$,膨胀期 5d 或 6d,膨胀量达到最大值后膨胀值一直保持不变(见第六章第四节)。另外上述产品的收缩,不仅表现在严重倒缩,还表现在干缩率的暴升,龄期 180d 混凝土干缩率竟达到 $428×10^{-6}$,比中热硅酸盐水泥混凝土 $343×10^{-6}$ 还大[47]。该产品的试验单位长江科学院、长江三峡总公司试验中心混凝土试验后作以下结语[47]:"本次试验(华新水泥厂Ⅰ型低热微膨胀水泥和中热硅酸盐水泥)结果所反映混凝土膨胀量偏低,绝热温升偏高等缺陷,除适当增加膨胀剂掺量外,还应该进一步探讨更合适的方案[21],以满足三峡导流底孔封堵工程要求"(第六章第四节)。该水泥产品不仅不能满足三峡工程要求,也在多项技术指标上,如绝湿条件下的收缩率、干缩率、水化热、抗裂系数 K_1 和抗开裂系数 K_2 等均未达到本书附录一低热微膨胀水泥新标准要求。但它达到现行国标 GB 2938-2008 的标准,故这非全是工厂的原因,也是产品国标没有达到工程应用最低要求和产品指标技术要求不严谨,致使产品保证不了基本质量。这再一次在理论和生产实践中证明,低热微膨胀水泥必须以"化学法"进行水泥配方设计和生产控制,同时采用砂浆长度法测试水泥膨胀率(本书附录一)对产品进行质量控制。原材料检验、技术和法规三道关,才能确保低热微膨胀水泥的生产质量。以耐久性为指标,低热微膨胀水泥新标准是低热微膨胀水泥品质和我国自主创新品牌的技术保障。

第三章 混凝土的基本性能

混凝土工程的耐久性，是判定水泥优劣的重要标准。而水泥混凝土的基本性能，包括强度、变形、热、力学性能，则可基本反映该水泥的耐久性。

低热微膨胀水泥混凝土是一种水工补偿收缩混凝土。其物理力学性质，除具有一般混凝土的基本性质外，尚具有本身的特性：如早、后期、抗拉强度高、极限拉伸值大、补偿收缩能力好、抗裂抗渗能力强、绝热温升低、干缩率小、绝湿条件下，膨胀变形的长期稳定性，耐久性能好，以及施工性能优异等。这些特殊的性质，使低热微膨胀水泥混凝土更能适应混凝土工程，特别是水工建筑物对混凝土的特殊要求。

第一节 混凝土的物理、力学、变形性能

一、混凝土的力学强度

混凝土的力学强度是混凝土最基本的性能指标。目前在建筑物结构的设计和施工中均以混凝土的力学强度为依据，以及作为质量评定的标准。对于水工建筑物，不仅有抗压强度的要求，而且有更重要的抗拉强度要求。抗拉强度是大体积混凝土抗裂性的重要指标。低热微膨胀水泥混凝土的早期强度发展较快，3天及7天龄期的抗压强度和抗拉强度可分别达28d龄期的50%及80%左右。与标号相同的低热硅酸盐水泥拌制的混凝土相比，低热硅酸盐水泥拌制的混凝土的3d及7d龄期的抗压强度和抗拉强度为28d龄期的25%及45%。

III型低热微膨胀水泥与52.5中热硅酸盐水泥相比，7d、28d抗拉强度为后者1.8和1.5倍。后期强度增长率，前者也比后者高得多。如一年龄期后，硅酸盐水泥62.5MPa，一年后强度几乎无增长。III型低热微膨胀水泥28天56.2MPa，90天69.3MPa，一年71.6MPa，三年83.0MPa，五年100.4MPa。

根据丹江口水利枢纽大坝裂缝调查和分析，在混凝土浇筑后的5～6d龄期内，若遇3～5d平均气温骤降6～8℃时，低热硅酸盐水泥混凝土坝块产生表面裂缝的机率可达80%，因此，针对大体积混凝土的抗裂特性要求，提出了混凝土早、后期强度都要高的问题。显然，低热微膨胀水泥混凝土所具有的早、后期强度高的特性对水工混凝土的抗裂和耐久是十分有利的。从它的抗裂性能指标和浙江、福建、云南、陕西、四川多个水电工程实践证明：低热微膨胀水泥混凝土具有十分优异的抗裂、抗渗性能。

以长江三峡大坝原材料为例，长江三峡大坝混凝土配合比试验，历经初设、技术设计和配合比优化3个阶段，最后选定葛洲坝水泥厂52.5中热硅酸盐水泥。粗骨料为大坝厂房基础开挖的闪云斜长花岗岩，人工砂为斑状花岗岩，粉煤灰选择用水量下降较多的安徽平圩电厂一级粉煤灰。减水剂选用高效缓凝的浙江龙游ZB-1A型，引气剂选用石家庄DH$_9$S型。大坝外部混凝土外掺粉煤灰20%，大坝内部混凝土外掺粉煤灰30%。如大坝

上游水位变化区,采用四级配骨料,砂率28%,水灰比0.5,中热硅酸盐52.5水泥137.8kg,平圩一级粉煤灰34.3kg,ZB-1A减水剂0.7%,DH$_9$S引气剂0.7/万。

在相同试验条件下,现将中热硅酸盐52.5水泥和Ⅲ型低热微膨胀水泥,及均各掺20%、30%粉煤灰后的同标号三峡大坝混凝土强度对比,试验结果列于表3-1。

表3-1 Ⅲ型低热微膨胀水泥混凝土和中热硅酸盐水泥混凝土试验强度结果比较表

序号	混凝土标号和水泥品种	抗压强度(MPa) 7d	28d	90d	劈拉强度(MPa) 7d	28d	90d	试验单位
1	R$_{90}$200 低热硅酸盐水泥42.5掺15%粉煤灰	10.9	21.8	32.1	0.78	1.71	2.46	水科院 长科院 三峡试验 中心
2	R$_{90}$200 低热硅酸盐水泥42.5掺25%粉煤灰	9.2	22.2	30.6	0.59	1.52	1.98	
3	R$_{28}$200 中热硅酸盐水泥52.5掺20%粉煤灰	18.1	27.0	37.9	1.25	1.77	2.85	
4	R$_{28}$200 中热硅酸盐水泥52.5掺30%粉煤灰	18.8	28.0	38.8	1.09	1.93	2.59	
5	R$_{28}$200 Ⅰ型低热微膨胀水泥掺20%粉煤灰	18.9	25.4	29.8	0.43	1.86	2.12	长江三峡工程 试验中心
6	R$_{28}$200 Ⅲ型低热微膨胀水泥掺20%粉煤灰	23.6	37.0	44.4	2.27	2.88	3.41	
7	R$_{28}$200 Ⅲ型低热微膨胀水泥掺30%粉煤灰	21.1	32.7	40.3	1.87	2.59	2.77	
8	Ⅲ型低热微膨胀水泥掺0%粉煤灰	24.8	33.9	39.4	2.27	3.05	3.40	
9	52.5中热硅酸盐水泥掺0%粉煤灰	/	28.7	37.0	/	2.05	2.20	

从表3-1可见,R$_{28}$200 Ⅲ型低热微膨胀水泥掺20%粉煤灰,比同标号中热硅酸盐水泥外掺20%粉煤灰7d、28d、90d抗拉强度分别提高了81.6%、62.7%、19.6%,R$_{28}$200 Ⅲ型低热微膨胀水泥掺30%粉煤灰,比同标号中热硅酸盐水泥外掺30%粉煤灰7d、28d、90d抗拉强度分别提高了71.2%、34.2%、7%。R$_{28}$200Ⅲ型低热微膨胀水泥不掺粉煤灰混凝土与不掺粉煤灰R$_{28}$200中热硅酸盐水泥混凝土相比28d、90d抗拉强度要提高48.8%和54.5%。

二、约束、湿度、外加剂对强度的影响

(一)约束条件下的混凝土强度

膨胀水泥混凝土在膨胀过程中若受到外部约束,使混凝土结构本身的的密实度增加,在一定程度上改善了混凝土的力学性能。

低热微膨胀水泥混凝土的约束强度试验是在下述条件下实现的:混凝土成型后不脱模,在雾室养护至规定龄期脱模,测定其抗压强度和抗拉强度。在养护期间,混凝土试件五面受到约束,一个面为自由,得到正常的标准养护。从试验结果可见,低热微膨胀水泥混凝土在约束条件下28天抗压强度可提高2.0~3.0MPa(5%~10%),抗拉强度可提高0.2~0.3MPa(详见表3-2)。可以预料,在实际施工中,由于基础的约束以及合理的施工安排,低热微膨胀水泥混凝土的强度将得到提高。

应当指出:膨胀水泥膨胀量过大,在自由膨胀时,将使混凝土的强度、尤其是抗拉强度明显降低,这是应用膨胀水泥混凝土应当注意的。低热微膨胀水泥属于微膨胀型水泥。

表 3-2　约束条件下的混凝土强度

水灰比	水泥用量 (kg/m³)	约束条件	抗压强度(MPa) 7d	抗压强度(MPa) 28d	抗拉强度(MPa) 7d	抗拉强度(MPa) 28d
0.5	280	带模养护	22.3	29.3	1.94	2.15
		脱模养护	21.6	26.4	1.61	1.80
		强度增长率(%)	3	11	21	19
0.7	200	带模养护	14.1	18.0	1.22	1.44
		脱模养护	13.9	16.2	0.98	1.20
		强度增长率(%)	1	11	25	20

(二)养护湿度对混凝土强度的影响

低热微膨胀水泥混凝土在标准养护(雾室中)与供水养护(水中)情况下的抗压强度和抗拉强度均没有实质性变化(见表3-3)。

表 3-3　养护湿度对混凝土强度的影响

水灰比	养护条件	抗压强度(MPa) 7d	抗压强度(MPa) 28d	抗压强度(MPa) 90d	抗拉强度(MPa) 7d	抗拉强度(MPa) 28d	抗拉强度(MPa) 90d
0.6	雾室	14.2	20.1	24.4	1.20	1.90	2.00
	水中	15.1	21.4	25.4	1.10	1.90	0.55
0.55	雾室	18.2	24.0	27.6	1.50	2.20	2.25
	水中	17.2	23.8	28.8	1.47	2.32	2.51

在绝湿条件下,即在没有外界供水情况下,养护的强度发展,同标准养护的试验结果相近。说明试件水泥石的 31 个结晶 H_2O 已能满足混凝土强度发展的需要。

(三)外加剂对混凝土强度的影响

低热微膨胀水泥是一种新型建筑材料,由于水工建筑物(尤其是大体积建筑物)混凝土常常要掺用各种类型的外加剂来改善其物理力学性能及施工性能。因此,试验该水泥混凝土对外加剂的适应性就显得十分重要。下面我们列出了早强促凝剂氯化钙、加气剂松香热聚物,缓凝减水剂木质磺酸钙、FDN 及膨胀剂 E_{12} 对低热微膨胀水泥混凝土影响的试验结果——抗压强度及抗拉强度增长情况(见表3-4、3-5)。

试验结果表明:

1)按水泥重量1%掺用氯化钙的混凝土:3d 抗压强度比不掺时提高 18%～20%;7d 提高 10%～18%;28d 提高 18%～27%;180d 提高 15%～20%;360d 提高 10%左右。

2)掺用松香热聚物时,保持水泥用量不变,坍落度不变,减水 8%:3d 强度比不掺时提高 3%～13%;7d 提高 0～17%;28d 提高 0～20%;180d 提高 12%左右。

3)掺用木质磺酸钙时,保持水泥用量不变,坍落度不变,减水 10%:3～180d 的抗压强度比不掺时提高 13%～17%。

表 3-4　外加剂对混凝土抗压强度的影响（强度增长％）

水泥用量（kg/m³）	编　号	外加剂及掺量	3d	7d	28d	90d
350	低冻 K	0	100	100	100	—
	低冻 F	FDN 0.5%	151	116	110	—
280	低冻 K	0	100	100	100	—
	低冻 J	加气剂 0.1‰	103	99	100	—
	低冻 F	FDN 0.5%	127	115	120	—
246	华低 b	0	100	100	100	100
	华低 L	氯化钙 1.0%	118	118	127	115
	华低 M	木 钙 0.2%	114	113	117	114
236	低 K	0	100	100	100	100
	低 τ	氯化钙 1.0%	120	110	118	120
	低 E	E_{12} 10.0%	132	123	116	114
	低 J	加气剂 0.1‰	94	101	99	107
	低 F	FDN 0.5%	129	121	119	123

表 3-5　外加剂对混凝土抗拉强度的影响（强度增长％）

水泥用量（kg/m³）	编　号	外加剂及掺量	3d	7d	28d	90d
246	低 b	0	100	100	100	100
	低 C	氯化钙 1.0%	123	—	—	110
	低 M	木 钙 0.2%	123	108		110
236	低 K	0	100	100	100	100
	低 L	氯化钙 1.0%	100	104	—	116
	低 E	E_{12} 10.0%	145	140	124	131
	低 J	加气剂 0.1‰	113	117	120	—
	低 F	FDN 0.5%	131	142	124	128

4）掺用 FDN 时，保持水泥用量不变，坍落度不变，减水 15%；3d 抗压强度比不掺时提高 27%～51%；7d 提高 15%～42%；28d 提高 10%～24%；180d 提高 31% 左右。

5）掺用 E_{12} 时：3d 强度比不掺时提高 45%；7d 提高 40%；28d 提高 24%；180d 提高 31% 左右。

由此可见，上述几种常用的外加剂对低热微膨胀水泥混凝土各龄期的抗压强度均有不同程度的提高，而以掺 E_{12} 时的效果最为明显；掺用外加剂松香热聚物时，强度未降低。

三、混凝土的极限拉伸值

在水工建筑物大体积混凝土的温度控制设计中，有些国家提出以轴心受拉时的极限拉伸值作为混凝土抗裂性的主要指标[34],[35]。国内外测定混凝土极限拉伸值的方法很多,低热微膨胀水泥混凝土的极限拉伸值是采用《水工混凝土试验规程》推荐的翼型夹具轴心抗拉试验方法测定的。从不同配合比的混凝土试验结果可以看到表 3-6 的关系。

表 3-6　Ⅲ型低热微膨胀水泥混凝土与中热硅酸盐水泥混凝土
极限拉伸值比较表[试验条件同本节(一)]

序号	混凝土标号水标品种	极限拉伸($\times 10^{-4}$) 7d	28d	90d	水灰比	试验单位
1	R_{90}200 低热硅酸盐水泥 42.5 掺 15%粉煤灰		0.805	0.935	0.5	水科院、长科院、三峡总公司试验中心
2	R_{90}200 低热硅酸盐水泥 42.5 掺 25%粉煤灰		0.785	0.890	0.5	
3	中热硅酸盐水泥 52.5 掺 0%粉煤灰		0.92	0.93	0.5	
4	R_{28}200 中热硅酸盐 52.5 掺 20%粉煤灰	0.745	0.910	1.01	0.5	
5	R_{28}200 中热硅酸盐水泥 52.5 掺 30%粉煤灰	0.640	0.865	1.005	0.45	
6	R_{28}200 I 型低热微膨胀水泥掺 20%粉煤灰		0.970		0.5	
7	Ⅲ型低热微膨胀水泥掺 0%粉煤灰		1.52		0.5	
8	R_{28}200 Ⅲ型低热微膨胀水泥掺 20%粉煤灰		1.33		0.5	
9	R_{28}200 Ⅲ型低热微膨胀水泥掺 30%粉煤灰		1.22		0.5	

表 3-6 条件中,Ⅲ型低热微膨胀水泥 28d 极限拉伸值为 1.52、1.33、1.22,而中热硅酸盐 52.5 水泥相同条件下仅为 0.92、0.91、0.865,前者比后者高 65%、46%和 41%。

四、混凝土的弹性模量

表 3-7 列出低热微膨胀水泥混凝土几种有代表性配合比的抗压强度、抗压弹性模量及抗拉弹性模量的关系。

表 3-7　混凝土的强度与弹性模量

编号	水泥用量(kg/m³)	外加剂	指标	3d	28d	90d	180d	360d
低 5	296	0	$R_压$(MPa)	6.4	17.3	26.1	31.4	32.9
			$E_压/E_拉$	12.7/14.5	26.3/27.1	33.0/34.5	35.9/35.7	36.6/35.6
低 6	246	0	$R_压$(MPa)	6.3	14.2	21.0	27.6	29.8
			$E_压/E_拉$	11.1/11.6	23.4/20.6	30.4/32.0	34.5/34.4	36.0/35.0
低 7	211	0	$R_压$(MPa)	3.9	10.2	15.3	21.5	23.6
			$E_压/E_拉$	10.0/12.5	20.0/20.4	26.2/25.5	31.2/31.0	32.0/32.7
低 C	246	氯化纳 1%	$R_压$(MPa)	7.5	16.7	25.6	30.6	—
			$E_压/E_拉$	10.6/12.1	18.7/18.4	25.1/26.7	—	—
低 M	246	木钙 0.2%	$R_压$(MPa)	7.2	16.1	23.6		
			$E_压/E_拉$	14.4/12.3	20.6/23.2	28.0/27.5	—	—

五、混凝土的凝结时间

通常,水泥的凝结时间是以标准稠度加水量在标准温度条件下测定的。这只能说明水泥本身的水泥凝结过程,不能代替混凝土在施工过程中的实际情况。一般施工中若采用水泥凝结时间作为混凝土的凝结时间是不恰当的。

低热微膨胀水泥混凝土的凝结时间按照美国标准《ASTM—C_{403}—77》规范采用贯入阻力仪测定。标准测定,在对从拌和较好的混凝土中筛取的砂浆试样或按配合比单独配制的砂浆试样的测定中,贯入阻力达到 $3.5N/mm^2$ 时为初凝,贯入阻力达到 $27.6N/mm^2$ 时为终凝。

表3-8列出了几种水灰比、掺用两种外加剂的低热微膨胀水泥混凝土在三种温度下的凝结时间。由试验结果可以得出以下规律[10]:

1)水灰比对凝结时间的影响:随水灰比的增大,凝结时间延长。
2)试验温度对凝结时间的影响:随试验温度的升高,凝结时间缩短。
3)外加剂对凝结时间的影响:掺用不同类型的外加剂对凝结时间产生不同的影响。例如掺木钙产生缓凝,掺氯化钙产生促凝。
4)在标准温度下(20℃),在水灰比0.5~0.7的低热微膨胀水泥混凝土,其初凝时间为7~9h,终凝时间为14.5~17.5h。
5)在标准温度下(20℃),相同水灰比,掺用1%氯化钙后,初凝时间可提前1h,终凝时间提早5h,即显示出对终凝时间有明显缩短效果。掺用0.2%木钙后,初凝时间延长1.5~2h,但对终凝时间的影响不显著。

表3-8 低热微膨胀水泥混凝土凝结时间

水灰比	水泥用量（kg/m³）	外加剂	试验温度（℃）	凝结时间（h：min）初凝	凝结时间（h：min）终凝
0.5	296	0	20	7：20	14：30
			32	5：25	9：20
			38	4：55	7：10
0.6	246	0	20	8：00	15：30
			32	6：00	9：50
			38	5：35	8：25
0.7	211	0	20	9：15	17：40
			32	6：55	10：40
			38	6：15	9：35
0.6	246	氯化钙 1%	20	7：10	10：45
			28	5：40	9：15
			38	5：15	8：10
0.54	246	木钙 0.2%	20	9：35	16：15
			28	8：25	12：50
			38	7：45	11：35

图3-1~3-4显示了水灰比、试验温度及外加剂对混凝土凝结时间的影响关系曲线。

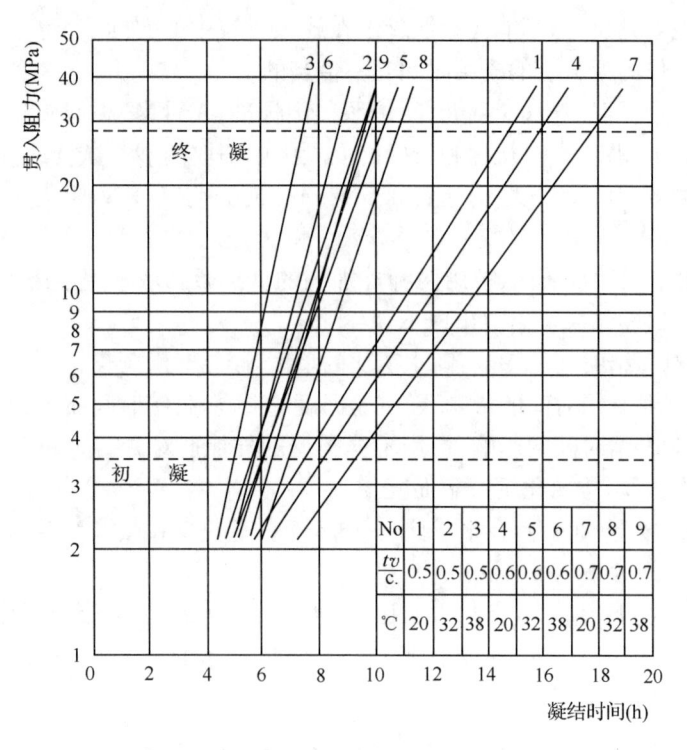

图 3-1 水灰比、温度对凝结时间的影响

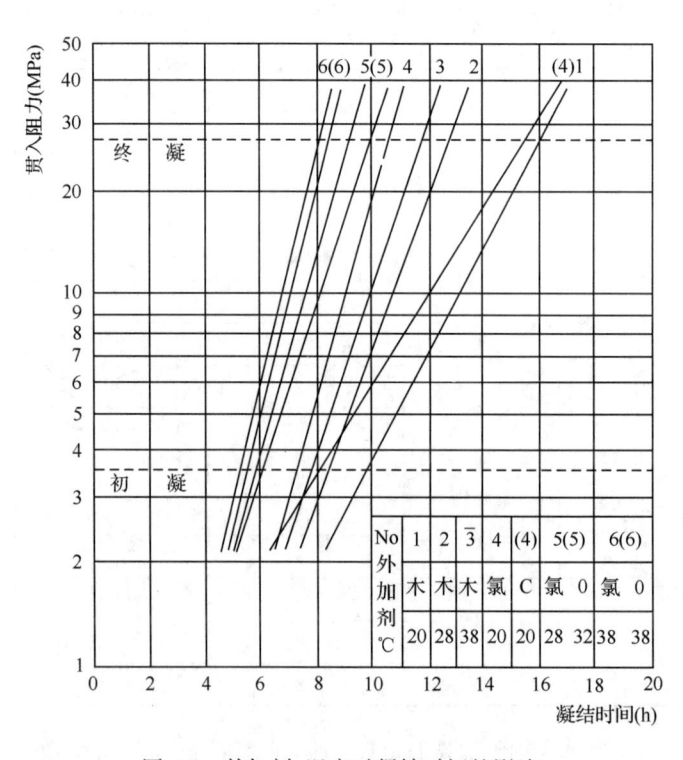

图 3-2 外加剂、温度对凝结时间的影响

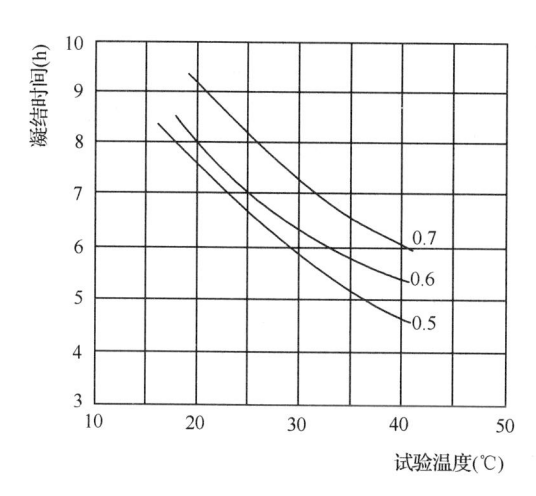

图 3-3 水灰比、试验温度对初凝时间的影响

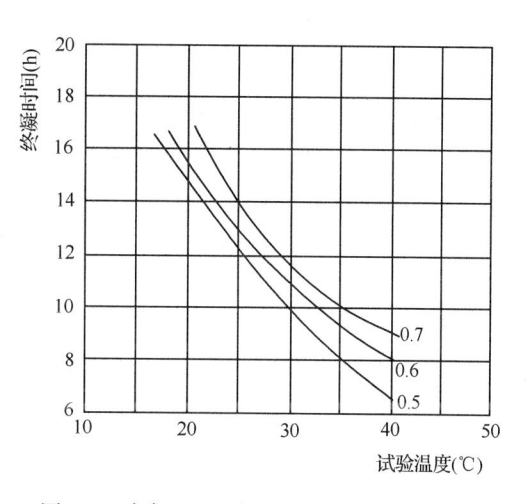

图 3-4 水灰比、试验温度对初凝时间的影响

六、混凝土的自生体积变形

1. Ⅲ型低热微膨胀水泥自生体积变形如表3-9

表3-9　Ⅲ型低热微膨胀水泥混凝土自生体积变化试验结果（四级配）

龄　期 d	1	2	3	4	5	6	7	8
自生变形×10⁻⁶	0.00	44.51	129.33	218.99	232.30	235.59	242.21	242.26
龄　期 d	9	10	11	12	15	17	19	24
自生变形×10⁻⁶	242.47	242.88	243.34	243.55	247.06	246.99	246.80	249.89
龄　期 d	28	33	39	46	53	56	61	68
自生变形×10⁻⁶	253.21	253.67	350.08	254.09	253.72	253.72	243.25	246.20
龄　期 d	84	89	99	106	111	117	123	132
自生变形×10⁻⁶	254.18	254.18	253.01	253.30	256.16	259.16	259.09	261.22
龄　期 d	138	147	157	162	165	168	174	180
自生变形×10⁻⁶	216.22	261.42	261.38	261.75	261.58	261.22	264.35	260.96
龄　期 d	189	194	200	215	224	230	235	241
自生变形×10⁻⁶	262.95	265.74	271.16	268.83	270.19	265.25	265.07	265.44
龄　期 d	248	253	262	270	283	290	298	304
自生变形×10⁻⁶	264.17	264.35	263.22	263.27	263.82	264.17	262.41	263.01
龄　期 d	313	320	327	335	347	355		
自生变形×10⁻⁶	263.45	259.95	260.41	260.59	260.87	259.44		

2. 实际工作条件，湿——空条件下，中国、美国补偿收缩水泥比较

硅酸盐水泥混凝土的收缩率为$(400\sim600)\times10^{-6}$，极限延伸率$(100\sim200)\times10^{-6}$，由于延伸率小，硅酸盐水泥混凝土收缩开裂是经常发生的。我国水利水电工程，特别是大型水利水电工程，由于对水泥收缩性能较为重视，目前中、低热硅酸盐水泥混凝土收缩率在绝湿条件下，已可控制在100×10^{-6}以内。

各种工作条件,混凝土膨胀率其结果见图3-5。从图3-5可见,硅酸盐水泥混凝土各种工作条件下,均产生较大的收缩,而膨胀混凝土相同条件下,收缩情况要好一些。但在接近实际工作条件湿——空条件下,不论明矾石膨胀混凝土,还是掺UEA膨胀剂混凝土,雾室或水中养护14d后,置放在空气中30～40d,均产生(200～300)×10^{-6}以上的大收缩(图3-5(a),3-5(b))。美国补偿收缩水泥混凝土比我国UEA和明矾石膨胀水泥混

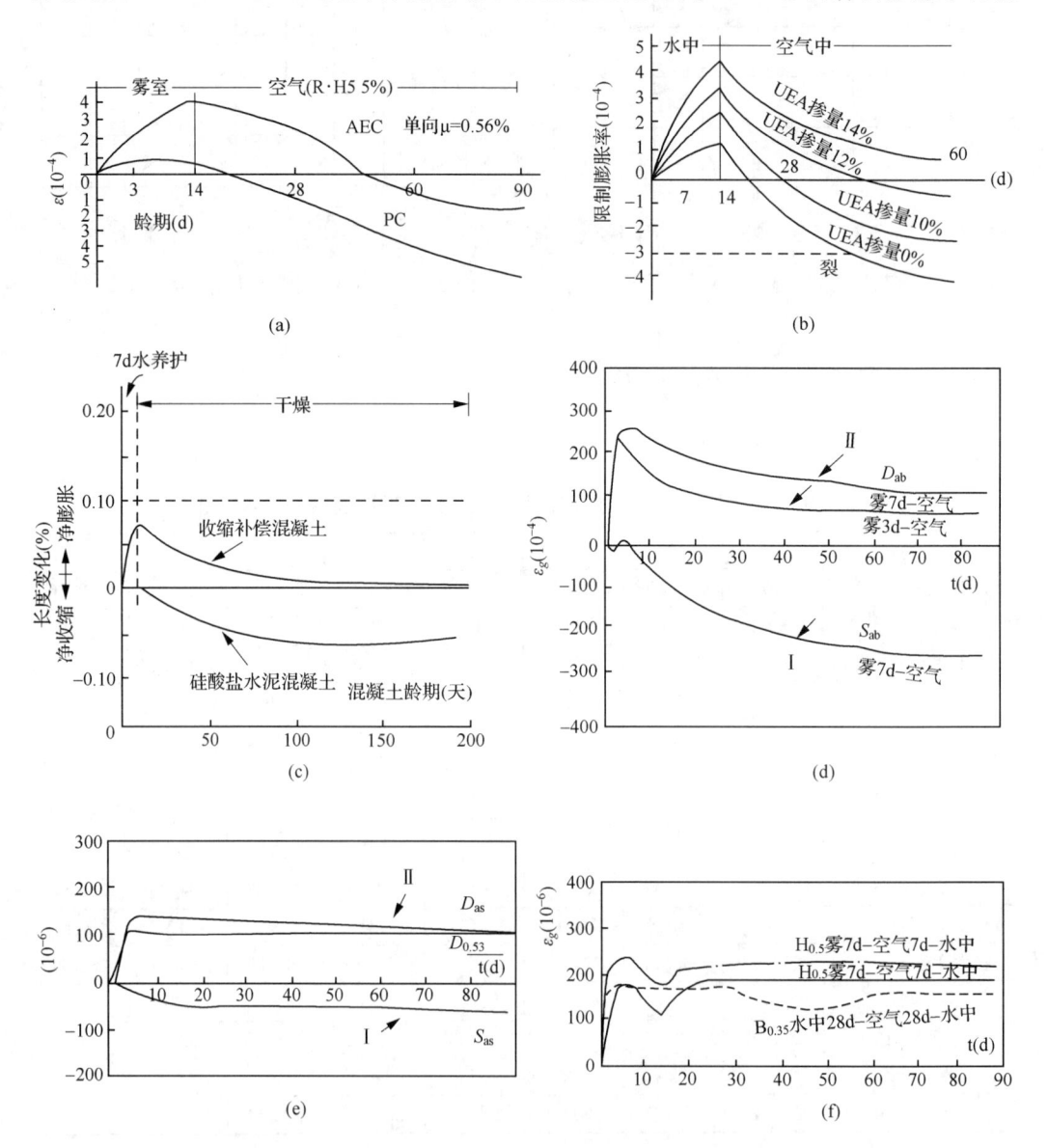

图3-5 各种工况条件,几种水泥混凝土补偿收缩性能
(a) 明矾石膨胀水泥(AEC)、硅酸盐水泥(PC)混凝土的单向限制下的膨胀性能;
(b) 掺UEA膨胀剂混凝土胀缩曲线。注:混凝土配比:(水泥+UEA)砂:石:水=1:1.73:2.84:0.51;
(c) 美国补偿收缩混凝土和硅酸盐水泥混凝土变形过程线;(d) 单式联合养护时混凝土的膨胀变形过程线;
(e) 绝湿养护时混凝土的膨胀变形过程线;(f) 复式联合养护时低热微膨胀水泥混凝土的微膨胀变形过程线
Ⅰ—低热硅酸盐水泥;Ⅱ—低热微膨胀水泥

凝土要好[图 3-5(c)]。水中养护 7d 后置于空气,90d 令期膨胀率即接近零变形。其原因是,上述微膨胀水泥均系硅酸盐水泥系列,干缩率大,其收缩补偿还满足不了干缩对它的补偿要求。而满足质量守恒定律的"化学法"配比设计的低热微膨胀水泥混凝土因水泥水化产物硫铝酸钙本身有 31 个结晶水,干缩率小,它经七 d 雾室养护,再放置空气中,到 90d 龄期仍有 130×10^{-6} 微膨胀。而经 3 天雾室养护再放置空气中的,90d 龄期其膨胀值为 80×10^{-6}[图 3-5(d)],说明了低热微膨胀水泥混凝土在实际运行条件下,补偿收缩性能的优越性超过了国内外任何一种膨胀水泥混凝土,上述试验成果也表明,早期养护对发挥补偿收缩水泥混凝土补偿收缩作用的重要性。

3. 大坝内部工作条件下

试验室的各种养护条件中,以绝湿养护方式更接近于大体积混凝土工程内部混凝土的湿度状况。因此,研究低热微膨胀水泥混凝土在绝湿状态时的补偿收缩规律和特性显得十分重要。

绝湿自生体积变形试验的混凝土试件是没有外界水分交换的密闭容器中养护的。带容器的试件长期置于恒温的空气中。由于隔绝了外界水分的供给,混凝土的膨胀量低于雾室养护时的数值。从图 3-5(e)可见,当 3d 龄期混凝土膨胀量达到最大值后,其发展即趋于稳定,膨胀率一般在 $100\times10^{-6}\sim150\times10^{-6}$ 之间(此种混凝土在雾室养护时的膨胀率为 250×10^{-6} 左右)。

绝湿状态下低热微膨胀水泥混凝土膨胀变形的长期稳定性是该水泥混凝土的一种可贵的特性,它可以使得大体积内部混凝土保持稳定的应力状态。同样的低热硅酸盐水泥混凝土在绝湿状态下一开始即产生收缩,至试验龄期 90d 时其收缩率已为 60×10^{-6}。可知,此时混凝土要具有足够大的抗拉强度来抵抗由于收缩产生的拉应力,才能避免裂缝的出现。

4. 实际工作条件,湿——空——湿条件下

图 3-5(f)显示复合养护低热微膨胀水泥混凝土补偿收缩性能变化图。两条可资比较的曲线是水灰比为 0.5,水泥用量为 $296kg/m^3$ 的混凝土及水灰比为 0.6,水泥用量为 $246kg/m^3$ 的混凝土在雾室 7d—空气 7d—水中养护时的变形过程线。雾室 7d 时,它们的膨胀率分别达到 230×10^{-6} 和 170×10^{-6},转至空气中 7d,膨胀率分别降至 170×10^{-6} 和 110×10^{-6}。由于此后复置于水中养护,膨胀量回升,至 60d 龄期时,已恢复到 7d 湿养时的膨胀值。另一种复式联合养护的混凝土是水中 28d—空气 28d 水中养护。其水灰比为 0.55,水泥用量为 $236kg/m^3$。水中 3d 达到最大膨胀率为 170×10^{-6},至 28d 龄期均呈稳定状态。转至空气的前 14d 回缩到最小值,即 130×10^{-6},后 14d 的膨胀保持稳定,不再下降,经过如此 28d 的空气干燥再置于水中,膨胀量即行回升,5d 以后上升至 160×10^{-6}(接近最大值),此后保持稳定。这一过程说明,当低热微膨胀水泥混凝土在早期湿养护时获得最大膨胀量之后,经过短期或较长期的干燥,产生一定数量的干缩变形而形成膨胀回缩,但当混凝土再遇潮湿环境时,如大坝表面混凝土雨淋,或大坝上游面库水位上升等,其膨胀量将会恢复或接近早期养护的膨胀量。只要湿养护环境不改变,低热微膨胀水泥混凝土最终将能保持其所获得的膨胀量。当受到外部或内部条件的约束时,这种膨胀能便可转变为十分有用的补缩收缩自应力。

上述 2、3、4 工程实际工作条件下,低热微膨胀水泥表现出无收缩的可贵性能,这是其

他类型微膨胀水泥难以与之比似的。原因是以"化学法"进行配比设计的低热微膨胀水泥其主要水化产物钙矾石本身具有 31 个结晶 H_2O。

5. 对比分析

国内外工程实践表明,大体积混凝土工程补偿收缩混凝土,当前以永登微膨胀水泥、抚顺微膨胀水泥和低热微膨胀水泥为最佳,现对这三种水泥对比分析如下:对比永登水泥刘家峡工程应用的微膨胀混凝土和抚顺水泥白山工程应用的微膨胀混凝土资料可知,永登水泥微膨胀混凝土总的自生体积变形为 60×10^{-6},3~15d 自生体积变形为 15×10^{-6},28d 以后为 20×10^{-6};抚顺水泥微膨胀混凝土总的自生体积变形为 50×10^{-6},3~15d 为 14×10^{-6},28d 以后为 10×10^{-6};Ⅰ型低热微膨胀水泥混凝土总的自生体积变形为 200×10^{-6} 至 5~7d,微膨胀终止。Ⅲ型低热微膨胀水泥混凝土总的自生体积变形为 200×10^{-6},3~15d 为 97×10^{-6},28d 以后为 14×10^{-6},即在补偿气温骤降引起混凝土表面收缩和温降收缩补偿作用Ⅲ型低热微膨胀水泥混凝土比上述三种混凝土要优越的多。安康工程实践表明,低热微膨胀水泥混凝土比外掺 40% 粉煤灰的中热硅酸盐水泥混凝土,坝体最高温升要低 6℃,它和微膨胀收缩补偿联合作用,实测坝体最大拉应力仅 0.66MPa,最小抗裂系数 4.7。当然低热微膨胀混凝土还有一个可实现连续浇筑的独特功能。

第二节　混凝土的徐变性能

混凝土的徐变可以简单地定义为:在持续荷载作用下,混凝土的应变随时间的增长而逐步增大的行为。由于混凝土徐变而出现的非弹性变形称为徐变变形,常用 $C(t,\tau)$ 表示。在单位应力作用下的徐变量,又称徐变度,其单位是 $1/(0.1\text{MPa}\cdot\text{S})$,是混凝土龄期 t 和加荷载龄期 τ 的函数。

当持续荷载使混凝土内部的应力超过其短期强度的 25%~40% 时,混凝土的徐变可分为 3 个阶段:在第一阶段中,徐变率逐渐减小,亦即应变—时间曲线的斜率逐渐减小,这一阶段的徐变量在总徐变量中所占比例较小。在第 2 个阶段中,应变—时间的关系近似为直线,称为徐变发展的稳定期。在第 3 个阶段中,应变—时间曲线的斜率逐步增大,甚至破坏(见图 3-6)。

当施加在混凝土中的持续荷载较小时,徐变的发展规律与上述第一阶段相似,其增长幅值随时间的增长而逐渐变慢,最终徐变值趋近于一个常数(见图 3-7)。

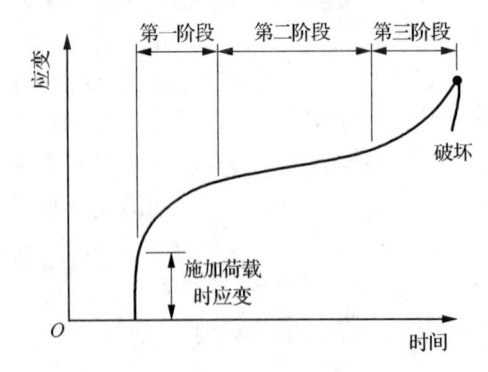

图 3-6　徐变材料应变-时间曲线的一般形式

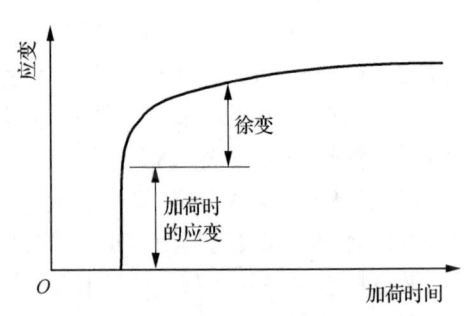

图 3-7　受一般水平持续应力的混凝土应变-时间曲线的一般形式

卸去荷载之后，混凝土将立即产生反向弹性变形，此后还将产生可恢复的徐变。在剩余的永久变形之中除去收缩的部分，就是混凝土的徐变值（见图3-8）。

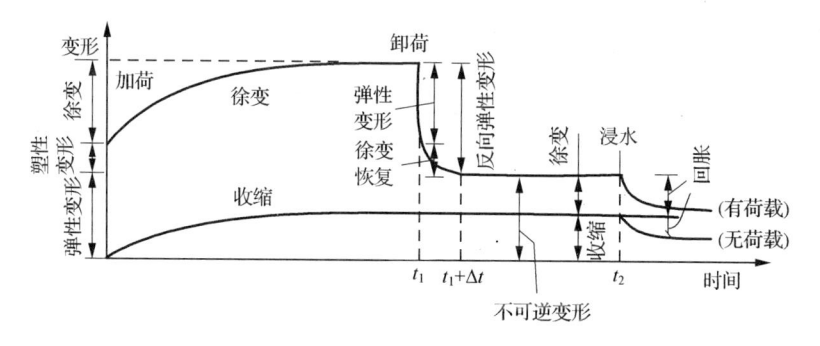

图 3-8 干湿、荷载变化下的变形

人们对于混凝土徐变现象的观察可以追溯到本世纪初期，但关于徐变发生的机理，半个多世纪以来却众说纷纭。早年的力学徐变理论中，对于混凝土的徐变有所谓老化理论与弹塑性理论的解释。之后，E. 费雷雪内等提出混凝土的徐变或收缩是由于混凝土孔隙中毛细管作用的结果，而 A.E. 谢依庚和 N.N. 乌利茨基则认为徐变仅仅是由于水泥石凝胶体结构组成的粘度变化引起的。此后，又兼顾两者的 P. 戴维斯及 K.C. 卡拉别加理论。到目前为止，解释徐变机理的各种学说多达十数种。归纳起来主要有：①力学变形理论（主要指弹性变形）；②塑性理论；③粘性或粘弹性流动理论；④弹性后效理论；⑤固溶理论；⑥渗出理论；⑦微裂缝理论。此外，还有许多假说。这些理论和假说，在解释某些徐变现象上是成功的，但对另一些现象又无法解释。例如，微裂理论曾在解释混凝土的某些现象及其他结构问题时有过令了满意的效果。但根据中国水电科学研究院的徐变试验，长期加荷会使混凝土的强度增长，这一现象使微裂缝理论无从解释。由此可见，徐变的机理十分复杂，必须集百家之说，进行广泛研究，从而获得能对观察到的全部现象做出完美解释的机理来。

影响混凝土徐变的因素很多，下面分四类加以叙述：

1. 与原材料、加工方法有关因素

与原材料的各种性质及相互比例、构件尺寸、混凝土浇筑与加工方法有关的因素。

1) 水灰比：混凝土的徐变随水灰比的增大而增长。尽管在确定水灰比与徐变的变量关系上其说不一（例如，劳曼（Lorman）建议采用徐变与水灰比的平方成正比的公式，而瓦格诺（Wagner）等认为徐变与水灰比的关系是一变数），但在徐变水灰比增加而增大这点上，却没有分歧。

2) 混凝土的配合比：在20世纪50年代以前的文献中，曾有过贫混凝土比富混凝土徐变为大的错误说明。实际上，混凝土的徐变是随单位体积混凝土中水泥用量的增加而增加的。

3) 水泥品种的影响：混凝土的徐变变形依所选用的水泥而按下列顺序增加：矾土水泥、高级波特兰水泥、普通波特兰水泥、矿渣波特兰水泥。但对有些品种的水泥配制的混凝土的徐变尚未进行深入研究。低热微膨胀水泥经试验，结果其徐变度比波特兰水泥大，特别是抗拉徐变度。

4) 水泥细度：一般来说，磨细水泥化程度高，未水化的惰性颗粒少，徐变也因之较高。但对某些品种的水泥来说，结果恰恰相反，例如低热水泥。根据国外的试验，徐变大小还与石膏的掺入量有关。

5) 集料：集料对于混凝土的徐变影响很大，其中 A. M. Neville 推荐的公式认为混凝土的徐变与集料的体积率（集料体积占混凝土体积的百分率）和弹性模量有如下关系：

$$C = C_P(1-g-j)^a$$

其中

$$a = \frac{3(1-\tau)}{1+\tau+2(1-2\tau_a)E_c/E_a}$$

式中　C——混凝土的徐变；

C_P——水泥净浆的徐变；

g——集料的体积率；

j——未化化水泥的体积率；

E_c——混凝土的弹性模量；

E_a——集料的弹性模量；

τ——混凝土的泊桑比；

τ_a——集料的泊桑比。

集料的表面形状对混凝土徐变影响很小，但关于细度模量和级配的影响，则看法不一。

6) 配筋：混凝土内加入钢筋能阻止徐变的开展，其影响大小与配筋率（钢筋横截面积与混凝土横截面积之比）和弹模比（钢筋弹性模量与混凝土弹性模量之比）呈线性关系。

7) 试件的尺寸、形状、均匀性：试件的尺寸对徐变有较大的影响，其影响程度一般随试件表面积与体积之比的增大而增加。但根据 A. E. Neville 的试验，当试件厚度超过 0.9m 时，这项影响将变小，可以忽略。

试件的形状对混凝土的徐变影响很小，而均匀性则有一些影响。对此，前苏联 K. C. 卡拉别加等曾专门进行过研究，其结论是：由混凝土捣固和浇筑所产生的内部分层造成混凝土的各向异性，垂直层面的荷载所产生的徐变比平行的要大。

8) 混凝土的浇筑方法：一般来说，结构致密的混凝土的徐变变形较小。但有些情况，如前苏联对离心混凝土的徐变试验中却得出两种截然不同的结论，故今后仍需进一步研究。

9) 混凝土的强度：这方面的结论尚不统一，但长期加荷后试件的强度和弹性模量均会增加这一点已为试验所证实。

10) 加剂：外加剂、减水剂与缓凝剂大多数使徐变增大。

2. 与周围介质有关的因素

1) 加荷前的养护条件：对混凝土徐变的影响甚微。

2) 混凝土在施加长期荷载时的介质湿度：当环境湿度较大时，混凝土的徐变较小。例如，在相同荷载下，水中混凝土的徐变只及相对湿度 50% 下的混凝土的徐变的十分之一。

3) 温度：介质温度的改变常会影响混凝土的弹性性能，由此影响徐变。一般来说，随介质温度的升高,徐变增大。对于非封闭的徐变试件,温度的改变会波及介质的相对湿度,从而对徐变变形产生影响。

3. 与荷载有关的因素

(1) 应力大小:混凝土的徐变随所施加的持续荷载的增加而增加。虽然两者并非线生关系,但根据中国水利水电科学研究院的徐变试验结果,当应力比(应力与强度之比)不超过 0.4 时,按线性关系计算的结果只有 10% 的偏差。当应力比继续增大时,徐变增长速度明显加大。

(2) 应力特性(压、拉等):混凝土的徐变量随应力特性而变化,根据国外的研究,受拉徐变度为受压徐变度的 1.6 倍左右。

4. 与时间有关的因素

(1) 混凝土加荷时的龄期:龄期越长,徐变越小。这一原则不管是在空气中养护,或者是在水中养护都是肯定的。当应力及养护条件相同时,混凝土在加荷时的龄期不同,其相应的徐变试验曲线互相平行,即徐变增长的速度与混凝土加荷时的龄期无关。

(2) 混凝土的加荷时间:加荷时间愈长,徐变量愈大,而徐变率逐渐变小,并趋近于一个常数。对于一般的混凝土结构物来说,徐变的稳定期约为 2~3 年。

混凝土的徐变是混凝土变形性能中极重要的一环,徐变能缓解混凝土内部的应力集中现象,防止收缩开裂。因此,它是混凝土结构物设计中必不可少的数据之一。但是由于混凝土的徐变机理尚无定论,在此基础上建立的各种计算公式自然也有差异。目前,确定混凝土徐变的实际方法依然是通过徐变试验。

随着对混凝土徐变现象的深入研究,人们对其利弊的认识也在深化。在一般情况下,徐变可以缓解应力集中,减轻或防止裂缝的发生。但是徐变在有些情况下,也是极为有害的:例如,在高强钢筋出现以前,施加于混凝土结构物中的预压应力往往因混凝土的徐变而几乎损失殆尽。在目前的预应力混凝土结构物中,混凝土徐变仍然是预应力损失的主要因素。此外,由于徐变的发展规律为先快后慢并渐趋稳定,在大体积混凝土浇筑初期,因温升造成的膨胀压应力的徐变作用下很快缓解,但散热降温过程中,水泥水化逐步完成,徐变减少,因而对温降收缩造成的应力集中的缓解作用大大降低,常使收缩混凝土因限制收缩而开裂。

今天,研究混凝土徐变的规律和影响徐变的各种因素,充分挖掘徐变对混凝土的有益作用,尽可能减小有害徐变的发生,仍然是对混凝土及其结构物研究工作中的一项重要任务。

混凝土的徐变,使强制变形引起的应力松弛,如使温度应力松弛。对低热微膨胀水泥混凝土,由于膨胀产生的预压应力也产生松弛作用,减弱了它的补偿收缩作用。但低热微膨胀水泥混凝土抗拉徐变度大,对后期拉应力的松弛又是有利的。因此,徐变度对于低热微膨胀水泥混凝土来说,是一项很重要的力学指标。

大量试验资料表明,低热微膨胀水泥混凝土徐变性能与中热硅酸盐水泥混凝土的徐变有下列几点差异:

一、徐变度与强度的关系

对各种水泥混凝土来说,徐变度总是随强度的提高而减小,低热微膨胀水泥混凝土的徐变试验成果(图 3-9)中可以看出,它的徐变度随其强度变化比较快。以加荷龄期为 3d、7d 和 28d,持荷为 100d 的徐变度与加荷时的抗压强度的关系为例,徐变度随强度发展减小很快,尤其是早龄期加荷的徐变度。

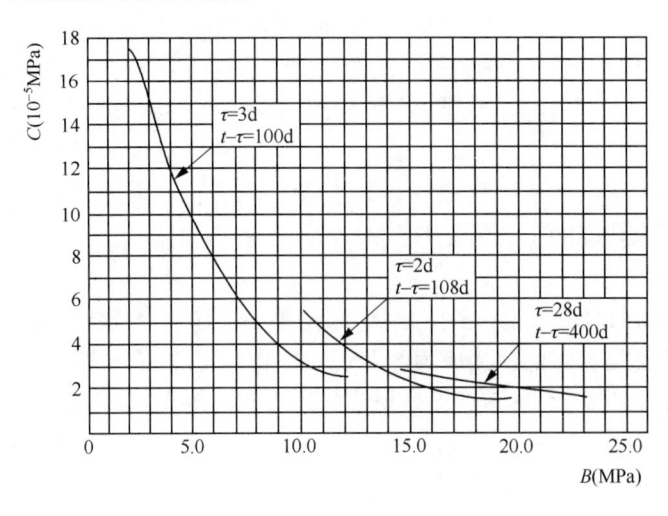

图 3-9 徐变度与强度关系

二、徐变度与持荷时间的关系

定性而言,任何水泥混凝土的徐变度都是随着持荷时间的延长而加大;而徐变度的增长速度则随持荷时间的延长而减慢,在相等的持荷时段内产生的徐变度在持荷初期总是比后期大。这一关系在低热微膨胀水泥混凝土中显得更为突出,不论哪一龄期加荷的徐变度,有相当大的一部分徐变度是在加荷后第一天内产生,特别是早龄期加荷的徐变度。如果设持荷 100d 的徐变度为 1,各加荷龄期的持荷的第一天所产生的徐变度见表 3-10。

表 3-10 各龄期持续加荷的第一天所产生的徐变度

加荷龄期(d) \ 组别	一组	二组	三组	四组	注
3	0.55	0.61	0.45	0.60	实测
7	0.23	0.52	0.33		值计算
28	0.29	0.39	0.33		

这一特性在徐变度为纵坐标,持荷时间为横坐标的半对数坐标中(见图 3-10～3-13)就看得比较清楚。持荷时间大于 1d 的徐变度连线都接近一直线,但延长都不通过原点,在纵轴上有相当大的截距。而中热硅酸盐水泥混凝土徐变度的连线,都能通过或接近原点。

对照各龄期持续加荷的第一天所产生的徐变度表 3-10 与各龄期试件的抗压强度表 3-11 还可以看到,混凝土强度愈低,第一天的徐变度所占的比例也就愈大。

图 3-10 低热微膨胀水泥混凝土徐变曲线(1977年华新厂生产)

图 3-11 池潭施工试验低热微膨胀水泥混凝土徐变曲线(1979年华新厂生产)

图 3-12 低热微膨胀水泥混凝土徐变曲线(1980年华新厂生产)

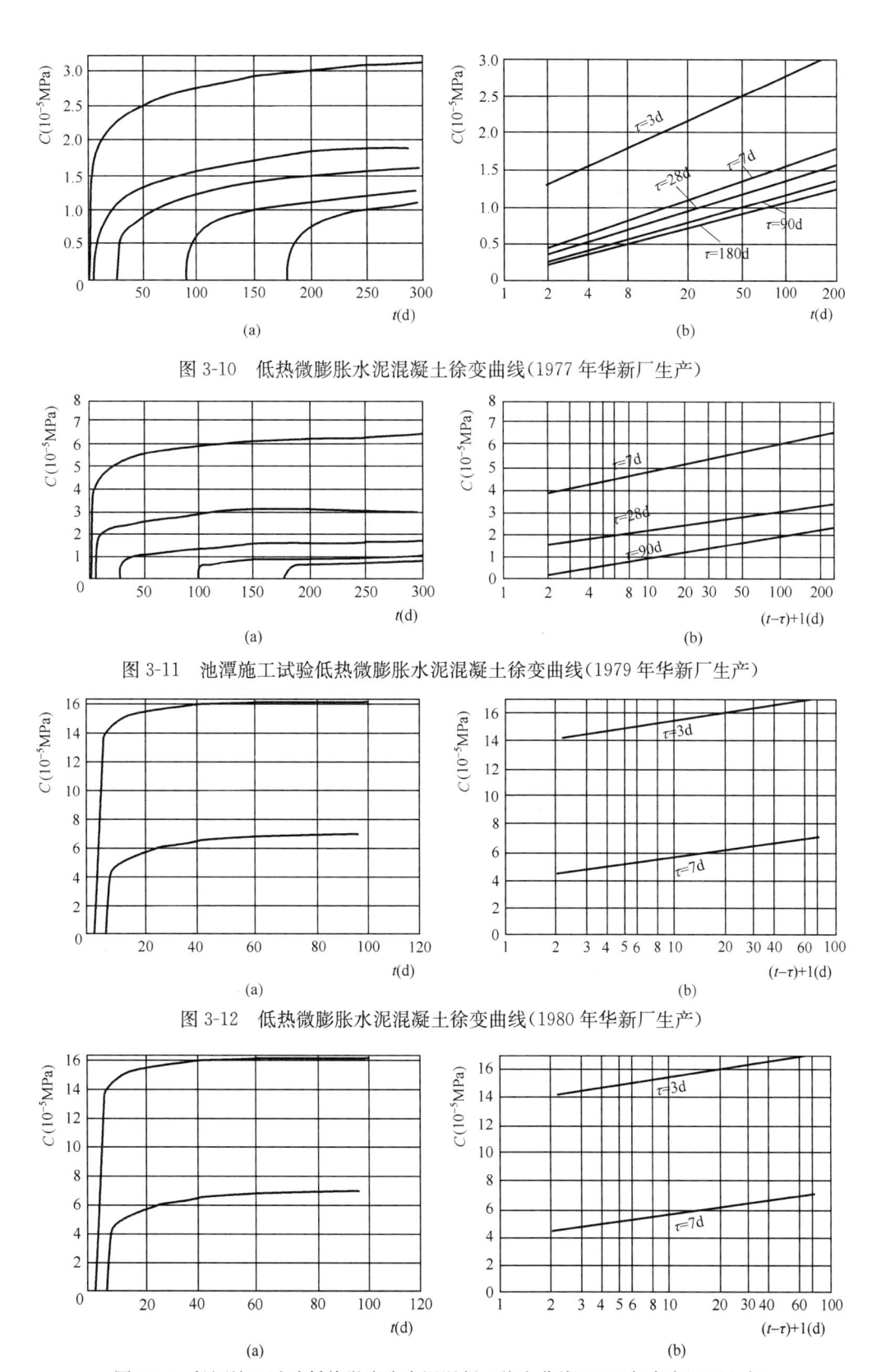

图 3-13 长诏施工试验低热微膨胀水泥混凝土徐变曲线(1979年富春江厂生产)

53

表 3-11　各龄期试件的抗压强度

龄期(d) \ 组别	一组	二组	三组	四组	注
3	11.0	4.26	12.3	4.89	15cm³
7	16.2	10.1	17.9	13.4	试件的抗压
28	21.7	14.6	25.1	17.0	强度(MPa)

三、徐变度与加荷龄期的关系

混凝土的徐变度随加荷龄期的增加而减小，减小的幅度随龄期的增加而愈来愈小。当加荷龄期到达某一龄期后，徐变度随加荷龄期变化很小，可近似认为与加荷龄期无关，仅为持荷时间的函数时，此时通常就认为混凝土的徐变性能已稳定，中热硅酸盐水泥混凝土徐变性能，大多要在龄期一年以后才能接近稳定。相比之下，低热微膨胀水泥混凝土的徐变性能稳定要早一些。从图 3-7~3-8 的资料中可以看出，龄期 90d 加荷与龄期 180d 加荷的徐变差别已相当小，已在一般测试误差范围之内。因此，低热微膨胀水泥混凝土的徐变性能到 90d 龄期已基本稳定，即龄期 90d 以后加荷的徐变度曲线可近似认为将不随加荷龄期变化。

从徐变度的半对数坐标图中还可以看出，龄期 90d 以前几种加荷龄期的徐变度，差别主要产生在持荷的第一天。如将各龄期加荷的徐变度从持荷的第二天开始计算，它们的差别较小，变化规律十分接近。

四、徐变松弛系数变化规律

为了分析徐变对温度应力、膨胀约束力的松弛作用，可近似采用松弛系数进行分析计算。松弛系数一般是根据徐变试验资料，通过计算求出。方法为：解应变力 $\sigma_{(\tau)}$ 的作用下，保持在任意时间 t 的总变形 $\varepsilon_{(t)}$ 为初始值。

即：

$$\varepsilon_{(t)} = \frac{\sigma_{(\tau 0)}}{E_{(\tau 0)}} + \sigma_{(\tau 0)} \cdot C(t,\tau) + \int_{\tau_0}^{t} \left[\frac{1}{E_{(\tau)}} + C(t,\tau) \right] \frac{d\sigma_{(\tau)}}{d\tau} d\tau = \frac{\sigma_{(\tau 0)}}{E_{(\tau 0)}} \tag{3-1}$$

如取初始应力 $\sigma_{(\tau 0)} = 1$，则得：

$$C(t,\tau) + \int_{\tau_0}^{t} \left[\frac{1}{E_{(\tau)}} + C(t,\tau) \right] d\sigma_{(\tau)} = 0$$

由式(3-1)大多用数值方法求解。对图 3-8 的徐变资料进行了松弛系数计算，详见图 3-14。

由于持荷第一天的徐变度较大，松弛量也大，接近一年的一半，7d 的松弛量约为一年的 60%（详见表 3-12）。

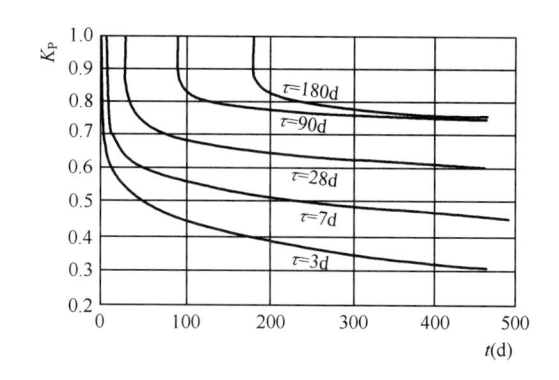

图 3-14 池潭低热微膨胀水泥混凝土试验徐变松弛系数

表 3-12 松弛系数（K_p）

持荷龄期(d) \ 加荷龄期(d)	3	7	28	90	180
1	0.45	0.49	0.38	0.47	0.47
7	0.55	0.60	0.55	0.62	0.62
360	1	1	1	1	1

低热微膨胀水泥混凝土徐变性能较早趋于稳定这一特性，在其他力学变形性能中也有类似的规律，即后期变化不大。

第三节　混凝土的绝热温升[10]

混凝土的绝热温升是进行温度控制的一个重要指标。

低热微膨胀水泥混凝土的绝热温升很低，它是该水泥的一个显著特点。这是低热微膨胀水泥的低水化热性能所产生的效果。该水泥7d的水化热仅为 $40\times4.1868J/g$，比美国K型膨胀水泥低45%；比M型水泥低42.5%；比我国优良的水工水泥——低热硅酸盐水泥低25%，因此显示出该水泥混凝土在水工大体积混凝土中应用的优越性。

华新水泥厂1979年曾生产一批425低热微膨胀水泥，测得水化热如表3-13。

表 3-13 水 化 热　　　　　　（单位：卡/g）

试验编号 \ 龄期(d)	1	2	3	4	5	6	7
$P_{7812221}$	28.6		36.0				39.1
$P_{7812231}$	29.6		28.1				41.7
$P_{7812302}$	26.5		26.3				38.6
$P_{7901061}$	24.4		32.9				35.3
平均值	27.3	31.5	35.8		37.0	38.0	38.7

注　1卡=4.1868J。

按一般绝热温升的计算式：

$$T_0 = \frac{wQ}{c\rho}$$

式中　Q——水化热；

　　　c——比热，一般为$(0.22 \sim 0.23) \times 1000 \times 4.1868 (J/g \cdot m^3 \cdot ℃)$；

　　　ρ——容重$(240 kg/m^3)$。

求得在第$1m^3$混凝土水泥用量(w)为200kg时，混凝土的绝热温升如表3-14所列。

表3-14　混凝土的绝热温升表

龄　期（d）	1	2	3	4	5	6	7
绝热温升（℃）	10.3	11.9	13.6	—	14.0	14.4	14.7

另外低热微膨胀水泥混凝土的绝大部分温升在7d内完成，余热反应很小，14d温度即达到稳定。

第四节　不裂混凝土指标及抗裂计算

大幅度提高混凝土抗裂能力，就需混凝土适时适量的微膨胀，对气温骤降和温降、干缩、收缩补偿能力强，绝热温升低，抗拉强度大，极限拉伸值高，干缩率小，徐度大，抗拉弹模小，热膨胀系数小。据国内外和著者研究结果，前六项特别是前五项，决定因素是水泥。

1980年水工补偿收缩混凝土优质快速建坝研究专题技术顾问、导师吴中伟院士送给著者一本书——《补偿收缩混凝土》（不裂或少裂混凝土）。国内外研究表明，补偿收缩混凝土是避免和减轻混凝土开裂的最好办法，这引起著者的极大兴趣。混凝土的体积收缩，最主要和最常见的是干缩和温度下降收缩两种，前者是混凝土中水分散失或湿度下降引起，后者是混凝土中热量的散失或温度下降引起。补偿收缩混凝土就是要通过这两种收缩的补偿来避免或减轻裂缝的发生。迄今为止，国外研究补偿收缩混凝土仅限于对干缩的补偿。著者要研究一种温降收缩量小即水化热低，抗裂能力好即抗拉强度高，干缩、温降两种收缩都要补偿的水工补偿收缩混凝土。

混凝土质量优劣的第一要素就是耐久性，而对大体积混凝土工程来说，耐久性能第一指标为抗裂性。国内外混凝土工程发生裂缝的实践告诉我们，在混凝土材料本身影响混凝土开裂的因素有：补偿收缩能、混凝土极限拉伸值、抗拉强度、收缩值（包括自生收缩和干缩）、抗拉弹模、绝热温升和抗拉徐变等因素。现将大坝混凝土抗裂几项综合指标列于表3-15。

表3-15 中抗裂系数　　$K_1 = \frac{抗拉强度 \times 极限拉伸}{干缩 \times 抗拉弹模}$

中热硅酸盐水泥20％粉煤灰混凝土90d干缩值395×10^{-6}、30％粉煤灰混凝土90d干缩值368×10^{-6}，WD-Ⅲ低热微膨胀水泥混凝土（未掺粉煤灰）90d干缩值40×10^{-6}。

表3-15中抗拉弹模，因抗拉弹模资料不全，以抗压弹模代替。

表 3-15　大坝混凝土抗裂几项综合指标（90d）

混凝土品种及混凝土标号	各种方案	水泥功能因素 MPa/Kg	热强比 kJ/Mpa	弹强比 (×10³)	极限拉伸值 28d×10⁻⁴	干缩率 90d×10⁻⁶	抗裂系数 K_1	抗开裂系数 K_2
中热52.5硅酸盐水泥混凝土 $R_{90}200$	初步设计	0.1820	1091.2	1.11			0.134	2.346
	技术优化设计	0.2870	781.2	0.91			0.201	3.479
低热42.5硅酸盐水泥混凝土 $R_{90}200$	优化方案 15%粉煤灰	0.2169	1014.33	0.8473	0.80	387	0.197	3.887
中热52.5硅酸盐水泥混凝土 $R_{28}200$	优化方案 20%粉煤灰	0.2750	992.6	0.7941	0.91	395	0.218	4.047
	优化方案 30%粉煤灰	0.3001	919.24	0.8281	0.86	368	0.201	3.341
WD-Ⅲ型低热微膨胀水泥混凝土 $R_{28}200$（90d自生体变 254.18×10⁻⁶）	20%粉煤灰	0.3229	605.20	0.7432	1.33		3.436	10.299
	30%粉煤灰	0.3117	625.65	0.8188	1.22	40	2.560	7.673
	0%粉煤灰	0.3442	512.88	0.6298	1.52		4.63	13.878

表 3-15 中抗开裂系数 K_2 为著者建议评定大体积混凝土抗开裂的评定指标[30],[39]。

$$K_2 = \frac{抗拉强度 \times 极限拉伸 \times 补偿收缩能系数}{绝热温升 \times 抗拉弹模}$$

(1) 抗拉强度：7d、28d 龄期，Ⅲ型低热微膨胀水泥 $R_{28}200$ 混凝土，比中热硅酸盐 52.5 $R_{28}200$ 混凝土（均掺 20%粉煤灰），高 81.6% 和 62.7%。

(2) 水泥功能的因素：为每 m³ 每 kg 水泥所产生的抗压强度，可以认为水泥功能因素体现了混凝土原材料、配合比优化水平，混凝土发热量也会因此减少。从表 3-15 以均掺 20%粉煤灰 $R_{28}200$ 看，WD-Ⅲ型低热微膨胀水泥混凝土水泥功能比优化后的中热硅酸盐混凝土提高 17.4%。如以每 m³ 每 kg 水泥所产生的抗拉强度，则前者比后者高 52.7%。

(3) 热强比：每 m³ 混凝土所产生的热量与强度之比[7]。热强比低，混凝土抗温度应力能力就愈强。必须指出，以热强比评定混凝土抗裂性能，仅适合相同砂石骨料所拌制的混凝土。以热强比论，WD-Ⅲ型低热微膨胀水泥混凝土比中热硅酸盐水泥混凝土降低 39.3%。

(4) 弹强比：混凝土弹性模量与其强度之比，从提高混凝土抗裂能力考虑，希望混凝土高强度、低弹模，即混凝土每 MPa 强度所产生的弹模要小，从表 3-15 可见，WD-Ⅲ型低热微膨胀水泥混凝土比中热硅酸盐水泥混凝土（均掺 20%粉煤灰）弹强比下降 6.4%。

(5) 水化热温升：低热微膨胀水泥混凝土 159kg/m³ 水泥用量水化热温升 12.39℃，相应标号中热硅酸盐 52.5 水泥外掺 40%粉煤灰混凝土 $R_{28}150$ 为 18.41℃，前者比后者低 6℃。

(6) 补偿收缩能系数：混凝土补偿收缩能产生温控好处系数，如绝湿条件下的不收缩混凝土，该系数为 1.0，WD-Ⅲ型低热微膨胀水泥混凝土 90d 龄期膨胀率为 260×10^{-6}，可恢复的予压变形，亦称补偿收缩变形，其值为 40.8×10^{-6}，即可得到补偿大坝后期 4℃温降补偿收缩好处(第五章第二节(二))，则该系数为 1.4，如此类推。而中热硅酸盐水泥混凝土，不仅无补偿收缩好处，而且是收缩的，即该系数小于 1.0，长江三峡大坝为了实现微膨胀，采取在国标允许范围内，提高水泥熟料 MgO 含量等措施最后获得外掺 30%粉煤灰中热硅酸盐水泥混凝土其 5d 龄期混凝土膨胀率为 5×10^{-6}，以后逐渐收缩至 90d 龄期稳定至 -22×10^{-6}[45]。两者相比，Ⅲ型低热微膨胀水泥混凝土补偿收缩能要比上述熟料中含 MgO 较高的中热硅酸盐水泥混凝土多 5℃左右温控好处。

上述与抗裂有关性能指标，WD-Ⅲ型低热微膨胀水泥均优于中热硅酸盐水泥。

抗裂系数 K_1 和抗开裂系数 K_2，是综合对混凝土产生裂缝影响的有关性能因素为一个指标，用以评定混凝土抗裂能力。混凝土抗裂系数越大，抗裂能力就越高。当 $K_1 \geqslant 3.0$、$K_2 \geqslant 10.0$，补偿收缩能系数 $\geqslant 1.4$，干缩率 $\leqslant 50\times10^{-6}$，此混凝土称不裂混凝土。如表 3-15 所示，WD-Ⅲ型高档低热微膨胀水泥混凝土和 WD-Ⅲ型水泥外掺粉煤灰掺量在 20%以下者均为之。另外 WD-Ⅴ和外掺粉煤灰后的 WD-Ⅵ高档低热微膨胀水泥混凝土也可达到 $K_1 \geqslant 3.0$、$K_2 \geqslant 10.0$ 不裂混凝土标准。从表 3-15 可见，中热硅酸盐水泥技术设计阶段，混凝土配合比经优化后有提高，但两种水泥相比较，WD-Ⅲ型低热微膨胀水泥混凝土抗开裂系数 K_2 和抗裂系数 K_1 为优化后的中热硅酸盐水泥混凝土的 3.15 倍和 20 倍。安康大坝原型观测结果验证了著者 K_2 公式的正确性。

著者认为，对一般混凝土工程，如公路、机场、停车场、工业民用建筑、桥梁、地下建筑等，防止工程裂缝发生，除工程混凝土抗拉、极限拉伸值和各项耐久性能指标，满足设计要求外，工程运行在自然条件下，若做到工程混凝土不收缩，或抗裂系数 $K_1 \geqslant 3.0$(结构长方向尺寸 $<30m$，$K_1 \geqslant 2.5$)，并及时做好养护和保温，即可防止工程裂缝发生。而大型大体积混凝土工程防裂，除在水泥混凝土内因方面，满足工程混凝土抗开裂系数 $K_2 \geqslant 10.0$(若设计浇筑块长方向尺寸 $\leqslant 40m$，则 $K_2 \geqslant 8.0$)。并在设计和施工外因条件上做到：①大坝浇筑温度 $\leqslant 12 \sim 15$℃；②施工人员认真负责执行水工补偿收缩混凝土应用技术规范(第十章)，并在气温骤降前，做好大坝表面保温工作；③运作实施好大坝内部混凝土温度上升期的通水冷却。则可防止大坝裂缝发生。即要求设计者除选用水化热低、绝湿条件下微膨胀或不收缩和抗拉强度高的水泥品种外，还要求选定技术、经济合理的混凝土浇筑温度和做好防止出现冷混凝土在运输过程中温度回升设计。葛洲坝工程混凝土出机温度 7℃，浇筑温度大于 15℃。三峡大坝工程混凝土出机温度 7℃，浇筑温度为 12℃，温度回升大。与国外有差距。水坝设计工程师要特别注意，由于大坝顶部、上游面上部、下游面，在水库、电站运行过程中，这些部位的混凝土均长期暴露在大自然条件下，为防止裂缝发生，故也必须要计算 K_1。

工程防裂设计首要问题是，选择一种耐久、抗裂性能优越的水泥，这种水泥制备的混凝土，其抗裂系数 K_1、抗开裂系数 K_2 及其他耐久性能指标，能够保证工程耐久和不发生温度裂缝，即需选择本书第二章。著者提出的《水泥等级划分》中的特等、优质水泥，再辅以良好的混凝土配比、温度控制设计和施工中切实落实温控措施，这样才能确保工程耐久，不发生裂缝。

以抗裂性能对比美国筑坝使用的中热波特兰水泥混凝土。德沃歇克坝取消纵缝设计,通仓间歇浇筑施工。该坝温控设计要求大坝内部最高温度≤30℃,故采用极为昂贵的温控措施,设计浇筑温度5℃(实测4.7℃～6.3℃)。但大坝竣工后不久,即发生贯穿性裂缝。水工补偿收缩混凝土在浇筑温度10～12℃,即可实现取消纵缝设计,连续浇筑施工。其原因是水工补偿收缩混凝土比同标号中热波特兰水泥外掺40%粉煤灰有水化热温升低6℃,和补偿收缩能＞6℃的优势(绝湿条件下,中热硅酸盐水泥混凝土收缩率$60×10^{-6}$～$80×10^{-6}$,三峡大坝高MgO熟料中热硅酸盐水泥外掺粉煤灰90天收缩率为$22×10^{-6}$[45],Ⅲ型水工补偿收缩混凝土190天有微膨胀$177×10^{-6}$的补偿收缩变形量,并持久保持不变)。

另外水工补偿收缩混凝土在施工中还可实施连续冷却,又可多削减混凝土内部最高温升2℃以上,加之水工补偿收缩混凝土28天抗拉强度和极限拉伸值又比中热波特兰水泥混凝土分别高62%和65%,故水工补偿收缩混凝土可以在低成本中实现整体设计,大仓面浇筑施工,并可实现美国无法实现的连续浇筑,且工程质量优良、无裂缝。如安康水电站大坝取消甲、乙块纵缝大仓面连续浇筑施工,在浇筑温度12～15℃条件下,大坝最大拉应力仅0.66MPa,最小抗裂安全系数4.7。

水工混凝土工程(包括一切大体积混凝土工程),特别是巨型大坝混凝土工程,为防止混凝土裂缝产生,要求混凝土具有[低]、[高]、[大]、[巧]、[小]五大性能,即[低]水化热、[高]抗拉强度、[大]的极限拉伸、[巧]妙、适时适量的微膨胀和极[小]的干缩率。硅酸盐水泥[低]与[高]是一对不可克服的矛盾,就是长江三峡大坝工程采用一级粉煤灰、高效减水剂也很难制造出水化热温升[低],早、中、后期强度[高],早、中、后期极限拉伸值[大]的优质混凝土。更不能实现干缩小、补偿收缩性能好。5d到15d龄期的混凝土早期强度特别是抗拉强度高、极限拉伸值大,对防止大坝由于气温骤降引起表面裂缝十分有利。而巧妙适时适量膨胀的补偿收缩混凝土(第五章)是防止混凝土发生裂缝的最佳方法。波特兰水泥发明至今已有180年历史,虽经无数科学家研究探索,至今世界上仍未解决该类水泥及混凝土性能的[低]、[高]、[大]、[巧]、[小]的辩证统一。而硅酸盐水泥混凝土工程裂缝经常发生的原因,著者认为除未解决[低]、[高]、[大]、[巧]外,最重要还有一个原因是硅酸盐水泥混凝土在大气自然条件下收缩率太大(4/万～6/万)所造成。而且在绝湿条件下,它也是收缩的。WD-Ⅲ型低热微膨胀水泥的发明,通过配比、工艺优化,使原材料能量完全释放,补偿收缩能提高,加之水泥石微观结构优化,故较好地实现混凝土的[低]水化热、[高]抗拉强度、[大]极限拉伸值、[巧]妙适时适量的收缩补偿和极[小]的干缩率,并能在大气自然条件下不收缩。从而解决混凝土工程的最难解决的裂缝问题。

混凝土的耐久性能,除抗裂性能外,还有抗渗、抗冻、抗碱骨料反应和抗腐蚀(特别是抗硫酸盐侵蚀)五大类。

第五节 混凝土的抗渗性能

混凝土的抗渗性能是水工混凝土重要的性能之一。试验研究结果表明,低热微膨胀水泥混凝土具有相当好的抗渗能力。表3-16所显示的就是采用标准试验方法测定的低热微膨胀水泥混凝土抗渗标号的试验结果。水灰比为0.5、0.6及0.7的混凝土的透水压力超过2.0MPa,在这个压力下,三组抗渗试中没有一个透水。试件的最大渗水高度为12mm,最小渗水高度仅为3mm(试件总高度为15cm)。

表 3-16 混凝土的抗渗性能

水灰比	透水压力(MPa)	在 2.0MPa 水压力下保持 8h 后		
		最大渗水高度(cm)	最小渗水高度(cm)	平均高度(cm)
0.5	>2.0	11	3	7.8
0.6	>2.0	12	3	7.1
0.7	>2.0	10	5	7.8

由于抗渗标号这一指标在概念上的局限性(如指标没有时间概念,抗渗标号 S_8,容易误解为混凝土在0.8MPa水压下不透水)。因此,国内外曾采用测定渗透距离(高度),计算渗透系数来反映混凝土的实际抗渗能力。渗透系数的计算式为

$$K = \frac{mh^2}{2\sum_{1}^{n} tH} \tag{3-2}$$

式中 K——渗透系数(cm/s);

m——混凝土空隙率(常数 $m=0.03$);

h——试件渗水平均高度(cm);

n——压力阶段数;

t——渗水时间(s);

H——压力水头(cm)。

按上式计算结果:

$$K = 0.143 \times 10^{-9} (\text{cm/s})$$

据国外文献记载,某些砂岩和花岗岩的渗透系数 $K=0.123\times10^{-9}\sim0.156\times10^{-9}$(cm/s)。从我国有关试验资料知道,混凝土的抗渗标号要达到 S_{30} 以上才能相当于砂岩和花岗岩的抗渗能力。试验结果表明,低热微膨胀水泥混凝土的渗透系数在上述 K 值范围之内,可见其抗渗能力是很好的。对于目前国内外大坝工程由于采用硅酸盐水泥浇筑,其混凝土抗渗性能不高,K 仅为 $10^{-6}\sim10^{-7}$ 之间,因此我国混凝土坝设计仅要求的混凝土抗渗标号在 $S_8\sim S_{12}$ 之间,如长江三峡工程要求 $S>S_{10}$,低热微膨胀水泥混凝土的抗渗能力 $K>10^{-9}$ 即抗掺标号 $S>S_{30}$,这对于提高混凝土坝的耐久性是十分有利的。

低热微膨胀水泥混凝土由于具有一定的膨胀特性,在水化硬结过程中受到约束,使混凝土结构本身更加密实。其水化生成物填充和切断毛细孔,使孔隙率减少,增强了混凝土的阻水作用。因此,比硅酸盐水泥混凝土具有更强的抗渗能力。尤其是在水灰比大于0.6,而达到0.7的情况下,仍然具有十分突出的抗渗性能。低热微膨胀水泥混凝土这一优良性质,对水工建筑物的耐久以及有防渗要求的混凝土建筑物,是很有利的。

第六节 混凝土的抗冻性

水工和港工建筑物水位变化区或水位变化区以上的外部混凝土,长期受冻融及干湿循

等作用,容易受到破坏。因此,对混凝土提出了一定的抗冻性要求,以保证混凝土的耐久性。

低热微膨胀水泥混凝土的抗冻性能试验是采用快速冻融法进行的。试件尺寸为 10×10×50cm,在零下 20±2℃冻结 2h 后再在零上 20±2℃冻融 2h,作为一次冻融循环。测定经过若干次冻融循环后混凝土的抗压强度、抗弯强度、抗拉强度、动弹性模量以及试件重要的损失,作为评定混凝土抗冻性的依据。

低热微膨胀水泥混凝土与中热硅酸盐水泥混凝土的抗冻性能见表 3-17。

表 3-17 两种水泥混凝土的抗渗、抗冻、抗压比、干缩、自生体积变形和绝热温升

混凝土标号	水泥品种、粉煤灰掺量	抗渗	抗冻（次）	自生体积变形	绝热温升（℃）	干缩 90d	拉压比(%) 7d	拉压比(%) 28d
R_{28}200	中热硅酸盐+20%粉煤灰	S_{10}	>250 >300	微负变形	23.4	379~395×10⁻⁶	6.91	6.41
R_{28}200	中热硅酸盐+30%粉煤灰	S_{10}	>250 >300	5d:5×10⁻⁶以后逐渐缩至90d,稳定至-22×10⁻⁶	22.9	379~395×10⁻⁶	5.80	6.89
R_{28}200	低热微膨胀+20%粉煤灰	S_{30}	>300	正变形	17.3	40×10⁻⁶	9.45	7.85
	低热微膨胀+30%粉煤灰	S_{30}	>300	正变形	16.8	40×10⁻⁶	9.70	8.05
R_{90}200	低热硅酸盐+15%粉煤灰	S_{10}	>200 >250	微正负变形	22.4	387×10⁻⁶	7.15	5.32
	低热硅酸盐+25%粉煤灰	S_{10}	>150 >250	微正负变形	19.0	387×10⁻⁶	6.52	6.85

注 试验条件同本章第一节。

从上表可见,Ⅲ型低热微膨胀水泥混凝土抗渗、自生体积变形、干缩、绝热温升、拉压比等性能,均超过中热硅酸盐水泥混凝土。抗冻达到快冻 300 次以上。

第七节 混凝土的耐侵蚀性[1]

当环境水具有侵蚀性时,对混凝土必须提出抗侵蚀的要求。

一、耐硫酸盐化学侵蚀性能

硫酸盐对水泥混凝土的侵蚀作用是最普遍、危害最大的破坏。在自然界的海水、地表水和地下水中,硫酸盐主要以硫酸钠、硫酸镁和硫酸钙的形式存在。二水硫酸钙的溶解度较低,约为 2050mg/L 左右,一般认为硫酸钙和低浓度的硫酸钠对水泥石的侵蚀程度基本相近,但硫酸镁则不然。由于增加了镁、盐腐蚀的因素,加剧了侵蚀的进程。

在硫酸钠浓度较低时,硫酸钠和水泥石中的水化铝酸盐及 $Ca(OH)_2$ 产生化学反应生成水化硫铝酸钙(钙矾石)晶体,反应式为:

$$4CaO \cdot Al_2O_3 \cdot 13H_2O + 2Ca(OH)_2 + 3Na_2SO_4 + 20H_2O$$
$$= 3CaO \cdot Al_2O_3 \cdot 3CaSO_4 \cdot 31H_2O + 6NaOH$$

---

[1] 试验由铁道科学研究院完成。

钙矾石含有较多结晶水,相应体积比原有水化铝酸钙增加两倍多。而当硫酸钠浓度较高时,出现石膏型腐蚀,其反应式是:

$$Ca(OH)_2 + Na_2SO_4 \cdot 10H_2O = CaSO_4 \cdot 2H_2O + 2NaOH + 8H_2O$$

上述反应产生钙矾石和石膏结晶,并积聚在混凝土孔隙和毛细管中,且不断增大。开始使混凝土暂时密实,最后由于内应力过大而导致水泥石破坏。尽量减小水泥中铝酸盐矿物,特别是 C_3A 的含量和适当控制 C_3S 的含量被认为有利于提高抗硫酸钠的侵蚀性能。但最近对是否有必要控制 C_3S 含量也有争论。低热硅酸盐水泥混凝土从理论上说,比硅酸盐水泥混凝土有较高的耐蚀性(特别当矿渣掺量比较高时)。这是由于矿渣中活性 SiO_2 吸收部分 $Ca(OH)_2$,使水化硅酸钙的 CaO/SiO_2 比降低,由于碱度下降使水化硫铝酸钙的膨胀作用变得缓和。可是许多试验结果往往不能和上述结论完全吻合。

和抗硫酸盐水泥混凝土及几种 C_3A 较低的低热硅酸盐水泥混凝土相比,低热微膨胀水泥混凝土对于硫酸钠的耐蚀性有明显的提高,结果如表 3-18。

表 3-18　几种水泥砂浆在硫酸钠溶液中的耐蚀系数(F_6)

硫酸钠溶液中 $SO_4^=$ 浓度 (mm/L)	32.5号矿渣(首都)	42.5号矿渣(抚顺)	抗硫酸盐(加华)	硫铝酸盐早强(石家庄)	低热微膨胀(华新)
2500	0.87	1.14	0.82	1.25	1.05
5000	0.78	1.09	0.91	1.26	1.14
7500	/	1.01	0.89	1.28	1.08
10000	/	0.75	0.85	1.22	1.03
15000	/	/	0.70	0.78	/
20000	/	0.63	0.56	0.56	0.99
30000	/	/	0.39	0.46	0.63

采用国家标准 GB749-65 "水泥抗硫酸盐侵蚀试验方法",胶砂配比为 1:3.5,试块尺寸 10mm×10mm×30mm,硬练法成型。耐蚀系数 F_6 以在侵蚀溶液中浸泡 6 个月和在淡水中养护同龄期的试块抗折强度之比来表示,F_6 小于 0.80 就被认为该水泥在该浓度的硫酸盐溶液中是不耐蚀的。从表 3-18 列的五种水泥的 F_6 值可以看出,随着 $SO_4^=$ 浓度的提高,五种水泥的耐蚀系数都递降,但是各种水泥的耐蚀水平并不相同,以 $F_6=0.80$ 为界限,32.5 号首都低热硅酸盐水泥通过 2500mg/L,抚顺 42.5 号低热硅酸盐水泥通过 7500mg/L,抗硫酸盐水泥通过 10000 mg/L,硫铝酸盐早强水泥通过 15000mg/L,而低热微膨胀水泥可以通过 20000mg/L。大家知道,抗硫酸盐水泥是国产水泥中 C_3A 含量最低者,耐硫酸盐侵蚀性最强,低热微膨胀水泥的耐蚀性居然超过它,可见是非常突出的。

低热微膨胀水泥的主要水化产物是水化硫铝酸钙(25%左右),水化硅酸钙 CSH(B) 和少量水化铝酸二钙。其水泥细度较高,熟料几乎完全水化,但 2/3 矿渣没有参与作用,水化后无游离石膏和 $Ca(OH)_2$ 晶体存在。水泥液相中碱度较低,CaO 仅为 0.4g/L。由此可见,水泥熟料和矿渣中的 Al_2O_3 组分,大部分转移入钙矾石($C_4A\bar{S}_3H_{32}$),仅小部分结合成 C_2AH_3,不可能存在于 $4CaO \cdot Al_2O_3 \cdot 13H_2O$ 中。水化产物中水化铝酸钙数量较少,创造了耐硫酸钠侵蚀强的重要条件。硬化水泥石在硫酸钠溶液中产生钙矾石的两个可能条件是:

$2CaO \cdot Al_2O_3 \cdot 8H_2O + Ca(OH)_2 + 2SO_4^= + nH_2O \rightarrow 3CaO \cdot Al_2O_3 \cdot 3CaSO_4 \cdot 31H_2O$

活性 $Al_2O_3 + Ca(OH)_2 + SO_4^= + nH_2O \rightarrow 3CaO \cdot Al_2O_3 \cdot 3CaSO_4 \cdot 31H_2O$

前式中水化铝酸二钙仅占水泥水化产物 1/10 左右,后式中活性 Al_2O_3 由尚未作用的矿渣所提供,但是都由于缺乏必要的碱度条件,产生的硫铝酸钙的膨胀作用比较缓和。所以,液相碱度较低是该水泥耐硫酸钠侵蚀性强的又一个重要原因。

关于低热微膨胀水泥在较高浓度硫酸钠作用下产生的石膏型侵蚀比较轻微,这也是容易解释的。低热微膨胀水泥石液相 CaO 浓度低(0.4g/L),达到 $CaSO_4$ 溶度积所必须的 $SO_4^=$ 浓度自然要比硅酸盐水泥中饱和 CaO 条件(1.3g/L)时要提高许多,产生石膏的相对数量显然也要减少。总之,不论是硫铝酸盐型腐蚀还是石膏型腐蚀,低热微膨胀水泥的水化产物以及低碱度的特点。决定它具有很强的耐硫酸钠化学侵蚀的性能。

二、耐镁盐化学侵蚀性能

镁盐腐蚀是不同于硫酸盐腐馈的另一类腐蚀形式,它对水泥混凝土的危害也是相当大的。氯化镁和硫酸镁的镁盐的两种主要形式。$MgCl_2$ 和水泥石中 $Ca(OH)_2$ 作用发生下列反应:

$$MgCl_2 + Ca(OH)_2 = CaCl_2 + Mg(OH)_2 \downarrow$$

$Mg(OH)_2$ 是没有强度的松软物质,其溶解度仅 18mg/L,饱中浓液中 pH=10.5,低于水化硅酸钙的平衡浓度,将促进水泥石组成的分解。如溶液中存在 $MgSO_4$ 时,还将产生石膏,加剧破坏作用,$MgSO_4 + Mg(OH)_2 = Mg(OH)_2 \downarrow + CaSO_4 \cdot 2H_2O$

$MgSO_4$ 同样也能分解水化硅酸钙。可见溶液中存在硫酸镁时,产生镁盐和硫酸盐双重腐蚀。海水中平均 Mg^{++} 含量在 1300mg/L 左右,$SO_4^=$ 含量 2600mg/L 左右,对水泥混凝土主要是硫酸镁的侵蚀作用。

低热微膨胀水泥虽有很高的耐硫酸钠侵蚀性能,但据试验表明,在硫酸镁溶液中其耐蚀性就大为下降。表 3-19 是三种水泥砂浆在氯化镁和硫酸镁溶液中的耐蚀系数。试验方法与表 3-19 一样,为硬练法成型,1:3.5 胶砂浸泡。可以看出,在 $MgCl_2$ 溶液中,当 $[Mg^{++}]$=2000mg/L 时,低热微膨胀水泥的 F_8=0.89,而在表 3-19 Na_2SO_4 溶液中,当 $[SO_4^=]$=10000mg/L 时,F_6=1.03,都超过 0.80 的限值。可是当 $[SO_4^=]$=10000mg/L 和 $[Mg^{++}]$=2000mg/L 复合时,腐蚀系数 F_6 却只有 0.75,在限值之下。说明低热微膨胀水泥耐 $MgSO_4$ 化学侵蚀性能不如耐 Na_2SO_4 好。

表 3-19 三种水泥砂浆在镁盐溶液中的耐蚀系数(F_6)

硫酸镁或氯化镁溶液(mg/L)		水 泥 品 种(出产厂)		
$SO_4^=$	Mg^{++}	抗硫酸盐水泥(加华)	低热微膨胀水泥(加华)	硫铝酸盐早强水泥(石家庄)
0	1000	0.92	0.92	0.84
0	2000	0.95	0.89	0.72
5000	500	0.85	0.96	1.15
5000	1000	0.90	1.01	1.11
10000	1000	0.92	1.19	1.29
10000	2000	胀坏	0.75	1.21
15000	1500	胀坏	胀坏	1.16

水泥相对耐蚀性的加速试验方法往往与实际混凝土所受侵蚀情况有较大差别,在表 3-20,表 3-21 所采用的硬练法成型 1∶3.5 胶砂小试件试验方法的特点,在于采用粒径均匀的专用石英砂,从而造成胶砂有较大的孔隙率以加速侵蚀。该方法作为硫酸盐侵蚀的水泥检验方法,证明是一种较好的方法。镁盐腐蚀产生的 $Mg(OH)_2$ 液体,沉积淤塞在混凝土表层的孔隙中,起了阻止溶液渗入延缓侵蚀进程的有利作用。另外,由于水化产物的不同,造成水泥石致密程度的差别。对于镁盐侵蚀速度也起到非常重要的作用。多孔的硬练法试件与实际的混凝土差别较大,难以复现上述淤塞作用和致密与否对侵蚀的影响程度,低热微膨胀水泥具有微膨胀特性,如在约束条件下硬化,水泥石的结构更加密实,由于该水泥混凝土的抗渗性能很好,水灰比 0.7 的混凝土透水压力都超过 $20×98kPa$,不易透水的密实水泥石,对于耐侵蚀肯定是很有利的。为了使侵蚀试块的孔隙结构比较接近于实际情况,采用便于成型的圆柱体小试件,其水泥磁针砂配合比为 1∶3,水灰比为 0.55,砂子用软练标准砂,振动台成型,试件尺寸为 $\phi 1.6×1.6cm$ 的圆柱体,可以进行抗压和劈裂抗拉破型。耐蚀系数的表示方法同硬练法。表 3-20 是三种水泥的 6 个月耐蚀系数。在这里 $5\%MgSO_4$(相当于 $[Mg]=10000mg/L$,$[SO_4^=]=40000mg/L$ 溶液的抗压和劈拉耐蚀系数,抗硫酸盐水泥分别为 0.71 和 0.50 而低热微膨胀水泥各为 0.84 和 1.37,说明后者明显地比前者提高。可是从表 3-11 看,低热微膨胀和抗硫酸水泥耐硫酸镁的耐蚀系数没有大的差别。我们认为这是由于软练法试件比较接近于实际混凝土的密实性,可以较好地反映低热微膨胀水泥石比较致密的优点,以及 $Mg(OH)_2$ 的淤塞作用。另外从表 3-20 还看出,在 15%NaCl 溶液和 $6\%Na_2SO_4$ 溶液中,低热水泥的耐蚀性都比抗硫酸盐水泥强,与硫铝酸盐早强水泥接近。

表 3-20 软练胶砂耐蚀系数(F_6)

介质 水泥	15%NaCl		$6\%Na_2SO_4$		$5\%MgSO_4$		15%NaCl	$5\%MgSO_4$
	抗压	劈拉	抗压	劈拉	抗压	劈拉	抗压	劈拉
抗硫酸盐水泥	0.67	0.74	0.79	0.62	0.71	0.50	0.16	坏
低热微膨胀水泥	0.81	1.35	0.87	1.10	0.84	1.37	0.54	坏
硫铝酸盐早强水泥	0.85	1.43	1.15	1.29	0.86	1.41	1.17	1.43

表 3-21 几种水泥混凝土在汉沽盐场卤水中的耐蚀系数(F_6)

浓度(mg/L) 侵蚀液	硫铝酸盐 早强水泥	低热微 膨胀水泥	400 号首都 低热硅酸盐水泥	500 号首都 硅酸盐水泥	500 号大同 硅酸盐水泥
汉沽盐场地下水	1.19	0.98	0.76	0.44	0.45
汉沽盐场卤水	0.95	0.77	0.67	0.43	0.40

可是当 $5\%MgSO_4$ 和 15%NaCl 复合后,对水泥的侵蚀程度就大大加剧,这样高浓度的卤水在我国西北地区可以遇见,浸泡试验说明低热微膨胀水泥和抗硫酸盐水泥都经不起这种溶液的侵蚀而归于破坏;唯独硫铝酸盐早强水泥 6 个月后仍然完好。

实际作用于水泥混凝土的侵蚀介质往往比较复杂,其他离子有可能加剧硫酸盐和镁盐侵蚀,也可能减缓这种侵蚀作用。海水中 Mg^{++} 和 $SO_4^=$ 都不算低。但侵蚀并不严重,一般认为:由于大量 Cl^- 离子的存在,使危害性钙矾石难以形成。低热微膨胀水泥混凝土耐海水的侵蚀性是很好的。我们用汉沽盐场的浓缩海水和稍低于海水浓度的地下水进行了侵泡试验,硬练法耐蚀系数列于表3-21。两种侵蚀水的主要离子含量见表3-22。从表3-21可见,低热微膨胀水泥在两种实际水中的耐蚀系数仅次于硫铝酸盐早强水泥,比另两种硅酸盐水泥和首都低热硅酸盐水泥都好。尤其是浓缩海水,其F_6也接近于0.80,该浓缩海水$Mg^{++}=6895mg/L$,超过海水含镁量4倍。可见,低热微膨胀水泥虽然耐硫酸镁侵蚀性能不如耐硫酸钠侵蚀,但对于海水的耐蚀性仍然比一般的硅酸盐水泥都强,是一种耐海水的耐蚀较好的水泥。

表3-22 汉沽地下水和卤水的化学成分

水泥 侵蚀腐蚀	Mg^{++}	Ca^{++}	SO_4^{--}	Cl^-	HCO_3^-
汉沽盐场地下水	826	701	1316	12940	452
汉沽盐场卤水	6895	1964	3843	82000	223

第八节 混凝土的碱—骨料反应

所谓碱—骨料反应(Alkali-aggregate reaction-AAR)是指水泥、混凝土中的碱与某些活性骨料发生化学反应,引起混凝土的异常膨胀、开裂,导致破坏。首先是1940年,美国T.E.Stanton提出,并确认碱—骨料反应是混凝土耐久性的重要问题之一。随后有不少国家,出现AAR破坏的实例,引起各国的重视。

碱—骨料反应,可分为两大类型,最常见的是碱—硅酸反应(ASR)和碱—碳酸盐反应(ACR)以及碱酸盐反应。碱—硅酸反应是指水泥中或混凝土中其他来源的碱,与骨料中活性二氧化硅,通常是指含有微晶质、隐晶质、玻璃质和应变的石英及玉髓、蛋白石等发生化学反应,生成碱的硅酸盐凝胶,吸水后大体积膨胀,引起混凝土膨胀、开裂。其化学反应式为:

$$SiO_2 \cdot nH_2O + ROH \longrightarrow R_2SiO_3(n+1)H_2O$$

碱—碳酸盐反应是1957年Swenson发现的。他发现加拿大的某些碳酸盐骨料与水泥中的碱反应引进膨胀,使混凝土开裂破坏。此后,在美国以及中东某些地区也发现类似破坏实例。ACR是碱与含白云石的骨料反应。由于白云石含黏土,碱离子通过包裹在细小白云石微晶外的黏土渗入白云石颗粒,使其产生去白云石化学反应:

$$CaMg(CO_3)_2 + 2ROH \longrightarrow Mg(OH)_2 + CaCO_3 + R_2CO_3$$

反应产物不能通过粘土向外扩散,而使骨料膨胀,导致混凝土开裂。

影响碱—骨料反应膨胀的因素有水泥含碱量、湿度、温度、外加剂及混合材等。尤其是水泥含碱量,直接影响反应速度、反应产物的组成,以及膨胀是否具有潜在的危害性。工程实例表明碱—骨料反应破坏严重的地区,都与水泥含碱量有关。试验研究也表明,水泥含碱量低于0.6%(以等当量Na_2O表示),不发生碱—骨料反应膨胀。当含碱量超过0.6%时,则膨胀随含碱量增加而增大。因此,预防碱—骨料反应,首先是控制水泥(或混凝土)的含碱量,尽可能采用低碱水泥。但是,大坝用的骨料若是非活性的,一般是不会发生碱—骨料危害性膨胀。但当混凝土处于潮湿的环境,含碱量较高,并有活性骨料时,则不可避免地会发生 ASR 或 ACR 反应而导致膨胀、开裂。因此,必须检验,鉴定水泥含碱量以及骨料是否含有活性成份。使用混合材,要注意混合材本身的碱含量。对外加剂也要注意其含碱量,如早强剂 $Na_2SO_4 \cdot Na_2CO_3$ 等,也会增加混凝土的含碱量。ACR 对安全总碱量的要求,比 ASR 更低,而且至今尚未有令人满意的抑制措施。因此,预先试验鉴定,判断其反应的危害性程度,是十分必要的。

一、安康水电站大坝碱骨料反应试验

国内外工程实践及研究结果表明,当水泥碱度≤0.6%,混凝土一般不会发生碱骨料反应。最近国外研究成果表明,碱活性反应重要因素不能完全以总含碱量决定,而更重要决定于总含量中可溶碱与活性硅之比,如火山灰水泥中含的不溶碱或在化学上与骨料紧密结合的不溶碱是不起任何作用的。国内外最新研究成果还表明,对于碱—碳酸盐反应,采用低碱水泥也不能保证安全。碱含量低于0.3%的水泥,也同样会引起膨胀开裂。采用掺混合材的方法,能够减缓碱—碳酸盐反应的速度,但不能有效抑制碱—碳酸盐反应,故最终要求通过碱活性试验作最后判断。略阳水泥厂生产的低热微膨胀水泥其碱度0.39%,安康水电站工程(含20%碱活性骨料),当采用骨料中含有25%的活性骨料与其试验,其膨胀率结果见表 3-23。

表 3-23　活性骨料膨胀率试验结果表

骨料比例(%)		外加剂(%)		膨　胀　率(%)			
活性	非活性	木钙	松脂皂	14d	90d	180d	360d
0	100			0.0215	0.021	0.0254	0.0226
25	75			0.0219	0.0215	0.0256	0.0272
25	75	0.15	0.6	0.0304	0.0376	0.0368	0.0384

膨胀率3个月小于0.05%,半年小于0.1%为合格,故含有硅质板岩活性骨料的安康,采用 II 型低热微膨胀水泥混凝土不会引起碱骨料活性反应。从表 3-23 试验结果表明,未掺外加剂的膨胀是低热微膨胀水泥混凝土的自生膨胀,而非碱骨料反应引起,外加剂木钙、松脂皂联掺后,加大了混凝土的膨胀量,亦非碱骨料反应引起。当活性骨料比例加大到50%进行试验,仍得到上述相同的结果。

二、长江三峡大坝碱—骨料反应试验[*][25]

1. 试验方法设计

1) 由于本项目是 III-1 型低热微膨胀水泥用于三峡大坝混凝土人工骨料的碱活性试验研究。因此,必须首先针对来样进行碱—骨料反应试验。包括岩相法、快速法和砂浆长度法等,鉴定砂、石料的种类、矿物成分,以及是否含有活性成分。并且检测该种骨料和工程拟用水泥的碱—骨料反应程度。

2) 由于 III-1 型低热微膨胀水泥能使混凝土产生自生体积膨胀,对混凝土具有补偿收缩的作用。而且含碱量较低(<0.6%)。根据反应机理,对这种水泥和硅酸盐水泥的液

---

[*] 试验由中国水利水电科学院完成。

相碱度进行测定,并且比较掺活性骨料试件的膨胀率,探明其对碱—骨料反应的作用效果。

3) 显微镜观测反应后的试件,进一步了解是否发生危害性膨胀反应物。

2. 砂、石料岩相分析

参照 SD105—82《水工混凝土试验规程》岩相分析方法(ASTMC$_{295}$),鉴定砂、石料的种类和矿物组成,结果列于表 3-24 及图 3-23～图 3-26。

表 3-24 砂、石岩相分析结果

试样及编号	岩 相 描 述	备 注
砂	鉴定名称:花岗岩夹带少量灰岩加工的人工砂主要矿物:钾长石约 20%、斜长石 35%、石英 35%、黑云母 5%左右生物灰岩 灰岩约 1%～2%	矿物多为单体、棱角状,未见其他玻璃质及非晶质矿物
石$_1$	鉴定名称:蚀变闪云斜长花岗岩 主要矿物:斜长石,环带约 43%～60%;石英中粗粒全晶质约 25%～38%;黑云母片状集合体约 10%;角闪石 6%～8%。其他矿物为绿帘石、黄铁矿、沸石等＜5%	未见其他非晶质矿物
石$_2$	鉴定名称:蚀变闪云斜长花岗岩 主要矿物:由于风化,看不到斜长石原生环带构造和双晶结构,长石已被绢云母及高岭石的集合体取代	此类蚀变花岗岩数量少,约为总量的 1%～2%
石$_3$	鉴定名称:花岗岩中的暗色包裹体 主要矿物:斜长石被泥化和绢云母化	此类包裹体在花岗岩碎石样品中仅占 1%左右

岩相分析结果表明,人工骨料碎石为闪云斜长花岗岩,主要矿物成分为斜长石、石英、黑云母及角闪石。其中蚀变花岗岩及花岗岩中的暗色包裹体含量很少,约为总量的 1%～2%。砂子主要矿物成分为斜长石、钾长石、石英。黑云母及绿泥石等约 5%。未见其他非晶质矿物。

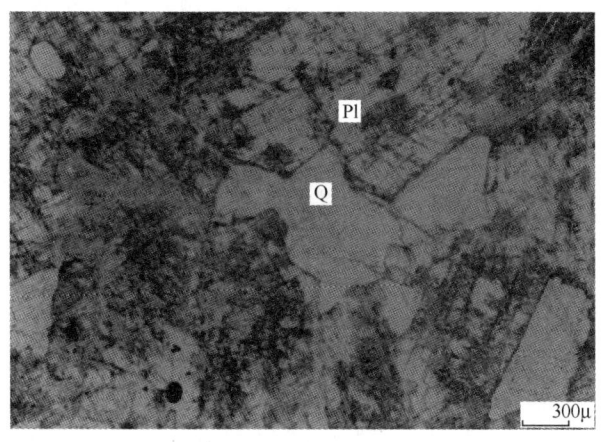

图 3-15 闪云斜长花岗岩 单偏光

3. 压蒸法快速试验

参照 CECS48—93《砂石碱活性快速试验方法》,进行快速测定。本试验方法是 1983 年,由南京化工学院无机非金属材料研究所研制成功。经十多年来,编制单位采用国内骨料,进行大量试验,并且得到法国等许多国家的试验证实。1993 年被中国工程建设标准化协会批准推荐供工程建设单位使用及国际交流。

图 3-16 闪云斜长花岗岩 正交偏光

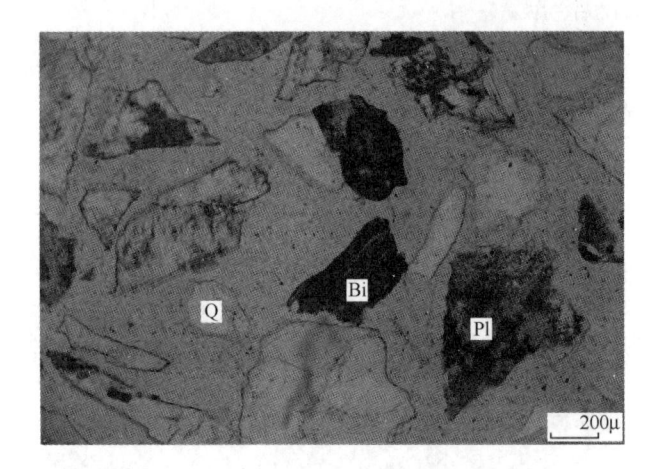

图 3-17 人工砂 单偏光

图 3-18 人工砂 正交偏光

经本试验方法检验结果,灰骨比 10∶1 的试件膨胀率为 0.048%,灰骨比 5∶1 试件的膨胀率%为 0.066%。参照此方法的判定标准,膨胀率%大于或等于 0.1% 为活性反应,小于 0.1% 为非活性反应。III-1 型低热微膨胀水泥与三峡人工骨料成型的试件膨胀率%小于 0.1%,属非活性反应。

4. 砂浆长度法试验

按照 SD105—82《水工混凝土试验规程》(ASTMC227)所列的砂浆长度法,实测 III-1 型低热微膨胀水泥和三峡人工骨料的碱活性反应膨胀值,试验结果列于表 3-25。

表 3-25　砂浆长度法试验结果

试件		膨胀率 %						
		14 天	1 个月	2 个月	3 个月		6 个月	
					实测值	平均值	实测值	平均值
峡砂	1	0.066	0.077	0.078	0.080		0.080	
	2	0.001	0.064	0.065	0.069	0.074	0.072	0.075
	3	0.068	0.068	0.070	0.072		0.073	
峡石	1	0.081	0.081	0.083	0.083		0.083	
	2	0.068	0.073	0.076	0.077	0.080	0.077	0.080
	3	0.077	0.080	0.080	0.080			
标准砂	1	0.063	0.066	0.057	0.057		0.052	
	2	0.065	0.065	0.055	0.056	0.058	0.052	0.055
	3	0.070	0.070	0.060	0.061		0.061	
峡砂 粉煤灰	1	0.053	0.054	0.056	0.059	0.059	0.058	0.060
	2	0.058	0.060	0.060	0.060		0.062	

根据表 3-25 试验结果,对照评定标准"6 个月膨胀率低于 0.1% 为非活性"。III-1 型低热微膨胀水泥与三峡人工砂、石骨料成型的砂浆试件,6 个月(含自生体积膨胀)平均膨胀率分别为 0.075% 及 0.080%,均低于 0.1%。用标准砂成型的试件 6 个月膨胀率为 0.055%。可以认为 III-1 型低热微膨胀水泥砂浆试件,虽然有自生体积膨胀,但均未产生碱骨料危害性膨胀。试验结果也表明,掺透量粉煤灰也能降低膨胀值。

5. 小砂浆棒快速比较试验

为了进一步比较 III-1 型低热微膨胀水泥和硅酸盐水泥以及人工骨料和掺活性骨料的膨胀值,参照有关的国内外快速试验方法。成型灰骨比 1∶1 的 10mm×10mm×40mm 小砂浆棒(骨料粒径用 0.6~0.3mm 及 0.3~0.15mm 各 50%)。在 80℃水中测定试件第 5d 及第 16d 的膨胀值。试验结果如表 3-26 所示。

比较试验的结果表明,不论 III-1 低热微膨胀水泥或低碱中热水泥或高碱硅酸盐水泥和人工骨料成型的砂浆试件,由于骨料的非活性,砂浆试件膨胀率值均小于 0.1%。掺 6% 活性骨料的硅酸盐水泥砂浆试件,膨胀率明显增加至 >0.1%,而 III-1 型低热微膨胀水泥掺活性骨料的试件,膨胀率仍 <0.1%。可见 III-1 型低热微膨胀水泥对碱—骨料反应有抑制作用。

表 3-26　小砂浆棒快速比较试验结果

序号	组　成	第5d膨胀率(%)	第16d膨胀率(%)
1-1	低热微膨胀水泥 人工骨料	0.052	0.031
1-2		0.056	0.033
2-1	中热硅酸盐水泥 人工骨料	0.035	0.040
2-2		0.035	0.046
3-1	硅酸盐水泥 人工骨料	0.032	0.046
3-2		0.025	0.041
4-1	低热微膨胀水泥 人工骨料加活性骨料	0.021	0.035
4-2		0.021	0.035
5-1	硅酸盐水泥 人工骨料加活性骨料	0.041	0.101
5-2		0.035	0.113
6-1	硅酸盐水泥 标准砂加活性骨料	0.077	0.115
6-2		0.051	0.103

注　活性骨料反量为6%，硅酸盐水泥含碱量1.03%(Na_2O当量)。

6. 显微镜观察*

把III-1型低热微膨胀水泥用三峡人工骨料及标准砂成型的砂浆试件，经反应后，分别制成薄片。用偏光显微镜观察，骨料轮廓清晰，无裂缝，边缘无反应环，表明未发生危害性膨胀。此结果与长度法及快速法的试验结果是一致的。见图3-19(标准砂骨料)、图3-20(人工骨料)。

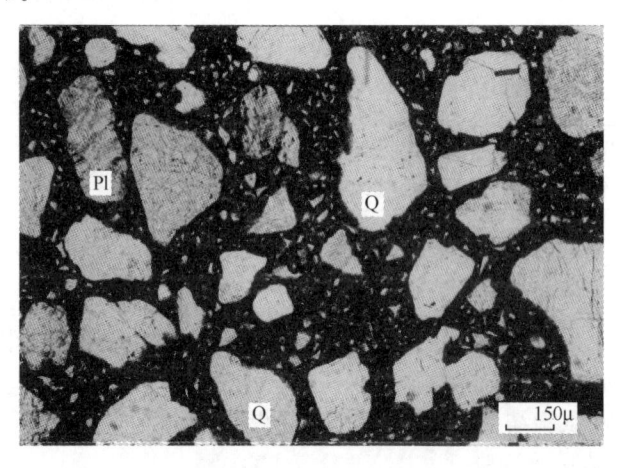

图 3-19　标准砂骨料　单偏光

三、膨胀反应机理分析

为了研究III-1型低热微膨胀水泥的碱活性反应。本文进行了骨料岩相分析、水泥含碱量测定、砂浆长度法及小砂浆棒快速测定膨胀值，并且用显微镜观察反应产物。此外，还进一步用化学分析方法测定水泥液相的OH^-浓度，均表明III-1型低热微膨胀水泥和三峡大坝拟用的人工骨料不发生碱—骨料危害性膨胀。原因是这种水泥不仅含碱量低(<0.5%)，而且含大量的矿渣。国内外实验研究已证实矿渣对碱—硅酸反应具有抑制作用。

---

* Q为石类，Pl为斜长石，Bi为黑云母。

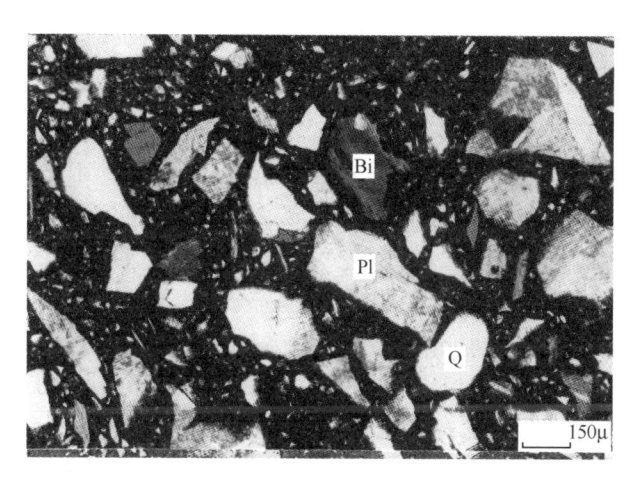

图 3-20 人工骨料 单偏光

低热微膨胀水泥水化时产生的膨胀,与碱骨料反应是不同性质的。低热微膨胀水泥自生膨胀,其原因是生成了钙矾石($3CaO、Al_2O_3 \cdot 3CaSO_4 \cdot 31H_2O$)。形成钙矾石的必要条件是铝酸盐和硫酸钙。铝酸盐来源于矿渣和熟料。硫酸钙来源于石膏。通常水化5~7d以后,石膏已基本消失。因此,膨胀发生在5~7d之前。但可以采取调节石膏的掺量等措施,使膨胀适当后移。由于钙矾石同水化硅酸盐(CSH)交织,使混凝土具有较高的强度和适量的膨胀。钙矾石形成的速度还和水泥液相中的OH^-浓度有关,这种状况与硅酸盐水泥不同。硅酸盐水泥的矿物组成主要是C_3S、C_2S、C_3A和C_4AF、C_3S水化反应时,析出大量$Ca(OH)$,使水泥石液相为$Ca(OH)_2$饱和,而且还有$Ca(OH)_2$固相存在。使水化产物成为高碱性,这是使水泥熟料中的含碱相析出,变成NaOH的必要条件。

低热微膨胀水泥和硅酸盐水泥不同,其中CaO含量约40%,比硅酸盐水泥(CaO约60%~65%)低。熟料含量也低。因此,水化产物主要是低碱性的水化铝酸盐、水化硅酸钙和水化硫铝酸钙。液相中CaO浓度较低,水泥石中也无固相$Ca(OH)_2$存在。通常,矿渣中的碱,在$Ca(OH)_2$作用下可析出,但III-1型低热微膨胀水泥由于液相中$Ca(OH)_2$存浓度低,矿渣中的碱是不容易析出的。

本文用化学分析方法,对测定了III-1型低热微膨胀水泥和硅酸盐水泥浸出液(1:40)的OH^-浓度。如表3-27所示。试验结果表明III-1型水泥液相碱度明显低于硅酸盐水泥的液相碱度。

表 3-27 水泥浸出液的OH^-浓度(Mg/L)

试 样	4h	1d	2d	3d	5d	7d	8d
III-1型低热微膨胀水泥	10.21	15.96	25.74	28.48	25.50	24.90	20.72
	10.13	15.83	25.83	28.44	25.40	24.94	20.89
鲁南硅酸盐水泥	—	19.75	26.59	—	43.89	45.45	41.27
	—	19.62	26.50	—	43.76	45.37	41.10
中热硅酸盐水泥	—	19.33	24.90	28.87	41.31	44.52	45.07
	—	19.20	24.98	28.98	41.44	44.65	44.90

早在20世纪60年代,南京化工学院唐明述教授等,曾收集国内各大钢铁厂矿渣,碱含量波动范围为0.2%～1.2%。采用国内钢铁厂的矿渣80%左右制成碱含量为0.61%及0.51%的石膏矿渣水泥。经试验,这种石膏矿渣水泥不与活性骨料蛋白石发生膨胀反应(半年试件膨胀率<0.1%)。此外,长江科学院曾用硬质玻璃(Pyrex)作活性骨料,分别成型含碱量为0.62%的中热硅酸盐水泥及含碱量为0.57%的低热微膨胀水泥砂浆试件。1年半中热硅酸盐水泥膨胀率达1.3%左右,而低热微膨胀水泥的膨胀率却小于0.1%,说明能有效地抑制碱—骨料反应。原因是Pyrex玻璃砂本身含有大量的碱,即使用低碱中热硅酸盐水泥,在水泥水化碱介质侵蚀下,硬质玻璃颗粒也能参与水化,溶解自身的碱离子,补充水泥液相的碱度,导致砂浆棒膨胀值增长。低热微膨胀水泥水化产物却能消耗Pyrex玻璃颗粒表面水化释放出来的碱离子。因此,能有效地起到抑制碱—骨料反应的作用。以此类比III-1型低热微膨胀水泥,矿渣含量大,水泥含碱量只有0.43%～0.46%(<0.6),属低碱水泥,对碱—骨料反应也能起到抑制作用。

参照国内外有关的试验规程和标准,对采样进行碱—骨料反应试验研究。结果表明,III-1型低热微膨胀水泥不与三峡大坝拟用的人工砂、石骨料发生碱—骨料危害性膨胀反应。砂浆长度法及快速法测定膨胀率均小于0.1%。这种水泥含有大量矿渣,而且水泥含碱量低(<0.5%),液相碱度较低,矿渣中的碱不容易析出。因此,对碱—骨料反应有抑制作用。从碱—骨料反应的角度看,工程应用III-1型低热微膨胀水泥更为安全。

第九节　混凝土施工性能

水工补偿收缩混凝土绝热温升低,且具有抗拉徐变度高和约束膨胀而储备一定的预压应力及一定量的同步补偿,从而减少了温度应力,在同等的施工条件下,降低温控标准,使通仓厚层(高块)浇筑得以实现,从而大幅度地提高了施工速度,以安康试验块施工进度为例,取消甲乙块纵缝与柱状法(甲乙分缝浇)施工比较如表3-28。

表3-28　甲乙块通仓与甲乙块分缝浇筑施工工期比较表

分项	浇筑方式	甲乙分缝	甲乙通仓
柱状块数		6	3
需浇块数(3m层)		18	9(实际8)
工期(d)	浇筑时间	52	36
	冷却时间	44	无
	纵缝灌浆	6	无
	共计	102	36

从表中看,甲乙通仓比分缝施工提前工期66d,而且,试验块中的13坝段在短短的14d里浇筑了三层(9m),以及将722m² 的大仓一次浇高6m(14坝段),均创下了安康电站建设中最高浇筑强度的记录,同时为1990年表孔缺口汛前形象的如期完成,安全渡大汛和汛后再次抢升该缺口,争取提前蓄水发电打下了基础。

一、改善了施工条件

由于通仓高块浇筑,使得仓面分外开阔,一方面充分发挥了8t汽车吊装大型模板的优势,提高了仓面作业的灵活性,减轻工人劳动强度,另一方面,使缆机吊料到位更趋灵活、快捷,大大改善了施工环境。另外,由于减少了一条纵缝模板及附于其上的灌浆管路,灌浆盒,止浆片等的制作安装,进而从整体上减轻了仓面准备工作量,提高了施工速度。

吊罐的下料通畅与否,尤其直接影响着工人的操作情绪与浇筑速度。安康水电站大坝建设中常遇下料困难而采取大锤敲击吊罐,以促使下料,劳动强度很大。使用Ⅱ型低热微膨胀水泥混凝土后,工人劳动强度大为改善。这种水泥混凝土和易性好,不泌水,不粘料罐。从而下料十分通畅,完全不用大锤敲击,经实测比敲击下料的速度提高10倍以上。开罐后3m³的罐出料仅需3～4s,6m³罐5～7s,另外,在浇筑过程中其保水性能好,总之,该混凝土具有非常好的施工性能。

二、能提高大型施工机械的效率

该混凝土通仓高块浇筑,不仅改善了施工环境,同时也可提高大型施工机械的效率,从试验块施工中产生一些特征数据如表3-29,浇筑速度统计如表3-30。

表3-29 试验块施工特征数据表

机械	数值分项 时段 数值	平均值(1988～1990年时段)	所处的施工期间(1989年)			选择的试验块施工段	
			10月	11月	12月	数值	时 间	天数
低缆	方混凝土/时①	20.28	13.9	缺	18.13	24.50	1989年11月26日～12月17日	22
	罐次/时	6.75	4.63		6.04	8.17		
高缆	方混凝土/时①	33.25	25.16	43.53	43.25	44.80	1989年11月17日～12月17日	31
	罐次/时	5.28	4.19	7.25	7.21	7.47		

① 方混凝土/时,为浇筑的混凝土总量与浇筑总台时之比。

表3-30 试验块浇筑速度统计表

施 工 段	>700m³/班的班次	低 缆		高 缆	
		>90罐/班	最高罐/班	>70罐/班	最高罐/班
试 验 块 (271～280)	2	1次	93	5次	78
280～290	4	4次	103	5次	77
290～301	3	3次	108	7次	82

1) 从上表可见,高、低缆台时浇筑混凝土量均提高,是浇筑过程中几个月的台时浇筑混凝土最高值,尤其高缆均超过了平均台时浇筑量。

2) 前已述及,该混凝土具有良好的施工性能现场多次观察到,平均每罐料的循环时间,6m³/罐5～6min,3m³罐4～5min。所以,在保证连续供料的情况下,高缆可达10～12罐/时,低缆12～15罐/时,如表2-25,可从整个施工过程中看,其吊罐平均数虽有所提高

（见表 2-24），但还有提高余地，因低热微膨胀水泥混凝土大仓面浇筑在安康大坝比例尚少，是一个原因。进而将高效率有所掩饰，如大坝全部采用低热微膨胀水泥混凝土，取消甲、乙块纵缝进行大仓面浇筑，再加上保证供料连续，则必将大幅度地提高机械效率。

低热微膨胀水泥混凝土的和易性、保水性、不泌水性以及不粘容器等性能均优于国内常用的中热、低热硅酸盐水泥等水工混凝土。这些良好的施工性能，不仅深受工人的欢迎，而且为大体积混凝土施工创造了十分有利的条件，对保证施工质量，减小劳动强度，加快施工进度起到了良好的作用。

第四章 水工补偿收缩混凝土的特性[10]

补偿收缩混凝土的补偿作用,产生于它的自生体积膨胀,膨胀受约束转化为结构的变形,并能在大坝外部混凝土遭遇气温骤降,和内部混凝土在降温过程中起到补偿收缩的作用。因此,认识补偿收缩混凝土的补偿收缩特性,就是认清混凝土的自生体积变形规律、影响它的因素及在不同约束条件下所形成的补偿收缩能力。

第一节 水工补偿收缩混凝土的自生体积变形

补偿收缩混凝土的自生体积变形是因为膨胀造成。表征其自生体积膨胀变形规律的主要特点是:①膨胀量;②膨胀发生的时间;③膨胀变形的变化过程(包括膨胀发生的速度、后期会不会发生收缩)。

根据十多年室内反复试验及多次现场试验埋设仪器观测低热微膨胀水泥混凝土,其自生体积变形规律是:①膨胀率为 $200\sim300\times10^{-6}$;②Ⅰ型膨胀发生在混凝土龄期 7d 以前,Ⅱ型发生在 12~15d 以前;③膨胀发生的速度Ⅰ型 3d 为最大,基本呈直线增长,Ⅰ型 4~7d 膨胀量增长很小,7d 基本达最大值,Ⅲ型 12~15d 膨胀量基本达到最大值,并继续慢慢增长至 190d,以后保持为常量,不收缩。池潭(见图 4-1)、紧水滩、鲁布革、安康水电站坝内埋设的无应力计的多年观测数据,充分表明了低热微膨胀水泥混凝土一直是不收缩的。

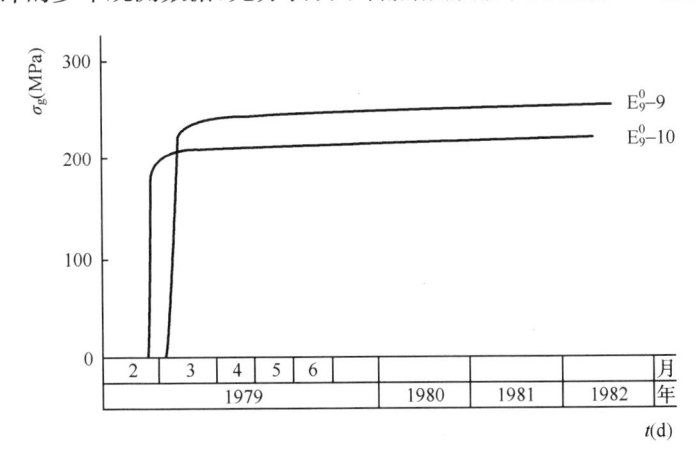

图 4-1 池潭大坝Ⅰ型低热微膨胀水泥混凝土自生体积变形曲线

低热微膨胀水泥混凝土所以发生膨胀并长期保持稳定,是因为它在硬化的过程中,其中 C_3A 和 C_4AF 与石膏结合,形成水化硫铝酸钙,同时又为矿渣激发提供 $Ca(OH)_2$。因此,熟料是独立的胶凝成分,又是矿渣的碱性激发剂,加之其他成分又是硫酸盐的激发剂,两者都对矿渣进行激发。矿渣是 $CaO—Al_2O_3—SiO_2$ 系统的不稳定的玻璃体系,通过碱性激发,生成 CSH(B),并使矿渣玻璃部分解体,为硫酸盐激发创造了前提条件。水化硫铝酸钙的生成,降低了溶液中的 Ca^{++}、$SO_4^=$ 和 $AlO_4^=$ 的浓度,这样也就破坏了已经建立了的固液平衡关系,推动着碱性激发的进一步进行。碱性激发为硫酸盐激发创造前提条件,而水化硫铝酸盐激发又进一步推动碱性激发。这样这种水泥混凝土膨胀伴随强度的发展,就是混凝土中水泥的水化作用,由于上述两种激发的无数次循环和反复,生成的硫铝酸钙结晶的形态存在,生成的CSH(B)则以胶凝形态存在,并在长时间内继续凝结和结晶,这两种水化产物交织在一起,相互联结,相互制约,构成混凝土膨胀和强度的主要基础。理论和实践还表明低热微膨胀水泥混凝土中的硫铝酸钙,不仅能够长期稳定存在,而且变形值比其他水泥混凝土还要稳定。

由于水工大体积混凝土结构的约束条件和受力状态比较复杂,各向、不同部位相差甚大,使用补偿收缩混凝土既要考虑受约束的一面,又要考虑不受约束的一面,因此不宜有过大的膨胀量(填槽、衬砌隧洞等结构例外)。通过多次现场试验分析,我们认为一般控制膨胀率在 $200\times10^{-6}\sim300\times10^{-6}$ 最为合适。低热微膨胀水泥所拌制的混凝土,除符合这一要求外,还具有最低的绝热温升、较高的极限拉伸值、较高的早后期强度以及很好的抗裂抗渗性能。因此它除有一般补偿收缩混凝土的共性外,又具备浇筑大体积混凝土结构的特点,所以,我们又称低热微膨胀水泥混凝土为水工补偿收缩混凝土。

由于补偿收缩混凝土具有自生体积膨胀的性能,使分析大坝体积变形产生的应力有本质上的改变。根据我国一些已建大坝的原型观测材料:应用中热硅酸盐水泥混凝土筑坝,其自生体积收缩率常达 $40\times10^{-6}\sim60\times10^{-6}$,而低热硅酸盐水泥混凝土也多表现为收缩。特别是它们干缩率很大,一般都在 400×10^{-6} 左右。因此,其自生体积收缩和降温相叠加,将使坝体的拉应力大于温度应力的分析值;而补偿收缩混凝土具有自生体积膨胀,将减少大坝温度应力,但目前在混凝土大坝的温度应力分析计算中,没有考虑由于采用不同性质混凝土其自生体积变形带来的影响,显然是不符合实际的。

第二节　膨胀率的测试方法

目前,国内外对于补偿收缩混凝土膨胀率的测试方法尚无统一规范。我们参考了美国材料试验协会(ASTM)1975年颁发的补偿收缩混凝土膨胀试验方法草案、日本膨胀水泥混凝土试验方法及我国现行的测试方法,结合低热微膨胀水泥大体积混凝土膨胀——补偿收缩性能试验的目的和要求,规定如下的试验方法(这一方法,实际测出的值是试件的膨胀变形及试件干缩应力应变之和,在雾室养护、水中养护、绝湿养护条件下,此应变量甚小,可以略去)。

(1) 试件尺寸:100mm×100mm×500mm。
(2) 测读基准:以成型后24h拆模测读数值为试件之初长。
(3) 测量标点:预埋于试件两端中心之不锈钢珠或适宜的测头上。
(4) 测量仪器:测量标距为500~600mm的外径卡分尺。
(5) 养护方式:

1) 雾室养护——测定初长后即置于温度为20±2℃,相对湿度大于95%的环境中;
2) 水中养护——测定初长后即置于温度为20±2℃的水中;
3) 空气养护——测定初长后即置于温度为20±2℃、相对湿度为60%±5%的环境中;

4）联合养护——根据试验目的的采用上述养护方法的组合；如雾-空-水或雾-空等，组合养护龄期按设计要求确定；

5）绝湿养护——试件拆模后立即用塑料薄膜包裹装进尺寸适宜的铁皮盒内，严格密封，然后测定初长，置于温度为20±2℃环境中；

（6）约束膨胀：指目前采用的单向约束。约束装置由端板钢筋及测量标点组成。端板为钢制，厚度为8～10mm，钢筋直径根据含筋率要求选定，含筋率按钢筋横截面积与混凝土净截面积之比计算。端板与钢筋的联合方式：一是钢筋与两端板内平面的中心垂直牢固焊接，测量标点不锈钢珠焊接于端板外平面的中心；另一种方式是端板中心钻孔。孔径由配筋直径确定，钢筋两端加有适当长度的螺纹，端头加工成圆弧面并能防锈，用螺母将端板与钢筋连成可靠的整体装置。成型前钢筋的变形受握裹力的影响。约束装置安放到试模内，然后浇制混凝土约束试件。成型后根据试验要求按上述养护方式养护试件。

（7）膨胀率的计算：混凝土的膨胀率按式(4-1)计算：

$$\varepsilon'_m = \frac{L_n - L_0}{L_0} \tag{4-1}$$

式中 ε'_m——任一龄期的膨胀率($\times 10^{-6}$)，出现负值时表示试件收缩；

L_n——任一龄期的试件长度(mm)；

L_0——试件的初始长度(mm)。

（8）约束应力（预压应力）的计算：

在混凝土膨胀过程中，钢筋受拉为：

$$P_s = \varepsilon_s \cdot E_s \cdot A_s$$

混凝土受压为

$$P_c = \sigma_c \cdot A_c$$

由平衡条件

$$P_s = P_c$$

即

$$\varepsilon_s \cdot E_s \cdot A_s = \sigma_c \cdot A_c$$

得约束应力

$$\sigma_c = \varepsilon_s \cdot E_s \cdot \frac{A_s}{A_c} = \varepsilon_s \cdot E_s \gamma \tag{4-2}$$

式中 P_s、P_c——钢筋的拉力和混凝土的压力(kN)；

ε_s——配钢筋混凝土的约束膨胀量($\times 10^{-6}$)；

E_s——钢筋弹性模量(GPa)；

A_s、A_c——钢筋截面积和混凝土净截面积(cm²)；

γ——含筋率(%)，$\gamma = A_s/A_c$；

σ_c——混凝土中产生的自应力，即约束应力(MPa)。

第三节 不同养护条件下混凝土的补偿收缩性质

低热微膨胀水泥混凝土有利于防止大体积混凝土产生裂缝的主要原因是混凝土的绝热温升低，早、后期强度高，极限拉伸值大，干缩率小和有一定的温降收缩补偿作用。混凝土大坝要防止两种主要裂缝：一种是受大坝基础或老混凝土约束的混凝土（这种混凝土基本上处于绝湿状态),因温度下降,坝体收缩而产生拉应力所形成的裂缝;另一方面是坝体表面裂缝。这种裂缝往往是由于外界气温骤降冲击,使坝体内形成过大的内外温差造成的。裂缝大都出现在混凝土浇筑后的 28d 龄期之内。特别是 5～15d 之间。为了防止大体积混凝土裂缝,我们研究了低热微膨胀水泥混凝土在不同养护条件时的补偿收缩性质。

由于养护条件(主要是指湿度)的变化,对低热微膨胀水泥混凝土的膨胀量产生一定的影响。在自由体变的试验中,分别研究了混凝土的雾室、水中、空气中以及湿度条件变化时(如雾转空、雾转空转水、水转空转水等)的联合养护和隔绝水分供给的绝湿状态养护时的补偿收缩性质。表 4-1 为试验混凝土的配合比。

表 4-1 补偿收缩混凝土的配合比

编 号	水灰比	用水量(kg/m³)	水泥水量(kg/m³)	砂率(%)	混凝土配合比 水泥：砂：石
D_{50}	0.5	140	280	31	1：2.25：5.14
D_{60}	0.6	140	230	33	1：2.94：6.11
D_{70}	0.7	140	200	34	1：3.58：7.12
H_{50}	0.5	148	296	32	1：2.15：4.69
H_{60}	0.6	148	246	33	1：2.72：5.66
B_{53}	0.53	125	236	37	1：3.31：5.78
B_{55}	0.55	130	236	35	1：3.11：5.93

注 1. 石子级配 5～20：20～40(mm)=40：50(%)。
2. 混凝土坍落度均为 5～7(cm)。
3. 对比试验的低热硅酸盐水泥混凝土(编号为 S)的配合比与 D_{50}～D_{70} 相同。

图 4-2～图 4-4 显示了低热微膨胀水泥混凝土在不同湿度条件下自由体变的过程线。由试验结果可知低热微膨胀水泥混凝土自由体变有如下特征:

1) 在各种养护条件下:3～7d 龄期内,I 型混凝土膨胀量已达到最大值 80% 以上。雾室养护时 28d 的膨胀率为 250×10^{-6} 左右,后期的最大值可达 300×10^{-6}。由于早期具有较大的膨胀量,而随龄期的增加膨胀量仍有微量的增长或稳定不变,见图 4-2。这种规律对于防止和减少混凝土裂缝的发生是有好处的。

2) 水中养护为低热微膨胀水泥混凝土提供了充分的湿度条件。在这种情况下,混凝土的自由膨胀量稍大。由图 4-3 可见,同雾室养护时比较,水中养护时的膨胀率约增加 20×10^{-6}～50×10^{-6}。

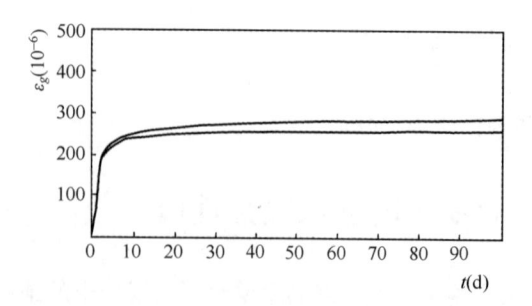

图 4-2 雾室养护时混凝土的膨胀变形过程线

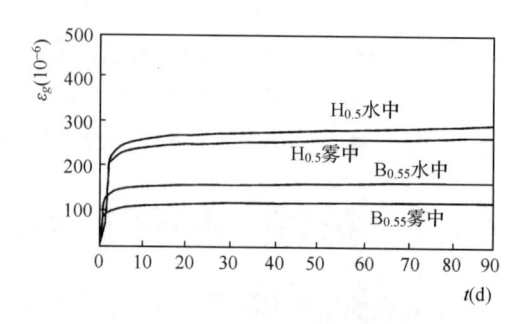

图 4-3 水中养护时混凝土的膨胀变形过程线

3) 低热微膨胀水泥混凝土在浇捣脱模后不加养护而直接置于恒温的干燥空气中，混凝土并没有立即收缩，早期仍然呈膨胀，其最大膨胀率为 125×10^{-6}，发生在 3d 龄期。当到达膨胀峰值后开始回缩，约经 40d 龄期，混凝土试件的长度回复初始状态，以后才出现负值，直至 90d 龄期，其最大的收缩率为 40×10^{-6}。与之相比，低热硅酸盐水泥混凝土一接触干燥空气立即产生收缩出现负值，并随龄期增长，收缩值迅速增大，至 90d 龄期时其最大收缩率达到 220×10^{-6} 左右，见图 4-4。由此而产生的收缩应力是很大的。在干燥条件下（即空气养护），低热微膨胀水泥混凝土不立即产生收缩的特性，对防止混凝土初期由于养护不当而产生的干缩裂缝是很有利的，这一特征是低热微膨胀水泥混凝土的突出优点之一。

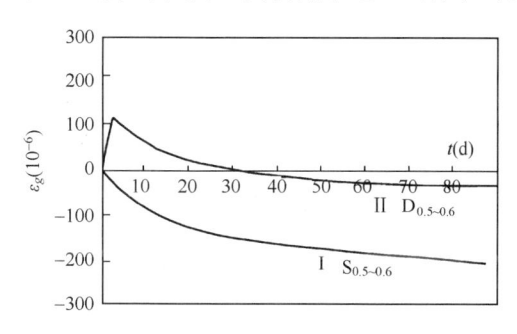

图 4-4 空气养护时混凝土的膨胀变形过程线
Ⅰ—低热硅酸盐水泥混凝土；Ⅱ—低热微膨胀水泥混凝土

4) 雾-空、雾-空-水、水-空-水等方式的联合养护试验，目的在于观察初期湿养对混凝土收缩性能的影响以及湿养—干燥后重新获得水分供给时的胀缩变化过程。这种过程在水电及港弯工程中是常常遇到的。因此研究联合养护条件下的膨胀发展过程及其规律是很有实际意义的。图 3-5(d)显示的曲线是雾—空单式联合养护时的体变过程线。图中横坐标上方是低热微膨胀水泥混凝土在雾室 3d—空气、雾室 7d—空气两种养护方式的变化。3d 初期湿养的膨胀率为 230×10^{-6} 左右，转至干燥空气时产生收缩，到 90d 龄期时，其膨胀率下降至 80×10^{-6} 左右；而 7d 初期湿养的膨胀率为 260×10^{-6} 左右，到 90d 龄期，膨胀率仍保持有 130×10^{-6}。由此可见，混凝土在 90d 干燥空气环境中均未出现负值，而 7d 湿养对在空气中的回缩有明显的缓冲作用。这又说明早期养护对于发挥低热微膨胀水泥混凝土的补偿收缩作用的重要性。低热硅酸盐水泥混凝土则不同，7d 的湿养使其膨胀量仍在 0 值附近波动，但进入干燥空气后，立即强烈收缩，至 90d 龄期收缩率达 240×10^{-6}。

图 3-5(f)显示复式联合养护对补偿收缩性能变化的图像。两条可资比较的曲线是水灰比为 0.5，水泥用量为 $296kg/m^3$ 的混凝土及水灰比为 0.6，水泥用量为 $246kg/m^3$ 的混凝土在雾室 7d—空气 7d—水中养护时的变形过程线。雾室 7d 时，它们的膨胀率分别达到 230×10^{-6} 和 170×10^{-6}，转至空气中 7d，膨胀率分别降至 170×10^{-6} 和 10×10^{-6}。由于此后复置于水中养护，膨胀量回升，至 60d 龄期时，已恢复到 7d 湿养时的膨胀值。另一种复式联合养护的混凝土是水中 28d—空气 28d—水中养护。其水灰比为 0.55，水泥用量为 $236kg/m^3$。水中 3d 达到最大膨胀率为 170×10^{-6}，至 28d 龄期均呈稳定状态。转至空气的前 14d 回缩到最小值，即 130×10^{-6}，后 14d 的膨胀保护稳定，不再下降，经过如此 28d 的空气干燥再置于水中，膨胀量即行回升，5d 以后上升至 160×10^{-6}（接近最大值），此后保持稳定。这一过程说明，当低热微膨胀水泥混凝土在早期湿养时获得最大膨胀量之后，经过短期或较长期的干燥，产生一定数量的干缩变形而形成膨胀回缩，但当混凝土再遇潮湿环境时，其膨胀量将会恢复或接近早期养护时的膨胀量。只要湿养环境不改变，低热微膨胀水泥最终将能保持其所获得的膨胀量。当受到外部或内部条件的约束时，这种自由膨胀便可转变为十分有用的补偿收缩自应力。这种情况对实际工程大坝外

部混凝土的防裂十分有利。已建成的水工补偿收缩混凝土如安康、池潭、宝珠寺等大坝未发生裂缝就证明了这点。而采用硅酸盐水泥建设的大坝,裂缝常见。对外部混凝土一类是气温骤降产生裂缝,如丹江口、葛洲坝等工程。另一类是干缩裂缝,如二滩水电站,工程建成几年后,拱坝下游面出现了裂缝。著者认为重要原因之一是硅酸盐水泥混凝土干缩率太大(400×10^{-6}左右),外部混凝土由于连续暴晒后的干缩收缩,受内部混凝土约束产生拉应力超过混凝土允许拉应力所致。

5)试验室的各种养护条件中,绝湿养护方式更接近于大体积工程内部混凝土的湿度状态。因此,研究低热微膨胀水泥经混凝土的绝湿状态时的补偿收缩规律和特性显得十分重要。

绝湿体变试验的混凝土试件是没有外界水分交换的密闭容器中养护的。带容器的试件长期置于恒温的空气。由于隔绝了外界水分的供给,混凝土的膨胀量低于雾室养护时的数值。从图3-5(e)可见,当3d龄期混凝土膨胀量达到最大值后,其发展即趋于稳定,膨胀率一般在$100\times10^{-6}\sim150\times10^{-6}$之间(此种混凝土在雾室养护时的膨胀率为$250\times10^{-6}$左右)。

绝湿状态下低热微膨胀水泥混凝土膨胀变形的长期稳定性是该水泥及混凝土的一种可贵的特性,它可以使得大体积内部混凝土保持稳定的压应力状态。同样的低热硅酸盐水泥混凝土在绝湿状态下一开始即产生收缩,至试验龄期90d时其收缩率已为60×10^{-6}。可知,此时混凝土要具有足够大的抗拉强度来抵抗由于收缩产生的拉应力,才能避免裂缝的出现。

第四节　约束条件下混凝土的补偿收缩性质

国内外试验研究成果表明,当补偿收缩水泥或自应力水泥混凝土在没有外界或内部条件约束而自由膨胀时,自由膨胀能是不能被利用的。有时还会因自由膨胀过大而引起混凝土强度降低乃至结构破坏。通过适当的约束,使混凝土的膨胀因约束而受到限制,将膨胀水泥的化学膨胀能,转换为有用的自应力机械能。如预压应力和收缩补偿变形能。因此,考虑对混凝土施加约束以及研究约束条件下混凝土的补偿收缩性质显得特别重要。

为考察低热微膨胀水泥混凝土在单向约束条件下的补偿收缩性能,对混凝土进行了在不同约束度时,在各种养护条件下的试验研究。试验的结果分别绘成图4-5、图4-6、图4-7。

图4-5展示的低热微膨胀水泥混凝土和低热硅酸盐水泥混凝土受单向约束时,在雾室28d后空气中这一联合养护方式下约束膨胀率随龄期变化的过程线(此处含筋率γ为1.14%)。由该图可见,雾室养护至28d时,低热微膨胀水泥混凝土的约束膨胀率为150×10^{-6},相应的自应力为0.34MPa。此时低热硅酸盐水泥混凝土的膨胀量在0

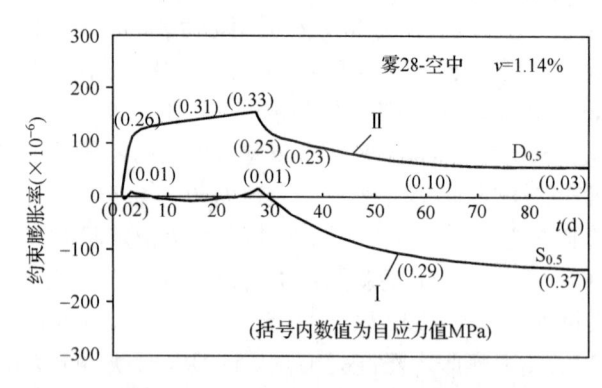

图4-5　单向约束联合养护时的混凝土膨胀变形过程线
Ⅰ—低热硅酸盐水泥混凝土;Ⅱ—低热微膨胀水泥混凝土

值上下波动。当试件移至于空气中时，膨胀量开始下降，养护至 90d，低热微膨胀水泥混凝土的膨胀率降至 $40×10^{-6}$ 左右（相应的膨胀应力为 0.09MPa），而低热硅酸盐水泥混凝土的膨胀率已下降至 $-170×10^{-6}$ 左右手（相应的收缩应力为 0.4MPa）。两者相差 0.49MPa。

图 4-6 展示了低热微膨胀水泥混凝土受单向约束时在水中养护条件下约束膨胀率随龄期变化的过程线，以及三种含筋率的约束与自由膨胀的对照图象。此种混凝土最大自由膨胀率为 $145×10^{-6}$ 左右，相应的应力值有所提高。但是约束程度过大时（如含筋率达 8.57%），所产生的应力反而降低（小于含筋率为 3.24% 的自应力值）。

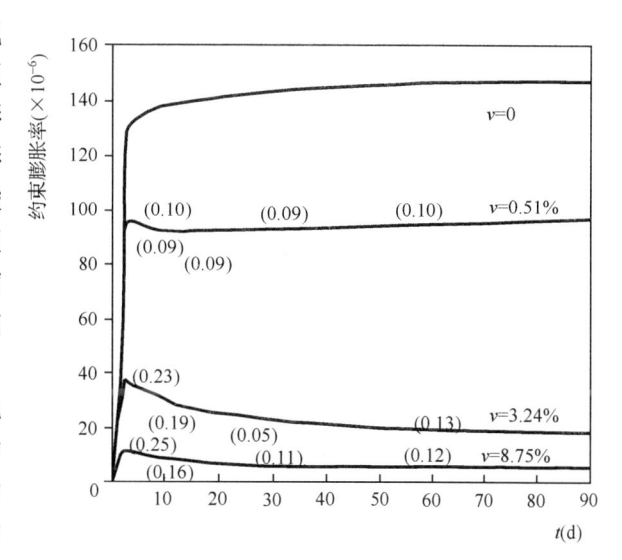

图 4-6 单向约束水中养护时混凝土的膨胀变形过程线

图 4-7 是在绝湿条件下的约束膨胀-龄期过程线。经绝湿条件下，混凝土无约束时的最大膨胀率为 $105×10^{-6}$ 左右，后期基本稳定。约束膨胀量受含筋率的影响。含筋率为 $0.51\%\sim-5.16\%$ 时产生的自应力值为 $0.08\%\sim0.40\%$。由于混凝土徐变的影响，受约束的混凝土的约束膨胀最大值有所降低，龄期 7d 以后基本趋于稳定。这时的自应力值保持在 $0.059\sim0.175$MPa。

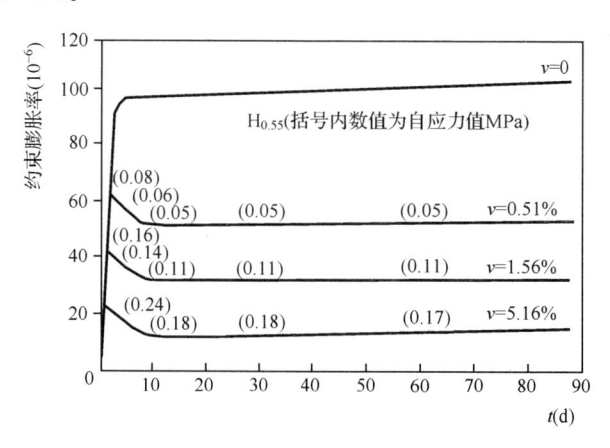

图 4-7 单向约束绝湿养护时混凝土膨胀变形过程线

图 4-8 又表示了低热微膨胀水泥混凝土在绝湿条件下单向约束含筋率对膨胀量和自应力的影响关系。由该图可见自应力值随含筋率增加而提高的情况。该图左为龄期 3d 的图像，右为 28d 龄期的图像。

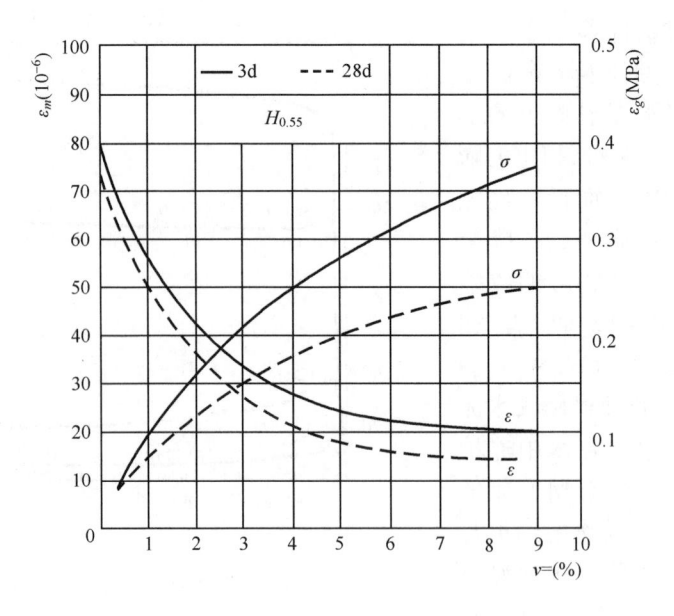

图 4-8　含筋率对约束膨胀率及自应力值的影响

第五节　膨胀预压应力

混凝土在约束条件下膨胀时，在混凝土内部所产生的压应力称为膨胀预压应力，它可以补偿在约束条件下因收缩而产生的拉应力，起到防止或减少裂缝的作用。为了在混凝土设计时能正确利用预压应力，必须掌握有效的试验测试方法，以便能精确地计算实际存在的应力值。迄今国内外对各种膨胀混凝土的预压应力，已作了许多的研究，提出了多种测试方法，下面分别作一简介。

一、测试方法

预压应力是混凝土膨胀变形受到限制而产生的。从变形关系分析，在该应力作用下产生的应力应变，应等于受限制的那部分膨胀应变。因此在单向限制条件下的预压应力可用式(4-3)表示：

$$\sigma_{(t)} = \int_0^t E_{(\tau)} \cdot R_{(\tau)} \cdot K_p(t,\tau) \frac{\partial \varepsilon_{g(\tau)}}{\partial t} d\tau \tag{4-3}$$

它的大小与其自由膨胀量 $\varepsilon_{g(\tau)}$，以及膨胀时的弹性模量 $E_{(\tau)}$、徐变松弛系数 $K_p(t,\tau)$ 和限制程度(或称约束系数)$R_{(\tau)}$ 等有关。

由于低热微膨胀水泥混凝土的膨胀变形大部分产生在早期，早期混凝土的弹性模量小，徐变和塑性变形大，并且这些性能随龄期变化很快，很难测准；另外限制程度也在随上述性能的变化而变化，因此膨胀预压应力难以用算式求得。目前都是通过试件直接测定。

测定方法：目前主要是测试单向限制条件下的预压应力，对于两向、三向限制条件下预压应力的测试，还待研究。即使对于单向限制条件下的测试方法，至今尚无统一规范。现就我国试行的一些测试方法分述如下：

1) 试件尺寸为100mm×100mm×500mm,根据不同配筋率,纵轴上配置几根不同直径的钢筋,两头焊在两端板上,端板为10mm厚的钢板,外测焊一小钢球(见图4-9),待混凝土终凝后或24h龄期时,用外径千分卡尺(读数到0.01mm)测读两小钢球间的距离为初始长度L_0,其后按龄期测得长度为L_i。

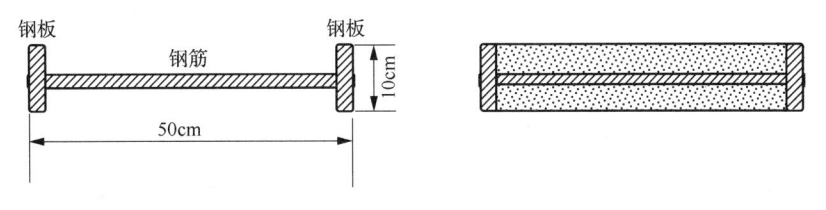

图4-9 钢筋约束试验简图

预压应力

$$\sigma_i = \frac{L_i - L_0}{L} E_s \frac{F_s}{F_c} \tag{4-4}$$

式中 L——混凝土的轴向长度;
E_s——钢筋弹性模量;
F_s——钢筋断面积;
F_c——混凝土断面积。

2) 试件尺寸同上,为了测定在配筋不同而混凝土断面又保持不同情况下的预压应力,在试件轴向中心留一定直径的孔,钢筋从孔中穿过,其他与上述试验相同。

这两种测试方法的限制膨胀率

$$\varepsilon''_m = \frac{L_i - L_0}{L}$$

3) 对大坝混凝土膨胀预压应力的测试,因限制其膨胀变形的作用,主要来自大坝混凝土的侧向和基础约束,故采用能施加持续荷载的压缩徐变机,模拟这种限制进行测试,装置如图4-10。

试件尺寸为$\phi 20 \times 60$cm或$\phi 15 \times 45$cm,中心埋设DI-25型差动式电阻应变计,成型时在试模的内壁设置1mm厚橡皮,脱模后可以对试件起到保湿作用。当试件龄期到24h,即测读中心应变计,此为初始读数。并将试件置于徐变机上,装好加荷装置。之后应变计的电阻比读数随混凝土膨胀变形的增加而增加,这时对试件不断施加和调整荷载,使应变计读数始终保持初始读数。当膨胀变形结束后,试件由于徐变作用,应变计读数将会减少,此时则以减小荷载来保持其读数不变。这样试件在荷载作用下的应力过程线,就是试件在单向限制下,限制膨胀量为零即单向全约束情况下的膨胀预压应力过程线。

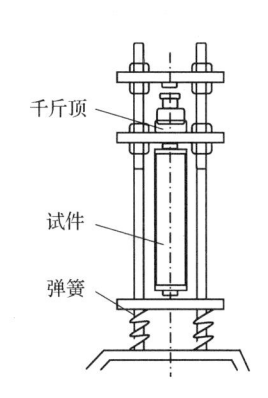

图4-10 全约束预压应力试验机简图

二、预压应力的调整

在大体积混凝土结构中,使用低热微膨胀水泥混凝土,主要是利用其低热性能和膨胀变形产生的预压应力及收缩同步变形来防止温度裂缝。因此,在不降低混凝土强度的条件下希望预压应力愈大愈好。因影响膨胀预压应力的因素很多,但有的因素难以改变,因此在实际工程中主要采用以下几种措施,提高预压应力。

1) 选择合理的限制条件。如对混凝土膨胀变形没有任何限制,自然不会有任何膨胀预压应力。对钢筋混凝土来说,钢筋是一种理想的限制条件,对混凝土变形可以起到两向或三向的限制作用,并使膨胀预压应力较均匀地分布于混凝土,对防止温度裂缝是比较好的。如安康大坝过水冷击混凝土。著者在混凝土表面层设置细钢筋网格,就取得浇筑仅6d 就过水冷击的混凝土不发生裂缝的效果(详见第六章)。

对于素混凝土就必须选择和创造一定的外部限制条件:用于基础约束区,有基础的限制作用;对脱离基础约束区,可先浇筑测向块,以形成侧向限制。因此低热微膨胀水泥混凝土用于基础块、基础填塘、隧道衬砌回填、宽槽回填等部位,膨胀预压应力均较大,防裂效果都比较明显。

2) 适当提高混凝土自由膨胀量。自由膨胀量愈大的混凝土,在限制条件相同的情况下,一般产生膨胀应力也愈大。

3) 提高混凝土早期强度,延缓膨胀时间。从前面预压应力的理论式可以看出,提高混凝土膨胀时的弹性模量能够提高预压应力;通过掺外加剂可以实现。如掺氯化钙提高混凝土早期强度和延缓膨胀时间,这不仅提高了混凝土的弹性模量,同时也减少了徐变变形和塑性变形对预压应力的松弛和削减作用,可从一组对比试验中清楚地看出这一点。没有掺氯化钙自由膨胀率为 90×10^{-6},膨胀龄期 4d,在单向全约束条件下,最大预压应力为 0.33MPa。掺 1‰氯化钙后自由膨胀率基本不变,为 92×10^{-6},膨胀龄期延长到 6d,在全约束预压应力为 0.57MPa,增加了 70%。掺糖蜜等其他外加剂,也具有同样的作用,这项工作还待进一步研究。

4) 研制符合或接近著者提出的大体积混凝土工程混凝土理论变形曲线(见第六章第一节)的低热微膨胀水泥。著者研制成功并获国家发明专利的第三代 WD-III 型低热微膨胀水泥,其混凝土膨胀期已延至 190d。较大提高了大坝表面气温骤降收缩和大坝内部温降收缩的补偿能力。

第五章 补偿收缩原理及其在水工建筑物上的应用

第一节 大体积混凝土工程理论补偿收缩曲线

本文著者提出满足大体积混凝土工程混凝土温降收缩补偿和实现连续浇筑理论曲线，以实现：①补偿由于气温骤降所产生的混凝土表面收缩；②补偿大体积混凝土工程温降引起的收缩；③实现工程快速施工。

大体积补偿收缩混凝土工程混凝土温降收缩理论补偿变形曲线，当前世界上以美国学者P·K·MEHTA和日本学者井树力生为典型代表，他们认为，适用于大体积混凝土的理想变形曲线如图5-1 B′EF所示。

B′点为大坝开始降温起始时间，E点对应的E′点为大坝降温结束时间，MEHTA和井树力生认为这是理想但是不能实现的理想变形曲线。

著者认为，美国学者提出的大坝混凝土后期补偿理想变形曲线，不仅是不能实现的，而且理论上也是不十分理想的变形曲线。因为降温过程需要补偿仅仅是大体积混凝土需要补偿收缩的一部分，而早、中期膨胀不仅可以形成预压力储存，还可对大坝外部混凝土由于外界气温骤降产生收缩变形进行补偿。另外为了实现工程快速施工，著者建议大体积混凝土工程理想变形曲线为图5-1所示。

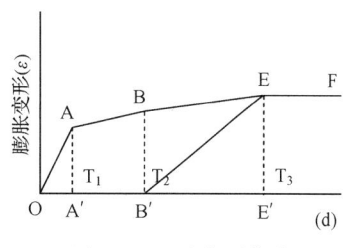

图5-1 理论变形曲线

图中OAB为形成预压应力实现快速施工及补偿气温骤降使混凝土表面引起收缩变形之段。

BE为大体积混凝土由于内部混凝土温度下降过程需要补偿收缩变形段。

T_2为内部混凝土温度下降开始时间。

T_3为内部混凝土温度下降结束时间。

OAB所产生的变形量，其中OA及AB变形量理论上，其一应与大坝表面遭受气温骤降引起混凝土表面收缩在时间、速率、数量上产生同步膨胀。其二应为大坝连续浇筑，新浇混凝土形成预压应力创造条件。OAB膨胀值著者建议以150×10^{-6}左右为宜。

BE所产生的变形量理论与大坝混凝土内部温降引起的收缩在时间、速率、数值上发生同步膨胀。BE膨胀值建议以100×10^{-6}左右为宜。

以上理论模式为依据，加之生产实际的可能，已研制成WD-Ⅲ、Ⅴ、Ⅵ型低热微膨胀水泥混凝土，它具有绝热温升低、早期、后期强度高、补偿收缩性能优越，且可实现快速施工。

著者提出的水工补偿收缩变形曲线与美国学者P·K·MEHTA和日本学者井树力生理论膨胀变形曲线相比，不难发现：①著者提出的具有三项功能而美国、日本学者的仅有一项功能；②美、日学者的仅定性无定量；③著者提出的理论曲线可实施操作，并已生产出Ⅲ、Ⅴ、Ⅵ型低热微膨胀水泥高科技新产品。美、日学者的理想变形曲线,正如美、日学者本人认为的是不可实现的;④日本、美国所推荐的理论曲线忽略了约束条件下预压应力给结构带来的好处;⑤美、日学者忽略混凝土工程建设实践中,发生数量最多的裂缝是混凝土5~15d早龄期的表面裂缝。据丹江口等多个工程统计,这类裂缝要占工程全部裂缝的80%以上。工程实践表明,低热微膨胀混凝土受约束可产生预压应力,其预压应力不仅存在于坝体内部,也存在于坝体表层。

第二节 补偿收缩的基本原理

低热微膨胀水泥混凝土除具有低热特点外,还具有补偿收缩的性能。因此,也属于补偿收缩混凝土的一种。补偿收缩的作用来源于混凝土自生体积膨胀。膨胀受限制(或称约束)转化为变形能贮于结构之中,在降温或干缩时起到补偿作用。

一、预压变形

混凝土浇筑后发生膨胀,膨胀受约束便不能自由产生,而转化为结构的预压变形被蓄存起来。为说明两者关系,取单向问题分析如下。

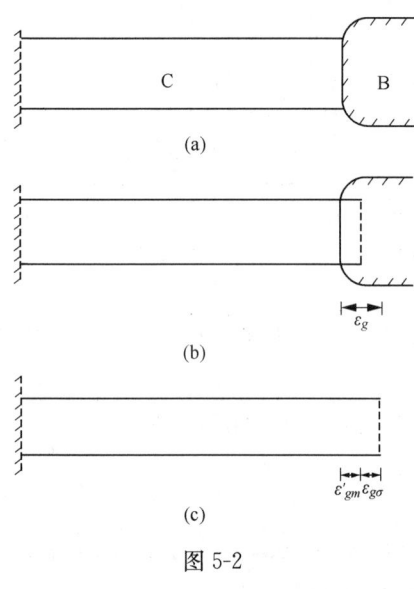

设有如图5-2(a)所示结构,A端为固定,B端为已浇的混凝土块,为使A、B连成整体,中部(C块)有用Ⅲ型低热微膨胀水泥混凝土浇筑。新浇C块的混凝土膨胀,受两端约束,即实际发生了图5-2(b)所示的变形情况;当把B端约束解除,膨胀即自由发生,如图5-2(c)所示。

比较图5-2(a)、(b)、(c)可见,C块混凝土膨胀ε_g受到两端约束后,转化为预压变形被蓄存起来。其中B块,由于C块混凝土膨胀而被压缩了ε'_{gm}(也称蓄存于B块内的予压变形)也是C块的膨胀ε_g受到约束后,只发生了ε'_{gm}的膨胀值,因此又称ε'_{gm}为C块的限制膨胀;另外,部分膨胀转化C块自身的予压变形被蓄存起来,即图5-2(c)中$\varepsilon'_{g\sigma}$所表示的那一部分。因此,有

图5-2

$$\varepsilon_g = \varepsilon'_{gm} + \varepsilon'_{g\sigma} \tag{5-1}$$

式中 ε'_{gm}——蓄存于约束块内(B块)的预压变形,又称C块的限制膨胀,简称限制膨胀;

$\varepsilon'_{g\sigma}$——蓄存于被约束块内(C块)的预压变形;

ε_g——C块混凝土自生体积变形。

式(5-1)表示新浇筑混凝土的膨胀,受约束后转化约束块与被约束块预压变形,蓄存于结构之中,在降温时释放出来,发挥补偿收缩作用。

二、补偿收缩变形

从变形角度分析混凝土膨胀的补偿收缩作用,首先需要弄清楚式(5-1)表示的预压变

形，并不等于补偿收缩变形。因为：①混凝土存在塑性与徐变变形，蓄存结构内的预压变形不断松弛变化，起到补偿作用的只是预压变形中的可恢复部分；②补偿收缩混凝土的补偿收缩能力，决定于混凝土膨胀能的大小，而膨胀能不仅与混凝土膨胀量有关，而且与弹性模量联系。另外，混凝土膨胀与结构降温需要补偿总不是同时发生，混凝土弹性模量在不断增大，而起到补偿收缩作用的可恢复预压变形，除需像通常一样扣除徐变与塑性变形外，还需要考虑蓄存到释放间混凝土弹性模量变化的影响。因此，被约束块与约束块内的可恢复预压变形分别为

$$\left.\begin{array}{l}\varepsilon_{gc}=\varepsilon'_{gc}-\varepsilon'_{gcp}-\varepsilon'_{gcc}-\varepsilon'_{gcn}\\ \varepsilon_{gm}=\varepsilon'_{gm}-\varepsilon'_{gmp}-\varepsilon'_{gmc}-\varepsilon'_{gmn}\end{array}\right\} \quad (5\text{-}2)$$

式中 ε_{gc} ——蓄存于被约束块内（C 块）内的可恢复预压变形；

ε'_{gcp} ——C 块的徐变形变；

ε'_{gcc} ——C 块的塑性形变；

ε'_{gcn} ——C 块混凝土弹性模量变化对其预压变形的影响；

第二行各项物理意义同上，只是以角码 m 表示属于约束块。

补偿收缩变形，即整个结构内蓄存的可恢复预压变形，为约束块与被约束块内蓄存的可恢复预压变形之和，即叠加式(5-2)中的两行得

$$\begin{aligned}\varepsilon_{gc}+\varepsilon_{g_m}&=\varepsilon'_{gc}+\varepsilon'_{gm}-(\varepsilon'_{gcp}+\varepsilon'_{gmp})-(\varepsilon'_{gcc}+\varepsilon'_{gnc})-(\varepsilon'_{gcn}+\varepsilon'_{gmn})\\ &=\varepsilon_g-\varepsilon_{gp}-\varepsilon_{gc}-\varepsilon_{gn}\end{aligned} \quad (5\text{-}3)$$

其中 $\varepsilon_{gp}=\varepsilon'_{cp}+\varepsilon'_{gmp}$

$\varepsilon_{gc}=\varepsilon'_{gcc}+\varepsilon'_{gnc}$

$\varepsilon_{gn}=\varepsilon'_{gcn}+\varepsilon'_{gmn}$

式(5-3)表示，新浇混凝土 C 块具有补偿收缩变形，等于其自生体积膨胀扣除整个结构（包括约束块与被约束块）的塑性，徐变变形及弹性模量增长带来影响后的可恢复部分。

由于约束块是浇筑已久的老混凝土，性能基本稳定，则式(5-3)中

$$\varepsilon_{gn}=\int_1^t\frac{d\varepsilon_{g(t)}}{d(\tau)}E(\tau)\left[\frac{1}{E(\tau)}-\frac{1}{E(t)}\right] \quad (5\text{-}4)$$

物理意义如下图 5-3 示。

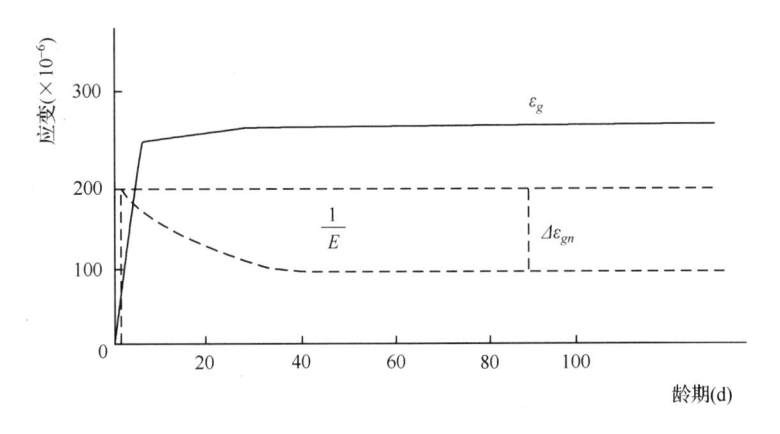

图 5-3 公式(5-4)物理意义图

Ⅲ型低热微膨胀水泥混凝土自生产体积变形表达式为(基准值为1d)

$$\varepsilon_{g(\tau)} = \begin{cases} D_1(\tau-1) & 1d \leqslant \tau \leqslant 6d \\ C_2 + D_2(\tau-1) & 6d \leqslant \tau \leqslant 28d \\ C_3 + D_3(\tau-1) & 28d \leqslant \tau \leqslant 90d \end{cases}$$

弹性模量和一般混凝土一样,可用 $E(\tau) = E_\sigma(1-Be^{-A\tau})$ 表示。ε_{gn} 需要通过分段积分求得:对于 $1\leqslant\tau\leqslant 6d$ 之间任意时刻则有

$$\begin{aligned}
\varepsilon_{gn} &= \int_1^t \frac{d\varepsilon_{g(\tau)}}{d(\tau)} E(\tau) \left[\frac{1}{E[\tau]} - \frac{1}{E(t)}\right] d\tau \\
&= D_1 \int_1^t \left[1 - \frac{E(\tau)}{E(t)}\right] d\tau \\
&= D_1 \left[\tau\Big|_1^t \frac{1}{E(t)} \int_1^t E_\sigma(1-Be^{-A\tau}) d\tau\right] \\
&= D_1 \left[\left(1 - \frac{E_\sigma}{E(t)}\right)(t-1) - \frac{BE_\sigma}{AE(t)}(e^{-At} - e^{-A})\right] \\
&\quad 1 \leqslant t \leqslant 6d
\end{aligned} \tag{5-5}$$

在 $6d\leqslant t\leqslant 28d$ 之间任意时刻的 $\varepsilon_{gn}(t)$ 值,需要由两部分叠加求得:
$6d\leqslant\tau\leqslant 28d$ 之间自生体积变形受弹模增长的影响,由同上式(5-5)积分求得

$$\begin{aligned}
&\int_6^t \frac{d\varepsilon_{g(\tau)}}{d(\tau)} E(\tau) \left[\frac{1}{E[\tau]} - \frac{1}{E(t)}\right] d\tau \\
&= D_2 \int_1^t \left[1 - \frac{E_\sigma}{E(t)}(t-\sigma) - \frac{BE_\sigma}{AE(t)}(e^{-At} - e^{-\sigma A})\right];
\end{aligned}$$

$\varepsilon_{gn}(\sigma)$ 在 $6d\leqslant t\leqslant 28d$ 之间随混凝土弹模增长的影响值(见图5-4示)

$$\begin{aligned}
&\varepsilon_{gn}(\sigma) + [\varepsilon_g(\sigma) - \varepsilon_{gn}(\sigma)] \left[\frac{1}{E(\tau)} + \frac{1}{E(t)}\right] E(\sigma) \\
&= \varepsilon_{g\sigma} \left(1 - \frac{E(\sigma)}{E(t)}\right) + \frac{E(\sigma)}{E(t)} \varepsilon_{gn}(\sigma)
\end{aligned}$$

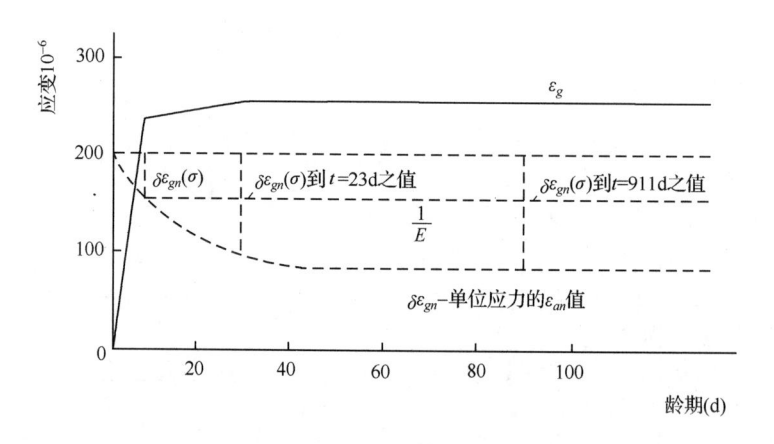

图 5-4 混凝土弹模增长的影响值

因此,$6d\leqslant t\leqslant 28d$ 之间任意时刻的为

$$\varepsilon_{gn}(t) = D_2\left[1 - \frac{E_\sigma}{E(t)}(t-6) - \frac{BE_\sigma}{AE(t)}(e^{-At} - e^{-6A})\right]$$
$$+ \Delta\varepsilon_g(1-t_{6d})\left(1 - \frac{E(6)}{E(t)} + \frac{E(6)}{E(t)}\Delta\varepsilon_{gn}(1-t_{6d})\right) \quad (5\text{-}6)$$
$$6 \leqslant t \leqslant 28 \dots$$

同理得 $28d \leqslant t \leqslant 90d$ 的 $\varepsilon_{gn}(t)$ 的表达式为

$$\varepsilon_{gn}(t) = D_3\left[1 - \frac{E_\sigma}{E(t)}(t-28) - \frac{BE_\sigma}{AE(t)}(e^{-At} - e^{-28A})\right]$$
$$+ \Delta\varepsilon_g(1-t_{6d})\left(1 - \frac{E(6)}{E(t)} + \frac{E(6)}{E(t)}\Delta\varepsilon_{gn}(1-t_{6d})\right) \quad (5\text{-}7)$$
$$+ \Delta\varepsilon_g(t_{6d}-t_{28d})\left(1 - \frac{E(28)}{E(t)} + \frac{E(28)}{E(t)}\Delta\varepsilon_g(t_{6d}-t_{28d})\right)$$
$$28 \leqslant t \leqslant 90$$

归纳以上三阶段 ε_{gn} 的表达式(式5-5～式5-7),则Ⅲ型低热微膨胀水泥混凝土的 $\varepsilon_{gn}(t)$ 通式可表示为

$$\varepsilon_{gn}(t_i) = D_i\left[1 - \frac{E_\sigma}{E(t)}(t_i - t_{i-1}) - \frac{BE_\sigma}{AE(t_i)}(e^{-A_i} - e\sigma A_{i-1})\right]$$
$$+ \sum\Delta\varepsilon_g(t_i-n)\left(1 - \frac{E(t_{i-n})}{E(t_i)} + \frac{E(t_i-n)}{E(t_i)}\Delta\varepsilon_{gn}(t_i-n)\right)$$

【应用实例】

以某工程为例,我们对Ⅲ型低热微膨胀水泥混凝土进行了系列性能试验,采用的配比如下表5-1。

表 5-1

级 配	外加剂掺量%	W/C	混凝土配合比			
			W(kg)	C(kg)	S(%)	水泥∶砂∶石
4	0.15	0.65	102	157	23	1∶3.29∶11.08

试验测得:6d 的 $\varepsilon_g = 230 \times 10^{-6}$,28d 的 $\varepsilon_g = 255 \times 10^{-6}$,90d 的 $\varepsilon_g = 260 \times 10^{-6}$。

弹性模量为
$$E = E_\sigma(1 - Be^{-A\tau})$$

其中 $E_\sigma = 26.7\text{Gpa}$, $A = 0.087$, $B = 0.87$

将以上数据分别代入式(5-5～5-7),求得

6d 的 $\varepsilon_{gn} = 62.9 \times 10^{-6}$

28d 的 $\varepsilon_{gn} = 147.0 \times 10^{-6}$

90d 的 $\varepsilon_{gn} = 166.7 \times 10^{-6}$

当把上述膨胀量计算结果,分时段列于下表5-2,可见弹模对预压变形的影响,主要对龄期28d以前的膨胀,28d以后的膨胀形成预压变形,基本不再受弹模增长的影响,具有更好的补偿收缩效果。

表 5-2 分时段膨胀量的计算结果

自生体积膨胀时段	膨胀增量 ($\times 10^{-6}$)	$\Delta\varepsilon_{gn}$ ($\times 10^{-6}$)		
		$t=6d$	$t=28d$	$t=90d$
1-6d	230	62.9	141.3	159.8
6-28d	25		5.7	6.8
28-90d	5			0.1
$\varepsilon_{gn}=\Sigma\Delta\varepsilon_{gn}$		62.9	147.0	166.7

将试验得 ε_g 与表 5-2 求得的 ε_{gn} 代入式(5-3)并根据该工程徐变试验和扣除徐变变形,则求得全约束条件下补偿收缩变形为

$$\varepsilon_{g\sigma}+\varepsilon_{gn}=\begin{cases}35.9\times10^{-6} & t=6d \\ 37.6\times10^{-6} & t=28d \\ 40.8\times10^{-6} & t=90d\end{cases}$$

上述计算结果表明,90d 龄期补偿收缩变形为 40.8×10^{-6},故低热微膨胀 III 型水泥混凝土,可补偿大坝后期降温 4℃。

三、补偿收缩的判别和模式

具有补偿收缩能力的图 5-2 结构,当受到降温(或干缩)的作用,补偿收缩变形逐渐减少直至拉开。根据独立性作用原理,可分别求出膨胀与降温两种变形进行叠加,判别缝面的开合度。

降温同膨胀一样是体积变形,上述的变形关系式同样适用。因此,降温在图 5-5 结构缝面引起的收缩变形为

$$\varepsilon_{Tm}=-(\varepsilon''_{CT\sigma}+\varepsilon''_{CTm})$$
$$=-(\varepsilon_{CT}-\varepsilon''_{CTP}-\varepsilon''_{CTC})$$

叠加补偿和收缩变形得

$$\varepsilon_\sigma+\varepsilon_m=(\varepsilon_{C_{g\sigma}}-\varepsilon_{CT\sigma})$$
$$=\varepsilon_{C_g}-\varepsilon_{CT}-(\varepsilon'_{C_gP}-\varepsilon''_{CTP})-(\varepsilon'_{C_gC}-\varepsilon''_{CTC})-\varepsilon_{G_n} \quad (5\text{-}8)$$
$$=\varepsilon_g-\varepsilon_T-\varepsilon_P-\varepsilon_n$$

设
$$\varepsilon'_{C_gP}-\varepsilon_{CTP}=\varepsilon_P$$
$$\varepsilon'_{C_gC}-\varepsilon''_{CTC}=\varepsilon_C$$

并在 ε_{C_g}、ε_{CT}、ε_{G_n} 中略去表示所属块的脚码 C。

当有
$$\varepsilon_g-\varepsilon_T-\varepsilon_P-\varepsilon_C-\varepsilon_n\geq 0 \quad (5\text{-}9)$$

表示接缝面闭合;反之为张开。因此,称式(5-9)为补偿收缩的判别方程。

当用图形表示式(5-8)时,如果曲线 $\varepsilon_g-\varepsilon_T-\varepsilon_P-\varepsilon_C-\varepsilon_n$ 落在横坐标以上(见图 5-5),即表示方程式(5-8)大于零,接缝面为闭合;反之表示缝面为拉开。因此,称图 5-5 为补偿收缩的模式图。

另外,根据平衡的原理,接缝面的压力为互等,即
$$EF\varepsilon_\sigma=E_BF_B\varepsilon_{B\sigma}=E_BF_B\varepsilon_m \quad (5\text{-}10)$$

或为
$$P = P_B$$

代入式(5-9)得

$$\varepsilon_\sigma + \varepsilon_m = \frac{P}{EF} + \frac{P_B}{E_B F_B} = \varepsilon_\sigma \left(1 + \frac{EF}{E_B F_B}\right)$$
$$= \varepsilon_\sigma \left(1 + \frac{D}{D_B}\right) \quad (5\text{-}11)$$

式中 E——弹性模量；
  F——截面积；
  D——截面轴向刚度。

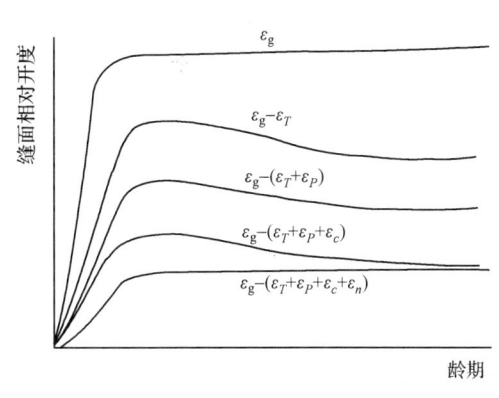

图 5-5 补偿收缩模式图

为补偿收缩相对变形总量的另一表达式。

式(5-11)表明，可恢复预压弹性变形与限制膨胀是同时存在的，当有：

$$\varepsilon_\sigma > 0$$

接缝面为拉开；再者可恢复预压变形及限制膨胀。在补偿收缩变形中所占比例，取决于约束块与被约束块的刚度比。

四、约束与补偿收缩变形

补偿收缩混凝土的自生体积膨胀，在浇筑块内基本是均匀分布的，其自身并不构成约束，必须存在外部约束，才能把膨胀转化为变形能贮备于结构之中，因此采用补偿收缩混凝土，外部约束是必不可少的。仍以图 5-2 结构为例，说明约束与补偿收缩变形的关系。

一点受约束的程度是用约束系数(或称约束度 R)表示，它是被约束块实际发生的应力应变与全约束条件下的应力应变之比，即

$$R = \frac{\varepsilon_\sigma}{\varepsilon_\sigma^o} = \frac{\varepsilon_g - \varepsilon_P - \varepsilon_C - \varepsilon_m}{\varepsilon_g - \varepsilon_P^o - \varepsilon_C^o} = \frac{\bar{\varepsilon} - \varepsilon_m}{\bar{\varepsilon}^o} \quad (5\text{-}12)$$

式(5-12)中带"O"者表示全约束状态下的物理量，并设

$$\bar{\varepsilon} = \varepsilon_g - \varepsilon_P - \varepsilon_C$$
$$\bar{\varepsilon}^o = \varepsilon_g - \varepsilon_P^o - \varepsilon_C^o$$

另外由平衡条件式(5-10)与变形连续性条件式 $\varepsilon'_{cgm} L_C = -\varepsilon'_{bgm} L_B = \varepsilon'_{bg\sigma} L_B$ 联立求解得

$$\varepsilon_m = \frac{\dfrac{D}{D_B} \bar{\varepsilon} - \bar{\varepsilon}_B}{1 + \dfrac{D}{D_B}}$$

代入式(5-12)于约束系数表达式，则得

$$R = \frac{1}{1 + \dfrac{D}{D_B}} \cdot \frac{\bar{\varepsilon} + \bar{\varepsilon}_B}{\bar{\varepsilon}_0} \quad (5\text{-}13)$$

式(5-13)为考虑了约束块与被约束块的体积变形，徐变及塑性变形情况。当认为徐变及塑性变形受到相同约束，并不计 $\bar{\varepsilon}_B$ 时，则有

$$R = \frac{1}{1 + \dfrac{D}{D_B}} \quad (5\text{-}14)$$

当约束块的刚度很大时，R 值接近于 1.0 为全约束；当被约束块的刚度很大时，R 值接近于零，表示处于自由状态。比较式(5-11)及式(5-14)可见，结构的刚度、约束条件和补偿收缩变形三者是紧密相连的。按约束情况补偿收缩可分如下三类

1. 大限制$\left(\dfrac{D}{D_B}\leqslant 0\right)$的情况

当约束块的刚度相对于补偿收缩混凝土块的刚度很大时，即属于这种情况。这时

$$\varepsilon_\sigma\left(1+\dfrac{D}{D_B}\right)\approx\varepsilon_\sigma$$

即表示补偿收缩主要靠补偿收缩混凝土本身贮藏的可恢复预压弹性变形。水工大体积混凝土结构中局部区域浇筑补偿收缩混凝土，多处于这一类型。出现这一情况，一方面是由于约束块的刚度很大，更主要是由于补偿收缩混凝土的膨胀发生在早期，形成预压变形时的弹性模量很低。在这种情况下，由于

$$\varepsilon_\sigma+\varepsilon_m=\varepsilon_\sigma$$

或

$$E\varepsilon_\sigma=E(\varepsilon_g-\varepsilon_P-\varepsilon_C-\varepsilon_n)=\varepsilon_g$$

因此，又可称这一类型为应力补偿问题。

2. 小限制$\left(\dfrac{D}{D_B}\geqslant 0\right)$的情况

当约束块的刚度，相对于补偿收缩混凝土的刚度很小时，为小限制。在这种情况下式(5-11)为

$$\varepsilon_\sigma+\varepsilon_m=\varepsilon_\sigma\left(1+\dfrac{D}{D_B}\right)\approx\varepsilon_m$$

表示补偿收缩主要靠约束块的可恢复预压弹性变形(或称限制膨胀)。梁板及其他柔性结构，为保持结构整体性减少接缝面的张开度，在局部区域浇筑补偿收缩混凝土多属于这一类型。

3. 中等限制(D 与 D_B 同阶)的情况

当补偿收缩混凝土块与约束块的刚度相接近，则可恢复预压弹性变形与限制膨胀有同阶大小，两者在补偿收缩中的作用均不能忽略，则有

$$\varepsilon_\sigma+\varepsilon_m=\varepsilon_\sigma\left(1+\dfrac{D}{D_B}\right)$$

在这种情况下浇筑补偿收缩混凝土，既可改善结构的应力状态，又可以减少接缝面的张开度。

需要指出，当降温(或干缩)与膨胀过程同步，上述三种限制情况所能补偿的降温量相等且作用最大。又若混凝土不存在徐变、塑性变形及弹性模量变化问题，那么补偿作用总是相等并保持初始最大能力。但实际上由于三种限制条件下，预压应力及限制膨胀的松弛大小与速度不同，以及混凝土弹性模量变化的影响和降温作用的迟早，其补偿效果随时间而异。

五、约束与混凝土强度

约束可以提高补偿收缩混凝土的强度；自由膨胀将会降低补偿收缩混凝土的强度，在

大膨胀量的情况下甚至会引起破坏。但在水工等工程的实际应用中,新浇混凝土不是受基础约束,就是受到老混凝土约束。科学工作者的任务是创造更好的约束条件,巧妙地利用膨胀能。

膨胀受约束产生预压应力,使混凝土硬化过程在受压下进行,强度比相应自由状态下要高。可以认为由约束而提高的混凝土强度与预压应力成正比。图5-6中自由膨胀率与强度增长率基本呈直线关系,说明了这一假定的合理性,用数学表示即为

$$\frac{\sigma^o - \sigma_g}{\sigma_g^o} = \frac{\sigma_R - \sigma_o}{R\sigma_g^o} = K_g \tag{5-15}$$

式中 σ^o ——全约束条件下混凝土的强度;

σ_o ——自由状态下混凝土的强度;

σ_g^o ——全约束条件下膨胀预压应力;

σ_R ——约束度为R时的混凝土强度;

K_g ——单位预压应力增加的混凝土强度;

R ——约束系数。

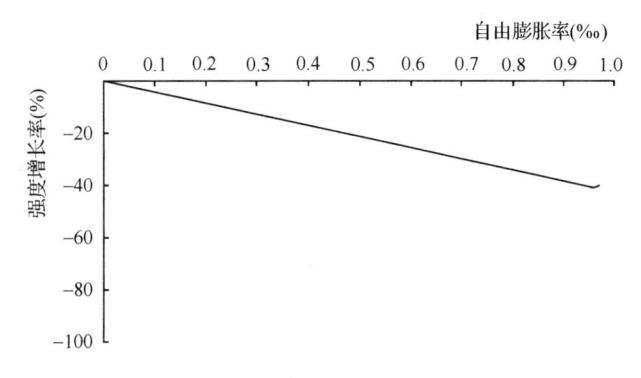

图5-6 自由膨胀率与强度增长率关系曲线

K_g值可由全约束预压应力及强度试验得出。当K_g值已知,则任意约束度下混凝土的强度为

$$\sigma_R = \sigma_o + K_g R \sigma_g^o$$

表示约束与强度增长的关系。

另外,根据式(5-15)有

$$\sigma^o - \sigma_o = K_g \sigma_g^o$$
$$\sigma_R - \sigma_o = RK_g \sigma_g^o$$

两式相减得

$$\sigma_R - \sigma_R = (1-R)K_g \sigma_g^o$$

当处于自由膨胀状态下(即$R=0$)则有

$$\sigma^o - \sigma_o = K_g \sigma_g^o = K_g E(\varepsilon_g - \varepsilon_P^o - \varepsilon_C^o)$$
$$\sigma_o = \sigma^o - K_g E(\varepsilon_g - \varepsilon_P^o - \varepsilon_C^o) = 0$$

从而得

$$\sigma_g = \frac{\sigma^o}{K_g E} + \varepsilon_P^o + \varepsilon_C^o = [\varepsilon_g]$$

表示当补偿收缩混凝土具有膨胀量$[\varepsilon_g]$时,若处于不受限制的自由状态,其自身膨胀将会导致混凝土的破坏。但是低热微膨胀水泥混凝土的膨胀量微小,仅为$200\times10^{-6}\sim300\times10^{-6}$左右,而且大部分发生在早期,全约束条件下的预压应力很小,因此即使在自由状态下混凝土的强度也没有明显降低。根据室内试验,自由状态与全约束条件的强度差约为5%~10%。

六、膨胀对约束块的影响

在简单限制条件下,低热微膨胀水泥混凝土在被约束块与约束块内均形成预压应力;但已浇筑的大坝是老混凝土(或基岩)约束坝块底部,上层混凝土膨胀受压,下层约束块受拉。人们担心浇筑低热微膨胀水泥混凝土,会给下层约束块带来较大的拉应力,实际上由于低热微膨胀水泥混凝土的膨胀量小,又发生在早期,对约束块的影响是较小的,证明如下:

设在一个老混凝土坝块上浇筑低热微膨胀水泥混凝土(图5-7),在两种混凝土接触面上的一点(如o点),由变形连续条件,则有

$$\varepsilon_x = \varepsilon_x' \tag{5-16}$$

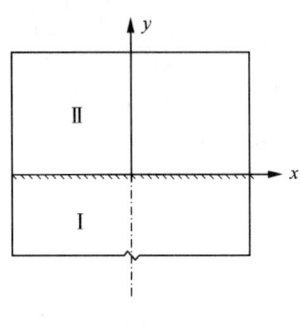

图5-7
Ⅰ—老混凝土;Ⅱ—低热微膨胀水泥混凝土

式(5-16)中带有符号"'"者表示老混凝土;由平衡条件则有

$$\left.\begin{array}{l}\sigma_x = \sigma_x' \\ \tau_{xy} = \tau_{xy'}\end{array}\right\} \tag{5-17}$$

根据应力应变关系,在低热微膨胀水泥混凝土内有

$$\sigma_x = \frac{E}{1-\mu^2}(\varepsilon_x + \mu\varepsilon_y) - \frac{E\varepsilon_g}{1-\mu}$$

$$\sigma_y = \frac{E}{1-\mu^2}(\varepsilon_y + \mu\varepsilon_x) - \frac{E\varepsilon_g}{1-\mu}$$

在老混凝土内有($\mu=\mu'$):

$$\sigma_x' = \frac{E'}{1-\mu^2}(\varepsilon_x' + \mu\varepsilon_y')$$

$$\sigma_y' = \frac{E'}{1-\mu^2}(\varepsilon_y' + \mu\varepsilon_x')$$

当假定$E=E'$并应用边界条件式(5-17),则有

$$\sigma_x - \sigma_x' = \frac{E}{1-\mu^2}[(\varepsilon_x + \varepsilon_x') + (\varepsilon_y + \varepsilon_y')] - \frac{E\varepsilon_g}{1-\mu}$$

$$= \frac{E}{1-\mu^2}[\mu(\varepsilon_y + \varepsilon_y') - (1+\mu)\varepsilon_g] \tag{5-18}$$

由边界条件式(5-17)则有

$$\frac{E}{1-\mu^2}(\varepsilon_y + \mu\varepsilon_x) - \frac{E\varepsilon_g}{1-\mu}$$

$$= \frac{E}{1-\mu^2}(\varepsilon_y' - \mu\varepsilon_x') \frac{E}{1-\mu^2}[(\varepsilon_y - \varepsilon_y') + \mu(\varepsilon_x - \varepsilon_x')]$$

$$= \frac{E\varepsilon_g}{1-\mu}(\varepsilon_y - \varepsilon_y') = (1+\mu)\varepsilon_g \tag{5-19}$$

代入(5-19)于(5-18)得

$$\sigma_x - \sigma'_x = \frac{E}{1-\mu^2}[\mu(\varepsilon_y - \varepsilon'_y) - (1+\mu)\varepsilon_g]$$
$$= \frac{E}{1-\mu^2}[\mu(1+\mu)\varepsilon_g - (1+\mu)\varepsilon_g]$$
$$= -E\varepsilon_g \tag{5-20}$$

式(5-20)表示,由于上部混凝土的膨胀,在两种混凝土接触面的单元上引起应力突变值的和,为全约束预压应力。

另一方面,当用约束系数表示,接触面上应力时,又为

$$\sigma_x = -RE\varepsilon_g$$
$$\sigma'_x = (1-R)E\varepsilon_g$$

由于低热微膨胀水泥混凝土的膨胀发生在早期,弹性模量相对于老混凝土低得多,约束系数为0.9左右。因此,膨胀给约束块带来的拉应力,约为全约束膨胀应力的1/4,其影响是很小的。

第三节　约束分析—试验法测定预压应力

用有限元法计算补偿收缩混凝土结构的预压应力虽有成效,但由于低热微膨胀水泥混凝土部分发生在早期的膨胀,相应徐变及塑性变形很大,且难以定量反映。因此,给预压应力的有限元计算产生较大的误差,其结果往往与实际出入甚大。另外,利用钢筋约束试验测定预压应力,虽是目前最实用方法并被国内外视为补偿收缩混凝土工作的基本模式,但并没有把钢筋约束试验结果与实际结构的预压应力联系起来。本书首次提出由结构的约束分析与钢筋约束试验相结合的方法来确定钢筋试验的配筋率并测定预压应力,把实际结构与钢筋约束试验直接联系起来,简称为约束分析—试验法。

方法的原理基于当结构的约束条件和材料性质保持不变,预压应力是确定且唯一的。而反映约束条件的是约束系数。因此,只要钢筋约束试验与实际结构的原材料一致,又有相同的约束系数,那么由试验得到的预压应力即为实际结构的预压应力。

根据上述原则,用约束分析-试验法确定预压应力的步骤是:①用分析的方法求出实际结构的约束系数;②设钢筋约束试验的约束系数等于实际结构的约束系数,并从这一等约束方程求出钢筋约束试验的配筋率;③应用原材料成型通过钢筋约束试验测定预压应力。

应用约束分析—试验法确定预压应力的优点在于:根据弹性变形同徐变及塑性变形受到相同约束的条件,可通过弹性力学的方法求得约束系数,避开求解弹塑性应力问题,使计算得到简化;另一方面通过模拟约束试验测定的预压应力,即包括了徐变及塑性变形的影响,又不必具体知道两者的数量。

1. 钢筋约束试验的约束系数

钢筋约束试验,试件的两端为刚性板,两端板由钢筋对称联结,钢筋的数量由模拟试验的要求确定,钢筋周围浇筑原型混凝土,混凝土膨胀受两端板限制而不能自由发生。

$$\varepsilon_{mC} = \varepsilon_{gC} - \varepsilon_{PC} - \varepsilon_{CC} = \bar{\varepsilon}_C - \varepsilon_{dC}$$

钢筋受拉变形值为
$$\varepsilon_{ms} = \varepsilon_{gs} + \varepsilon_{\sigma s} + \varepsilon_{Ps} + \varepsilon_{Cs} = \bar{\varepsilon}_s + \varepsilon_{\sigma s}$$

由变形连续性条件有
$$\varepsilon_{mC} = \varepsilon_s$$
$$\bar{\varepsilon}_C - \varepsilon_{\sigma c} = \bar{\varepsilon}_s + \varepsilon_{\sigma s}$$

由平衡条件有
$$\varepsilon_{\sigma C} F_C E_C = \varepsilon_{\sigma s} F_s E_s$$

代上式于连续方程则得
$$\varepsilon_{mC} = \bar{\varepsilon}_C - \varepsilon_{\sigma C} = \bar{\varepsilon}_s + \frac{D_C}{D_s}\varepsilon_{\sigma C}$$

$$\varepsilon_{\sigma C} = \frac{\bar{\varepsilon}_C - \bar{\varepsilon}_s}{1 + \frac{D_C}{D_s}}$$

由式(5-10)得
$$R = \frac{\varepsilon_\sigma}{\varepsilon_\sigma^o} = \frac{\bar{\varepsilon}_C - \varepsilon_{mC}}{\varepsilon_C^o}$$
$$= \frac{1}{1 + \frac{D_C}{D_s}} \cdot \frac{\bar{\varepsilon}_C - \bar{\varepsilon}_s}{\bar{\varepsilon}_C^o} \tag{5-21}$$

在弹性状态下有
$$\bar{\varepsilon}_C = \varepsilon_{gC} - \varepsilon_{PC} - \varepsilon_{\sigma C} = \varepsilon_{gC}$$
$$\bar{\varepsilon}_s = \varepsilon_{gs} - \varepsilon_{Ps} - \varepsilon_{Cs} = 0$$
$$\bar{\varepsilon}_C^o = \varepsilon_{gC} - \varepsilon_{PC}^o - \varepsilon_{\sigma C}^o = \varepsilon_{gC}$$

代入式(5-21)后得
$$R = \frac{1}{1 + \frac{D_C}{D_s}} \tag{5-22}$$

2. 钢筋约束试验的配筋率

据图5-2表示的实际结构为例,说明模拟其约束的钢筋约束试验配筋率的求法。

根据约束系数相等的条件得方程
$$\frac{\bar{\varepsilon}_C + \bar{\varepsilon}_B}{\left(1 + \frac{D_C}{D_B}\right)\bar{\varepsilon}_C^O} = \frac{\bar{\varepsilon}_C + \bar{\varepsilon}_s}{\left(1 + \frac{D_C}{D_B}\right)\bar{\varepsilon}_C^O} \tag{5-23}$$

从中解得配筋率 ν 值。

由于实际结构与钢筋约束试验内部为相同的补偿收缩混凝土,又有相同的约束度,因此
$$\frac{\bar{\varepsilon}_C + \bar{\varepsilon}_B}{\bar{\varepsilon}_C^O} = \frac{\bar{\varepsilon}_C + \bar{\varepsilon}_s}{\bar{\varepsilon}_C^O}$$

自然得到满足,则方程(5-23)简化为
$$\frac{1}{1 + \frac{D_C}{D_B}} = \frac{1}{1 + \frac{D_C}{D_B}}$$

从而有
$$\frac{D_C}{D_B} = \frac{D_C}{D_s}$$

由于 $F_B = F_C$，得

$$\nu = \frac{F_s}{F_C} = \frac{F_B}{E_s} \tag{5-24}$$

求出 ν 值后，按所求配筋率进行钢筋约束试验，测得的预压应力过程线，即为补偿收缩混凝土浇筑图 5-2 结构封闭块的实际预压应力。

第四节 约束分析-试验法在水工结构中的应用

应用补偿收缩混凝土填补洞穴，衬砌隧洞和浇筑大坝基础等具有明显外部约束的水工结构，补偿作用最为显著，近年来在国内外已被广泛采用，对其预压应力进行分析研究是具有实际意义的。

一、填补洞穴

设在坝体或基岩内有半径为 b 的洞穴，采用补偿收缩混凝土填补，如图 5-8 示，其弹性模量、泊松比、膨胀量分别为 E、μ、ε_g；则外部混凝土（或基岩）相应为 E'、μ'、ε_g'。

弹性力学分析表明，单连体轴对称问题的应力，一般表达式为

$$\left.\begin{aligned}\sigma_r &= 2A, \quad \sigma_\theta = 2A \\ \sigma_r &= \frac{B}{r^2}, \quad \sigma_\theta = \frac{B}{r^2}\end{aligned}\right\} \tag{5-25}$$

系数 A、B 由具体问题的边界条件确定。

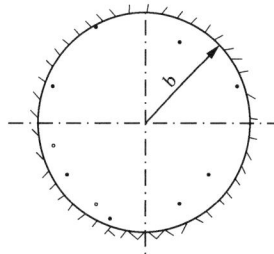

图 5-8 半径为 b 的洞穴示意图

洞内补偿收缩混凝土的物理方程为

$$\left.\begin{aligned}\varepsilon_r &= \frac{1}{E}(\sigma_r - \mu\sigma_\theta) + \varepsilon_g \\ \varepsilon_\theta &= \frac{1}{E}(\sigma_\theta - \mu\sigma_r) + \varepsilon_g \\ \gamma_{r\theta} &= \frac{2(1+\mu)}{E}\tau_{r\theta}\end{aligned}\right\} \tag{5-26}$$

将式(5-25)代入式(5-26)中的第一式得

$$\varepsilon_r = \frac{\partial u}{\partial r} = \frac{1}{E}(2A - 2\mu A) + \varepsilon_g = \frac{2(1+\mu)}{E}A + \varepsilon_g$$

积分后

$$u = \frac{2(1-\mu)}{E}Ar + \varepsilon_g T + f(\theta)$$

其中 $f(\theta)$ 为刚体位移，可以不考虑。同样，洞外混凝土有

$$\varepsilon_r' = \frac{1}{E'}(\sigma_r' + \mu'\sigma_\theta') + \varepsilon_g' = \frac{(1+\mu')B}{E'} \cdot \frac{1}{r^2} + \varepsilon_g'$$

$$\mu' = \frac{(1+\mu')}{E'} \cdot \frac{B}{r} + \varepsilon_g' r$$

由边界条件
$$(\sigma_r)_{r=b} = (\sigma_r')_{r=b}$$

得
$$B = 2b^2 A \tag{5-27}$$

由边界条件
$$(u)_{r=b} = (u')_{r=b}$$

则得（平面形变问题）
$$\frac{2(1-\mu^2)}{E}\left(1-\frac{\mu}{1-\mu}\right)bA + (1+\mu)b\varepsilon_g = -\frac{1-\mu'^2}{E'}\left(1+\frac{\mu'}{1-\mu'}\right)\frac{B}{b} + (1+\mu')b\varepsilon_g'$$

代入式(5-27)于上式得
$$\frac{1+\mu}{E}(1-2\mu)\frac{B}{b} + (1+\mu)\varepsilon_g b = -\frac{(1+\mu')}{E'} \cdot \frac{B}{b} + (1+\mu')\varepsilon_g' b$$

设
$$\frac{E'(1+\mu)}{E(1+\mu')} = n$$
$$n(1-2\mu) + 1 = K$$

解得
$$B = -\frac{(nE\varepsilon_g - E\varepsilon_g')}{K} b^2$$

再设
$$\frac{E'\varepsilon_g'}{E\varepsilon_g} = m$$

代入上式及方程式(5-27)得
$$B = \frac{(n-m)E\varepsilon_g b^2}{K}$$
$$A = -\frac{(n-m)E\varepsilon_g}{2K}$$

将系数 A、B 代入式(5-25)得补偿收缩混凝土填补洞穴的应力表达式
$$\left.\begin{array}{l}\sigma_r = -\dfrac{(n-m)E\varepsilon_g}{K} \quad r \leqslant b \\ \sigma_\theta = -\dfrac{(n-m)E\varepsilon_g}{K} \quad r < b\end{array}\right\} \tag{5-28}$$

约束系数
$$\left.\begin{array}{l}R_r = \dfrac{\sigma_r}{\sigma_r^o} = \dfrac{(n-m)(1-2\mu)}{K} \quad r \leqslant b \\ R_\theta = \dfrac{\sigma_\theta}{\sigma_\theta^o} = \dfrac{(n-m)(1-2\mu)}{K} \quad r < b\end{array}\right\} \tag{5-29}$$

需要说明的是，当求出结构的约束系数和完成相应钢筋约束应力试验以后，则实际结构的预压应力，对于单向问题为
$$\sigma_g = -RE\varepsilon_g$$

对于平面应力问题为
$$\sigma_g = -\frac{1}{1-\mu}RE\varepsilon_g$$

平面应变问题则为

$$\sigma_g = -\frac{1}{1-2\mu}RE\varepsilon_g$$

即,如果实际结构为单向问题,其预压应力等于钢筋约束试验测定值;若实际结构为平面问题,尚须把钢筋约束试验测得的预压应力,乘上 $\frac{1}{1-\mu}$(或 $\frac{1}{1-2\mu}$)的倍数。我们认为,这个倍数由改变配筋率来实现更为合理,因为,侧面受力对变形的影响,也受到限制。因此,把填洞问题的等约束方程由

$$(1-2\mu)\frac{(n-m)}{K} = \frac{1}{1+\frac{D_C}{D_s}}$$

改变为

$$\frac{n-m}{K} = \frac{1}{1+\frac{D_C}{D_s}}$$

则有

$$(n-m)\left(1+\frac{D_C}{D_s}\right) = K$$

$$\frac{D_C}{D_s} = \frac{K}{(n-m)} - 1$$

得模拟约束试验的配筋率(脚码"C"省略)

$$v = \left(\frac{n-m}{1-2\mu n+m}\right)\frac{E}{E_s} \tag{5-30}$$

当洞穴外为岩石或老混凝土,即有

$$\varepsilon'_g = 0, \quad m = 0$$

则

$$v = \frac{n}{1-2\mu n} \times \frac{E}{E_s} \tag{5-31}$$

又当 $\mu = \mu'$,则

$$v = \frac{1}{1-2\mu\frac{E'}{E}} \times \frac{E'}{E_s} \tag{5-32}$$

二、隧洞衬砌

设隧洞的外径为 b,内径为 a,ab 间用低热微膨胀水泥混凝土衬砌,b 以外为无限域的岩石。这一问题约束系数的求解可应用上述洞穴计算结果和弹性力学已有解答的叠加求得,其步骤如下:

1)求解一个半径为 b 的圆形洞穴填补问题。根据式(5-28)有

$$\left.\begin{array}{l}\sigma_r = -\dfrac{(n-m)E\varepsilon_g}{K} \\ \sigma_\theta = -\dfrac{(n-m)E\varepsilon_g}{K}\end{array}\right\} \quad r \leqslant b$$

2)求解一个半径为 a 的隧洞、法向受均布荷载

$$q = \frac{(n-m)E\varepsilon_g}{K}$$

半径为 a 的隧洞(图 5-9)作用下的解答

图 5-9 所示问题,弹性力学已有解答,其应力为

$$\sigma_r = q\frac{K\dfrac{b^2}{r^2}-(1-n)}{K\dfrac{b^2}{a^2}-(1-n)} \quad r \leqslant b$$

$$\sigma_\theta = -q\frac{K\dfrac{b^2}{r^2}+(1-n)}{K\dfrac{b^2}{a^2}-(1-n)} \quad r < b$$

图 5-9 衬砌厚度为 $b-a$ 的隧洞

叠加以上两解答,得补偿收缩混凝土衬砌隧洞的应力表达式

$$\sigma_r = -\frac{(n-m)E\varepsilon_g}{K}\left[1-\frac{K\dfrac{b^2}{r^2}-(1-n)}{K\dfrac{b^2}{a^2}-(1-n)}\right] \quad r \leqslant b$$

$$\sigma_\theta = -\frac{(n-m)E\varepsilon_g}{K}\left[1+\frac{K\dfrac{b^2}{r^2}+(1-n)}{K\dfrac{b^2}{a^2}-(1-n)}\right] \tag{5-33}$$

环向约束系数

$$R_\theta = -\frac{(1-2\mu)(n-m)}{K}\left[1+\frac{K\dfrac{b^2}{r^2}+(1-n)}{K\dfrac{b^2}{a^2}-(1-n)}\right] \leqslant b \tag{5-34}$$

沿衬砌厚度的平均值

$$(R_\theta)_A = \frac{(1-2\mu)(n-m)}{K(b-a)}\int_a^b\left[1+\frac{K\dfrac{b^2}{r^2}+(1-n)}{K\dfrac{b^2}{a^2}-(1-n)}\right]dr$$

$$= \frac{(1-2\mu)(n-m)}{K}\left[1+\frac{K\dfrac{b}{r}+(1-n)}{K\dfrac{b^2}{a^2}-(1-n)}\right] \tag{5-35}$$

模拟隧洞约束的钢筋约束试验配筋率,由方程

$$\frac{(n-m)}{K}\left[1+\frac{K\dfrac{b^2}{r^2}+(1-n)}{K\dfrac{b^2}{a^2}-(1-n)}\right] = \frac{1}{1+\dfrac{D}{D_s}}$$

确定,从而得

$$(v_\theta)_{r=a} = \frac{2(n-m)}{(1+2m)-n(1+2\mu)-(1-n)\dfrac{a^2}{b^2}} \times \frac{E}{E_s} \tag{5-36}$$

$$(v_\theta)_{r=b} = \frac{2(n-m)}{(1-2\mu n+m)\dfrac{b^2}{a^2}-(1-m)} \times \frac{E}{E_s} \tag{5-37}$$

$$(v_\theta)_A = \left[\frac{(n-m)}{(1-2\mu n+m)\dfrac{b^2}{a^2}-(1-n)-(n-m)\dfrac{b}{a}}\right] \times \left(\frac{E}{E_s}\right) \tag{5-38}$$

需要指出,对于复连通问题和受到强约束的结构,由于把平面问题化为单向的钢筋约束试验,由改变后的等约束方程求出的 v 值可能会出现负值,在这种情况下,可将方程的左边减去 1,再使其与钢筋约束试验的约束系数相等,求出 v 值,进行钢筋约束试验,测定预压应力。而实际结构的整个预压应力:一个全约束和一个含筋率为 v' 的试验所得值的叠加。例如当由式(5-37)求得的 $(v_\theta)_{r=b}$ 为负值,则钢筋约束试验的配筋率,应由方程

$$\frac{n-m}{K}\left[1+\frac{K+(1-n)}{K\dfrac{b^2}{a^2}-(1-n)}\right] - 1 = \frac{1}{1+\dfrac{D}{D_s}}$$

求得,从而得

$$(v'_\theta)_{r=b} = \frac{(1-m+2\mu n)\dfrac{b^2}{a^2}+(1-m)}{(n-4\mu n+m+2)\dfrac{b^2}{a^2}+(n+m-2)} \times \frac{E}{E_s} \tag{5-39}$$

另外,全约束预压应力试验,不能利用钢筋约束试验模拟,应按本书第四章第五节中提出的方法进行。

三、浇筑大坝基础

硅酸盐水泥混凝土大坝由于本身水化热高及外界气温作用,常常发生裂缝,尤其是出现在基础部位,影响大坝整体性及安全。应用水工补偿收缩混凝土浇筑大坝基础,膨胀受基岩约束产生预压应力,可补偿坝块的降温收缩,加之水化热低和抗拉强度高等原因,实践证明,它可以防止裂缝的发生及放宽温差控制。

在大坝温度控制设计中,基础约束系数可由式(5-40)

$$R = \frac{1}{1+K_L \dfrac{E}{E'}} \tag{5-40}$$

求出,式中 K_L 是随坝块的高宽比(H/L)及混凝土与基岩的弹性模量比(E/E')变化的,其值由图 5-10 查得。

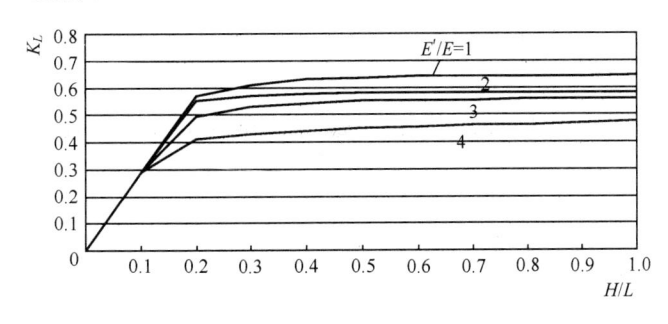

图 5-10 K_L 与 H/L、E/E' 关系曲线

由基础约束与钢筋约束试验的等约束条件,即由方程

$$\frac{1}{1+K_L\dfrac{E}{E'}}=\frac{1}{1+\dfrac{D}{D_s}}$$

求得模拟基础约束的钢筋约束试验配筋率

$$v=\frac{E'}{K_LE_s} \tag{5-41}$$

再通过含筋率为 v 的钢筋约束试验,得出可补偿基础降温的预压应力。

第五节 预压应力的分析实例

【例1】设有隧洞内径 a 为5m,水工补偿收缩混凝土衬砌厚度为1.0m,隧洞外四周岩石的弹性模量为20GPa,泊松比为1/6,自由体积变形为零。钢筋的弹性模量为210GPa。低热微膨胀水泥混凝土的膨胀量、弹性模量如表5-3,泊松比为1/6,求隧洞衬砌外缘点的预压应力。

表5-3 膨胀量弹性模量随混凝土龄期变化表

混凝土龄期(d)	1	2	3	4	7	备注
弹性模量(GPa)	3.0	9.0	12.5	14.0	16.2	
膨胀量($\times 10^{-6}$)	100	185	220	222	222	基准值为1d

低热微膨胀水泥混凝土的膨胀主要发生在前4d,其弹性模量采用膨胀过程的加权平均值,即为

$$E=\frac{\Sigma E(\tau)\Delta\varepsilon_g(\tau)}{\Sigma\Delta\varepsilon_g(\tau)}$$

$$=\frac{100\times3.0+85\times9.0+35\times12.5+2\times14}{222}$$

$$=6.89\text{GPa}$$

$$n=\frac{(1+\mu)E'}{(1+\mu')E}=2.90$$

$$K=n(1-2\mu)+1=2.93$$

$$m=\frac{-E'\varepsilon'_g}{E\varepsilon_g}=0$$

代入式(5-37)得钢筋模拟约束试验的配筋率

$$v=\frac{(n-m)}{(1-2\mu n+m)\dfrac{b^2}{a^2}-(1-m)}\times\frac{E}{E_s}=负值$$

应由式(5-39)求得配筋率

$$v'=\frac{(1-m+2\mu n)\dfrac{b^2}{a^2}+(1-m)}{(n-4\mu n+m+2)\dfrac{b^2}{a^2}+(n+m-2)}\times\frac{E}{E_s}=0.02$$

低热微膨胀水泥混凝土衬砌隧洞的预压应力即为:全约束试验值加上含筋率为2%

的钢筋约束试验测定值,其过程线如图5-11示。

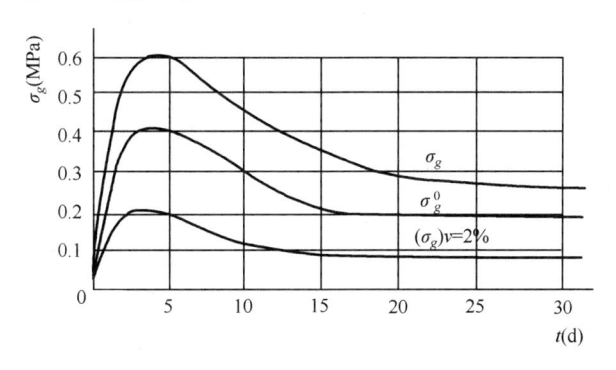

图5-11 约束试验测定过程线

当用理论计算预压应力,即由式(5-33)求得。考虑公式中各量随时间变化及徐变时间,可分时段计算,变式(5-33)为

$$\sum_{i=1}^{4} \frac{(n_i-m_i)E_i\Delta\varepsilon_{gi}}{K_i}\left[1+\frac{K_i\dfrac{b^2}{r^2}+(1-n_i)}{K_i\dfrac{b^2}{a^2}-(1-n_i)}\right]\times K_P(\tau_i,t)$$

求出最大预压应力于表5-4。

表5-4 预压压力计算表

混凝土龄期(d)	膨胀量($\times 10^{-6}$)	膨胀增量($\times 10^{-6}$)	弹性模量(GPa)	n	K	q	预压应力(MPa) $\Delta\sigma_1$	$\Delta\sigma_2$	$\Delta\sigma_3$	$\Delta\sigma_4$
1	100	100	3.0	6.67	5.45	3.67	0.36	0.28	0.25	0.28
2	185	85	9.0	2.22	2.48	8.55		1.08	0.84	0.77
3	220	35	12.5	1.60	2.06	5.46			0.64	0.50
4	222	2	14.0	1.43	1.43	0.38				0.04
5	222	0							Σ	1.59

比较图5-11及表5-4结果,可见预压应力的理论计算值,比由约束分析-试验法测得的要大得多,主要是由于混凝土塑性变形难以扣除,以及早期徐变扣除不准带来的影响。

【例2】设一坝块,高(H)50m,宽(L)50m,应用低热微膨胀水泥混凝土浇筑,混凝土力学性能如【例1】。基岩的弹性模量为7.0GPa,泊松比为1/6,求基础约束膨胀的预压应力。

模拟基础约束的钢筋约束试验配筋率由式(5-5)

$$v=\frac{E'}{K_L E_s}$$

求得。其中 K_L 由图5-10查出,有关数据及计算见表5-5。

表5-5 含筋率 v 计算结果表

坝块尺寸(m) H	L	$\dfrac{H}{L}$	E(GPa)	E'(GPa)	E_s(GPa)	$\dfrac{E}{E_s}$	K_L	v	注
50	50	1	6.8	7.0	210	0.98	0.65	0.051	

103

应用表 5-5 中的 v 值,通过不同配筋率与预压应力关系曲线图 5-12(最大值)、图 5-13(28d 后的稳定值)查得相应预压应力。如模拟基础约束的钢筋约束试验配筋率为 3.1%,其预压应力稳定值为 1MPa。

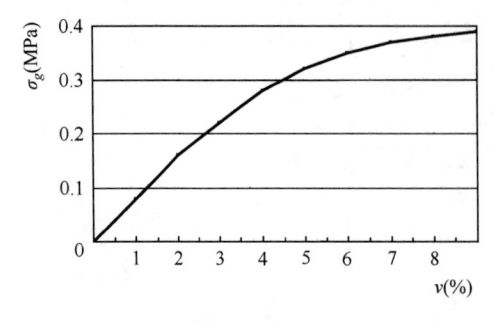

图 5-12　不同配筋率与最大预压应力关系曲线　　图 5-13　不同配筋率与预压应力稳定值关系曲线

第六章 水工补偿收缩混凝土优质快速筑坝

第一节 长诏坝对比试验

一、试验目的与设计

(一) 试验目的

在充分进行室内试验掌握低热微膨胀水泥机理与基本性能的基础上,进入到现场试验阶段。为判别其优缺点,在现场试验中采用对比方式,从大坝温度控制防裂的角度,比较低热微膨胀水泥混凝土与低热硅酸盐水泥混凝土的优越性。

长诏施工试验是低热微膨胀水泥混凝土第一次进行大规模现场浇筑,通过工程实践回答下列问题。

1) 低热可以削减的水化热温升。

2) 微膨胀实际可以产生多大预压应力来补偿坝块的降温,又带来多大剪切应力,会不会超过混凝土的抗剪强度。

3) 微膨胀的大小、规律及在坝体内的分布,后期会不会收缩。

4) 微膨胀在坝体表层形成的预压应力及其对抗御气温骤降能力的提高作用。

5) 该水泥混凝土的拌和、运输、浇捣等施工性能。

(二) 长诏工程概况与试验设计

长诏水库位于浙江省曹娥江的支流新昌江上,大坝为一砌石重力坝,坝顶高程140m,最大坝高96m,坝顶长216m,分为6个坝段。该坝于1971年开始兴建,截止本试验开始前,各坝段已普遍上升至120m高程。

坝址区为紫红色凝灰岩;砌石容重为23kN/m³,其弹性模量为10GPa。

试验块选在第六坝段,120~130m高程之间。由于120m高程已脱离基础约束,因此在120~130m高程先浇一层3厚的矿渣水泥混凝土作底板,要求间歇期至少两个月以上,以使其水化热基本发放完毕,弹性模量趋于稳定。在刚度较大的底板上浇筑两种不同水泥混凝土,以增大约束,相对显示膨胀与收缩应力的差别。

从123~130m高程间,每种混凝土分两次浇筑,第一次浇厚5m,第二次浇厚2m,以不同浇筑层厚中检验低热及微膨胀产生的效果。

试块中的两种水泥混凝土,首先浇筑低热硅酸盐水泥混凝土,以给低热微膨胀水泥混凝土创造侧面约束条件,因此试块浇筑程序如图6-1所示。另外,第五坝段的浆砌块石,左岸边坡坝段混凝土楔形体,同样为形成约束的对称条件,都必须在试验块浇筑以前上升至130m高程以上,并把砌石抹平。

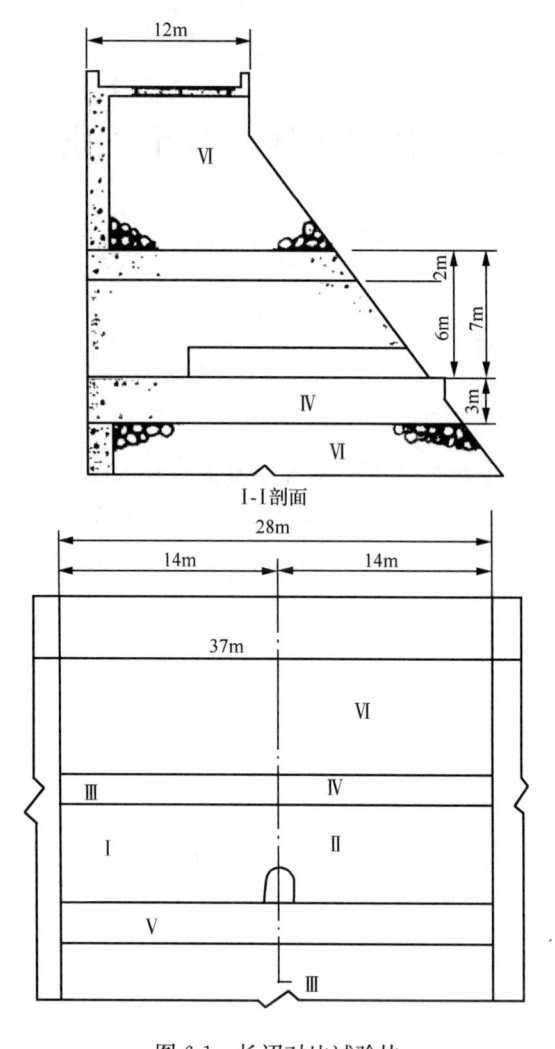

图 6-1　长诏对比试验块

Ⅰ—低热硅酸盐水泥混凝土 5m 试块；Ⅱ—低热微膨胀水泥混凝土 5m 试块；
Ⅲ—低热硅酸盐水泥混凝土 2m 试块；Ⅳ—低热微膨胀水泥混凝土 2m 试验块；
Ⅴ—老混凝土底板；Ⅵ—浆砌块石

按对比试验要求，除水泥品种外，其他条件也尽可能完全相同。所以在结构上把试验坝段沿中线平分，两者的体积和形状相同，约束条件相同，混凝土的配合比相同（设计标号均为 $R_{90}=15.0\text{MPa}$），分层、间歇期相同，并希望浇筑温度与气温的影响相同。

（三）观测仪器布置

为获得试验块温度、变形、应力的变化和缝面开合度资料，在试验块内布置各种仪器 86 只，其中应变计 49 只、无应力计 25 只、测缝计 6 只、温度计 6 只。为了能够对比，仪器在两种混凝土内布置是对称的，同时为更广泛了解新水泥品种工程实践的结果，在低热微膨胀水泥混凝土内仪器布置多一些。

两种水泥混凝土都在中心垂直断面上布置了四组应变计和三只单向应变计。低热微膨胀水泥混凝土还在123.5m高程沿水流向布置三组应变计,观测剪切应力,其中上、下两组位于最大剪应力处。此外,还在125.5m高程中部加设两只应变计,一只沿x方向(水流向),另一只沿z方向(坝轴线方向)。

上述应变计组均配置了无应力计,以便扣除非应力应变。此外,为观测低热微膨胀水泥混凝土的膨胀规律,适当增加了一些无应力计。

湿度对混凝土自生体积变形的影响是国内尚有争论的问题,我们首次设计了一种"绝湿无应力计",试图比较绝湿与不绝湿的差别,特别是观测蓄水后的变化。

第五、六坝段、六坝段与左岸楔形体以及试验块本身两种混凝土之间,共有3个接触缝,每道缝面上埋设两只测缝计及单向应变计,以测定拉压变形。

上述仪器本身均测定温度,不足之处又增设了几只温度计,以测定试块的温度场。

二、水泥与混凝土性能及施工

(一)水泥性能

低热微膨胀水泥(Ⅰ型)和杭州低热硅酸盐水泥标准胶砂硬练强度及水化热如表6-1及表6-2。

表6-1 两种水泥强度比较表

水泥样品	SO$_3$(%)	细度(%)	稠度(%)	安定性	凝结时间(h:min) 初凝	凝结时间(h:min) 终凝	抗拉强度(MPa) 1d	2d	3d	7d	28d	抗压强度(MPa) 1d	2d	3d	7d	28d
低热微膨胀水泥	5.6	3.0	23.75	合格	1:00	2:30	0.46	1.03	1.54	2.40	3.73	4.58	11.8	17.79	27.2	45.1
杭州低热硅酸盐水泥	2.52	—	24.75	合格	3:10	4:52				2.28	3.33				31.5	54.82

表6-2 两种水泥水化热比较表

水泥品种 \ 龄期(d)	1	2	3	4	5	6	7
低热微膨胀水泥	17.9	27.9	31.3	32.5	33.3	33.8	34.2
杭州400号低热硅酸盐水泥	24.3	34.8	38.8	41.5	43.8	45.0	46.4

水化热(×4.1868J/g)

以上试验资料表明,此次施工试验所用低热微膨胀水泥质量均匀,而标号仅达到我国400号(现325号)低热硅酸盐大坝水泥标准,而与之对比的杭州低热硅酸盐水泥则实际达到500号(即425)指标。实际是一次325号与425号水泥的对比。

(二)混凝土级配

在确定混凝土级配时,水泥和砂石骨料与大坝使用的相同,做了三种水灰比,即0.46、0.56、0.66的配合比试验,骨料为三级配,测定了7d和28d强度,最后选定的施工配合比见表6-3。相应表6-3配比混凝土28d抗压强度,低热微膨胀水泥混凝土为23.7MPa,低热硅酸盐水泥混凝土为16.9MPa。

表 6-3　混凝土施工配合比

水泥品种	水灰比	含砂率	1m³ 混凝土的材料用量(kg)					混凝土配合比				石子级配(%)			坍落度(cm)	
			水	水泥	黄沙	小石	中石	大石	水	水泥	砂	石	0.5~2.0	2~4	4~8	设计	实际
低热微膨胀水泥	0.56	26	118	211	549	312	469	781	0.56	1	2.6	7.42	20	30	50	5~7	5~7
低热硅酸盐水泥	0.56	24	118	211	507	321	481	802	0.56	1	2.4	7.6	20	30	50	5~7	5~7

（三）补偿收缩性能及绝热温升

两种混凝土的自生体积变形如表 6-4，绝热温升见表 6-5。

表 6-5 中 II 为低热微膨胀水泥混凝土，I 为 500 号低热硅酸盐大坝水泥混凝土，两者的配合比如表 6-3 所示。

低热微膨胀水泥混凝土全约束预压应力为图 6-2 所示（图中 I、II 表示试件编号）。

表 6-4　两种混凝土自生体积变形

龄期(d) 水泥品种	膨胀量($\times 10^{-6}$)								
	1	2	3	4	7	28	90	150	180
低热微膨胀水泥	95	285	414	432	432	436	436	436	436
杭州低热硅酸盐水泥	28	—	30	—	34	61	92	104	—

注：基准值取成型后 12h 为零，若取 24h 为基准值，则表中低热微膨胀水泥混凝土的膨胀量须减去 60×10^{-6}。

表 6-5　两种混凝土绝热温升

龄期(d)	绝热温升(℃)		龄期(d)	绝热温升(℃)		龄期(d)	绝热温升(℃)	
	II	I		II	I		II	I
0	初20℃=0	初22.5℃=0	4.5	16.10	18.06	14.0	18.19	24.58
1/4	1.23	1.23	5.0	16.59	19.05	15.0		24.95
1/2	2.46	5.28	5.5	16.96	20.03	16.0		25.07
1.0	4.3	8.23	6.0	16.96	20.52	17.0		25.07
1.25	5.5		6.5	17.20	21.52	18.0		25.19
1.5	7.1	10.45	7.0	17.20	21.63	19.0		25.19
1.75	7.99		7.5	17.33	22.24	20.0		25.19
2.0	9.34	12.04	8.0	17.57	22.73			
2.25	10.57		9.0	17.70	23.23			
2.5	12.29	13.52	10.0	17.82	23.84			
3.0	14.01	14.99	11.0	17.94	24.21			
3.5	15.36	16.1	12.0	18.06	24.33			
4.0	15.98	17.2	13.0	18.19	24.46			

从表可见，水泥用量 211kg/m³ 低热微膨胀水泥混凝土绝热温升 18.19℃，低热硅酸盐水泥混凝土为 25.19℃，两者相差 7℃。

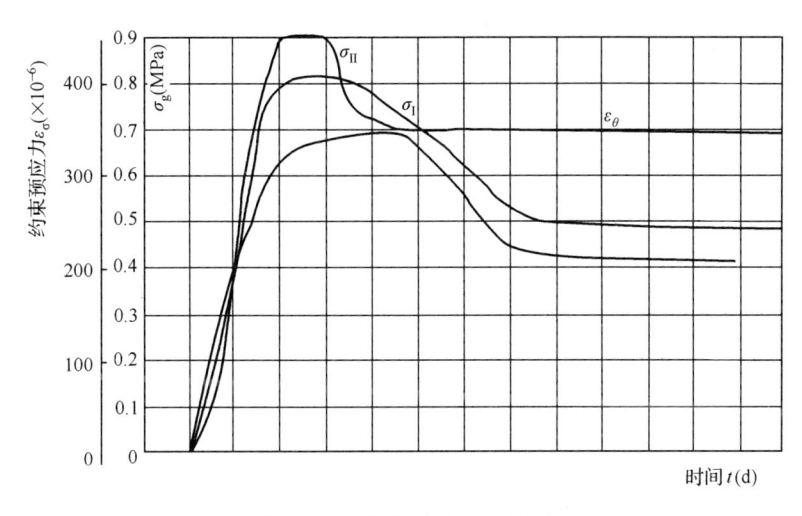

图 6-2 全约束预压应力过程线

(四) 施工情况

混凝土拌和分上下游两个系统,上游为两台各 1.0m³ 的拌和机,下游为两台 0.4m³ 的拌和机。混凝土拌和后,由斗车运到坝前,倒入吊罐通过起重机运往渡槽,再由手推车入仓,采用人工平仓,每层厚度 30~40cm。用小型插入式振捣器振捣,每台班可浇筑混凝土 250m³。

混凝土料的外观良好,砂浆富裕。坍落度 5~7cm。由于胶体钙矾石具有保水性,所以低热微膨胀水泥混凝土有粘性感,不泌水,也不粘斗车和溜筒,工人反映浇捣容易。为了防止坍落度损失,低热微膨胀水泥混凝土的用水量应比普通水泥混凝土大 10%~15%。但此次试验,两种混凝土的用水量相同,结果低热硅酸盐水泥混凝土泌水严重,浇捣过程中不断地舀去表面积水,所以实际水灰比小于 0.56。

试块浇筑顺序、浇筑时间、间歇期及入仓温度如表 6-6。

表 6-6 混凝土入仓温度

块号	混凝土量(m³)	浇筑时期	历时(h)	顶面覆盖日期	间歇期(d)	入仓温度计(℃)
Ⅰ	1412.8	4月2日8:00~4月5:00	45.5	4月11日	7	11.5
Ⅱ	1401.6	4月7日8:00~9日4:50	45.0	4月16日	7	14.7
Ⅲ	506.0	4月11日15:10~12日6:40	15.5	4月20日	8	17.9
Ⅳ	545.6	4月16日15:15~17日6:00	15.0	4月23日	8	14.4

混凝土收仓 16h 后,开始洒水养护到 21d。拆模后的混凝土表面光滑平整,外观良好。从现场浇筑看出,在不掺外加剂的情况下,低热微膨胀水泥混凝土的施工性能良好。

混凝土在拌和、运输和浇捣过程中,没有采取任何温度控制措施。坝址气温如表 6-7。

表6-7 坝址气温

日 期	第一块浇筑时间					第二块浇筑时间				第三块浇筑时间					第四块浇筑时间	
	2	3	4	5	6	7	8	9	10	11	12	13	14	15	16	17
日平均气温	9.2	10.6	11.3	15.1	14.9	13.5	17.0	20.4	19.1	19.7	23.0	23.3	24.9	22.5	14.6	11.2
最 低	6.6	6.7	8.6	12.3	13.8	8.6	11.8	16.5	17.3	17.0	17.1	18.2	20.1	21.6	11.6	10.4
最 高	11.7	15.7	14.2	19.3	17.4	20.8	24.2	26.9	20.0	24.0	29.7	31.2	32.9	23.8	16.5	12.5

三、试验结果

(一)混凝土力学性能

施工期间两种混凝土在仓面和机口取样,进行强度和弹性模量试验,如表6-8、表6-9、图6-3。

表6-8 两种混凝土抗拉强度

水泥品种	劈裂抗拉强度(MPa)			
	机口取样			仓面取样
	7d	28d	90d	28d
低热微膨胀水泥	0.90	1.52	1.67	1.42
低热硅酸盐水泥	0.50	1.40	2.08	1.34

表6-9 两种混凝土抗压强度

水泥品种	抗压强度(MPa)			
	机口取样			仓面取样
	7d	28d	90d	28d
低热微膨胀水泥	17.49	24.31	24.51	25.07
低热硅酸盐水泥	7.34	18.69	25.3	14.94

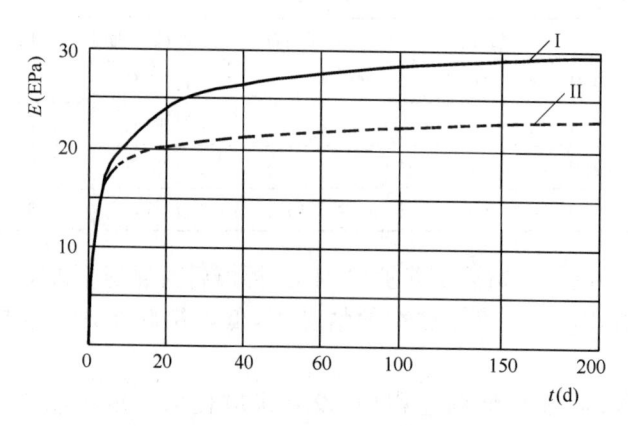

图6-3 混凝土弹性模量随龄期增长过程线
Ⅰ—低热硅酸盐水泥混凝土;Ⅱ—低热微膨胀水泥混凝土

混凝土力学性能的现场试验条件和室内试验时基本相同,试验结果也一致。从表6-9可以看出,低热微膨胀水泥混凝土的3~7d抗压和抗拉强度发展较快,远远高于低热硅酸盐水泥混凝土的同龄期强度。28d的抗压强度比低热硅酸盐水泥混凝土仍高,但抗拉强度两者差不多。90d两种水泥混凝土的抗压强度相接近,但抗拉强度比低热硅酸盐水泥混凝土低。这就说明,低热微膨胀水泥混凝土具有早期强度高的特点,有利于防止气温骤降引起的大坝裂缝。但它的后期强度增长率比低热硅酸盐水泥混凝土小。

(二) 水化热温升

实测资料表明,低热微膨胀水泥混凝土水化热低发热快,在5m块中,前者7d即达最高值,后者30d才达最高值。两者相差5.8℃。两种混凝土水化热对比于表6-10。

表6-10　两种混凝土水化热温升对比

块厚(m)	水泥品种	最高温度(℃)	历时(d)	平均浇筑温度(℃)	水化热温升(℃)	差值(℃)
5	低热硅酸盐水泥	35.9	30	11.5	24.4	5.8
5	低热微膨胀水泥	33.3	7	14.7	18.6	
2	低热硅酸盐水泥	37.5	9	19.6	17.9	0.8
2	低热微膨胀水泥	31.5	5	14.4	17.1	

表6-10中,两种混凝土2m块的实测水化热温升只相差0.8℃,这是因为低热硅酸盐水泥混凝土2m块浇筑后3~6d遇有气温骤降袭击散去一定热量,经电算分析,低热微膨胀水泥混凝土可相应削减水化热温升2.0℃。

(三) 膨胀量

坝体内的温度、湿度随位置变化,国内外许多大坝实测资料都表明,即使在同一坝块内,不同位置的自生体积变形也各不相同,因此使用低热微膨胀水泥混凝土筑坝,必须回答的问题不仅是膨胀量(自生体积变形)有多大,而且要判明它的均匀程度如何,后期会不会出现收缩。

试块内所埋无应力计,观测两种混凝土自生体积变形,如表6-11。表现有下列规律:①各测点膨胀值不同,最小为248×10^{-6},最大值为411×10^{-6},大多数在250×10^{-6}~350×10^{-6}之间,由于膨胀发生在早期,膨胀量的这一差别,不会产生多大的应力差;②膨胀主要发生于前4d,以后基本稳定,不存在收缩现象;③3个绝湿无应力计的测值相差很小,同时比一般无应力计测值为大,造成这种差别的原因,主要是后者在埋设过程中有部分砂浆由筒底流出及筒顶存在空隙。而绝湿无应力计是密封的,不存在砂浆流出问题;④低热硅酸盐水泥混凝土的自生体积变形不稳定,有的膨胀有的收缩,在正50×10^{-6}之内波动。

表 6-11　两种混凝土自生体积变形

水泥品种	无应力计名称	膨胀量($\times 10^{-6}$) 龄期(d)							
		1	2	3	7	28	90	180	360
低热硅酸盐水泥	E_1^0—02	−1	−10	−9	−18	−3	2	2	9
	E_1^0—05	−9	−11	−21	−27	−20	−12	−10	−6
	E_1^0—07	−1	−7	−10	−13	−5	6	7	12
	E_1^0—08	−1	−7	−6	0	19	29	26	34
低热微膨胀水泥	E_2^0—01	33	170	287	288	285	280	272	272
	E_2^0—02	50	230	378	378	372	368	363	360
	E_2^0—03	35	230	355	369	363	361	355	355
	E_2^0—05	12	260	295	307	304	303	301	301
	E_2^0—08	13	192	292	290	290	290	287	287
	E_2^0—09	3	115	249	248	237	236	238	238
	E_2^0—10	20	155	309	308	301	305	301	301
	E_2^0—11	15	143	278	266	263	263	259	255
	E_2^0—13	24	320	409	411	408	406	401	401
	E_2^0—14	49	252	252	252	250	250	250	250
	E_2^0—15	35	300	301	303	302	302	301	300
	E_2^0—16	20	265	309	309	307	305	305	305
	H_2—1（绝湿无应力计）	20	305	462	489	490	487	486	486
	H_2—2	20	225	440	475	470	464	452	451
	H_2—3	20	225	413	424	416	416	416	416

（四）微膨胀预压应力

从埋设在试块内的应变计测出应变，通过混凝土弹性模量、徐变计算得低热微膨胀水泥混凝土体积变形受约束的预压应力。其中以 σ_z（坝轴线方向）为最大，σ_x（水流向）次之，σ_y（竖向）为最小，其值如图 6-4、图 6-5 所示。它表现出与约束情况有密切关系。

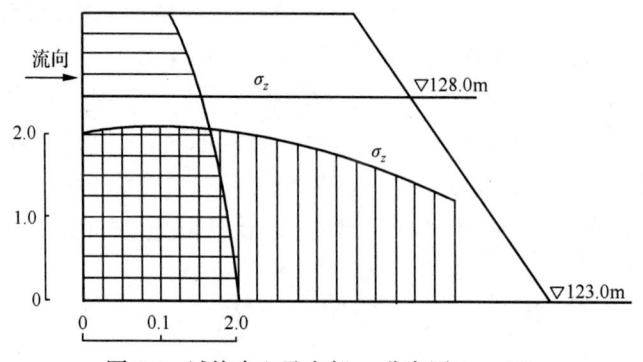

图 6-4　试块中心及底部 σ_z 分布图（x、z 面）

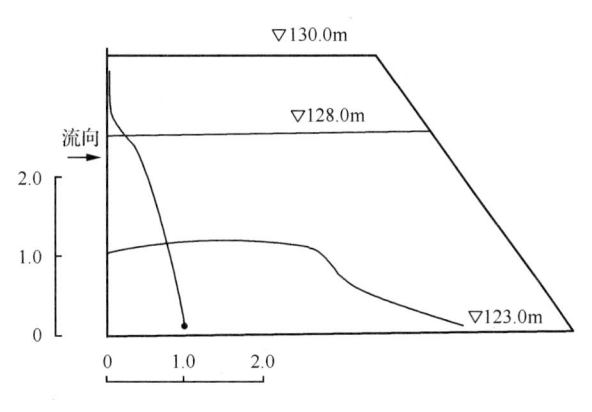

图 6-5 试块中心及底部 σ_y 分布图

原型观测结果表明,由体积变形在新老混凝土结合面上产生的剪切应力始终很小。中心处基本保持为零,靠下游面 2.5m 处剪切应力为最大,但也仅 0.26MPa,不会产生剪切破坏;同时这一剪切应力与预压正应力一样,可以补偿坝体降温带来的剪切应力。

(五)缝面开合度

在试块三条横缝的 127m 和 129m 高程,各埋设一只测缝计,其观测结果如表 6-12(负值表示挤压,正值表示拉开,单位为 mm)。

表 6-12 缝面开合度观测结果

时 期	J_1 温度(℃)	J_1 开合度(mm)	J_2 温度(℃)	J_2 开合度(mm)	J_3 温度(℃)	J_3 开合度(mm)	J_4 温度(℃)	J_4 开合度(mm)	J_5 温度(℃)	J_5 开合度(mm)	J_6 温度(℃)	J_6 开合度(mm)
1978年 4月4日16:00	15.9	-0.02										
4月6日8:00	19.7	-0.02										
4月9日12:00	21.5	-0.02			21.9	-0.02			19.9	-0.10		
4月12日8:00	23.5	-0.02	23.3	0.04	29.2	-0.02			24.3	-0.15		
4月15日8:00	25.6	-0.04	27.9	-0.02	30.7	-0.04			24.1	0.04		
4月17日8:00	26.8	-0.04	28.9	-0.02	30.9	-0.04	24.8	-0.04	23.8	0.08	20.8	-0.06
4月18日8:00	27.3	-0.04	28.8	-0.04	31.0	-0.04	27.2	-0.06	23.6	0.11	21.8	-0.10
4月20日8:00	20.8	-0.06	28.3	-0.06	31.5	-0.04	30.7	-0.10	23.7	0.11	25.6	-0.16
4月22日8:00			27.7	-0.06	32.2	-0.06	30.5	-0.10	24.1	0.1	25.8	-0.08
4月24日8:00	29.4	-0.09	26.8	-0.08	33.0	-0.08	29.2	-0.10	24.7	0.13	24.4	-0.04
4月30日8:00	29.6	-0.09	22.0	-0.08	32.9	-0.08	29.8	-0.12	24.9	0.13	24.0	-0.02
5月3日8:00	29.6	-0.11	27.2	-0.08	32.7	-0.10	30.4	-0.18	25.0	0.133	24.2	-0.02
5月9日8:00	29.4	-0.11	27.6	-0.09	32.3	-0.12	31.2	-0.16	25.0	0.152	24.2	-0.02
5月15日8:00	29.2	-0.13	27.9	-0.09	31.9	-0.10	31.8	-0.20	24.9	0.152	24.2	-0.02
5月29日8:00	28.7	-0.15	28.5	-0.13	31.4	-0.12	32.2	-0.22	25.0	0.171	27.5	-0.02

续表

时 期	J_1 温度(℃)	J_1 开合度(mm)	J_2 温度(℃)	J_2 开合度(mm)	J_3 温度(℃)	J_3 开合度(mm)	J_4 温度(℃)	J_4 开合度(mm)	J_5 温度(℃)	J_5 开合度(mm)	J_6 温度(℃)	J_6 开合度(mm)
7月3日8:00	28.4	−0.17	28.6	−0.17	30.4	−0.13	31.4	−0.30	25.9	0.171	28.5	−0.06
7月31日8:00	28.5	−0.19	29.1	−0.19	30.3	−0.15	31.4	−0.32	26.3	0.19	28.7	−0.10
8月28日8:00	28.5	−0.23	29.0	−0.23	30.3	−0.15	31.4	−0.37	26.5	0.15	28.9	−0.18
9月25日	28.6	−0.25	29.0	−0.25	30.3	−0.21	31.4	−0.39	26.7	0.15	29.0	−0.14
10月23日	28.3	−0.26	28.2	−0.26	29.5	−0.23	30.8	−0.41	26.4	0.13	28.2	−0.14
12月4日	22.2	−0.28	26.2	−0.15	27.8	−0.23	29.0	−0.43	25.2	0.13	25.8	−0.16
1979年1月1日	26.0	−0.13	24.1	0.23	26.0	−0.23	27.0	−0.43	23.6	0.11	23.6	−0.14
1月29日	24.5	0.11	22.0	0.59	23.9	−0.10	24.8	−0.39	21.8	0.25	21.1	0.10
2月26日	22.8	0.30	20.0	0.81	22.1	0.06	22.4	−0.24	19.9	0.44	18.6	0.36
3月26日	21.4	0.44	18.8	0.95	20.8	0.09	20.8	−0.06	18.5	0.53	17.3	0.45
4月23日	20.3	0.42	18.1	0.81	20.0	0.44	19.7	0.28	17.4	0.63	16.5	0.51

由表 6-12 可见，试块的中间横缝（J_3、J_4）比两侧缝面（J_1、J_2 和 J_5、J_6）的挤压变形为大，但最大也仅为 0.2~0.4mm。经过一个冬季降温后，所有测缝计的测值转为正，而 J_3、J_4 的张开度仍较左右侧横缝为小。另外，从试块最高温度到缝面张开时，各测缝计降温如表 6-13，其值即表示混凝土的膨胀与温升共同对缝面的补偿作用。

表 6-13 混凝土膨胀与温升共同作用对横缝开合度的补偿

测缝计	混凝土体变对横缝开合度的补偿(℃)
J_1	5.1
J_2	5.0
J_3	10.9
J_4	12.5
J_6	7.9

第二节　池潭水电站大坝基础坝块

一、工程及施工概况

（一）地下概况

池潭水电站大坝是水工补偿混凝土建坝工程实践，继长诏之后第二次大规模应用低热微膨胀水泥混凝土浇筑大坝。和长诏施工试验相比，试块尺寸增大，直接浇筑在河床坝段基础约束区，以了解低热微膨胀水泥混凝土浇筑在具有代表性的一般坝段基础，可以起到的简化温度控制作用。

池潭水电站大坝工程是闽江上游富屯溪支流-金溪干流上第一级水电站,位于福建省太宁县池潭村上游 3km 处的金溪峡谷中。水电站主体工程由混凝土重力坝,坝后溢流厂房,开关站及木滑道等建筑物组成。该电站是以发电为主,兼有防洪、航运、养鱼等综合效益。

水库正常高水位为 275m 高程,相应库容 7 亿 m^3,水库面积 $37km^2$,为一个不完全年调节水库。

坝址地质为流纹斑岩,岩性均匀密致,无大构造问题。水电站区域地震烈度为 6 度。

水电站主要建筑物:拦河大坝,为一混凝土重力坝,共有 14 个坝段组成,其中 6～10 坝段为河床坝段,坝宽一般为 18m,坝顶全长 253m,最大坝高 78m,上游坝坡 1:0.29,下游坝坡为 1:0.65。

该电站装机两台,单机容量为 5 万 kW,每年发电量为 5 亿 kW·h,图 6-6 为池潭水电站全景。

图 6-6 池潭水电站全景

试验选择在第 9 坝段,宽 16.5m,底长 61m,于柱号下 0+25 设有一道纵缝把坝段分成甲乙两块,基础最大仓面 $450m^2$。低热微膨胀水泥混凝土的浇筑时间为 1979 年 1 月 6 日～4 月 1 日,共浇混凝土 $17500m^3$。其中甲块为 8 层,由基岩 207.0～227.5m 高程,乙块同样为 8 层,由基岩 206.0～229.5m 高程(详见图 6-7)。

由于基岩开挖不平整,尤其是甲块高低突出,因此在低热微膨胀水泥尚未浇筑之前,于甲块基础先铺了一层低热硅酸盐水泥混凝土作基础填塘,间歇 5d 后开始浇筑低热微膨胀水泥混凝土。为利用薄层散热,试验坝段和其他坝段一样,第一、二浇筑层厚为 1.5m,第三层浇筑层厚为 2.0m,第四层厚 3.0m,以后每层均为 4.0m,每层间歇期控制在 5～7d。为使低热微膨胀水泥混凝土的膨胀除受基础约束外,还受到侧向限制,则安排甲块上升先于乙块,限制高差小于 10m,间歇期大于 5d,即甲块浇筑四层后再浇乙块,使乙块的混凝土膨胀总是受到甲块的约束。试验块的浇筑次序,浇筑时间,每层之厚及入仓温度如图 6-8。

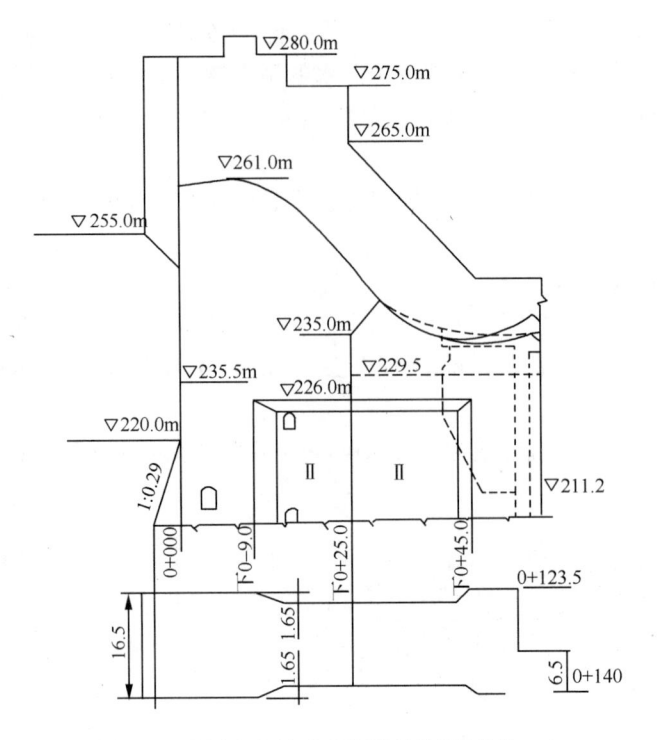

图 6-7 池潭水电站试验坝段结构图(单位:m)

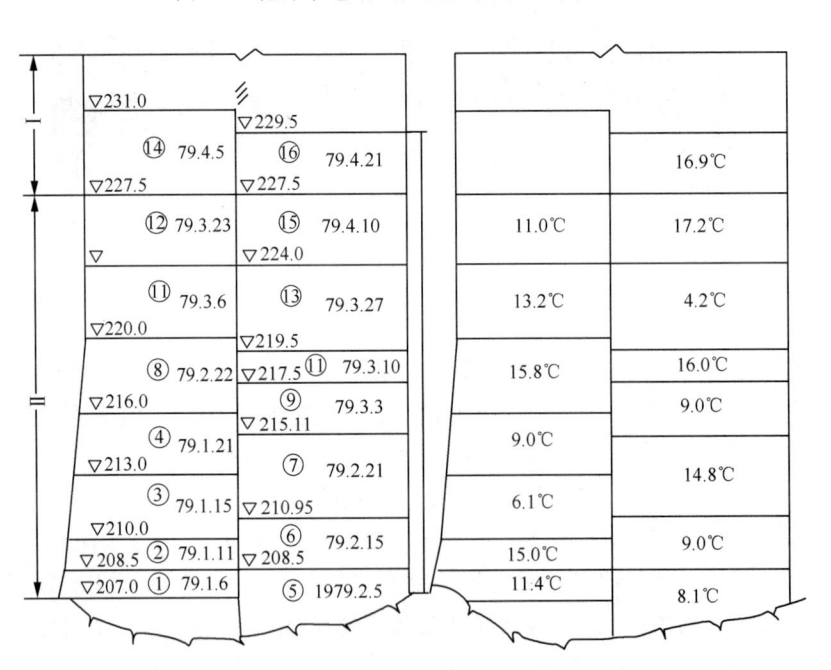

图 6-8 试验坝段浇筑时间、次序、层厚及入仓温度表示图
Ⅰ—低热硅酸盐水泥混凝土块；Ⅱ—低热微膨胀水泥混凝土块

池潭水电站大坝施工试验所用低热微膨胀水泥是华新厂生产,标号 500 号(硬冻),共 3030t。试块混凝土的配比同其他坝段一样,上游迎水面和基础部位水灰比为 0.65,水泥

用量174kg/m³,内部混凝土水灰比为0.71,水泥用量162 kg/m³。

混凝土拌和采用两台1.5m³的拌和机,每次拌和时间2~3min。拌好后由8t自卸汽车运到右岸滑槽,再由手推车入仓,每次铺厚40~50cm,仓面使用SMX-1A型振捣器,浇完一个浇筑层后两天拆模,洒水养护14d。

二、观测仪器布置

为量测试验块的变形与温度情况,布置了相当数量的观测仪器。其中包括应变计、无应力计,测缝计和温度计(见图6-9),重点埋于甲块内。乙块和6坝段低热硅酸盐水泥混凝土内也布置了少量仪器以作对比分析。

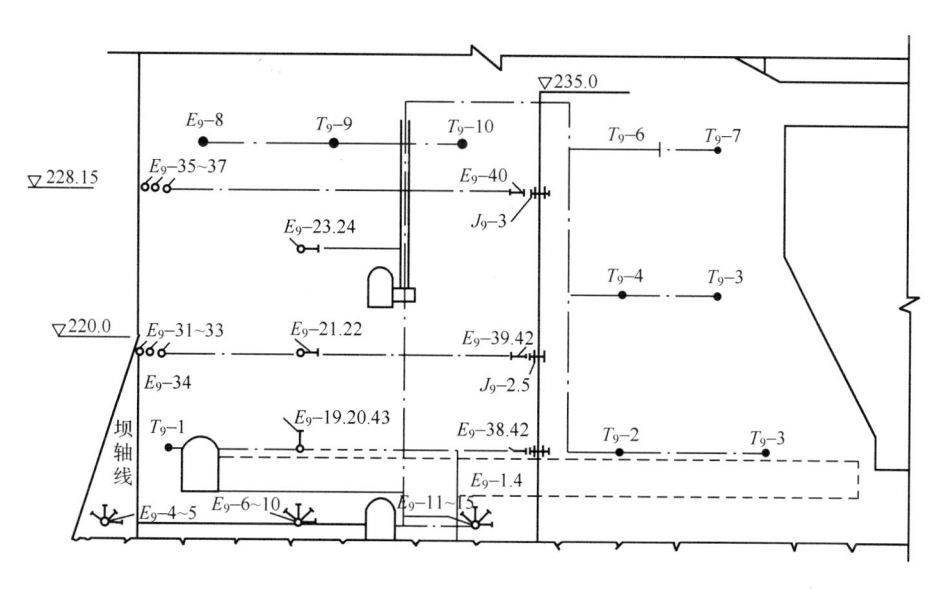

图6-9 试验坝段仪器布置

观测项目主要为下列几个方面:

1) 基础约束范围内的温度与变形观测。为此目的,在甲块中心,从基础向上15m(高宽比为1/2)的范围内,布置四组应变计,其中一组为五向(207.23m高程),一组为三向(212.0m高程),其余两组为两向。每组均配备有无应力计,测定混凝土自生体积变形。

2) 基础接触面上的剪切应力观测。在甲块基础填塘与试验接触面附近(207.3m高程),埋设三组五向应变计,其中一组距坝踵2.0m,一组在中部,一组在距纵缝面4.0m,上下两点一般是剪切应力最大处。

3) 表层应变观测。目的是为观测试验块基础约束区的表层,由混凝土膨胀而产生的预压变形及对受气温骤降冲击的补偿效果。在整个试块内布置四处表层变形观测仪器,每处为3只平行坝面的单向应变计和1只无应力计组成。

4) 纵缝开合度的观测。在缝面不同高程埋设5只测缝计,观测不同高程的缝面开合度,每只旁还相应配备了垂直缝面的应变计,以测定压缩变形。

5) 温度场的观测

综合上述观测项目,整个试验块内共埋设应力计40只,无应力计1只,测缝计5只。由于所有仪器都可兼测温度,并且原设计也布置了少量的温度计,不再另埋温度计。

三、混凝土物理力学性能

低热微膨胀水泥水化热如表6-14。

表6-14 低热微膨胀水泥水化热

水化热 (4.1816J/g) 试验编号	龄期(d) 1	2	3	4	5	6	7
P$_{7812221}$	28.6		36.0				39.1
P$_{7812231}$	29.6		38.1				41.7
P$_{7812302}$	26.5		36.3				38.6
P$_{7901061}$	24.4		32.9				35.3
平均值	27.3	31.5	35.8	—	37.0	38.0	38.7

现场机口取样测得混凝土膨胀量于表6-15中,强度与弹性模量如表6-16。

表6-15 现场机口取样混凝土膨胀量

龄期(d) 仪器编号	膨胀量(×10^{-6}) 1	2	3	7	14	28	60	90	180	365	备注
77224	50	103	138	147	153	158	161	161	163	165	
77999	36	99	129	123	128	131	136	132	138	136	
771263	27	65	90	93	98	101	105	105	108	108	水灰比0.71
771370	58	110	42	153	161	164					
77278	49	96	123	133	134	141					基准值24h
563	51	105	138	147	152	158					
平均值	45	96	127	133	138	139					

表6-16 混凝土强度与弹性模量

力学性能	龄期(d) 3	7	28	90
抗压强度(MPa)	4.3	10.1	14.6	19.8
抗拉强度(MPa)	—	0.9	1.7	1.8
弹性模量(GPa)	4.8	10.7	16.1	18.0

全约束膨胀预压应力如图6-10所示。混凝土不同龄期的徐变和松弛系数如第三章图3-7及图3-11。

四、原型观测成果

通过原型观测,从池潭试验坝段中得到下列几方面成果,为分析低热微膨胀水泥在大坝温度控制防裂的作用,提供了实际依据。

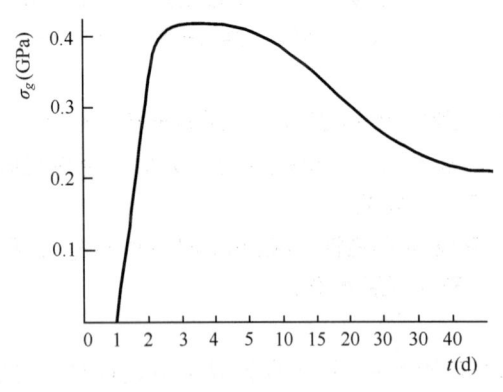

图6-10 全约束预压应力过程线

(一) 水化热温升

在试验坝段中,低热微膨胀水泥混凝土浇筑了几种不同浇筑层厚度,实测水化热温升列于表 6-17。

表 6-17 中数据再次证明,低热微膨胀水泥混凝土的低热效果是显著的,对浇筑水工大体积混凝土特别有利。

表 6-17 不同浇筑厚度实测混凝土的水化热温升

浇筑层厚度(m)	水化热温升(℃)
1.5	14.4
3.0	15.6
3.5	16.0
4.0	17.6

(二) 混凝土的膨胀量

试验坝段埋设的无应力计,实测低热微膨胀水泥混凝土与低热硅酸盐水泥混凝土的膨胀量列于表 6-18(基准值为 24h)。

表 6-18 坝体实测两种混凝土的膨胀量 ε_g

仪器编号＼龄期(d)	1	2	3	4	7	14	28	60	90	180	365	400	注
E_9^0—05	30	123	124	125	129	133	133	133	136	142	144	148	低热微膨胀水泥混凝土
E_9^0—02	170	181	187	187	195	197	191	190	191	192	184	182	
E_9^0—01	129	143	145	145	149	157	153	158	164	164	161	165	
平均值	110	149	152	152	158	162	159	160	164	166	163	165	
E_9^0—11	−8	−11	−11	−13	−14	−14	−18	−19	−17	−14	−2		低热硅酸盐水泥混凝土

从表 6-17 与表 6-18 可见:①低热微膨胀水泥混凝土的自生体积膨胀,主要发生在 4d 以前,后期保持稳定且不收缩;②这次施工试验所用低热微膨胀水泥混凝土的膨胀量比长诏采用的要小;③池潭水电站所用低热硅酸盐水泥混凝土的自生体积变形为收缩的。

(三) 基础约束系数

$$\varepsilon_m = \varepsilon_g + \varepsilon_T + \varepsilon_\sigma + \varepsilon_P + \varepsilon_C + \varepsilon_w \tag{6-1}$$

式中　ε_g——自生体积变形;
　　　ε_T——温度变形;
　　　ε_σ——弹性应力应变;
　　　ε_P——徐变变形;
　　　ε_C——塑性变形;
　　　ε_w——干缩变形。

对于坝体内部则有

$$\varepsilon_w = 0$$

由于坝块在施工期间,没有承受外来荷载,应力主要是混凝土体积变形受约束引起的。因此,按上述基础约束系数定义(不计基岩的徐变及塑性变形)则:

$$R = -\frac{\varepsilon_m - (\varepsilon_g + \varepsilon_T + \varepsilon_\sigma + \varepsilon_P + \varepsilon_C)}{\varepsilon_g + \varepsilon_T - (\varepsilon_P^o + \varepsilon_C^o)} \tag{6-2}$$

式(6-2)中带有角码"o"者为全约束条件的变形量。由于塑性及徐变变形同弹性变形一样,受到相约束,则式(6-2)又可简化为:

$$R = -\frac{\varepsilon_m - (\varepsilon_g + \varepsilon_T)}{\varepsilon_g + \varepsilon_T} = -\frac{\varepsilon_\sigma}{\varepsilon_g + \varepsilon_T} \tag{6-3}$$

对于两向问题:

$$R_x = -\frac{\varepsilon_x + \mu \varepsilon_y}{(1+\mu)(\varepsilon_g + \varepsilon_T)}$$

$$R_y = -\frac{\varepsilon_y + \mu \varepsilon_x}{(1+\mu)(\varepsilon_g + \varepsilon_T)}$$

空间问题:

$$R_z = -\frac{(1-\mu)\varepsilon_x + \mu(\varepsilon_y + \varepsilon_x)}{(1+\mu)(\varepsilon_g + \varepsilon_T)}$$

依次轮换坐标脚码便得 R_y 与 R_z。

通过上述算式,应用试块实测资料,得基础部位中心点的约束系数于表 6-19。

由表 6-19 可见:①基础约束系数随龄期逐渐减小,不久即趋于稳定,反映了混凝土弹性模量不断增长的影响;②水流与坝轴线方向的基础约束系数较大,两者数值接近,竖向最小,反映了坝块尺寸的影响;③灌浆后的基础约束系数明显增加,这是由于灌浆相对增加了基岩与坝块的整体性,改变了坝块的高宽比;④表中数值规律性较好;另外在基岩弹性模量为 30GPa,混凝土弹性模量为表 6-16 所列的情况下,约束系数和理论计算值接近一致。

(四) 膨胀约束系数及其补偿作用

低热微膨胀水泥混凝土的体积变形受约束产生预压应力。应变计 E_9-06 埋于试验块基础中心部位,所测预压应力在龄期 4d 达最大,其值为 0.5MPa,它是混凝土自生体积膨胀(152×10^{-6})和水化热温升(14.4℃)共同产生的。由于两种体积变形基本同时发生,而分布规律除表面附近外,大部分相似,可以认为中心部位有相同约束,从而分离出膨胀预压应力为 0.26MPa。当与室内全约束预压应力相比,得基础约束系数

$$R_x = \frac{0.26}{0.4} = 0.65$$

和表 6-19 的数值接近。

预压应力的补偿作用,同样可以从实测资料中得到。图 6-11(a)是 E_9-06 的温度与应力过程线。图 6-11(b),仪器埋设点 E_9-06、E_9-19、E_9-22、E_9-24 应力过程线。从图 6-11(a)中,可见预压应力于第 4d 达最大值后,随坝块降温逐渐减小。当温度下降 4.2℃时,预压应力降至为零。这表明低热微膨胀水泥混凝土的体积变形,在池潭试块的条件下,补偿了基础部位 4.2℃的降温。换言之,相当于把坝块的最高温度削减了 4.2℃,而其中微膨胀的作用占 2.2℃。

表 6-19　各龄期的约束系数

龄期(d)	约束系数 R_x	R_y	R_z	注	龄期(d)	约束系数 R_x	R_y	R_z	注
1.3	1.0	0.4	1.0		90	0.7	0.2	0.7	
1.8	0.9	0.3	0.9		110	0.7	0.2	0.7	
2.3	0.8	0.3	0.8		130	0.7	0.2	0.7	
2.8	0.7	0.2	0.7		150	0.7	0.2	0.7	
3.3	0.7	0.2	0.7		170	0.7	0.2	0.7	
3.8	0.7	0.2	0.7		195	0.7	0.2	0.7	
4.3	0.7	0.2	0.7		225	0.7	0.2	0.7	
4.8	0.7	0.2	0.7		255	0.6	0.2	0.7	
5.5	0.7	0.2	0.7		285	0.7	0.3	0.7	
7.0	0.7	0.2	0.7		308	0.7	0.3	0.7	
9.0	0.7	0.2	0.7		323	0.7	0.3	0.7	
12	0.6	0.2	0.7		338	0.7	0.3	0.7	
17	0.6	0.2	0.7		353	0.7	0.3	0.7	
24	0.7	0.2	0.6		368	0.7	0.3	0.8	灌浆后
34	0.7	0.2	0.6		383	0.8	0.3	0.8	灌浆后
45	0.7	0.2	0.7		398	0.8	0.4	0.9	灌浆后
55	0.7	0.2	0.7		413	0.9	0.4	0.9	灌浆后
70	0.7	0.2	0.7		421	0.9	0.4	0.9	灌浆后

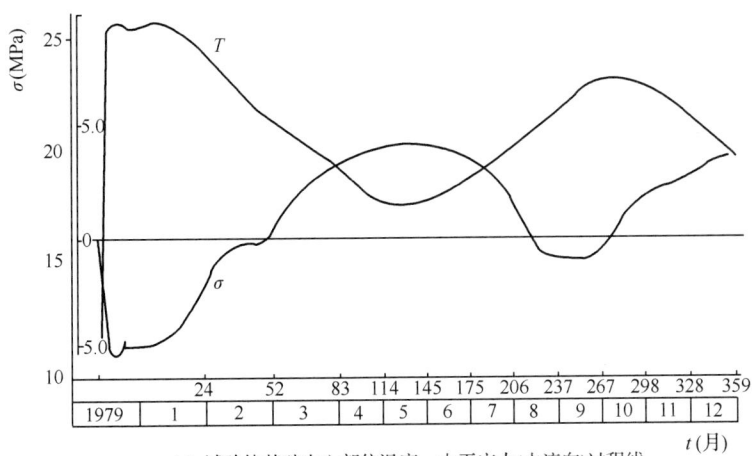

(a) 试验块基础中心部位温度—水平应力(水流向)过程线

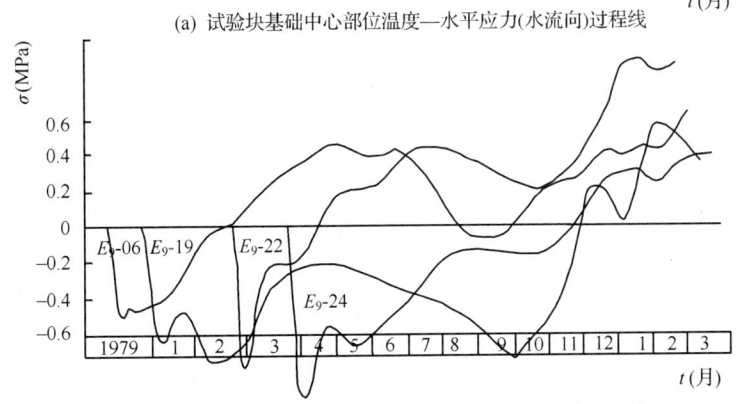

(b) 仪器埋设点 E_9-06、E_9-19、E_9-22、E_9-24 应力过程线

图 6-11

另外,从图 6-12 表示的沿试块中心从基础向上不同高程处的温度与应力过程来看:①E_9-19 点的预压应力在补偿 3.0℃的降温以后,仍具有 0.23MPa 的预压应力;②E_9-22 点在 0.80MPa 的预压应力,补偿降温 6.3℃;③E_9-24 点在几天内达到最高温度后,有 7 个月之外基本保持温度不变,则预压应力随徐变减少了 80%,仅有 20%发挥作用,仍补偿 2.9℃的降温。

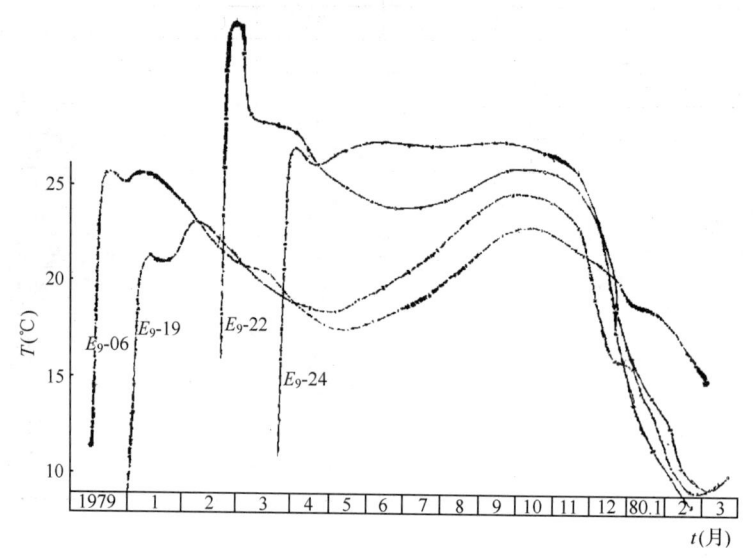

图 6-12 试验块中心不同高程温度—水平应力(水流向)过程线

综合上述观测成果,可见池潭施工试验采用的低热微膨胀水泥混凝土自生体积膨胀,可补偿坝块早期 2~3℃的降温收缩。

(五)试块的应力情况

1. 降温补偿作用

为提早发电,1979 年 11 月对池潭大坝各坝段进行强迫冷却与灌浆,12 月底试块中心温度已基本降到年平均温度(16.5℃),这时温度与应力沿高度的分布如图 6-13 所示。由

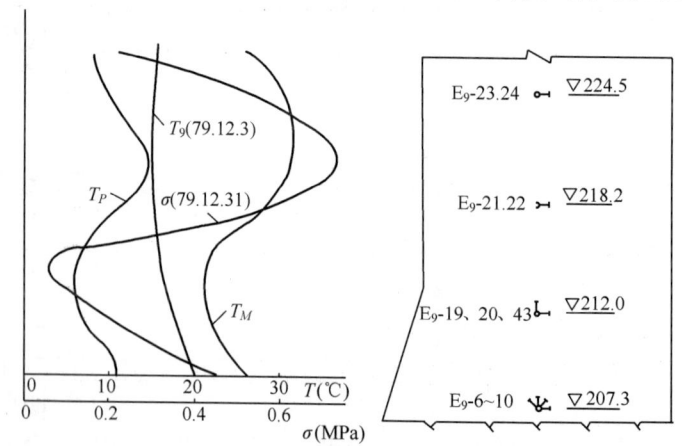

图 6-13 试验块入仓温度、最高温度与中心水平应力(水流向)沿高程的分布

于坝体尚未承受荷载,图 6-13 中的应力,基本为降温引起的。从温度与应力的分布情况可以看到:①在基础约束范围内,坝块中心应力沿高度的分布,与入仓温度及最高温度的分布曲线极为相似,即入仓温度高,温度应力相应大;或者说最高温度高,温度应力大。因此降低坝块入仓温度与减少最高温度,是减少温度应力改善温度控制的有效措施;②试块中心最大降温量为 17.4℃,相应拉应力 0.75MPa,远远低于混凝土抗裂强度。而单位降温引起的拉应力为 0.04MPa,比中热、低热硅酸盐水泥混凝土要小,反映了微膨胀的补偿作用。

2. 气温骤降补偿作用

混凝土的微膨胀在坝块基础约束区的表层也形成预压。试块所埋三组表层应变计测得的应力列于表 6-20。图 6-14 表示低热微膨胀水泥混凝土与低热硅酸盐水泥混凝土表

表 6-20 混凝土表层实测的应力

龄期(d)	日期	日平均气温(℃)	上层面中表层应力(MPa) 距表面 5cm	20cm	70cm	龄期(d)	日期	日平均气温(℃)	甲块右侧面中表层应力(MPa) 距表面 5cm	20cm	70cm
1	79.2.24	12.8	−0.01	−0.02	−0.02	1	79.2.24	12.8	−0.04	−0.05	−0.06
1.5	25	6.7	−0.08	−0.09	−0.11	1.5	25	6.7	−0.16	−0.18	−0.22
2	25	6.7	−0.21	−0.23	−0.26	2	25	6.7	−0.35	−0.38	−0.46
2.5	26	7.4	−0.36	−0.39	−0.41	2.5	26	7.4	−0.53	−0.61	−0.73
3	26	7.4	−0.43	−0.47	−0.48	3	26	7.4	−0.61	−0.72	−0.89
3.5	27	7.1	−0.43	−0.48	−0.51	4	27	7.1	−0.59	−0.72	−0.91
4	27	7.1	−0.43	−0.47	−0.50	5	28	7.4	−0.55	−0.68	−0.89
5	28	7.4	−0.36	−0.43	−0.48	6	3.1	5.9	−0.54	−0.65	−0.87
6	3.1	5.9	−0.19	−0.34	−0.46	7	2	6.2	−0.54	−0.60	−0.81
7	2	6.2	−0.10	−0.27	−0.43	8	3	6.2	−0.51	−0.54	−0.73
8	3	6.2	−0.11	−0.20	−0.38	9	4	7.0	−0.39	−0.44	−0.62
9	4	7.0	−0.05	−0.11	−0.27	10	5	10.9	−0.32	−0.36	−0.49
10	5	10.9	−0.09	−0.15	−0.19	11	6	11.4	−0.42	−0.41	−0.41
11	6	11.4	−0.25	−0.26	−0.13	12	7	12.3	−0.50	−0.46	−0.37
12	7	12.3	−0.36	−0.30	−0.09	13	8	14.7	−0.53	−0.49	−0.34
13	8	14.7	−0.45	−0.33	−0.09	14	9	18.5	−0.55	−0.51	−0.31
14	9	18.5	−0.52	−0.35	−0.09	15	10	21.2	−0.56	−0.50	−0.26
15	10	21.2	−0.54	−0.32	−0.08	16	11	10.9	−0.43	−0.44	−0.21
16	11	10.9	−0.35	−0.24	−0.01	17	12	5.4	−0.30	−0.37	−0.22
17	12	5.4	−0.07	−0.12	0.09	18	13	5.9	−0.27	−0.27	−0.27
18	13	5.9	−0.01	−0.06	0.07	19	14	6.0	−0.25	−0.31	−0.31
19	14	6.0	−0.01	−0.05	0.07	20	15	7.5	−0.26	−0.29	−0.34
20	15	7.5	−0.02	−0.03	0.01	22	17	8.5	−0.33	−0.31	−0.37
22	17	8.5	−0.09	−0.01	−0.01	24	19	8.3	−0.42	−0.37	−0.37
24	19	8.3	−0.19	−0.06	−0.02	28	23	11.9	−0.44	−0.41	−0.31
28	23	11.9	−0.23	−0.09	0	30	25	7.2	−0.38	−0.40	−0.30
30	25	7.2	−0.16	−0.13	0.01	32	27	12.9	−0.32	−0.38	−0.34

续表

龄期(d)	日期	日平均气温(℃)	乙块右侧面中表层应力(MPa) 距表面 5cm	20cm	70cm	龄期(d)	日期	日平均气温(℃)	乙块右侧面中表层应力(MPa) 距表面 5cm	20cm	70cm
1	79.3.4	7.0	−0.02	−0.02	−0.03	12	15	7.5	−0.57	−0.64	−0.97
1.5	5	10.9	−0.08	−0.08	−0.09	13	16	8.1	−0.59	−0.64	−0.93
2	5	10.9	−0.16	−0.16	−0.17	14	17	8.5	−0.58	−0.64	−0.90
2.5	6	11.4	−0.28	−0.28	−0.29	15	18	8.1	−0.57	−0.65	−0.89
3	6	11.4	−0.45	−0.45	−0.48	16	19	8.3	−0.55	−0.64	−0.87
3.4	7	12.3	−0.63	−0.61	−0.68	17	20	10.0	−0.53	−0.62	−0.85
4	7	12.3	−0.78	−0.74	−0.85	18	21	10.8	−0.52	−0.62	−0.85
4.5	8	14.7	−0.89	−0.87	−0.95	19	22	11.1	−0.57	−0.64	−0.87
5	8	14.7	−0.92	−0.93	−0.97	20	23	11.9	−0.60	−0.66	−0.87
6	9	18.5	−0.97	−0.94	−1.00	22	25	7.2	−0.61	−0.66	−0.83
7	10	21.2	−0.96	−0.95	−1.03	24	27	12.9	−0.76	−0.78	−0.79
8	11	10.9	−0.80	−0.89	−1.03	28	31	23.3	−0.81	−0.86	−0.74
9	12	5.4	−0.64	−0.77	−1.02	30	4.2	8.8	−0.61	−0.74	−0.67
10	13	5.9	−0.59	−0.71	−1.02	32	4	10.8	−0.47	−0.59	−0.62
11	14	6.0	−0.58	−0.57	−1.00	34	6	12.2	−0.42	−0.52	−0.62

面应变对比。可见，低热微膨胀水泥混凝土坝块表面在相当长的时间里保持受压状态，而低热硅酸盐水泥混凝土从一开始就是受拉的。因此使用低热微膨胀水泥混凝土筑坝，相对提高了坝体抗御气温骤降的能力，减少表面裂缝的发生发展。试验块在浇筑过程中，曾六次遭受气温骤降冲击(详见表6-21)，其中降温幅度13.8～16.7℃共5次，低热微膨胀水泥混凝土没有发生表面裂缝，表明了低热微膨胀水泥抗御气温骤降的良好作用。

表6-21 六次气温骤降实测记录

发生时期 (年·月·日)	历时(d)	气温骤降(℃) 骤降前日平均气温	骤降后日平均气温	降温幅度
1979.1.11	5	13.5	−0.3	13.8
1.28	4	14.3	−2.4	16.7
2.14	2	14.1	6.2	7.9
2.23	3	23.3	6.7	16.6
3.11	2	21.2	5.4	15.8
4.1	2	23.3	8.8	14.5

低热微膨胀水泥混凝土在坝体内形成预压，同时也带来剪切应力，其值不宜过大。长诏施工试验已对新老混凝土接触面的剪切应力作过观测，而池潭是直接浇筑在基岩并且岩石弹性模量较高的情况。由实测得膨胀最大剪切应力为0.14MPa(距坝踵点2.0m处)，远远低于混凝土抗剪强度。

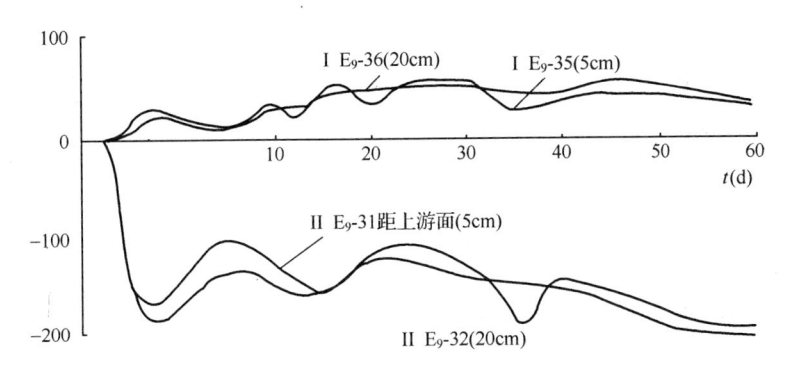

图 6-14 试块表层应力应变对比
Ⅰ—硅酸盐水泥混凝土；Ⅱ—低热微膨胀水泥混凝土

（六）钢筋混凝土的情况

池潭试块仓面大，基础开挖受条件限制很不平整，先浇筑了一层低热硅酸盐水泥混凝土把基岩填平，而在浇后3d填塘顶面（207.0m高程），发现裂缝（详见图6-15），宽达1～2mm，跨缝铺设 $\phi 32@200L3000mm$ 两层钢筋网后，再开始上浇低热微膨胀水泥混凝土，此后经反复检查，裂缝再没有向上发展。但在10坝段基础部位（208.0m高程），由于同样原因也发生类似裂缝（见图6-16），上浇低热硅酸盐水泥混凝土时，也作了相同处理，但裂缝向上发展了2.36m，又穿过了两个浇筑层，即作三次铺筋处理才限制住它的发展。这一事实对比，表明了钢筋约束混凝土的膨胀，在裂缝顶部形成预压层，对限制裂缝的发生和发展有着特别显著的作用。

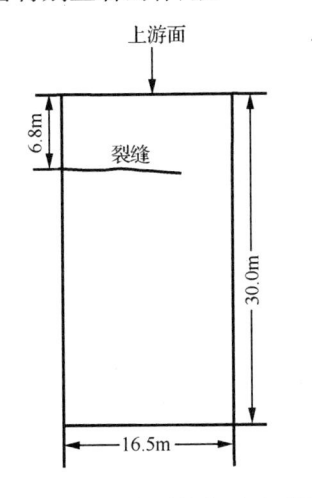

图 6-15　9坝块裂缝位置平面图 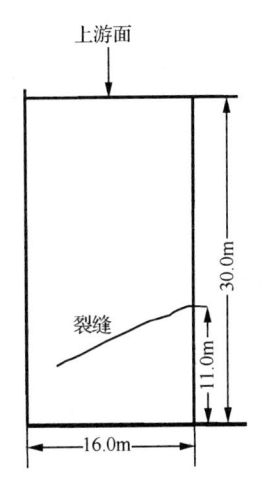　　　　图 6-16　10坝块裂缝位置平面图

第三节　紧水滩拱围堰整体设计长块连续浇筑工程

为加快水利水电建设，紧水滩拱围堰，经论证要进行整体设计，即取消原设计三条横缝，四个坝段81m长进行连续浇筑，赶在春汛以前完成并取消拱坝传统的冷却灌浆封顶

工艺,使主体工程提前一年开工,提前一年发电。这样长块连续浇筑,要求发生的裂缝及横缝的张开度,匀在允许范围内,温度控制要非常严格,对硅酸盐水泥混凝土很难满足要求;另外工程刚刚上马,也不具备冷却措施。选用低热微膨胀水泥混凝土,是解决这一难题的有效途径,尤其水泥的低热和微膨胀性能,对拱长块连续浇筑更为有利。下面从温度控制的角度出发,对长块连续浇筑进行设计论证,并对照试验成果进一步验证所预计的作用。

图 6-17 紧水滩上游拱围堰全景

一、温差分析

应用低热微膨胀水泥混凝土进行长块连续浇筑,从温度控制的角度看,是否可行。这主要是分析它会不会发生裂缝。而判断裂缝的准则一般是从基础温差、内外温差、气温骤降三方面,验证是否满足允许温差的要求。

（一）基础温差

紧水滩上游围堰为拱结构,原设计分 9 坝段。试验选用低热微膨胀水泥,把④、⑤、⑥三块合并,进行长块连续浇筑(图 6-18)。由于拱的厚度小(底宽 9.3m,顶宽 3.6m),坝体内温度很快随气温变化,分析其施工期的温度应力与裂缝的可能性,可取单独的坝段考虑,其计算简图如图 6-19 所示。

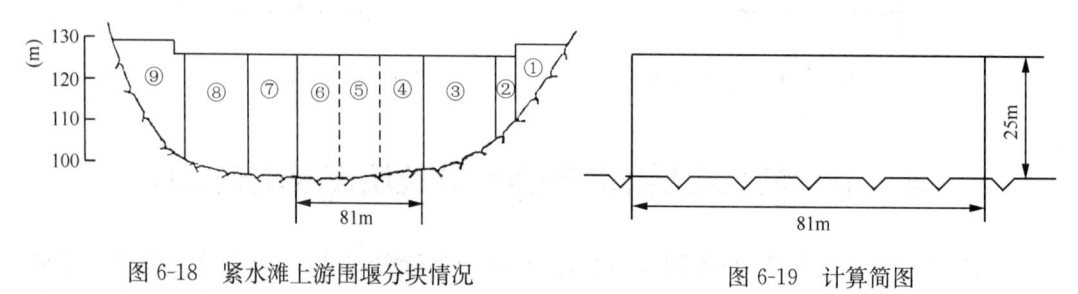

图 6-18 紧水滩上游围堰分块情况

图 6-19 计算简图

试验块预计于 1983 年 2 月浇筑，入仓温度取用当月平均气温（7.3℃），由电算得试块最高温度为 25.3℃，发生在距基岩 4.5m 高度处。由于围堰结构单薄，内部温度随气温不断变化，只存在准稳定温度，在气温年变化作用下，可能出现的最低温度为 9.8℃，因此预计将会有基础温差：

$$T = 25.3 - 9.8 = 15.5 \text{（℃）}$$

（二）基础约束系数与预压应力

坝块的基础允许温差，是由变形和强度理论确定的。对低热微膨胀水泥混凝土而言，除需要知道基础约束系数外，还要知道膨胀预压应力。

已知试块长 $L=81\text{m}$，高 $H=25\text{m}$，基岩弹性模量（E'）为 10GPa 和 15GPa（考虑开挖后有可能发现基岩弹性模量增高）。而混凝土弹性模量 E 的极限拉伸值（ε_0）及膨胀量（ε_g）如表 6-22。

表 6-22　混凝土弹模、极限拉伸、膨胀量

混凝土龄期（d）	1	2	3	7	28	90	180	360
E（GPa）	1.1	3.6	9.1	14.8	22.7	24.4	25.2	26.1
ε_0（$\times 10^{-6}$）			51	69	76	·		
ε_g（$\times 10^{-6}$）	0	120	170	180	182	182	182	182

由式（5-40）得基岩弹性模量为 10GPa 及 15GPa。试块长度分别为 30m、50m、80m 时的基础约束系数 R 如表 6-23 及 6-24。

表 6-23　基岩弹模 10GPa 时的基础约束系数

L(m)	H/L	E'(GPa)	\multicolumn{8}{c}{R 混凝土龄期(d)}

L(m)	H/L	E'(GPa)	1	2	3	7	28	90	180	360
30	0.83	10	0.93	0.81	0.63	0.52	0.42	0.42	0.41	0.41
50	0.50	10	0.93	0.81	0.63	0.52	0.43	0.42	0.41	0.41
80	0.31	10	0.93	0.81	0.64	0.53	0.55	0.42	0.42	0.41

表 6-24　基岩弹模 15GPa 时的基础约束系数

L(m)	$\dfrac{H}{L}$	E'(GPa)	1	2	3	7	28	90	180	360
30	0.83	15	0.95	0.86	0.71	0.61	0.52	0.50	0.49	0.49
50	0.50	15	0.95	0.86	0.71	0.61	0.52	0.51	0.50	0.49
80	0.31	15	0.96	0.87	0.72	0.62	0.52	0.51	0.50	0.50

由表 6-23 及 6-24 可见，试块的长度由 30m 加长到 80m，R 值增加很小，对确定的 E/E' 而言，约束系数是随 H/L 变化的。虽然试块长度由 30m 增大到 80m，但长宽比却变化不大。根据电算分析，只有当 H/L 在 0.3 以下，R 值才有明显增长，因此试块的长度采用 81m，从基础约束的角度来看，不是主要问题。

在紧水滩上游围堰的具体条件下,通过等约束方程求不同坝块尺寸及基岩弹性模量的相应钢筋约束试验的配筋率。如表6-25、表6-26。再由配筋率通过第五章的图5-12、图5-13查得基础约束预压应力。可见,早期(3d)有预压应力0.30~0.35MPa,28d龄期仍保持0.22MPa。但是坝块的长度由30m增加到80m,预压应力值却增加很小,与上述约束系数变化不大是一致的。

表6-25 基岩弹模10GPa的配筋率表

$L(m)$	$\dfrac{H}{L}$	$E(GPa)$	$E'(GPa)$	$E_s(GPa)$	$\dfrac{E}{E'}$	K_L	$v(\%)$
30	0.83	5.3	10.0	210	0.53	0.83	5.7
50	0.50	5.3	10.0	210	0.53	0.82	5.8
80	0.31	5.3	10.0	210	0.53	0.81	5.9

表6-26 基岩弹模15GPa的配筋率

$L(m)$	$\dfrac{H}{L}$	$E(GPa)$	$E'(GPa)$	$E_s(GPa)$	$\dfrac{E}{E'}$	K_L	$v(\%)$
30	0.83	5.3	15.0	210	0.35	0.96	7.4
50	0.50	5.3	15.0	210	0.35	0.95	7.5
80	0.31	5.3	15.0	210	0.35	0.94	7.6

(三)基础允许温差

混凝土重力坝设计规范中指出:当基础混凝土28d龄期的极限拉伸不低于0.85×10^{-4}时,对于施工质量均匀、良好,基础与混凝土的弹性模量相近,短间歇均匀上升的浇筑块,通仓长块的基础温差为14~16℃。

结合紧水滩上游拱围堰的具体情况与上述规范规定有下列几点差别:

1) 基岩弹性模量为10~15GPa,低于28d龄期的混凝土弹性模量。
2) 低热微膨胀水泥混凝土除本身强度外,还具有预压应力。
3) 相应紧水滩围堰的混凝土配比下,低热微膨胀水泥混凝土的极限拉伸值为0.76 10^{-4},低于规范值。

因此引用规范时,应作以下修正。根据基础允许温差的一般形式

$$\frac{(1-\mu)[\varepsilon_0]}{[R]\alpha K_P K_1}=(14\sim16)℃$$

则低热微膨胀水泥混凝土相应上述为

$$\frac{(1-\mu)}{R\alpha K_P K_1}\left(\varepsilon_0+\frac{\sigma_g}{E}\right)=[T]$$

式中 $[T]$——低热微膨胀水泥混凝土紧水滩长块连续浇筑的允许温差;

$[\varepsilon_0]$——规范中采用的混凝土极限拉伸值;

ε_0——低热微膨胀水泥混凝土28d龄期的极限拉伸值;

R——紧水滩长块连续浇筑的基础约束系数;

$[R]$——规范中采用的基础约束系数(0.62);

E——低热微膨胀水泥混凝土28d龄期的弹性模量;

ε_g——低热微膨胀水泥混凝土紧水滩长块连续浇筑 28d 龄期保持的预压应力;

K_1——安全系数。

比较上述两式,则得低热微膨胀水泥混凝土在紧水滩连续浇筑的基础允许温差,基岩弹性模量为 15.0GPa 的情况下:

$$[T] = (14-16)\frac{[R]}{R[\varepsilon_0]}\left(\varepsilon_0 + \frac{\sigma_g}{E}\right) = (17\sim20)℃$$

基岩弹性模量为 10.0GPa 的情况下:

$$[T] = (19\sim22)℃$$

可见,预计可能发生的基础温差小于允许值,即

$$T < [T]$$

表示在一般情况下,不会发生基础贯穿裂缝。

反之,如果是采用低热硅酸盐水泥混凝土,预计试块最高温度将为 32.3℃,则有基础温差:

$$[T] = 32.3 - 9.8 = 22.5℃ > (14\sim16)℃$$

超过规范规定的允许值,必须采取辅助措施。

(四) 内外温差气温骤降的分析

气温年变化在试块内形成的内外温差,在紧水滩围堰的具体条件下,引起的拉应力不大。因为试块是 12 月份浇筑,混凝土处在最大内外温差状态下硬化;另外由于结构单薄,内部温度很快下降,中心与表面不会构成很大的降温差。

关于气温骤降,根据已有工程实践表明,一般宽为 20m 的坝块,当遭受日平均气温 2~5d 内下降 6~8℃时,将出现表面裂缝。而坝块长度增加,裂缝条数增多,81m 长块有可能出现 4 条以上。由紧水滩地区的气温资料统计,21 年内所发生日平均气温在 2~5d 内下降 7.0℃以上的次数如表 6-19。平均每月有气温骤降 1~2 次,最多在一个月里出现 4 次,最大的骤降幅度为 18.5℃,可见紧水滩工地气温骤降频繁,幅度也大,即使低热微膨胀水泥混凝土的早期强度高,又具有预压应力,但发生表面裂缝的可能性仍然很大,必须采取表面保护措施。

表 6-27　21 年内气温骤降统计表

月　　份	12	1	2	3
21 年内气温骤降总发生次数	41	29	26	32
月平均次数	2.0	1.4	1.2	1.5

综合上述温差分析,表明在紧水滩上游围堰,采用低热微膨胀水泥混凝土进行长块连续浇筑,不会出现基础贯穿裂缝,如果又能认真及时地进行表面保护,发生表面裂缝的可能性也将大大减少,因此从温度控制的角度分析,这一方案是安全可行的。

在满足基础温差控制要求的前提下,对低热微膨胀水泥混凝土来说,高块连续浇筑更能显示其优越性。这是由于①低热的效果得到充分利用;②微膨胀预压应力不因层次相互结束而减少。用电算得低热微膨胀水泥混凝土与低热硅酸盐水泥混凝土(水泥用量相同),同时浇筑高 10.5m,宽 30m 的基础坝块,每次浇筑层厚 1.5m,间歇期分 1、3、7d 三种

情况的应力差(表 6-28),可见间歇期愈短,低热微膨胀水泥混凝土的削减的基础温度应力愈大。

表 6-28　不同间歇期可减少的基础温度应力

间 歇 期 (d)	减少的基础温度应力(MPa)
1	0.93
2	0.61
3	0.50

因此在紧水滩上游围堰,应用低热微膨胀水泥混凝土进行长块连续浇筑,即满足了施工进度的要求,又充分体现低热微膨胀水泥的优越性。

二、横缝开合度的分析

应用低热微膨胀水泥混凝土浇筑紧水滩上游围堰,另一重要目的是取消横缝灌浆,即希望横缝不拉开,或拉开很小在挡水后能自动闭合。

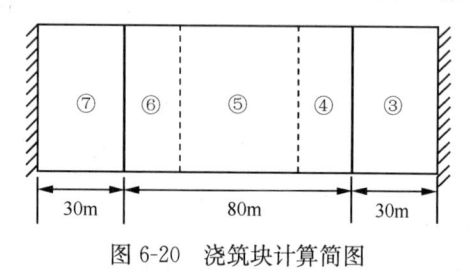

分析横缝的开合度,主要考虑围堰中部以上。下部受基础约束,一般张开度很小,因此取计算简图如图 6-20 所示。

补偿收缩变形由钢筋约束试验测定。根据式(5-40)得(测得约束 $K_L=1.0$):

$$v = \frac{E'}{K_L E_s} = \frac{22.7}{210} = 11\%$$

图 6-20　浇筑块计算简图

由第五章图 5-12,图 5-13 可见,配筋率达 7% 以后,预压应力及限制膨胀基本为常数,不再随配筋率的增加而增加。因此从等约束力方程得出的 v 值大于 7% 者,均可按配筋率为 7% 进行试验。从而得试块在龄期 3~28d 间,有预压应力 0.40~0.25MPa,限制膨胀 10~7×10^{-6}。补偿收缩变形为:

$$\varepsilon_{gm} = \varepsilon_{g\sigma} + \varepsilon'_{gm} = (10 \sim 7) \times 10^{-6} + \frac{0.40 \sim 0.25}{E}$$

其变化过程如图 6-21 所示。

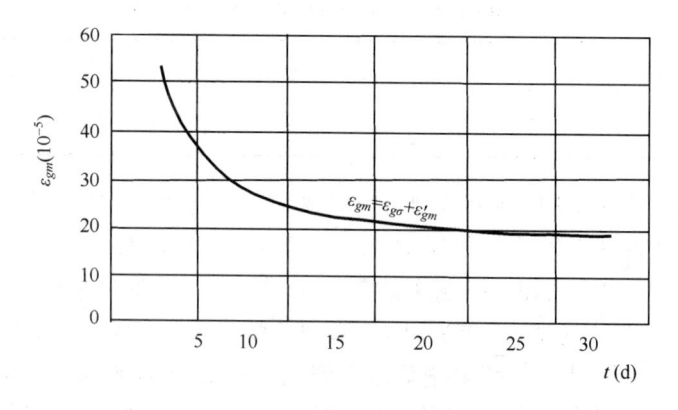

图 6-21　补偿收缩变形与混凝土龄期关系曲线

可见,缝面补偿收缩变形在随龄期增加而迅速减少,这一则由于徐变的作用,更主要的是混凝土弹性模量早期不断增长,使预压弹性变形损失很快,特别是在龄期 10d 以前减少更快(见图 6-21)。因此,补偿收缩变形的有效利用,与坝体降温的时间与速度有密切关系。

紧水滩围堰结构单薄,降温较快,由电算得其中部降温过程如图 6-22 所示。

另外,混凝土水化热温升也是体积变形,同样有补偿收缩作用,由于试块是连续浇筑,直接接近绝热温升,又基本与膨胀发生的时间相一致,可以认为两种体积变形有相同的补偿作用,即认为

$$\varepsilon_{Tm} = \varepsilon_{gm}$$

因此补偿降温量

$$\Delta T_{gT} = \frac{2\varepsilon_{gm}}{\alpha}$$

用图解如图 6-22 所示。

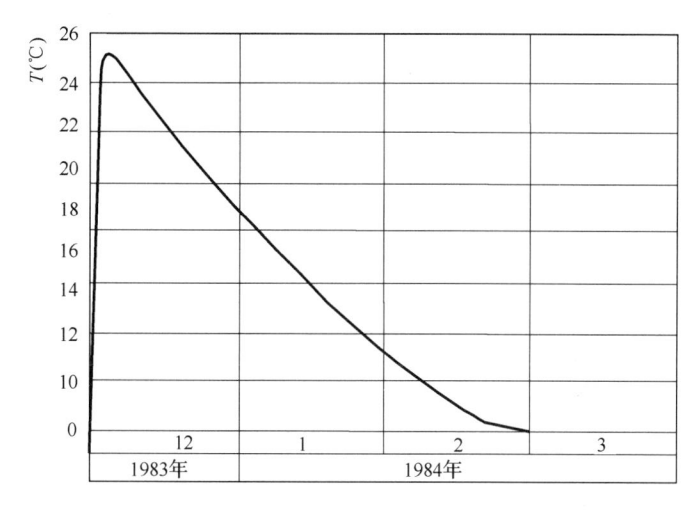

图 6-22 围堰中部电算降温过程线

在 1983 年 12 月 20 日有:

$$2\varepsilon_{gm} - \alpha \Delta T_{gT} = 0$$
$$\alpha \Delta T_{gT} = 4.0 ℃$$

而以后试块连续降温,横缝将逐渐拉开。因此建议在试块中仍保持原设计布置的灌浆管,以作备用。另外若果把试块浇筑推迟到 1984 年 1 月进行,横缝将不会拉开或拉开很小,在允许范围以内,因为从图 6-22 可见,1984 年 1 月~2 月试块中心约降温 4~5℃,3 月份气温开始回升,缝面就转拉为压了。图 6-23 为 1983 年 12 月 3 日开始浇筑,横缝相对开裂度与时间的关系曲线。

三、原型观测成果

根据上述分析和工地实际情况,试验块选择的浇筑时间是 1984 年 1 月 19 日~31 日,采用滑升模板连续浇筑 10m,浇筑混凝土 5100m³,平均入仓温度 6.0℃。

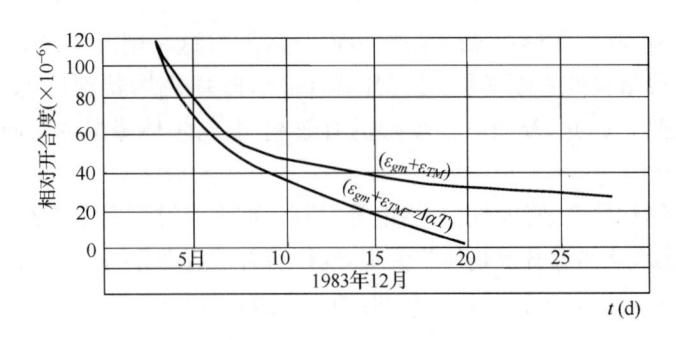

图 6-23 横缝相对开合度与时间关系曲线

为测量试验块及整个拱围堰的应力、变形和温度情况,以及混凝土低热和补偿收缩的实际效果,埋设各种观测仪器 87 只,观测的重点是 81m 长块,包括项目有:

1) 基础部位的温度与应力;
2) 表面的温度与应力;
3) 缝面预压应力及开合度;
4) 温度场;
5) 基础填塘的裂缝状态。

(一) 试坝的最高温度

实测试块最高温度为 24.2℃,发生在浇筑完成后的第二天,1/5 的高度处,水化热温升(水泥用量 216kg/m³)为:

$$24.2 - 6.0 = 18.2℃$$

其值接近于混凝土绝热温升,对长块连续浇筑来说,和一般概念相一致。在温差分析中,曾预计最高温度为 25.3℃,比实测值高出 1.1℃,这由于浇筑时间由 12 月推迟到 1 月,入仓温度比预计的低 1.3℃。

(二) 混凝土的膨胀量(自生体积变形)

试块内埋设仪器 4 只不过无应力计,其实测值如表 6-29。①膨胀主要发生在龄期 4d 以内(基准值为 1d),以后保持为常量且不收缩;②预计的膨胀值比实测值低 1/4,试块实测的平均值为 $227×10^{-6}$;③其他坝段浇筑的普通硅酸盐水泥混凝土为收缩的。

表 6-29 实测两种混凝土膨胀量比较表

仪器编号	混凝土品种	膨胀量($×10^{-6}$)
N_2	低热微膨胀水泥混凝土	230
N_3	低热微膨胀水泥混凝土	250
N_4	低热微膨胀水泥混凝土	254
N_5	低热微膨胀水泥混凝土	175
N_8	普通硅酸盐水泥混凝土	−20
N_9	普通硅酸盐水泥混凝土	−32

(三) 温差与变形

试块实测内外温差与相应应力-应变过程线如图 6-24 及图 6-25。最大内外温差为 13℃，发生在浇后不久，这时由于混凝土还处于硬化阶段，产生的应力很小，以后随试块中心温度下降及气温回升，内外温差在减小。夏季表面温度升高，内外温差为负，中心压应变减少，表面压应变增加；冬季呈相反趋势，但变化的幅度都不大，正如试验设计论证中所述，由于拱围堰厚度较薄，气温年变化在试块构成内外温差的影响可不考虑。

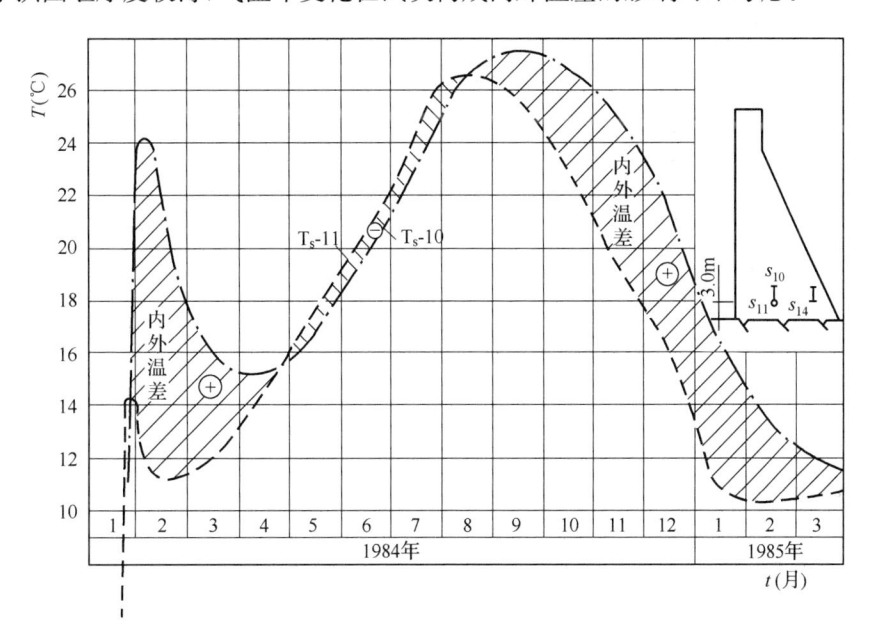

图 6-24 内外温差变化过程线

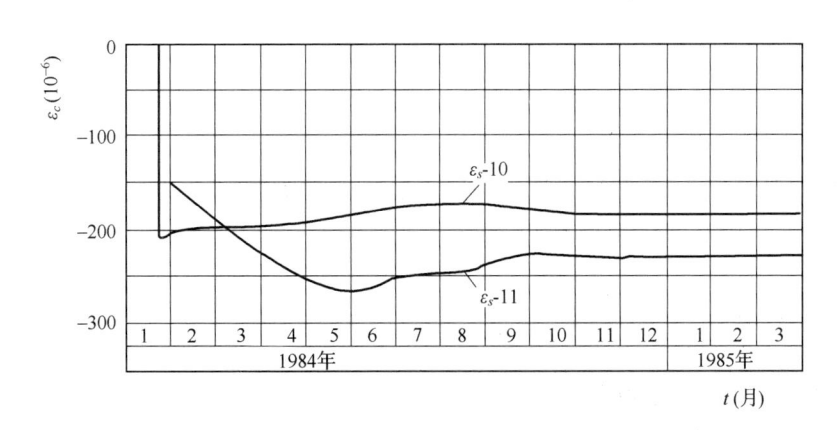

图 6-25 试块基础部位竖向应力-应变过程线

实测试块基础中心温度最高 24.2℃，至 1985 年 2 月降至 11.2℃，由于厚度薄，预计已达最低温度，则实际基础温差为

$$24.2 - 11.2 = 13.0℃$$

小于允许值，同时比预计基础温差低 2.5℃，这是由于算得的试块基础中心温度偏

低。另外由图 6-26 可见,在基础温度变化过程中,应力、应变始终保持负值,即使以 7d 龄期为零

$$\varepsilon_\sigma + \varepsilon_P = 55 \times 10^{-6}$$

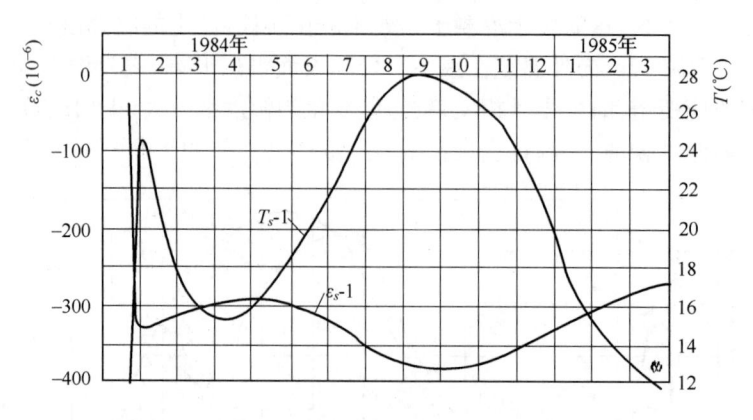

图 6-26 试块基础部位中心点轴向应力-应变过程线

远远小于它的慢荷载作用下的极限拉伸值,不会发生基础贯穿裂缝。这一实际效果是由于混凝土低热及微膨胀补偿收缩的共同作用。

(四)预压应力及其补偿作用

由埋设在试块两端模缝上的日本应力计实测:预压应力最大分别为 0.64MPa 及 0.65MPa。它和最高温度一样,均发生在混凝土浇筑完毕的第 2 天,此预压应力是混凝土的膨胀及水化热温升共同引起的,需要进行分离。

由于低热微膨胀水泥混凝土的膨胀主要发生在龄期 4d 以内,其后的预压应力可认为单纯由温升引起的。4d 龄期以前,两只应力计测值均为 0.45MPa,是由膨胀(220×10^{-6})及温升 8.0℃ 共同作用的结果。由于这两种体积变形分布规律基本相似,又受到相同约束,从而分离得膨胀预压应力为 0.33MPa。

预压应力的补偿作用,同样可由实际观测中得到。当试块中心温度为 24.1℃ 时,相应预压应力为 0.65MPa,随温度不断下降,预压应力在减小,直至中心温度下降到 20.4℃,应力计测值为零,在这一时段相邻坝段中心温度也下降 1.0℃。因此,影响缝面应力的两个坝段中心共降温

$$(24.1 - 20.4) + 1.0 = 4.7℃$$

则单位预压应力补偿的降温量为

$$4.7/0.65 = 7.2℃/MPa$$

从而知 0.33MPa 的膨胀预压应力可补偿 2.3℃ 的降温。

当从缝面降温的角度检验补偿收缩的效果,也是一样的。预压应力降为零时,缝面温度下降 2.4℃,由于接触面上两块降温相等,试块和边块的降温共有 4.8℃,同样得膨胀补偿 2.3℃ 的降温。

(五)缝面粘结强度与张开度

当试块中心温度由 24.1℃ 降到 20.4℃ 时,预压应力已降至为零,但测缝计的读数尚

为负值,表示缝面为闭合。而在试块中心温度继续下降到18.1℃和相邻坝段中心温度下降0.6℃后,缝面才被拉开,这表明缝面粘结强度抵抗了2.9℃的降温[(20.4－18.1)＋0.6＝2.9℃]。按上述实测单位预压应力的补偿降温量,推算得缝面的粘结强度为:2.9/7.2＝0.41MPa。

1984年2月,外界气温达到最低,试块中心温度下降到14℃,相应缝面张开度为0.2mm,由于其值很小及挡水后拱的变形作用和低热微膨胀水泥混凝土遇水膨胀量的恢复,未发现漏水现象,表示缝面的张开度在允许范围以内。

(六) 表层预压应力

低热微膨胀水泥混凝土受约束产生的预压应力,不仅存在于坝体内部,也存在于表层。表层的预压可以相对提高坝块抗御气温骤降的能力,减少表面裂缝的发生。

在试块中心附近,埋设两组表层应变计,距表面5cm处的应变计测得:一只最大预压应变为-233×10^{-6};另只为-220×10^{-6}。两只变化规律一致并基本相重合,在2月份气温下降到1～2℃,仍有-190×10^{-6}的预压变形(详见图6-27)。因此表6-22所列的气温骤降,81m长块坝段没有发生表面裂缝。

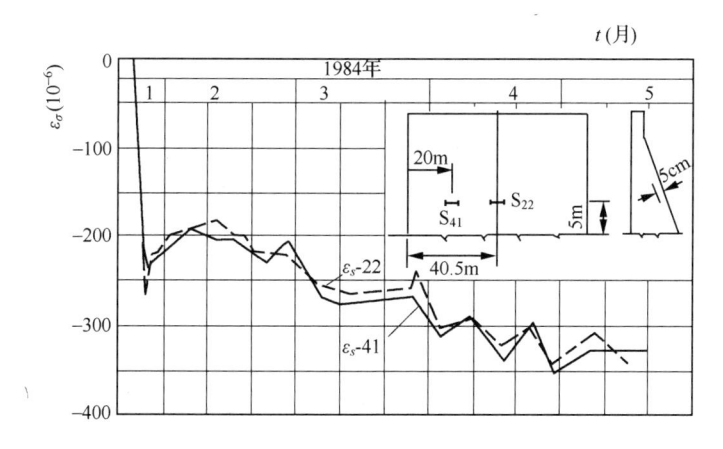

图6-27 距试块表面5cm处的应力-应变过程线

表6-30 实测气温骤降统计表

月 份	气温骤降次数	气温骤降幅度(℃)			
		1	2	3	4
1984年1月	2	9.1	6.0		
2月	1	9.9			
3月	4	6.6	11.1	6.5	8.5
4月	2	9.4	8.4		

(七) 表面保护的效果

对坝体进行表面保护,在于减少和缓和气温骤降的冲击,改善坝体表层的降温梯度及内外温差,防止发生表面裂缝。紧水滩地区气温骤降频繁,幅度也大,尤其是81m长块浇筑,发生表面裂缝的可能性很大。试块采用喷射厚度为 2~3cm 的珍珠岩水泥作表面保护,使热交换系数由一般的 20×100×4.1868J/(m·h·℃),降至 4×1000×4.1868J/(m·h·℃),效果良好。以 1984 年 2 月 22 日~25 日的一次气温骤降为例,日平均气温在 3d 内下降 9.9℃,则试验块距表面 5cm 深处,仅下降 1.0℃,由电算及相邻坝段实测可知,在没有保温的条件下,将要下降 5.2℃。可见保温使坝块表层降温的幅度显著减少。

(八)钢筋计的应力

在基础填塘混凝土中,由于施工条件等原因发生了裂缝,会不会向上发展进入到试验块,是人们极为关注的问题。为防止裂缝发展,在塘顶跨缝铺设了两层 L3000@200ϕ25mm 的钢筋,并埋设钢筋计观测裂缝的状态。

已有工程的实践表明,发生在基础部位的裂缝,即使采用钢筋处理,多数还要向上发展,有的绕过钢筋,有的直接向上延伸。但在裂缝顶部浇筑低热微膨胀水泥混凝土,受钢筋及老混凝土限制,形成一层预压层,改变了缝端应力状态,阻止裂缝继续发展。所埋两只钢筋计的实测应力一直处于受压状态(见图 6-28),表明了低热微膨胀水泥混凝土具有防止裂缝的发展作用。

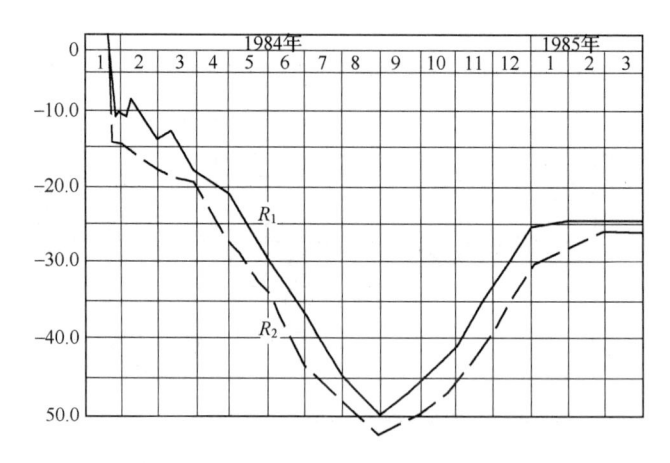

图 6-28 试块基础填塘钢筋计实测应力过程线

紧水滩水电站拱围堰河床段 81m 长浇筑块于 1984 年 1 月 19 日开始浇筑,3 月初浇筑完工,最大堰高 26.5m,长块高 20m,因春节放假分两次滑升到顶,净浇筑期 20 天,工程质量优良。81m 长块设计施工中充分利用低热微膨胀水泥混凝土的低热和微膨胀特性,取消了硅酸盐水泥浇筑拱坝的冷却,灌浆封拱工序,收到简化温控,缩短工程建设周期 4/5,节约成本(对比普通硅酸盐水泥仅横缝灌浆节省 350m²,水平施工缝处理、保温各节省 2400m²,立模面积减少 3671m²、木材节约 37m³)。特别是它为工程枯水期争取了近 3 个月的建设时间,使紧水滩水电站主体大坝工程实现提前一年开工,提前一年发电。

从原型观测资料,低热微膨胀水泥膨胀量为 $220×10^{-6}$,膨胀发生在混凝土浇筑后的前 5d,压应力计显示预压应力为 0.33MPa。堰体中心水化热温升,基本等同混凝土的绝热温升,单位水泥用量 216kg/m³ 的低热微膨胀水泥混凝土与同标号低热硅酸盐水泥混凝土相比,绝热温升低 7℃。测缝计反映 81m 长块与两侧缝面情况为:右侧长期处于闭合状态,左侧时闭时张。从浇后两年多时间内部观测看,气温上升,横缝闭合,气温下降,横缝张开。横缝虽未进行灌浆,但拱坝挡水后,受水压作用拱的变形与低热微膨胀水泥遇水膨胀量的恢复,两边横缝间不漏水。

第四节　鲁布革水电站导流洞混凝土堵头工程整体设计优质快速施工

一、概述

鲁布格水电站国家计划1989年一季度第一台机组发电,按此计划,1988年11月中旬导流洞下闸封堵,下闸后4个月为堵头施工时间。

由于日本大成公司承建的引水土建工程有把握提前到1988年8月份竣工,厂房土建工程和机电安装进展迅速,亦可望提前完工,在此形势下上级要求鲁布格水电站提前一个季度,即1988年底第一台机组并网发电。

根据当时首部枢纽施工进度,1988年9月底或10月初导流洞具备下闸条件。根据导流洞结构设计原则,导流洞进口和大坝帷幕线之间洞段衬砌不能承受发电水位的荷载,必须以导流洞混凝土堵头挡水,而第一台机组发电以前,还必须完成水库蓄水、引水隧洞充水试验,和机组试运转等工作。据详细施工进度安排,导流洞混凝土堵头施工,包括混凝土浇筑、堵头冷却和回填灌浆等仅给施工工期45～50d。按原设计,采用低热硅酸盐水泥混凝土,工程建设周期5个月。在这样短的时间内完成混凝土堵头,国内外无前例,如澳大利亚20世纪80年代施工的皮尔曼8m洞径隧洞堵头,灌浆前的冷却时间就化费2个月的时间(总工期4个半月),多国外国专家(SMEC公司)经研究,亦感到难以实现。水工补偿收缩混凝土建坝试验组于1988年6月接收该项任务,同年8月提出采用水工补偿Ⅱ型低热微膨胀水泥生产配方并请略阳水泥厂生产,9月进行混凝土堵头温控设计,并和水电十四局和昆明院一道进行混凝土强度、凝结时间、流动性等试验,10月2日正式开始浇筑,30日浇筑完毕,总工期28天,净浇筑工期13天。不仅保证水电站按期、提前发电,并创提前发电效益7.398亿元。经3年运行考验,堵头质量良好,Ⅱ型低热微膨胀水泥混凝土与岩石结合紧密,无缝隙渗水,创国内外混凝土堵头整体设计、高块连续浇筑,混凝土与侧壁岩石间不进行灌浆的新发明。

影响导流洞堵头不能优质快速施工,主要是混凝土浇筑后不能与四周岩壁连成整体,需要进行冷却、灌浆再处理。而破坏堵头块与岩体相结合的载荷,又主要来自混凝土的体积收缩(包括混凝土的降温与自生体积收缩)产生的拉应力。如果采用目前筑坝常规设计及常用的中热硅酸盐或低热硅酸盐水泥混凝土,显然是无法实现的。然而,用于浇筑堵头、低热微膨胀水泥混凝土却具有较大幅度减少和补偿这一拉应力的能力,正是发挥其特长。因此,我们建议在鲁布格堵头工程中,采用低热微膨胀水泥Ⅱ型混凝土连续浇筑,既可以实现快速施工,又能够确保在简单温度控制条件下,使堵头与岩壁连成整体,为隧洞充水提前发电赢得时间。

低热微膨胀水泥混凝土,具有最低的绝热温升,优越的补偿收缩能、早期强度高和抗渗、抗裂等性能好的特点。用来浇筑水泥用量多、散热条件差、具有高强约束而温度应力特别突出的混凝土结构和部位、更能显示其优越性。因为在这种条件下低热与膨胀的作用,都能得到充分发挥和利用,堵头工程就是这一类型。

根据低热微膨胀水泥混凝土性能和鲁布革堵头工程特点,我们曾建议采用整体设计一次性连续浇筑施工至工程完工。但由于立模和水泥供应等问题,最后决定分1.5、3.0、5.5、6.5m四层浇筑。本文针对工地实施方案进行了仿真计算和原型观测成果加以对比分析,以实际说明应用低热微膨胀水泥混凝土浇筑堵头的效果,和取得成功的原因。

图6-29 鲁布革水电站导流洞

二、堵头结构与施工情况

鲁布格导流洞总长786.33m,堵头块位于标号0+349～0+372之间,共长23m,分两段填堵。第一段长13m(坐标号0+349～0+362),于1988年10月2日开始应用低热微膨胀水泥混凝土浇筑。

堵头断面呈辕门状(图6-30),底宽16m(包括左右侧齿槽各2m);洞底高程为1049.55m,拱顶高程为1066.55m,共有高度17.0m)。

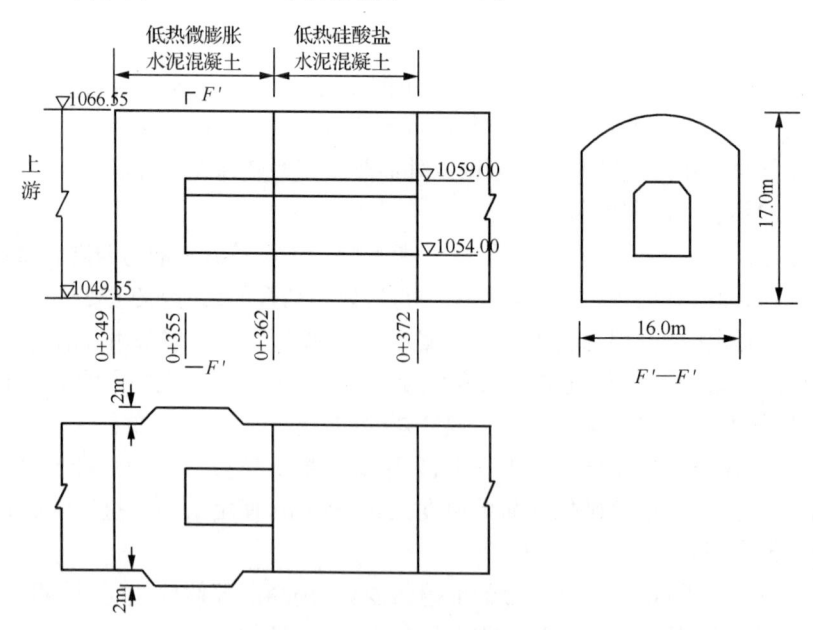

图6-30 导流洞堵头工程平面图

导流洞堵头内没有廊道(见图6-30),从标号0+355开始通向下游,在第一段堵头内伸进7m深。

整个堵头回填实际分五层浇筑(包括顶部砂浆层),前四层均采角低热微膨胀水泥混凝土,水泥用量为260kg/m³。由于水泥数量不足,顶层实际采用42.5号低热硅酸盐水泥砂浆浇灌,水泥用量为747.5kg/m³。各层具体浇筑时间、水泥品种与用量、层厚如下表6-31示。混凝土浇筑采用泵送、二级配。

表6-31 水泥品种、用量、层厚及各层浇筑时间表

层 次	层厚(m)	水泥品种	水泥用量(kg/m³)	浇筑时间
1	1.5	低热微膨胀	260	1988.10.2～3
2	3.0	—	—	10.7～8
3	5.5	—	—	10.16～18
4	6.0	—	—	10.25～30
5	1.0	低热硅酸盐水泥	747.5	10.31

三、基本资料

在鲁布格堵头回填混凝土的膨胀预压应力、温度场应力场及原型观测资料整理分析中,所用资料是根据十四局科研所的现场试验和长江科学院室内试验成果确定的,分叙如下:

(一)混凝土的自生体积变形

在预压应力计算中,所用混凝土的自生体积变形及其增长规律,是根据历来室内试验及考虑到专门为鲁布格堵头工程生产的这批水泥,膨胀期有所延长后确定的,其值如表6-32。

表6-32 各龄期混凝土的膨胀量

混凝土龄期(d)	1	2	3	4	5	7	10	15	28
膨胀量($\times 10^{-6}$)	0	142	258	280	288	296	303	310	310

(二)混凝土绝热温升

不论是低热微膨胀水泥或低热硅酸盐水泥,水化热都比较稳定,在这方面资料较多,鲁布格堵头工程,虽然没有进行这方面的试验,参考过去取值如表6-33。

表6-33 两种水泥混凝土绝热温升

水泥品种	水泥用量(kg/m³)	绝热温升(℃)								
		1d	2d	3d	4d	5d	7d	10d	14d	28d
低热微膨胀	260	5.30	11.51	16.15	18.97	20.44	21.30	22.07	22.41	22.41
	747.5	15.24	33.09	46.43	54.54	58.77	61.24	63.45	64.43	64.43
低热硅酸盐	260	10.14	14.83	18.47	21.19	23.43	26.65	29.37	30.28	31.03
	747.5	29.15	42.64	53.10	60.92	67.48	76.62	84.44	87.05	89.21

(三) 混凝土弹性模量

低热微膨胀水泥混凝土及砂浆的弹性模量,是根据工地提供的 28 天混凝土弹模值 (26.0GPa),结合室内预压应力试验测得的早期弹模规律确定的,列于表 6-34。

表 6-34 混凝土、砂浆弹性模量

混凝土龄期(d)	1	2	3	4	5	7	14	28	60
混凝土弹性模量(GPa)	2.2	5.56	10.13	14.70	17.75	21.16	25.10	26.00	26.90
砂浆弹性模量(GPa)	1.76	4.49	8.10	11.76	14.20	16.93	20.08	20.80	21.52

(四) 水管布置与通水

冷却水管布置沿高度每米一层,每层 5 根,各层混凝土浇筑完成后即开始通河水,整个堵头回填完毕后一个月结束通水,通水水温为 17.0℃。

(五) 介质温度

洞内气温　　　　　17.0℃
混凝土浇筑温度　　17.0℃
岩体温度　　　　　17.0℃

(六) 混凝土徐变

鲁布格堵头混凝土没有进行专门的徐变变形试验,但膨胀预压应力、温度应力,及原型观测资料整理,都需要这一资料。我们是参考过去几次低热微膨胀水泥混凝土徐变试验成果,按水泥用量不同插补得到的。

(七) 其他

岩体的弹性模量　　　　　10.0GPa
混凝土泊松比　　　　　　1/6
岩石的泊松比　　　　　　0.20
混凝土与岩石线胀系数　　10×10^{-6}
混凝土与岩石容重　　　　2.45t/m³
混凝土导温系数　　　　　0.123 m²/d

需要说明,由于计算工作是堵头浇筑前进行的,在计算中第五层为低热微膨胀水泥混凝土。而浇筑过程中,由于水泥量不足,该层实际是采用低热硅酸盐水泥混凝土。

四、温度场与预压、温度应力计算

按上述所给混凝土材料的热学性能、施工过程、通水冷却和边界条件,对堵头块应用低热微膨胀水泥混凝土浇筑的温度场及膨胀预压、温度徐变应力进行了仿真计算;同时与矿渣水泥混凝土浇筑情况下的温度场进行了对比;对通水冷却效果也作了分析计算。

(一) 温度场

堵头是分层浇筑的。各层之厚、水泥用量、间歇期与通水情况如上述。堵头内温度随坐标与时间变化,而总是以中心剖面(图 6-31 中 1-1 剖面)为最大。以此剖面为代表,对其温度场进行分析与对比,从中得出下列认识与规律。

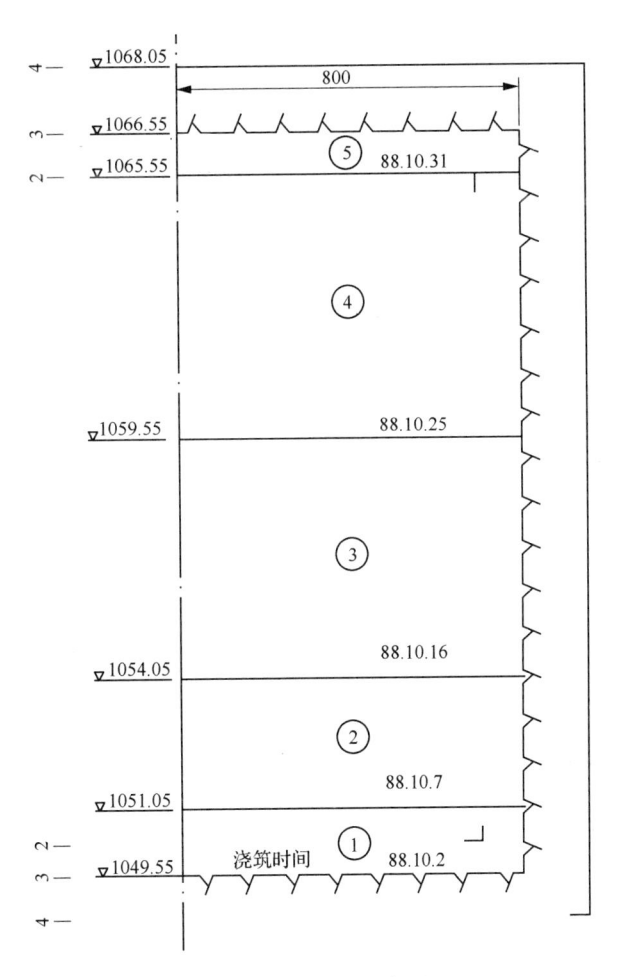

图 6-31 浇筑层示意图

(1) 最高温度

最高温度值是表微温度场和可能产生的温度应力的一个重要特征和指标。利用低热微膨胀水泥混凝土浇筑堵头,最突出的优越性就是水化热温升低,能够减少块体最高温度。通过仿真计算得其温度场如图 6-32 示,而每层最高温度见表 6-35。

表 6-35 仿真计算每层最高温度表

层 次	层厚(m)	最高温度(℃)	水化温升(℃)
1	1.5	28.08	11.08
2	3.0	33.50	1.50
3	5.5	34.79	17.79
4	6.0	34.82	17.82
5	1.0	43.72	26.72

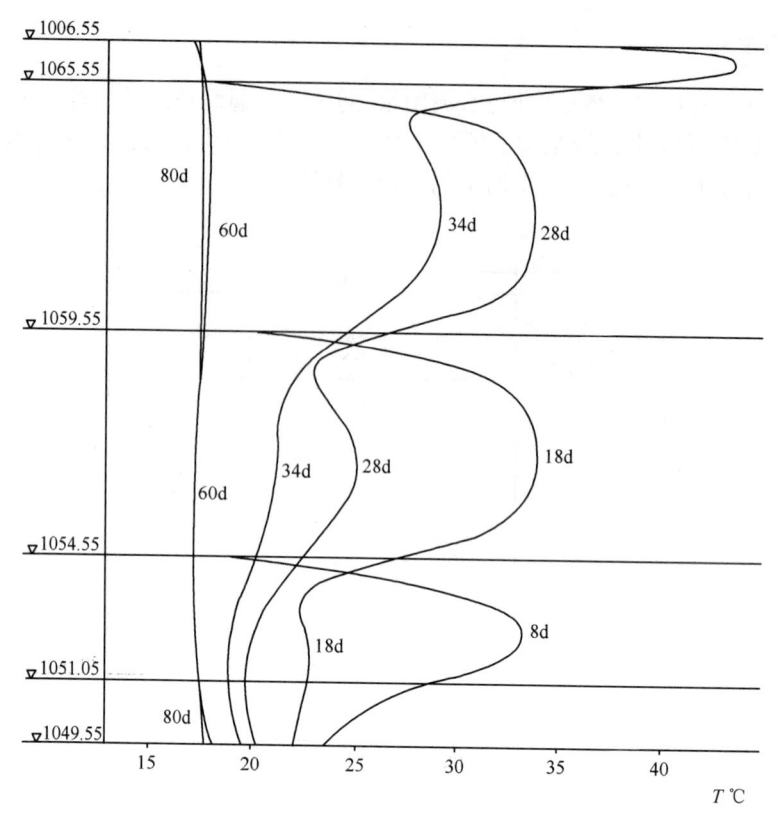

图 6-32 剖面温度分布图

其中顶层所以最高温度很高,是由于该层是采用高水泥用量($747kg/m^3$)砂浆浇灌的。不过其层厚不大,温度升高,却很快散失,影响是局部而短暂的。

(2) 到达稳定温度的时间

堵头是 10 月初开始浇筑,到规定发电时间只有 3 个月了,在此之前能否到达稳定温度,是人们又一关心问题。

计算结果表明,在周围介质与通水冷却作用下,堵头内部的温度下降是比较快的。底层由于通水时间较长,首先接近稳定温度(17℃);中部约在堵头开浇后 40d,也已基本被强迫冷却;60d 以后,整个坝头的温度已与岩体温度相一致了,在 60~80d 之间,温度的变化幅度只在±0.4℃范围以内。因此,可以认为堵头内的温度,从开浇后 60d(11 月底)已经到达了稳定(详见图 6-32、图 6-33)。

(3) 两种混凝土的最高温度对比

由于低热微膨胀水泥混凝土与矿渣水泥混凝土的绝热温升不同,用来浇筑堵头,就会有不同的温度场,最高温度是其衡量标志。从它的比较中,可以看到应用低热微膨胀水泥混凝土,浇筑鲁布格堵头,在温度方面带来的效果。

取鲁布格堵头,在 10 月初当分别采用相同配比和分层情况下的(不埋水管)两种混凝土浇筑,其最高温度对比表 6-36。可见,在鲁布格具体条件下,应用低热微膨胀水泥混凝土,可使最高温度减少 5~7℃,层厚愈大效果愈为显著,另外,因低热硅酸盐水泥混凝土

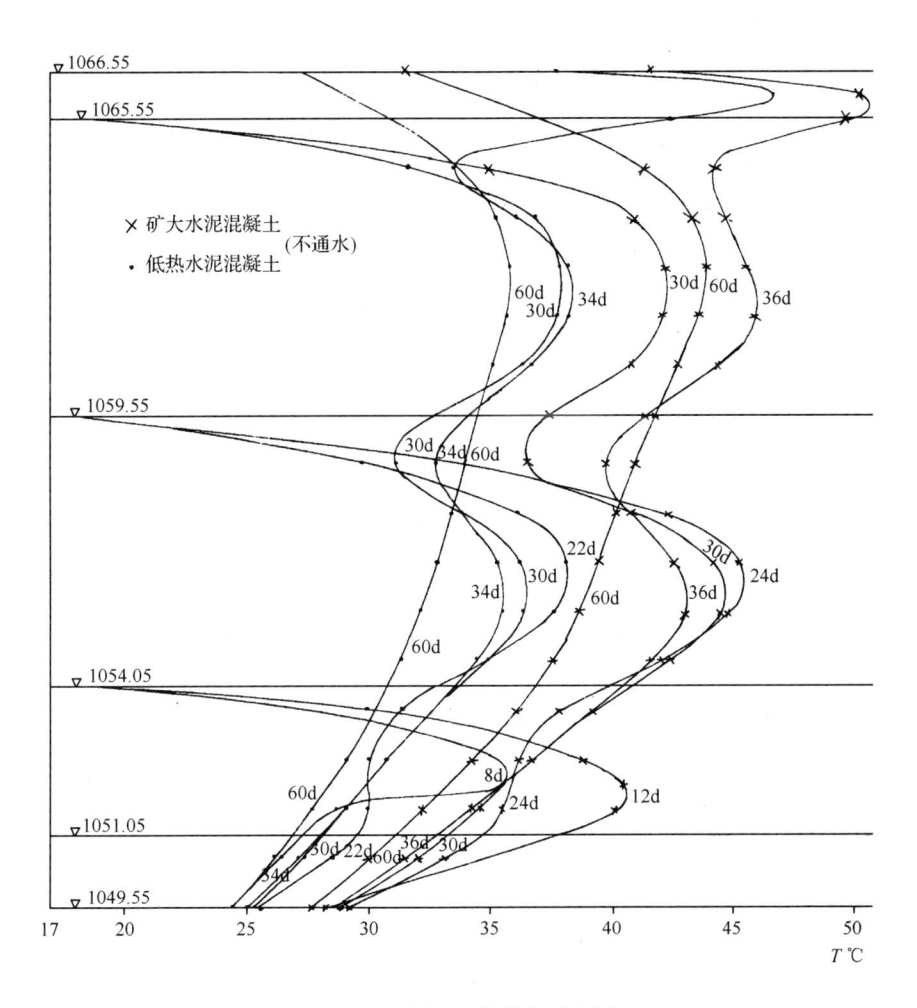

图 6-33 剖面温度分布对比图

发热相对较慢,最高温度的出现要滞后 2~4d;而第一层之所以达到最高温为浇后的 12~14d,其历时还大于第二层,是因为本身温度尚未明显下降,又继续受到上层温度影响的关系。

表 6-36 两种混凝土最高温度对比表

层次	层厚(m)	低热微膨胀水泥混凝土 最高温度(℃)	低热微膨胀水泥混凝土 发生时间(d)	低热硅酸盐水泥混凝土 最高温度(℃)	低热硅酸盐水泥混凝土 发生时间(d)	最高温度减少值(℃)
1	1.5	29.91	12	35.02	14	5.11
2	3.0	35.85	10	40.55	12	4.70
3	5.5	38.13	22	45.37	26	7.24
4	6.0	38.36	32	45.86	36	7.50
5	1.0	46.66	34	50.50	38	3.84

注 表中发生时间,均以堵头开浇起计。

(4) 通水冷却的效果

为了了解通水冷却效果,在上述堵头施工的具体条件下,对低热微膨胀水泥混凝土浇筑的有水管与无水管两种情况的温度场作了对比计算,从中可以看到埋设水管具有下列作用:

1) 削减了堵头内的最高温度,其值如表 6-37 所示。

表 6-37 堵头内最高温度削减计算值

层 次	层厚(m)	低热微膨胀水泥混凝土 不通水	低热微膨胀水泥混凝土 通水	削减最高温度值(℃)
1	1.5	29.91	28.08	1.83
2	3.0	35.85	33.50	2.35
3	5.5	38.13	34.79	3.34
4	6.0	38.36	34.82	3.54
5	1.0	46.66	43.73	2.93

另外,通水冷却还使最高温度提早 2～3d 出现。

2) 加快降温速度,促进堵头温度及早达到稳定状态,这是通水冷却的最主要作用。以第三层中心点降温过程为例,在不通水的自然散热条件下,堵头开浇后的 60d、该点温度仍具有 32.0℃。当采用通水措施时,其温度可降至 17.5℃,已经接近稳定(详见图 6-34)。

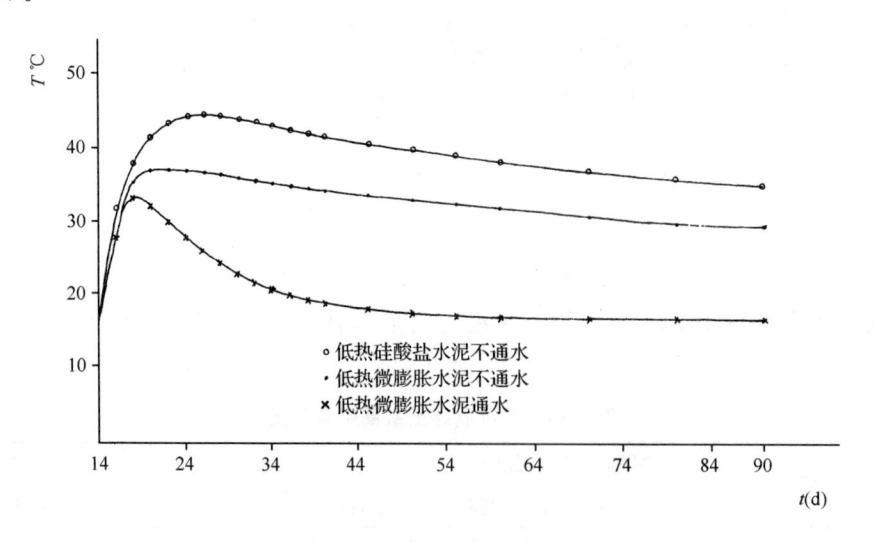

图 6-34 块内点温过程曲线

如果分时段统计通水冷却降温速度,如表 6-38 示。可见,在确定的冷却水温条件下,前阶段堵头内的温差愈小,冷却速度愈慢。

表 6-38 堵头各龄期的冷却速度

通水时混凝土龄期(d)	4～14	14～24	24～34	34～44
冷却速度(℃/d)	0.85	0.50	0.20	0.07

特别需要指出的是,前阶段通水冷却速度连 0.85℃/d,看来有些偏快,但对低热微膨胀水泥混凝土而言,由于混凝土的自生体积膨胀,结构内在早期已经蓄存了一定数量的预压应力,可以允许适当地提高通水冷却速度。在混凝土自生体积膨胀期间,只要混凝土自生体积变形膨胀值≥通水冷却混凝土收缩值,理论和实践均表明可实行连续冷却,这样既缩短了通水时间,又使蓄存的预压应力及时得到释放,发挥补偿收缩作用,而损失最小,这是Ⅱ型低热微膨胀水泥混凝土浇筑大体积混凝土又一突出优点,在鲁布革堵头工程应用中的实际体现。

(二)膨胀与温度应力

在挡水前,堵头内部的应力主要包括两个方面:一是混凝土自生体积膨胀受约束产生的预压应力;再就是块体及其周围介质温度变化引起的应力。两者都是体积变形带来的,在计算成果中,包括这两种因素和徐变共同作用的结果。

计算条件是完全按照实际应用材料的性质和施工过程进行的。按平面应变计算,采用二维四节点等参元、所得成果见图 6-35～图 6-40,从中可以突出地看到下列几点:

(1)最大预压应力

低热微膨胀水泥混凝土浇筑后,体积开始膨胀,膨胀受约束产生压应力,压应力值随令期不断增长,3～4d 即连到最大值,此后就逐渐减小,这是由于混凝土的膨胀与温升速度以浇后前 4d 为最大,以后虽仍具有部份膨胀和余热,其增长已小于通水冷却及徐变的共同影响,预压应力开始释放发挥着补偿收缩作用。

堵头内的预压应力,以中心剖面为最大,其中 1～4 层,为－1.22～－1.56MPa(详见表 6-39)而左右侧结合面上预压应力略小于中部(见图 6-36)。

表 6-39　鲁布革水电站导流洞堵头内的预压应力值

层　次	预压应力(MPa)	
	层最大值	层平均值
1	－1.22	－0.85
2	－1.54	－1.11
3	－1.50	－1.15
4	－1.56	－1.27
5	－2.55	－1.95

(2)最大拉应力

在通水冷却及环境温度的作用下,随着堵头内的温度不断下降、应力状态也由压转拉,到达稳定温度后,拉应力值为最大。然而,各层出现最大拉应力的时间是不同的,因为它们到达稳定温度的时间是不一致的;另外,第五层由于水泥用量很高,预压应力较大,即使整个堵头已降至稳定温度,仍然是受压的。

堵头内的拉应力同预压应力一样,也是以中部(对称面)为最大,沿高程分布见图 6-35,下表 6-40 给出各层最大拉应力及相应平均值。可见,整个堵头内最大拉应力值为 1.12MPa,位于第三浇筑层,混凝土龄期已 28d 以上,此值显然小于相同龄期的混凝土抗拉强度,堵头是不会发生裂缝的。

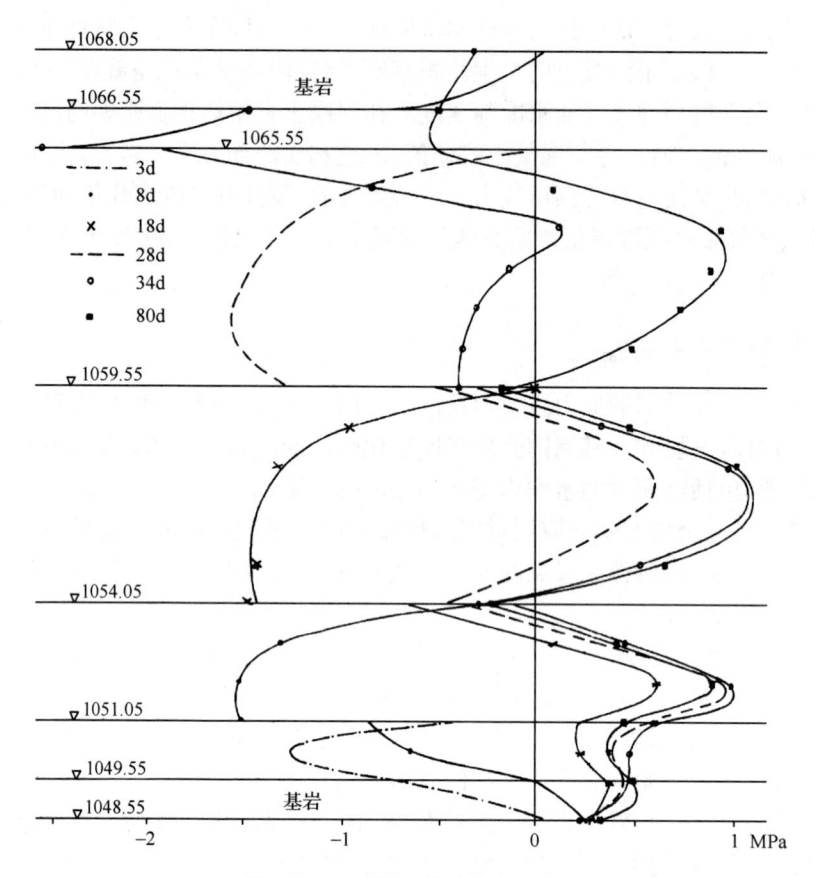

图 6-35　1-1 剖面水平徐变应力

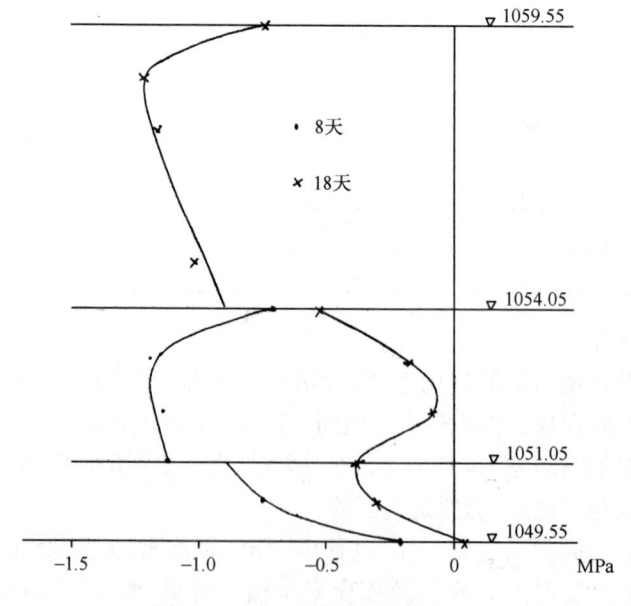

图 6-36　缝面早期法向徐变应力

表 6-40　堵头最大拉应力及相应平均值

层　次	对称面上的水平抗拉应力(MPa)	
	最大值	平　均　值
1	0.60	0.52
2	1.02	0.59
3	1.12	0.56
4	0.98	0.46
5	/	/

(3) 结合面上的拉应力

堵头块四周与岩体结合面上的拉应力值,是判断堵头是否能够与岩壁连成整体的依据。计算结果表明,当堵头内了下降到稳定温度以后、左右两侧结合面上的最大拉应力为0.35MPa,底部与顶部结合面上的最大拉应力分别为 0.25 及 0.05MPa(详见图 6-37、图 6-38、图 6-39、图 6-40),其值均很小。只要对洞体岩壁作适当处理,它与混凝土的粘结强度,都不会小于这一数值,因此用低热微膨胀水泥 II 型混凝土浇筑鲁布格堵头,两侧是不会拉开发生漏水的。

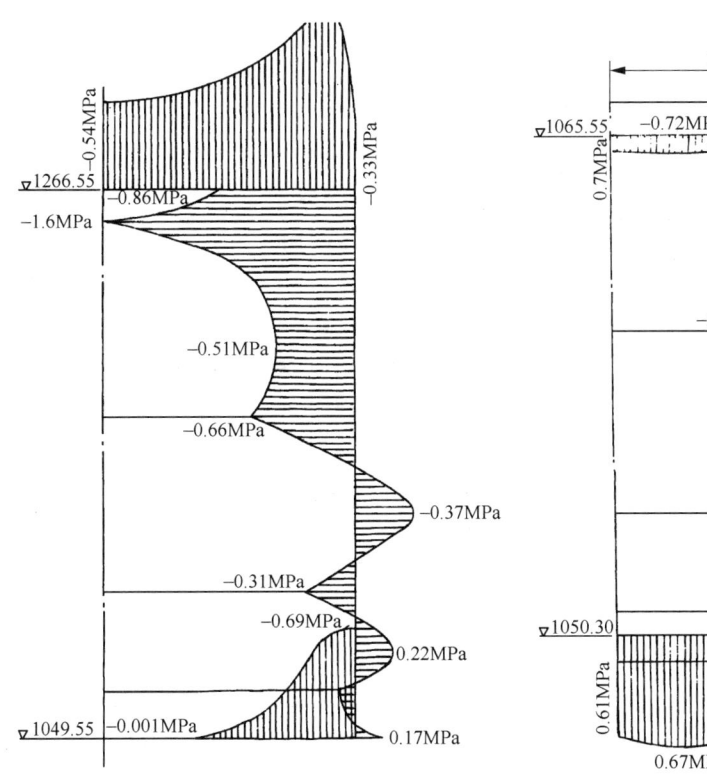

图 6-37　3-3 剖面法向徐变应力(34d)

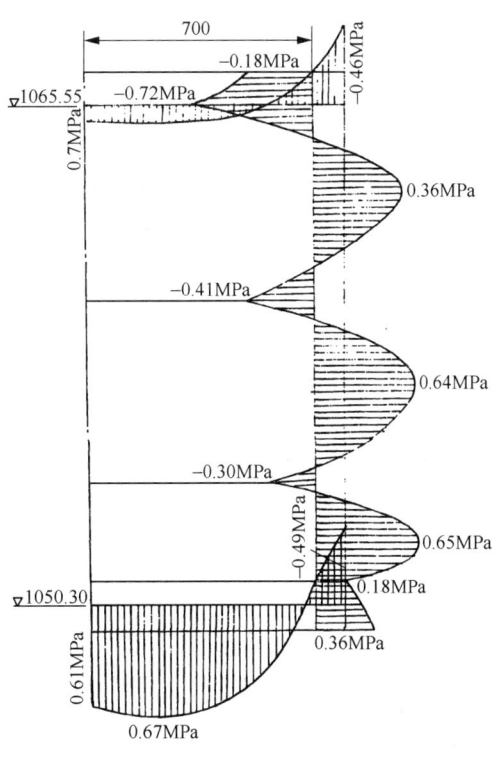

图 6-38　2-2 剖面法向徐变应力(80d)

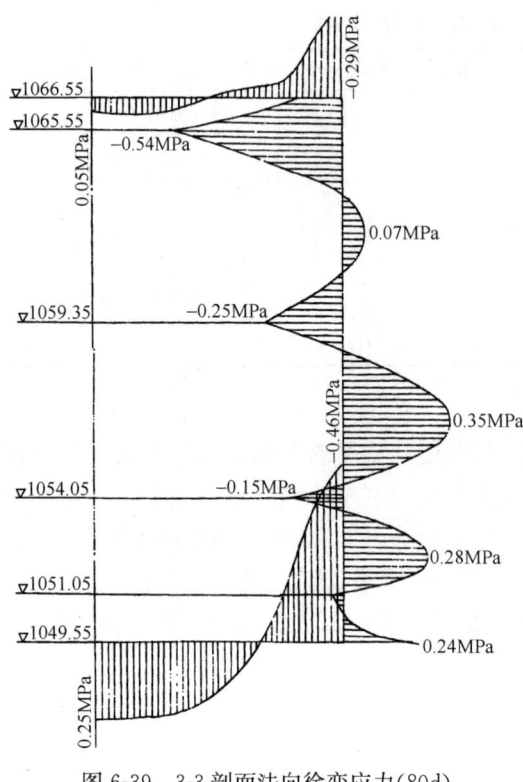

图 6-39　3-3 剖面法向徐变应力（80d） 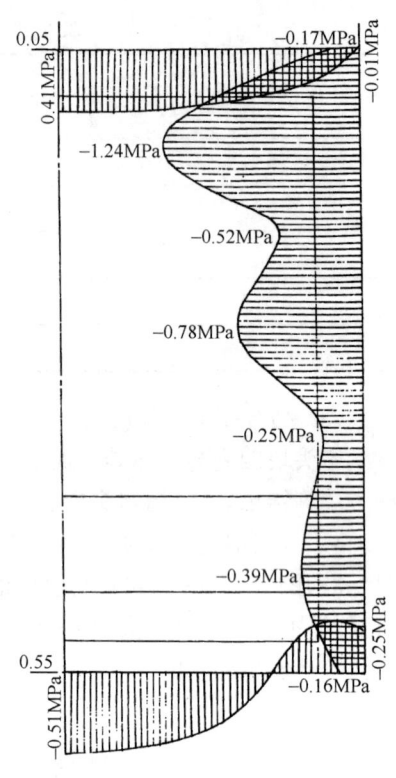　　　　　图 6-40　4-4 剖面法向徐变应力（80d）

（4）混凝土自生体积膨胀产生的预压应力

表 6-39 中的预压应力,包括了混凝土自生体积膨胀和水化热温升共同引起的,这一预压应力在各层分界面的上下点,都具有突变值。由于堵头内的温度场是各点连续的,可以证明,在堵头宽度远大于层厚的情况下,这一突变值,可视为只是由混凝土自生体积膨胀引起的。由此,即可把 1-1 剖面各层间的膨胀预压应力近似地分介出来,如表 6-41 所示。

表 6-41　浇筑层结合面预压应力突变值

浇筑层的结合面	预压应力突变值（MPa）
1～2	0.65
2～3	0.73
3～4	0.78
4～5	0.66

可见,单纯由低热微膨胀水泥混凝土的自生体积膨胀,能够在整个堵头内形成的最大预压应力值为 0.6～0.8MPa,发挥着补偿收缩作用。

五、原型观测成果及分析

在鲁布格堵头的结构设计中,有关单位已经布置了如图 6-42 示的观测仪器,决定采用低热微膨胀水泥混凝土浇筑后、仍保持原有埋设仪器的数量与位置。所测资料,可与相应点的计算值作对比。不过在施工过程中,部份仪器已经损坏,后面所述资料,基本是全部观测到的数据。

（一）混凝土自生体积变形

在低热微膨胀水泥混凝土浇筑段内,为配合应变计组观测需要,埋设有 3 只无应力计

(N_1,N_2,N_3),但其中 N_1 在施工中即已损坏,N_2 也在埋设不久观测不出数据,仅存 N_3 一支无应力计实侧最大自生体积变形为 320×10^{-6},以后稳定至该常量不变。由于它埋设在紧靠上游面角点,故不完全能够反映整个堵头块混凝土自生体积变形的情况。

(二)最高温度与降温过程

最高温度与降温过程是反映堵头温度状态的重要特征之一,同时由于鲁布格堵头Ⅰ期浇筑是应用纸热微膨胀水泥混凝土,Ⅱ期是采用低热硅酸盐水泥混凝土浇筑,结构尺寸完全相同,因此,实测温度也为两种水泥混凝土的水化热温升对比提供了资料。如表 6-42 给出堵头对称面两种混凝土的实测温度对比。

表 6-42 两种混凝土实测温度对比

高程(m)	低热微膨胀水泥混凝土			低热硅酸盐水泥混凝土			削减的最高温度(℃)
	仪器编号	最高温度(℃)	水化热温升(℃)	仪器编号	最高温度(℃)	水化热温升(℃)	
1061.50	T_6	35.5	14.0	T_3	54.5	24.1	10.1
1050.45	T_2	34.2	15.2	T_4	43.5	28.5	13.3

从表 6-42 可见,应用低热微膨胀水泥混凝土浇筑鲁布格堵头,仅低热一项即获得削减最高温度 8~11℃的突出好处(已扣除通水效果),是早期通水作用的 3~4 倍。实测的低热效果比计算得出的认识还好一些。

另外,在通水作用下,堵头内部温度逐渐下降,从观测降温过程可见(详见图 6-42),堵头内的温度在 11 月中旬(开浇后 45 天),即下降至 19℃左右,已接近稳定,也是与计算得出的结果基本是一致的。

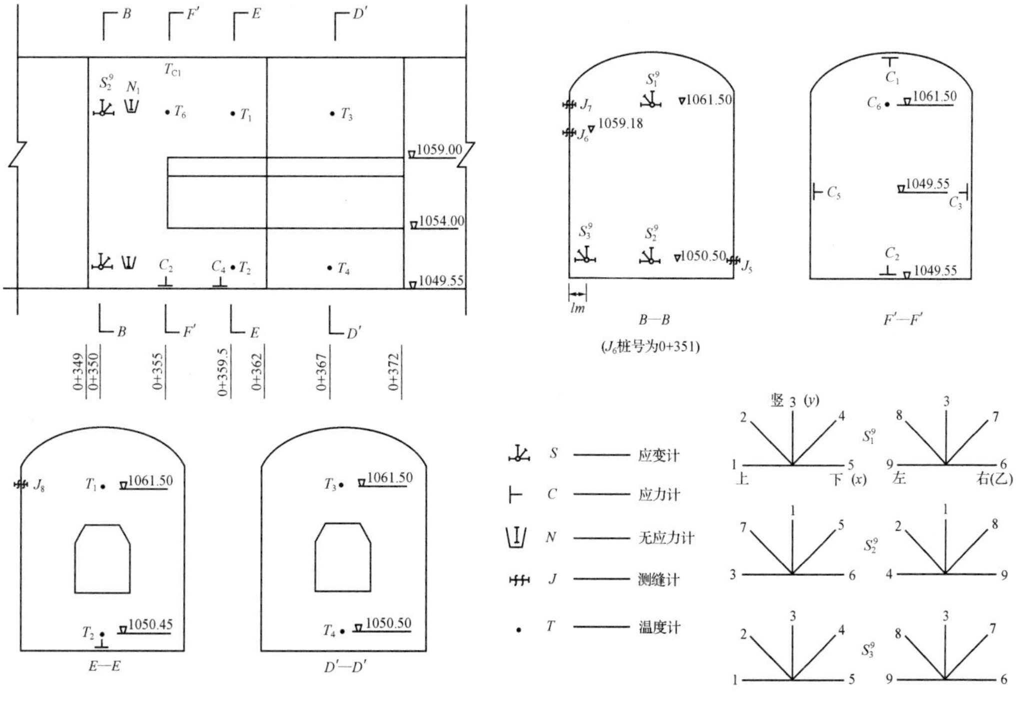

图 6-41 原型观测仪器布置图

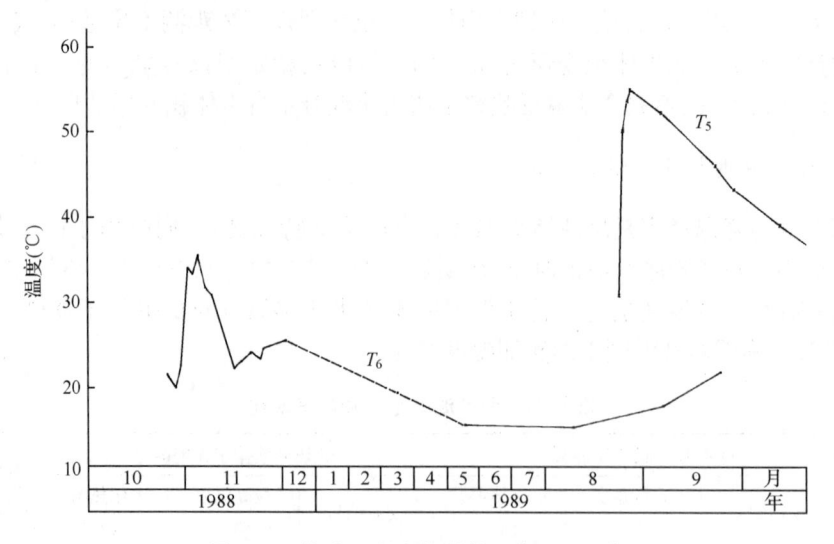

图 6-42 堵头工程内部混凝土降温过程线

(三) 应力情况

在未挡水以前，堵头内的应力主要是混凝土自生体积膨胀与温度变化共同引起的。为实际观测堵头内的应力情况，在低热微膨胀水泥混凝土的浇筑段内，埋设了 3 组 9 向应变计组与 5 只应力计（部位见图 6-41），从这些仪器的实测结果中，主要得出下列几点认识。

1. 垂直于流向的水平正应力 (σ_z)

堵头内垂直于流向的水平正应力，是原型观测的重点对象，因为它从应力方面，检验堵头是否与岩壁连成整体、以及会不会发生裂缝的主要判断依据。

(1) 左右侧结合面上的正应力

应力计 C_3、C_5 是埋设在堵头左右侧结合面上，居于同一高程（▽1055.80m 的左右对称点。S_3^9 则位于距底部及岩壁仅 1.0m 的地方（▽1050.50m)，其值也可作结合面上应力的参考。这些仪器的实测应力过程线绘于图 6-43～6-45。

堵头混凝土浇筑后，由于其自生体积膨胀和水化热温升作用混凝土体积膨胀，结合面是受压的，最大值分别为：$(\sigma_z)_{C_3}=-0.76$MPa，$(\sigma_z)_{C_5}=-0.5$MPa，$(\sigma_z)_{S_3}=-4.1$MPa，随后，由于温度不断下降，预压应力逐渐释放而减少，发挥着补偿收缩作用，直到释放完毕出现拉应力，堵头到稳定温度后（堵头开浇后的 45 天），拉应力为最大，相应为 $(\sigma_z)_{C_3}=0.16$MPa，而应力计也呈现受拉趋势（应力计不能承拉，测值是假象）。这一实测结果与计算得出的规律是一致的（表 6-43）。

表 6-43 实测应力与计算成果对照表

仪器编号	高程(m)	实测	计算	实测	计算
C_3	1055.80(右)	−0.76	−1.03	/	0.33
C_5	1055.80(左)	−0.51	−1.03	/	0.33
C_3^9	1050.50(左)	−0.41	−1.60	0.16	0.05

(2) 对称面上的水平正应力

堵头垂直水流向的水平正应力,以对称面为最大,它的大小将判断堵头本身会不会发生顺水流向的裂缝。在对称面上埋有两组应度计组 S_2^9、S_1^9,其中 S_1^9 这一方向的仪器被损坏,而由 S_2^9 测得最大预压应力为 $(\sigma_z)_{s_2}=-0.40$ MPa,到达稳定温度后的最大拉应力 $(\sigma_z)_{s_2}=0.89$ MPa,是不会引起裂缝的。由于这两组仪器是埋设在紧靠堵头的上游面,也不好和计算结果比较。

2. 顺水流向(X)及竖向(y)正应力

(1) 顺水流向的正应力

低热微膨胀水泥混凝土的膨胀,受洞底岩石约束、在顺水流向也同样产生预压应力 (σ_x),其值以块体中心区域为最大,并随距底部高度增加而减小。由应变计组实测得 $(\sigma_x)_{s_2}=-0.40$ MPa,$(\sigma_x)_{s_3}=-0.15$ MPa,其所以应力较小,是因为这两组仪器都处于上游面附近。

(2) 竖向正应力

除上述应变计组可观测到竖向应力外,应力计 C_1、C_2、C_4 也都是为观测堵头工程竖向应力而专门埋设的。由于微膨胀在竖向不受约束、被自由释放,因此不具有预压应力,所有观测仪器的实测结果都表明了这一点。但它们在早期却均测出了一定的拉应力值(其中 C_1、C_2、C_4 只能表示趋势、未绘出),$(\sigma_y)_{s_2}=0.71$ MPa,$(\sigma_y)_{s_3}=1.23$ MPa,这是因为这两组仪器都埋设在只离上游面 1m 的地方,由块体内外温差引起的。这一拉应力值将会随中心温度下降而逐渐减小,实测应力过程线充分表明了这一点(详见图 6-43～6-47);另外 $(\sigma_y)_{s_3}$ 的拉应力又所以大于 $(\sigma_y)_{s_2}$,这是因为 S_3^9 处于角点,存在应力集中的关系,是任何浇筑块都会出现的,它是局部性的。但是,若果采用硅酸盐水泥混凝土浇筑,由于内外温差更大,堵头边缘与角点的竖向拉应力也会较之要大。

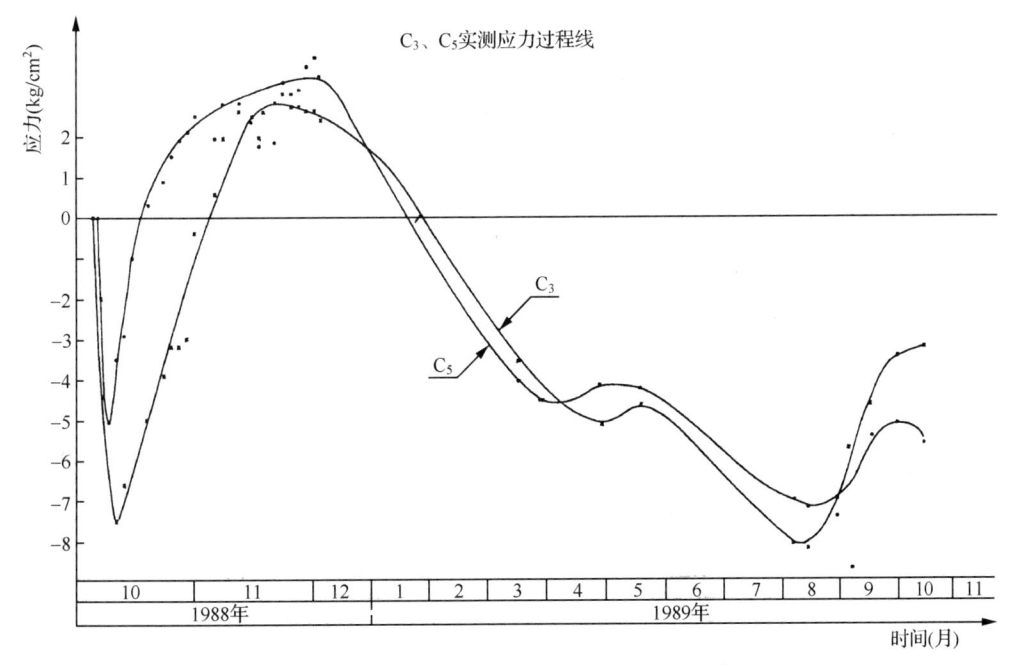

图 6-43 实测应力过程线

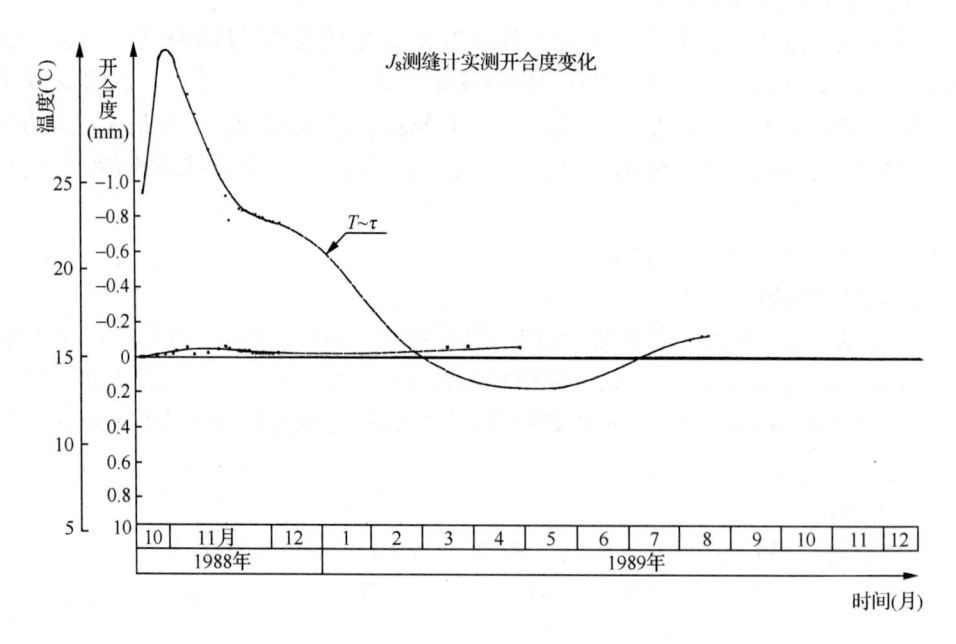

图 6-44 实测应力过程线

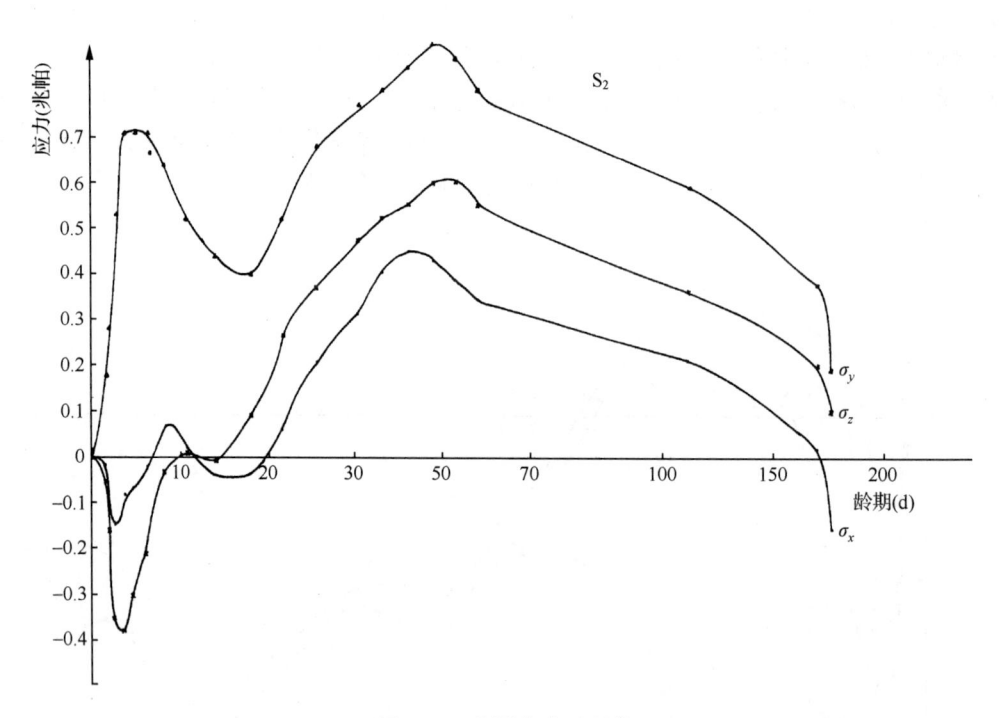

图 6-45 实测应力过程线

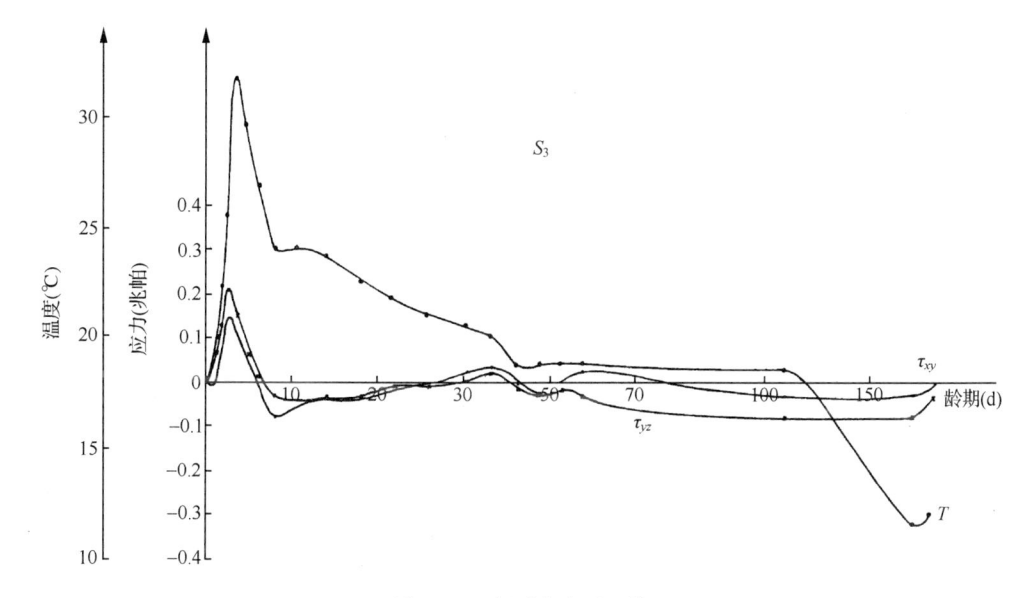

图 6-46 实测应力过程线

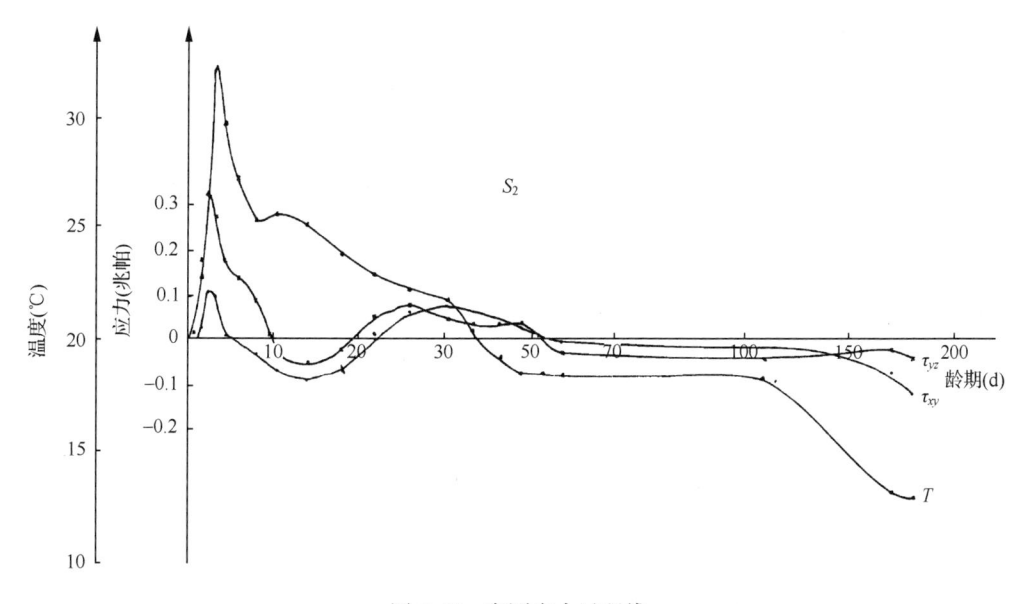

图 6-47 实测应力过程线

3. 剪切应力

由于堵头内混凝土每点在 3 个方向受约束程度的不同,膨胀也会引起一定的剪应力。其最大值一般发生在距上下游面和角点较近的部位,则 S_2^0、S_3^0 正埋设在这一位置,其测值基本能够反映堵头内的最大剪切应力情况,其中以 S_2^0 观测得出的剪切应力为最大,其值$(\tau_{yz})s_2 = 0.33$MPa。不过,它与降温产生的剪应力方向相反,也具有补偿收缩作用。另外,堵头温度下降至稳定温度后,剪切应力也很小,均在 0.2MPa 范围以内(详见图 6-45~6-48)。

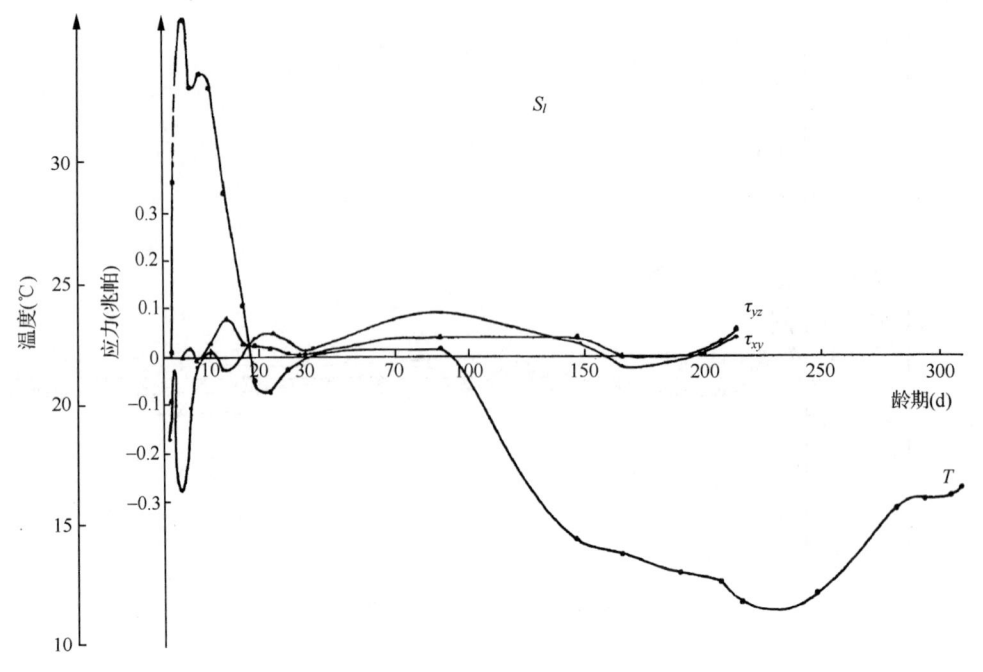

图 6-48 实测应力过程线

（四）缝面开合度

应用创新 II 型低热微膨胀水泥混凝土浇筑堵头，最主要目的是著者要通过混凝土适宜的膨胀期和膨胀量以及极低的水化热温升，在最简单温控条件下，能够使堵头两侧混凝土与岩壁实现缝面闭合，连接成整体。这一作用，虽然在施工前的计算中，已经得到论证，但原型观测成果却能更直观地判明这一问题。

为观测缝面闭合情况，在低热微膨胀水泥混凝土浇筑段内，埋设有 4 只测缝计(J_5～J_8，详见图 6-49～6-50)，整个实测结果表明，堵头两侧结合面自始至终是完全闭合的。

混凝土浇筑后，由于自生体积膨胀，结合面为挤压的，测缝计读数为 −0.2～−0.3mm，随着内部温度的不断下降，挤压量在减小，即使是堵头的温度下降至 13℃，缝面仍然为闭合的(见表 6-44)；而且这 4 只测缝计都埋没在仅距上下游面 1.0～2.5m，温度较中心附近为低，在靠近上下游面能够实现缝面闭合，那么中间部位更是闭合无疑了；另外，大坝挡水后，堵头两侧完全没有渗水，也充分证明了这一点。

表 6-44　混凝土与岩石间的缝面测缝计的实测结果

测缝计编号	测缝计埋设位置(m)		在膨胀量大值时		在最低温度时	
	桩　号	高　程	温度(℃)	测缝计读数(mm)	温度(℃)	测缝计读数(mm)
J_5	0+350	1050.50	28.60	−0.18	13.10	0
J_6	/	1059.18	35.50	−0.23	12.30	−0.20
J_7	/	1061.50	30.80	−0.30	11.30	−0.04
J_8	0+359.5	1061.50	32.30	−0.04	13.20	−0.04

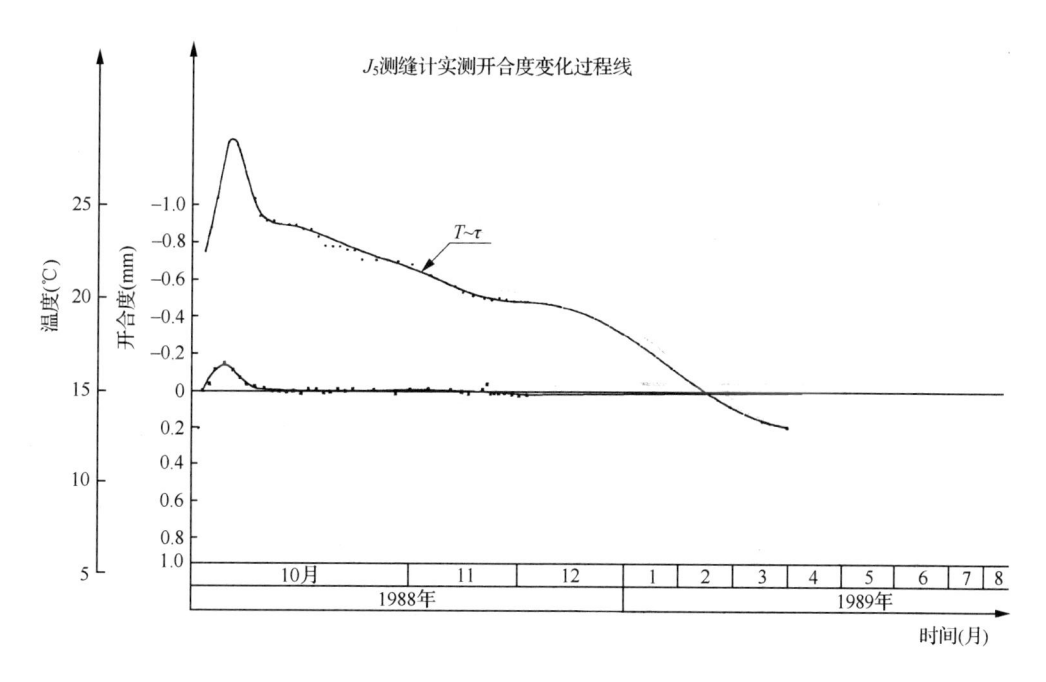

图 6-49 测缝计实测结果

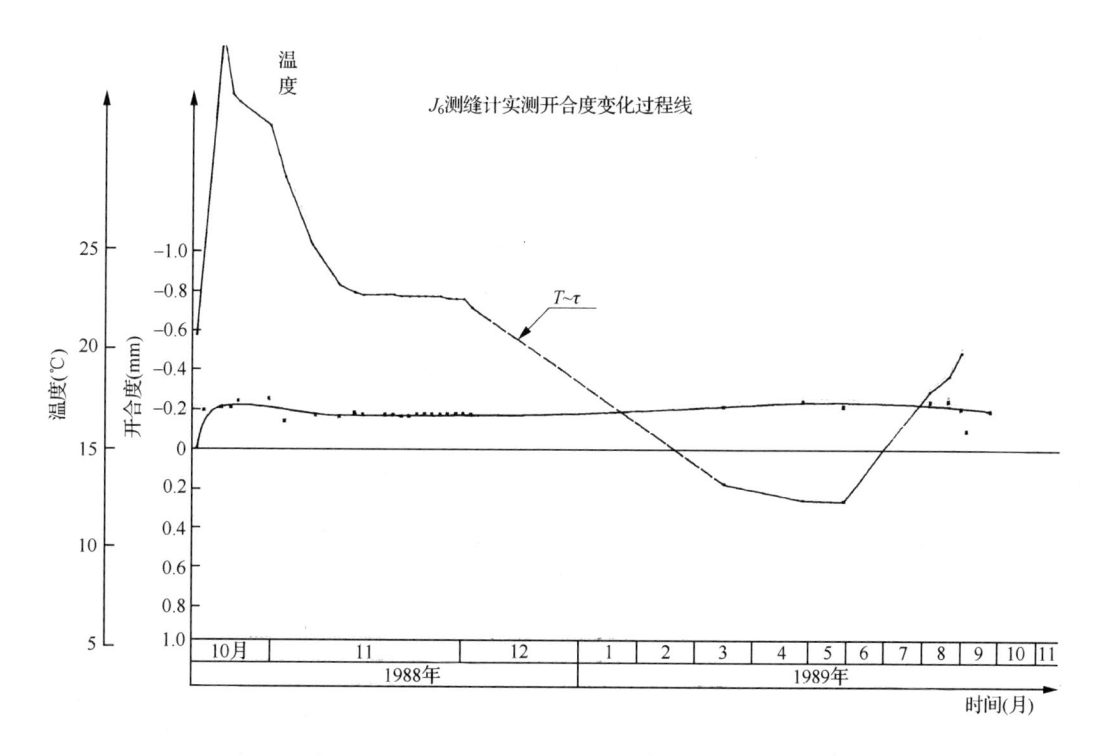

图 6-50 测缝计实测结果

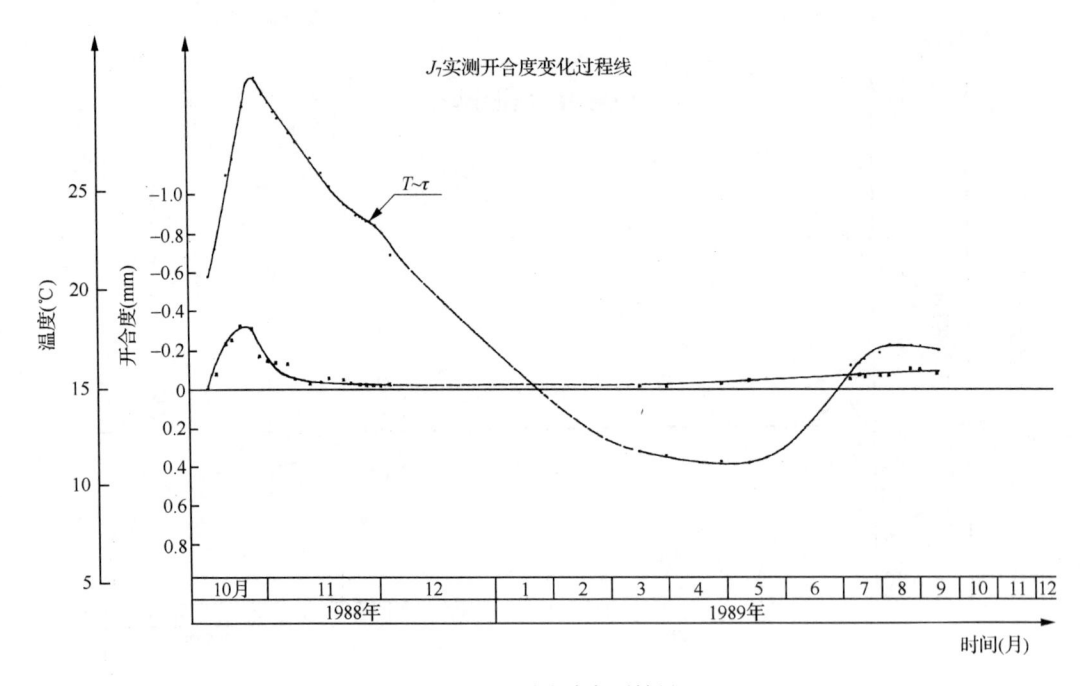

图 6-51　测缝计实测结果

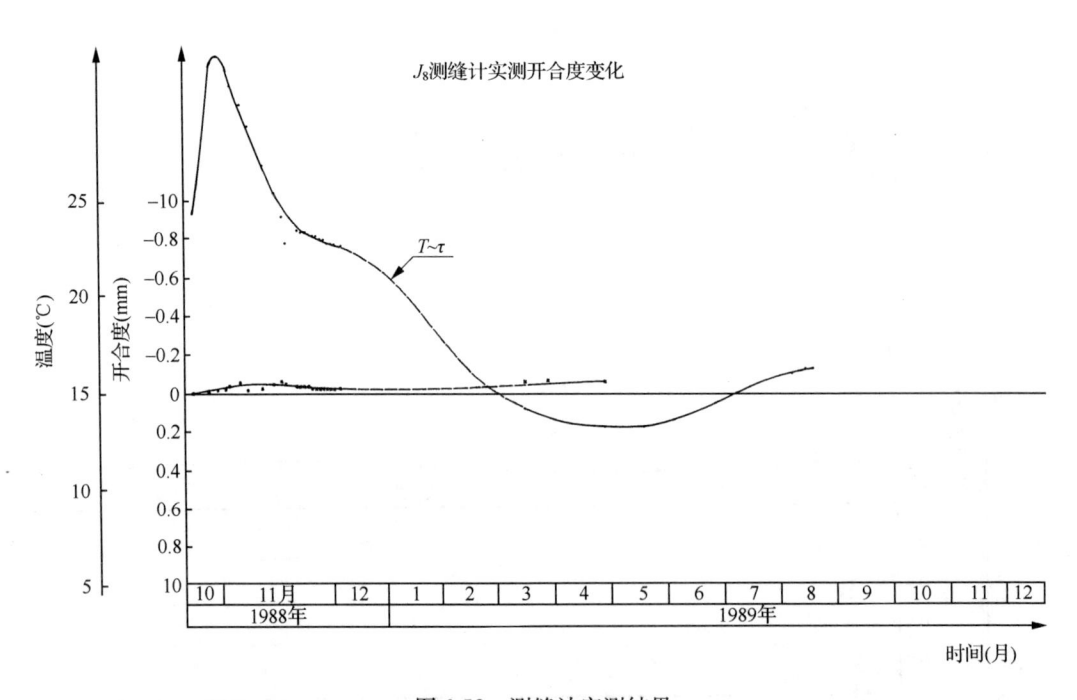

图 6-52　测缝计实测结果

综合上述原型观测成果和计算对比，不论在温度场、应力场及缝面结合方面，所得结论是一致的，从实践与理论上，都证明了应用低热微膨胀水泥混凝土，浇筑鲁布格堵头，和低热硅酸盐水泥混凝土相比，6m 浇筑层可使最高温度降低 8℃，获得预压应力 0.6～0.8MPa；在温度应力作用下，虽然缝面产生了 0.3MPa 的拉应力，却远在结合面胶结强度的允许范围以内,从而实现了堵头与岩体在不必灌浆的条件下整体连接。这些结论也从堵头三年挡水实践中得到进一步验证。

六、几点认识

1) 堵头大体积混凝土工程,与大坝相比虽然尺寸和混凝土方量较小,但确是一般挡水工程所不可缺少的;它的浇筑又总是处在工程尾声,对大坝按时挡水发电往往是起着控制性作用,设计和施工方案实现其优质快速施工,不仅关系到堵头工程本身,而且关系整个工程的投入运行发挥效益的大问题,是国内外水电工程普遍存在和关注的问题。因此,鲁布格电站导流洞封堵工程、应用Ⅱ型低热微膨胀水泥混凝土整体设计、连续浇筑侧壁不灌浆的成功,是具有实用而广泛意义的。它不仅创造大体积混凝土工程优质快速建设的新途径,也为水利水电工程建设带来宏大的技术、经济和社会效益。也同时为其他工程部门的洞体封堵,提供了新的途径和经验。

2) 堵头块应用低热微膨胀水泥混凝土,所以能够实现整体设计快速施工,主要归结为下列几点:①混凝土具有低热与补偿收缩能力,使堵头内的最高温度明显减少,比低热硅酸盐水泥混凝土最高温升降低 8~11℃;另外混凝土自生体积膨胀在块体内产生预压应力 0.6~0.8MPa 两者的综合效果,使得堵头块的温度应力状态得到充分改善,而且这一作用,也由于采用高水泥用量的泵送混凝土,而更为突生。②由于堵头具有较好的约束条件,使混凝土膨胀能充分蓄备起来,转化为变形能,发挥补偿收缩作用;同时较好的约束,也相应增加了混凝土本身以及它与岩壁的粘结强度,使结合面的受拉能力得到提高。③堵头浇筑一般安排在工程后期,四周混凝土或岩体的温度,已达到稳定或最低,预压应力只需要补偿堵头混凝土本身降温产生的拉应力了。④在堵头内埋设冷却水管,由于本工程没有制冷冷却水,故采用河水进行连续通水冷却,只削减堵头 6m 浇筑块最高温度 3.5℃,但它对加速其降温、尽早达到稳定温度,却有着十分明显的作用、这样就能够减少预压应力的损失,提高预压应力的补偿收缩效果。⑤水工补偿收缩混凝土建坝的新理论、新材料、新设计和新施工成套技术,基本在该工程的实施中得到实现,这是鲁布格水电站堵头工程获得高效益、高速度、高质量、不裂不渗,实现侧壁不进行灌浆的重要原因。

3) 鲁布格水电站导流洞封堵工程采用水工补偿收缩混凝土建坝新技术,保证了工程按期并提前发电,创造效益上亿元。比常规硅酸盐水泥混凝土设计、施工方案,可缩短建设工期 90%。国内外首创了隧洞封堵大体积混凝土工程整体设计连续浇筑、混凝土与岩石侧壁之间不灌浆。该成果以新理论、新材料、新设计、新施工成套新科技获得国家发明奖。

4) 鲁布格水电站堵头的工程实践和分析表明,根据堵头结构具有高强的约束条件和载荷特点适度提高混凝土膨胀量并延长其膨胀期,以增加补偿收缩效果是成功的。著者计算结果,要求混凝土膨胀量达到 $300×10^{-6}$~$350×10^{-6}$,膨胀期 10~15d,生产厂按著者水泥配合比和细度要求进行产品生产,著者和工人共同生产的Ⅱ型低热微膨胀水泥,其混凝土原型观测实测膨胀量为 $320×10^{-6}$,膨胀至 12 天达到最大值,以后保持该值稳定不变。

第五节　安康水电站高坝优质快速筑坝

一、工程及施工概况

安康水电站拦河坝为折线型混凝土重力坝，见图 6-53，坝高 128m，分 27 个坝段，混凝土工程量约为 195 万 m³。

图 6-53　建设中的安康水电站

位于河床中部的 11-15 坝段即表孔溢流坝段，为后期导流缺口坝段，根据进度安排，从导流底孔下闸蓄水至发电期间，考虑到汛期洪水，导流缺口浇筑控制高程如表 6-45。

表 6-45　导流坝段缺口浇筑控制高程

时　间	缺口浇筑高程(m)	备　注
1989.10.11	280	导流底孔下闸前验收高程
1990.4	290	渡汛高程
1990.10	290	渡汛高程
1990.11 月中旬	300	发电要求最低浇筑高程

从表可以看出，要确保 1990 年底发电，必须在当年汛后 10 月中旬～11 月中下旬一个多月的时间内，将导流缺口坝段升高到 300m 高程，即五个缺口坝段全面升高 10m，这样，在一个多月的时间内，必须浇筑 30～40 个 3m 的浇筑块，并对纵缝进行冷却灌浆，使柱状块形成整体。工期紧、工作量大，施工干扰，如果按照常规的浇筑，确保按期蓄水发电，技术上是十分困难的，难以解决的。

为了解决这一矛盾，设计将柱状分缝的甲乙两仓并缝浇筑，使原来的 30～40 个浇筑块减少一半，这样，既减少了施工中的跳仓干扰，又节省了冷却灌浆时间，从而争取了工期，为快速浇筑导流缺口创造了有利条件。

并仓浇筑以后带来两大问题,一是现有的浇筑能力能否满足大仓面浇筑,二是技术上长浇筑块温度应力增大的问题。为了便利施工,简化温控,设计提出应用我国首创的"水工补偿收缩混凝土快速优质建坝"新技术,并采用相应的新型筑坝材料Ⅱ型低热微膨胀水泥来实现。

设计本着积极慎重的态度,查阅了水工补偿收缩混凝土的建坝原理,调查了低热微膨胀水泥的生产厂家和供应渠道,以及在池潭水电站大坝、紧水滩水电站拱围堰、鲁布格水电站导流洞堵堵等工程的使用情况,认识到低热微膨胀水泥混凝土对水工建筑物的耐久性,其抗裂抗渗性能、力学性能、水泥水化热、干缩、补偿收缩性能、价格等技术经济指标,均较优越,且施工性能好,对安康水电站导流缺口坝段的大仓面优质快速浇筑非常有利。

对低热微膨胀水泥这种新的材料,第一次应用在安康大坝中,设计方面开始心中无底,认识也是逐步加深的,除调查研究以外,针对安康工程科学试验组会同厂家结合工程做了低热微膨胀水泥性能的改型并进行了混凝土物理力学性能试验,浇筑块的温度应力计算,并组成了以北京设计院、规划设计院、水电三局为主,长科院、水科院以及略阳水泥厂参加的实验小组,制定水泥生产技术、原材料、生产工艺及配合比等要求的具体指标和实施细则,并组织实验组成员到工厂和现场进行生产性试验。

1989年底,科研、设计、生产厂、施工通力合作,在安康水电站导流缺口坝段271～280m高程,进行了生产性试验,共浇混凝土19494m³,相继在1990年汛前形成导流缺口形象,通过试验和浇筑,优质快速建坝取得了成功,积累了经验、增强了信心,在1990年汛后一个多月的时间内(10.10～11.21),保质保量的快速升高了缺口坝段,顺利的达到发电蓄水高程,为安康水电站提前发电创造了条件。

至1990年底安康工程共浇筑低热微膨胀水泥混凝土10万余m³。

二、低热微膨胀水泥混凝土的性能试验

(一)早期强度高

试验7天抗压强度达到28天抗压强度的72%～80%,远大于普通硅酸盐水泥混凝土的55%～65%,抵抗混凝土裂缝的重要指标极限拉伸值,7天值也达28天值的90%左右,当水灰比W/C=0.5时,28天的极限拉伸值为0.93×10^4。

早期强度增长快为其特点,尤其是极限拉伸值的增加,这时防止混凝土早期发生的表面裂缝是十分有利的。

(二)水化热小绝热温升低

由于这种水泥的水化热小,所以绝热温升也低,当水泥用量为159kg/m³时,坝内实测绝热温升12.39℃。水化热与中热水泥及中热硅酸盐水泥掺40%粉煤灰相比如表6-46。

从表可以看出,水化热低为其一大特点,其水泥水化热比中热硅酸盐水泥掺40%粉煤灰的情况还低。

表 6-46　两种水泥的水化热对照表　　　　　　　　单位：kJ/kg

	时间	1d	3d	5d	7d	14d	最终
水化热	1. 低热微膨涨水泥	1	169/1	1	192/1	1	1
	2. 中热硅酸盐水泥掺40%粉煤灰	1.52	1.03	1.06	1.07	1.1	1.14
	3. 抚顺525大坝		225/1.33		254/1.3		
	4. 荆门525大坝		275/1.62		313/1.6		
	5. 峨眉525大坝		238/1.40		271/1.4		

注　低热微膨胀水泥与中热硅酸盐水泥掺40%粉煤灰的水化热对比。

（三）抗渗性能特别好，抗冻性可以满足要求。低热膨胀水泥在水化过程膨胀时受到约束，使结构更加密实，孔隙减小，增加了混凝土的阻水作用，使混凝土具有更好的抗渗性，一般当水灰比为 0.55、0.60、0.65 时，抗渗指标可达 S_{32}、S_{28}、S_{19}。而中热硅酸盐水泥混凝土抗渗性<S_{12}。

抗冻性能主要受掺气量的影响，在 0.55 水灰比的情况下，含气量 4.5%～6.0%，抗冻性能是可以满足工程要求的。

试验证明，低热微膨胀混凝土掺气量 5%～6% 时，抗冻指标可以达到快冻 300 次，说明在低温地区使用也是可以的。

（四）有抑制碱骨料反应的能力，且具有一定的抗冲耐磨性能。

安康工程所用砂石骨料中含有 25% 的活性骨料，为此对低热微膨胀水泥的碱活性进行了试验，长江科学院的试验结果如表 6-47。

表 6-47　活性骨料膨胀率试验结果

骨料比例		外加剂		膨胀率（%）			
活性	非活性	木钙	松脂皂	14d	90d	180d	360d
0	100	/	/	0.0215	0.021	0.0254	0.0226
25	75	/	/	0.0219	0.0215	0.0256	0.0272
25	75	0.15%	0.5‰	0.0304	0.0376	0.0368	0.0384

膨胀率 3 个月小于 0.05%，半年小于 0.1% 为合格。从试验成果来看，含有硅质板岩活性骨料的安康工程，应用低热微膨胀水泥不会引起不利的碱活性反应。

对于低热微膨胀水泥混凝土的抗冲耐磨能力，由于对这种新材料缺少实践经验，也委托南京水利科学院进行了必要的试验，成果如表 6-48。

表 6-48　两种混凝土抗冲耐磨性能试验结果对比

项目	配合比	水泥品种	外加剂	水泥用量（kg）	用水量（cm）	坍落度（cm）	R28（MPa）	钢球抗冲磨失重（g）
硅酸盐混凝土	1:1.593:3.387	水城水泥	高效外加剂	401	134	3.5	51.1	711.5
低热微膨胀混凝土	1:1.593:3.387	低热微膨胀水泥	高效外加剂	396	143	3.0	42	677.5

从表看,其抗冲耐磨能力略高于硅酸盐水泥混凝土,试验资料不多,但仍可看出,低热微膨胀水泥混凝土具有一定的抗冲耐磨能力,一般来说,与普通硅酸盐水泥混凝土差不多,如能掺入硅粉则更有利。

(五)自生体积变形可以在混凝土中储备一定的预压应力

自生体积变形为低热微膨胀水泥混凝土的又一特性,安康工程这次使用的低热微膨胀水泥其膨胀变形值3天前直线型增长,14天变形接近最大值,以后保持该常量不变。当ω/C＝0.65时,水泥用量138kg/m³时,混凝土的总膨胀变形值为141×10⁻⁶个微应变,如图6-54。

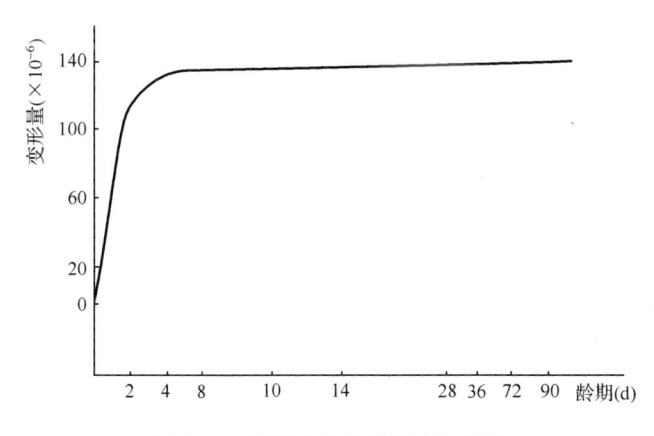

图6-54 混凝土自生体积变化曲线

在约束条件下,低热微膨胀水泥混凝土的自生体积变形将转化为压应力贮存于结构内,以补偿以后结构降温收缩产生的拉应力,从而减少裂缝的产生。

三、低热微膨胀水泥混凝土并仓浇筑温度应力计算

(一)试验块的温度应力计算

1)甲乙两仓并仓浇筑以后,浇筑块尺寸从19m×19m增加到19m×38m,为了解低热微膨胀水泥混凝土大仓面长浇筑块的温度应力,应用有限单元法进行了分析计算,计算工况及结果如表6-49。

表6-49 间歇期5天,温度应力计算结果

块长 (m)	层厚 (m)	间歇期 (d)	$\varepsilon_0 \times 10^{-6}$	断 面	最高温升 (℃)	最大应力 (m)	最大应力高程(m)	抗裂安全系数 Kc
38	1.5	5	200	坝轴线0+000.0	24.9	1.9	272.0	1.59
				0+017.5	24.7	1.75	272.0	1.73
				0+025.0	24.6	2.0	272.5	1.51

2)不间歇连续上升。

不间歇连续上升,浇筑块的温度及应力计算结果汇表表6-50,从表可看到:最高温度为28.2℃,最大应力为1.0MPa,最小抗裂安全系数为3.03全系数较大。薄层短间歇浇筑之所以应力较大,主要是上一层浇筑块自生体积变形膨胀对下层产生拉应力的缘故。

连续上升的浇筑块,由于无间歇,上下层相对变形较小,所以连续上升的浇筑块的应力也较小。

表 6-50 不间歇连续上升温度应力计算结果

块长(m)	层厚(m)	ε_0($\times 10^{-6}$)	断面	最高温升(℃)	最大应力(m)	最大应力高程(m)	抗裂安全系数 K_C
38	1.5	200	坝轴线0+000.0	28.4	0.83	272.4	3.65
			0+017.5	28.4	0.80	271.9	3.78
			0+025.0	28.2	1.0	272.5	3.03

3) 薄层短间歇均匀上升,冷却水管连续冷却。

冷却水管连续冷却的温度及应力计算结果,整理成表 6-51,从表中看到:最高温度为 22.40℃,最大应力为 1.6MPa,最小安全系数是 1.89,这一结果的冷却时间是 1-3 层为 20 天;第 4 层 15 天,第 5 层 10 天,第 6 层 5 天。10 月下旬开始浇筑。如果这一方案能得实现,其安全度是介于连续不间歇浇筑与薄层,短间歇均匀上升之间。

表 6-51 间歇期 5 天连续冷却温度应力计算结果

块长(m)	层厚(m)	ε_0($\times 10^{-6}$)	间歇期(d)	冷却水温度(℃)	断面	最高温升(℃)	最大应力(m)	最大应力高程(m)	抗裂安全系数 K_C
38	1.5	200	5	4	坝轴线0+000.	22.4	1.25	272.5	2.42
					0+017.5	22.4	1.01	272-5	3.0
					0+025.0	22.4	1.60	272.5	1.89

综合上述三种浇筑情况温度应力计算结果,薄层短间歇均匀上升情况应力最大,达 2.0MPa,连续上升的浇筑块,由于没有间歇,上下层相对变形较小,只所以应力较小,只有薄层间歇应力的 1/2。

薄层短间歇均匀上升并辅以冷却水管通水冷却的应力介于上述两间之间。原以为是比较现实的浇筑方案。

在试验浇筑中,除了为了更快的检验低热微膨胀水泥混凝土的自生体积膨胀可使横缝不张开,取消灌浆的可能性埋设必要的冷却水管外,对这样大的浇筑仓面,没有设置其他的温控措施,只进行了简历的表面保护,以达到简化温控的目的。

但施工中由于制冷系统运行不正常以及施工管理上存在的问题,致使初期通水受阻,未能达到削减最高温升减小温度应力的作用。

(二) 导流缺口回填块温度应力计算

试验块的浇筑,延至对温度控制十分有利的低温的 11 月份施工,根据有限元计算,其最大应力为 1.85MPa,而观测资料则表明,试验块内实测最大拉应力较小只有 0.66MPa,为此,又对缺口回填的可能工况进行了有限元计算。

缺口的回填时间,或为了争取工期的分期部分回填时间,都应根据当年的洪水预报而定,根据以往的经验,"洪中有枯"的 8 月份有可能部分回填,洪水期末端的 10 月份则有可能大规模或较大规模回填,预计可能碰到的浇筑温度是 15～20℃,最不利的是 25℃。计算结果如表 6-52。

表 6-52 浇筑温度 16℃、20℃、25℃时,温度应力计算结果

浇筑温度 tp(℃)	16		20		25	
热交换系数 β 大卡/m²·时·度	16	2.5	16	2.5	16	2.5
最高温度 T_{max}(℃)	28.73	29.96	31.87		34.35	36.41
最终应力 σ (MPa)	1.073	1.421	1.315		1.702	1.608
高程(m)	292.6	292.6	293.1		293.1	293.1

从计算结果来看,利用洪水中有枯的 8 月份浇筑,应力较大,虽经严格保温,效果也不显著,洪水期末端的 10 月份,则可根据当年洪水预报,有可能提前浇筑以争取工期。

四、工程实践

(一)试验块浇筑

在试验组和水电三局的共同协作下,1989 年 11 月在安康水电站进行了低热微膨胀混凝土的生产性试验。

1)研究低热微膨胀混凝土优质快速施工的可能性。

2)研究低热微膨胀混凝土浇筑 700～800m² 大仓面浇筑简化温度控制的可能性。

3)研究低热微膨胀混凝土在约束条件下由于微膨胀产生的预压应力的大小,补偿大坝降温收缩应力的现实性,并结合工程对水泥性能进行改型试验。

试验块选择在有代表性的表孔溢流坝段 12～14 坝段 271～280 高程,亦即后期导流缺口坝段。

于 1989 年 11 月至 12 月 13 日浇筑,历时 36.5 天,共浇筑坝体混凝土 19494m³。试验块布置如图 6-55。

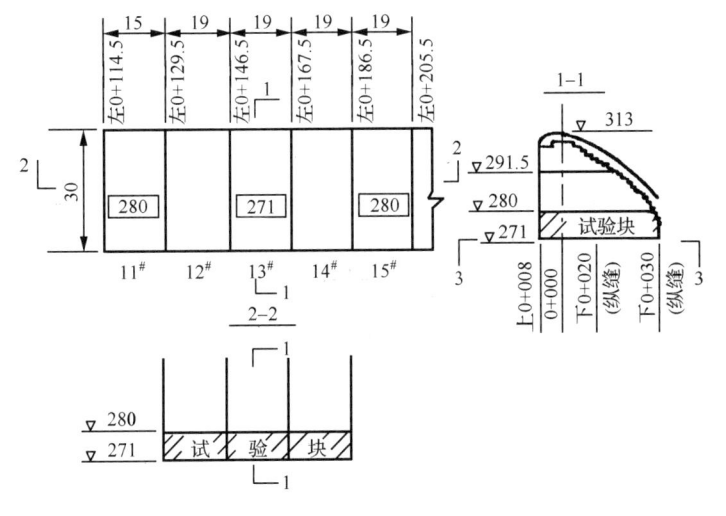

图 6-55 试验浇筑块布置图

1. 基本资料

(1) 气象。

1) 坝址各月气温统计表,见表 6-53。

表 6-53　坝址各月气温统计表

月　份	1	2	3	4	5	6	7	8	9	10	11	12	多年平均
月平均(℃)	3.2	5.6	10.8	16.1	20.6	25.2	27.6	27.3	21.5	15.9	10.0	4.8	15.7
极端最高(℃)	16.4	22.6	29.9	35.1	39.2	39.4	41.7	41.0	37.8	34.3	24.0	17.8	
极端最低(℃)	−9.5	−8.0	−2.3	−0.3	7.3	11.1	17.0	16.4	10.3	3.1	−2.6	−5.7	

2) 坝址气温骤降统计,如表 6-54。

表 6-54　坝址气温骤降统计表

月　份	1	2	3	4	5	6	7	8	9	10	11	12
平均气温骤降次数①	0.6	0.6	1.1	2	1.3	1.1	0.9	1.2	1.6	1.1	1.0	0.7
一次降温最大值(℃)②	11.2	12.4	13.2	15.7	15.3	12.2	10.8	14.9	11.4	13.7	13.9	10.9

① 自 1952～1979 年共 27 年,以 2～4 天内月平均气温连续下降 6～10℃ 及其以上为一次寒潮。
② 1952～1979 年共 27 年各月寒潮降温的最大值。

3) 坝址风速统计如表 6-55。

表 6-55　坝址风速统计表

月　份		1	2	3	4	5	6	7	8	9	10	11	12	多年平均
1971 年	月平均	1.1	1.5	1.5	1.06	0.8	0.6	0.5	0.9	0.6	0.8	1.0	1.0	0.95
	月最大	5.8	4.8	4.8	4.1	3.4	2.7	3.0	5.0	5.7	3.5	3.8	4.5	
1972 年	月平均	1.0	1.2	0.9	1.0	1.1	1.0	1.7	1.7	0.9	0.9	1.2	1.4	1.125
	月最大	4.9	5.2	4.7	6.1	4.9	4.4	9.4	9.4	5.4	4.4	5.1	6.3	
1973 年	月平均	1.5	1.8	1.8	1.3	1.1	1.2	1.1	1.1	0.9	0.8	0.9	0.9	1.18
	月最大	6.5	6.4	6.6	5.2	5.8	5.4	4.7	4.7	6.8	6.1	5.6	5.1	

(2) 建坝前河水水温统计,如表 6-56。

表 6-56　建坝前河水水温统计表

月　份	1	2	3	4	5	6	7	8	9	10	11	12	多年平均
月平均温度(℃)	4.7	6.5	11.0	15.0	15.5	19.3	23.9	25.2	26.3	21.6	16.8	11.8	15.3

(3) 工程试验采用的混凝土配合比,如表 6-57。

表 6-57　工程试验采用的混凝土配合比

配合比部位		W/C	W (kg/m³)	C (kg/m³)	塌落度 (cm)	含气量 (%)	外加剂 木钙	外加剂 松脂皂	备　注
内部	内部	0.63	95	151	7.8	5.7	0.15%	0.8‰	内部指坝体内部混凝土
	外部	0.55	95	173	8.5	5.5	0.15%	0.8‰	
施工	内部	0.63	100	159	7.3		0.15%	0.8‰	外部指下游面混凝土
	外部	0.55	100	182	7.5	3.3	0.15%	0.8‰	

(4) 低热微膨胀水泥水化热,如表 6-58。

表 6-58 低热微膨胀水泥水化热

龄期(天)	1	2	3	4	5	6	7
水化热(J/g)	56	146	169	178	183	188	192

(5) 混凝土的泊桑比、容重、比热、导热系数和热膨胀系数,如表 6-59。

表 6-59 混凝土的泊桑比、容重、比热、导热系数和膨胀系数

项 目	低热微膨胀水泥	备 注
泊桑比 μ	0.167	
容重 ρ(kg/m³)	2450	
容重 C(J/kg·C)	919.5	
导热系数 λ(J/m·d·c)	276989.18	
热膨胀系数 α(1/℃)	0.00001	

1) 抗压徐变度见图 6-56。

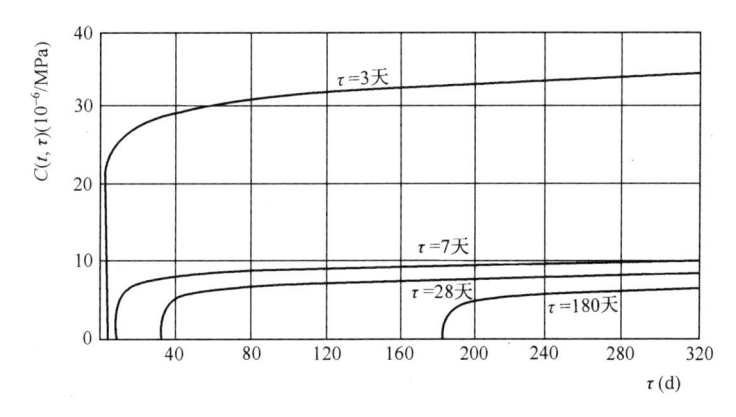

图 6-56 抗压徐变度曲线

2) 抗拉徐变度见图 6-57。

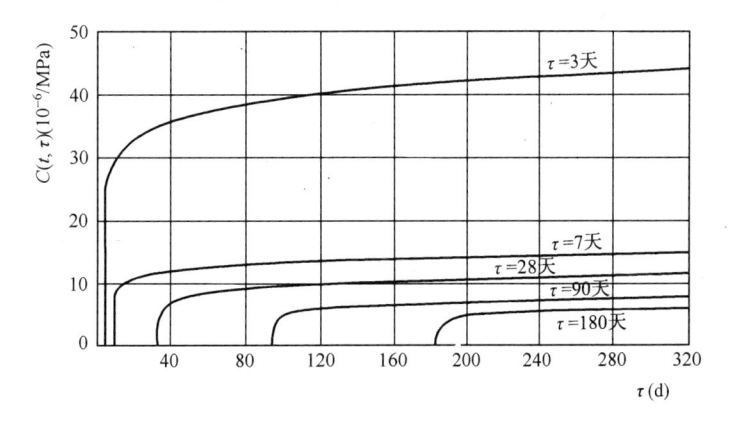

图 6-57 抗拉徐变度曲线

2. 浇筑分层

根据温度应力计算,早期微膨胀的低热微膨胀水泥(一般在3天),在浇筑过程中若要减小上层浇筑自生体积变形膨胀时对下层浇筑块产生的拉应力,无间歇的连续浇筑块相对变形较小,拉应力也较小。

实际施工中,没有材料连续供应、机械设备现代自动化、科学管理等配套措施,无间歇的浇筑块是很难做到的,若要减小拉应力除辅以冷却水管连续冷却外,增加浇筑层厚度也是一种措施,比如浇筑3~6m的高浇筑层,因此,应在工地现有浇筑设备能力的条件下,尽量减少浇筑层数,增加浇筑层高度,这样,对温度应力是有利的,试验组和设计选用3~6m的浇筑层。并由试验组长著者签字,实施甲乙块合并设计、6m层及连续浇筑施工。

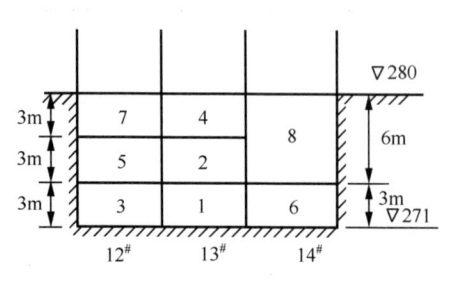

图6-58 浇筑块顺序图

3. 浇筑顺序

低热微膨胀水泥只有受约束的条件下才能在膨胀时产生预压应力,以补偿后期冷却收缩时产生的拉应力。因此,浇筑顺序应人为的造成有利于约束的条件。如图6-58。

4. 浇筑温度

实测浇筑温度如表6-60所示。

表6-60 实测浇筑温度表

坝 段	12			13			14	
浇筑顺序编号	3	5	7	1	2	4	6	8
相应的实测浇筑温度(℃)	9.9	9.7	9.3	13.6	10.8	10.5	9.3	9.0

浇筑时间为11月中旬~12月上旬,气温较低,所以浇筑温度均在10℃左右。

5. 混凝土浇筑

低热微膨胀水泥混凝土的浇筑,由一座2个3m³的郑州拌和楼供料,2~4台机关车运输,由20t高低两台缆机联合浇筑一个仓号,其中高缆吊6方罐,低缆吊3方罐,仓内由手提式振捣器平仓振捣,平铺法施工,每层50cm连续上升,钢筋模板由一台8吨汽车吊完成。

浇筑722m²的大仓面,对初凝时间为16~18h的低热微膨胀水泥混凝土,采用两台高低缆机联合浇筑一个仓面,要求浇筑强度每台缆机不低于7罐/台时,或400m³/班。

施工中覆盖速度,基本上是一班一层,有些班一班还不到一层,在浇筑中还发生过96~192m³/班的低产班,其中还出现过两个班次高缆单独浇筑的情况。

由于浇筑过程中气温较低,低热微膨胀水泥初凝时间又长,虽然发生过上述低浇筑强度的现象,但均未发生施工冷缝。

实际施工中最高浇筑强度为735m³/班,最低则只有96m³/班,平均405m³/班。

缆机浇筑混凝土的循环次数数高缆达到78罐/班,低缆93罐/班,其浇筑强度如表6-61。

表 6-61　浇筑强度统计表

浇筑顺序分层编号	1	2	3	4	5	6	7	8
浇筑台班	5	6	6	5	7	6	6	11
平均浇筑强度(m³/班)	469	379	378	465	312	412	427	402

6. 表面保护

除下游采用延长拆模时间外,其他均用聚氯乙稀气垫薄膜进行保护,其方式为上游模板内贴幅宽 50cm 的气垫薄,单膜单泡一层,顶部覆盖双膜单泡气垫薄膜一层和 1～2 层草袋联合保温。

侧面均未进行保护,间歇时间长达 20 天以上未发现裂缝。

现场实测的保温效果如表 6-62。

表 6-62　实测保温效果表

表面保护气温	型　式			
	裸露	一膜	一膜一代	一膜两代
2℃	8	14	15	18
6℃	13.3	16	18.5	21

(二) 导流缺口浇筑

在试验块浇筑的基础上,1990 年汛前又进行了 280～290m 高程导流缺口第一阶段的浇筑,两次工程施工实践,第一次赶回了原被延误的施工工期,第二次按期安全顺利完成了渡汛。表明了简化温度控制措施(实际安康大坝浇筑无冷却措施)条件下,低热微膨胀水泥混凝土优质快速浇筑是成功的。

1990 年汛后 10 月 10 日开始第三阶段浇筑导流缺口混凝土,至 11 月 21 日全部完成,历时 44d,5 个缺口坝段全面升高 10～12m,计浇低热微膨胀水泥混凝土 31790m³,导流坝段缺口浇筑分层及强度如图 6-59 及表 6-63。

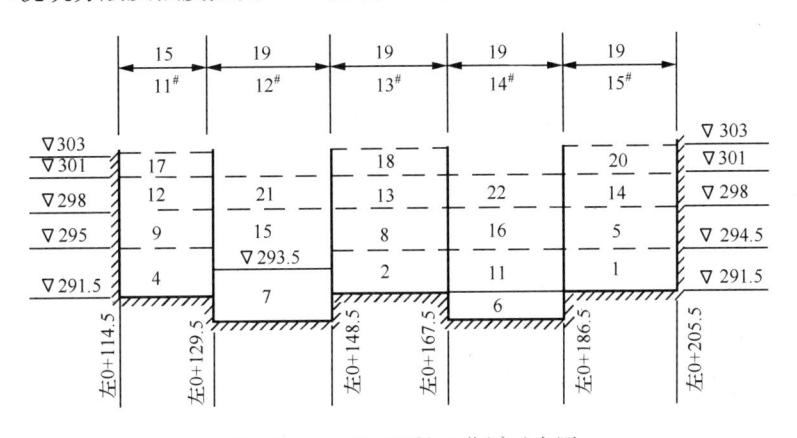

图 6-59　导流坝段缺口分层示意图

表-63　导流坝段缺口浇筑强度表

浇筑顺序（分层编号）	1	2	3	4	5	6	7	8	9	10	11	12	13	14	15	16	17	18	19	20	21	22
浇筑台班	5	9.3	5	4	5	8	7.5	6	4	3	6	5	4	7	7	5	5	4	2	4	5	4.5
平均浇筑强度(m^3/班)	232	220	180	414	212	360	498	401	360	379	392	215	310	260	421	321	247	288	309	212	299	285

实际施工中,最高班浇筑强度达 756m^3/班,最低 144m^3/班,平均 308m^3/班,其平均班浇筑强度低于试验块 405m^3/班的一记录。

这是由于建筑物升高,缆机吊点的限制尤其受机组出线在坝后挂线的干扰,高低缆机都得不同程度的行走大车,大大降低了浇筑速度的缘故。

浇筑过程中有一半以上的班次达不到一班一层的浇筑强度,虽然这样,低热微膨胀水泥混凝土的初凝时间长、施工性能好,基本满足了要求。

经过 44 天 116 个台班的施工,导流缺口于 1990 年 11 月 21 日胜利的浇筑到预期的挡水高程,从而实现了提前发电 21d 的设想。

(三)低热微膨胀水泥混凝土施工中的优越性

(1)适用于大仓面快速浇筑

导流缺口坝段甲乙两仓以后成为 700m^2 以上的大仓面,开阔的仓面可以使施工机械充分发挥作用,同时减少了纵缝灌浆系统和模板工作量,减少了干扰,从而使浇筑速度大大提高,如 13 坝段 14d 浇筑了三层 3m 层厚的浇筑块,722 时的大仓面一次浇筑 6m 高的浇筑层的例子都创造了安康工程建设的记录。

试验块浇筑中缩短工期 66d,缺口回填中缩短工期 69d 都达到了优质无裂缝发生和快速浇筑预期的效果。

(2)施工性能好

这种水泥泌水性小,不粘罐具有良好的和易性,有利于平仓振捣作业,比如吊罐下料顺畅,较从前中热硅酸盐水泥掺粉煤灰混凝土要锤击下料其速度提高约 10 倍左右,这些条件都便利了施工加快了进度。

(3)初凝时间长

对于 700 多 m^2 的大仓面,浇筑中一个班仅浇 96m^3,的低产班及一台缆机单独浇筑的情况也没有发生过初凝冷缝,这种初凝时间长的水泥混凝土,对于浇筑设备能力低、温度控制不健全的工程更加有利。

(4)水泥价格较低

低热微膨胀水泥的出厂价格为 148 元/t(包括厂收杂费),安康工地的使用价格为 198.78 元/t,以试验块为例:共浇低微膨胀水泥 3201t。

如用大坝水泥掺 40% 粉煤灰则需大坝水泥 2031t,粉煤灰 1370t。

从造价看,两者相差无几,再计入施工材料的消耗,低热微膨胀水泥混凝土则低于掺 40% 粉煤灰的大坝水泥混凝土约 1.33 万元(0.7 元/m^3)。若考虑到缩短工程建设周期、提高工程质量和简化温控带来的突出作用,其经济、社会效益将更显著,相信这种新理论、新材料、新设计、新施工成套新技术和改性的Ⅱ型低热微膨胀水泥,将会越来越被人们认识,越来越会被工程采用。

五、原型观测及成果分析

为了解低热微膨胀水泥混凝土快速浇筑导流缺口坝段并仓浇筑以后的温度、变形与应力状态和监测运行情况,共埋设温度计22只、应变计56只、应力计2只、无应力计13只、钢筋计14只及测缝计28只。仪器布置如图6-60。

(一)温度状况

在水泥用量159kg的情况下,平均水化热温升为12.39℃,和相应的大坝水泥掺40%的粉煤灰水泥混凝土相比,水化热低6℃左右,低热效果是显著的。

浇筑中埋有1.5m×1.5m的蛇形冷却水管进行一期冷却,但由于工地供电电压不稳定,白天电仅供工程施工用,使得制冷厂氨压机经常处于退出工作状态,以及施工中的管理不善,致使所埋冷却水管在混凝土浇筑以后7天内均不能很好的通水冷却,基本上起不到削减混凝土最高温升的作用。例如,271~280m高程的浇筑温度均在12℃左右,而最高温度约25℃左右,如12坝段的T_{12B-2}、$SR_{12B-4-6}$,见图6-60。

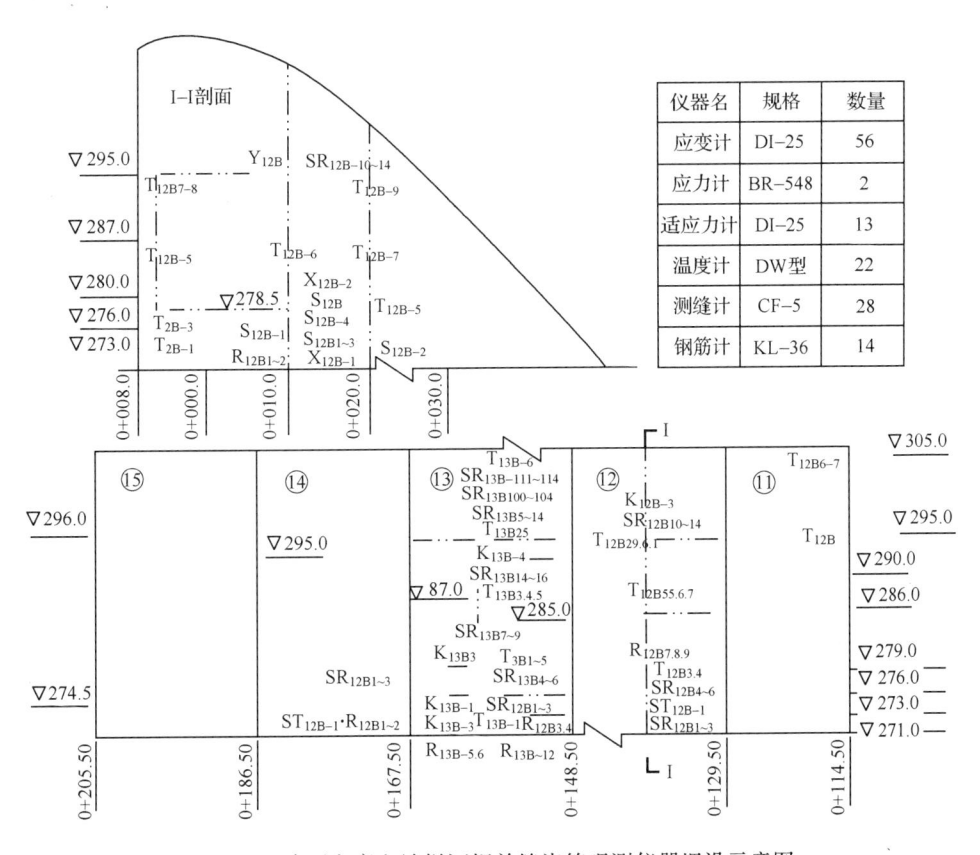

仪器名	规格	数量
应变计	DI-25	56
应力计	BR-548	2
适应力计	DI-25	13
温度计	DW型	22
测缝计	CF-5	28
钢筋计	KL-36	14

图6-60 陕西安康电站拦河坝并缝浇筑观测仪器埋设示意图

图 6-61　实测最高温度图

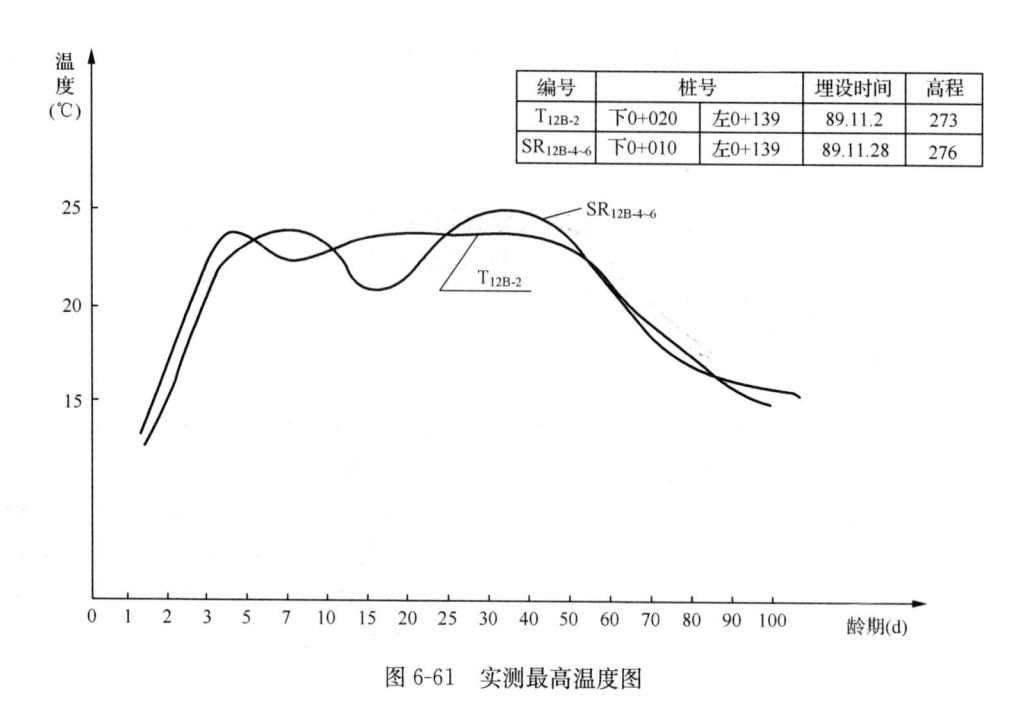

（二）自生体积变形

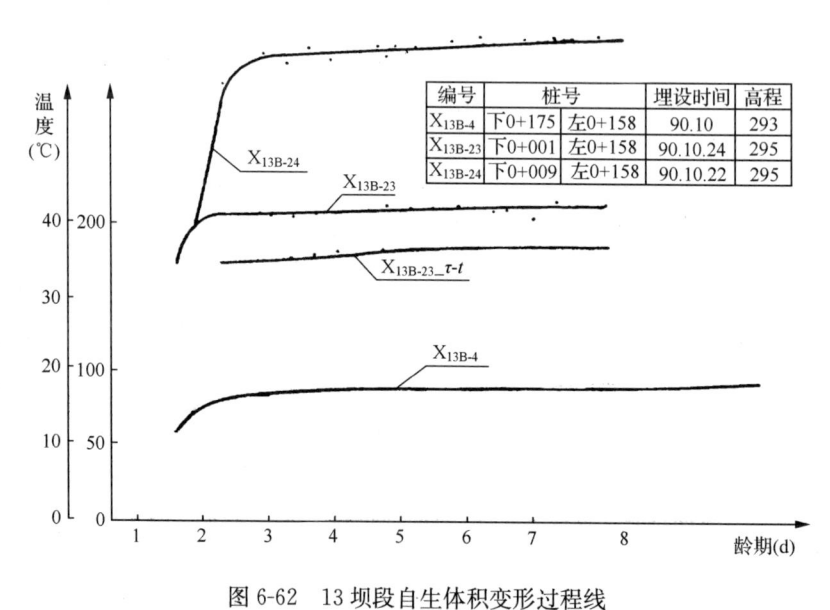

试验块所用低热微膨胀水泥基本为 II 型，部分水泥为了增加后期膨胀值，曾进行过几次改性，部分坝块也有 III₁ 型，故自生体积变形值有变化，约在 140～200×10⁻⁶ 个微应变之间，个别由于埋设过程水泥砂浆偏多，出现于大于 300×10⁻⁶ 个微应变的情况，但均达到最大值后，稳定至该常量值不变，如图 6-62。

图 6-62　13 坝段自生体积变形过程线

这种水泥的自生体积变形,虽然数值并不小,但发生在早期的微膨胀,由于这时混凝土的弹性模量尚小,水泥的早期徐变又比其它水泥略大,因此,微膨胀产生的预压应力。根据试验块所埋单向与三向预压应力观测其平均值如表6-64。

从观测成果看出,单向与三向的观测值之比,基本接近(($1-2\mu$))的关系表明观测成果是合理的;其他应变计与应力计观测成果甚为相近,虽然两者测向不同,但对块体中部而言,受约束的程度本基本接近。

表6-64 实测预压压力表

观测仪器向数	预压应力平均值(MPa)	
	σ_X	σ_Z
三向应变计	−0.82	
单向应变计	−0.5	
单向应力计		−0.49

注 预压应力包括自生体积变形与水化热温升共同引起的。

(三)温度应力

主要观测导流缺口坝段并仓浇筑后38m长的长浇筑块的温度应力,当低热微膨胀水泥混凝土并仓浇筑在下部老混凝土上,老混凝土已进入稳定温度时,当上部新浇混凝土下降到温度最低时,内部将出现最大拉应力,仪器$SR_{12B-2\sim4}$、$SR_{12B-7\sim9}$、$SR_{13B-1\sim3}$、$SR_{13B-4\sim6}$都埋设在12、13坝段试验块中部且靠近老混凝土,是最大拉应力的位置,观测资料如表6-65表6-66,表6-65为∇271~280m预压应力,表6-66为全部仪器∇277~302m全部观测仪器预压应力值。最大应力如图6-62。

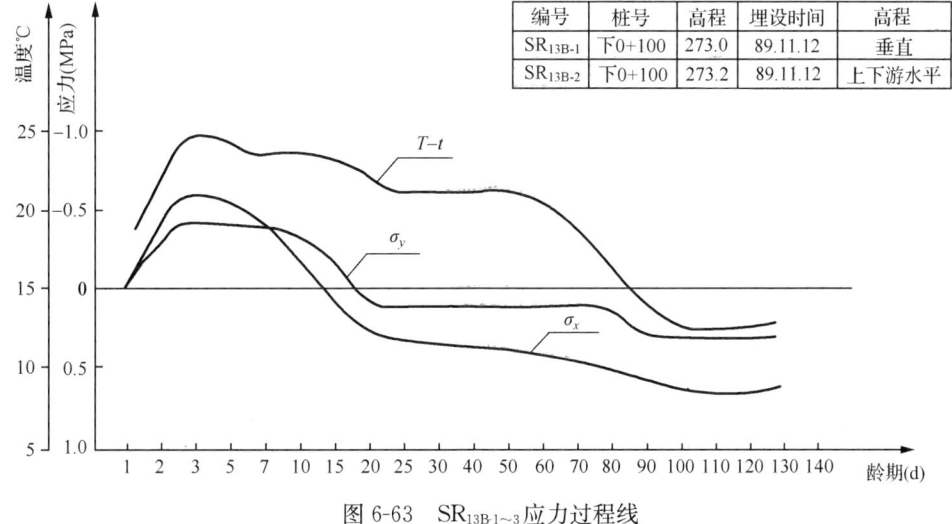

表6-65 实测最大拉力与温度应力

仪器编号	埋设高程(m)	最大拉应力及相应点温度应力(MPa)			
		σ_x	σ_y	σ_z	温度(℃)
$SR_{12B-4\sim6}$	276	0.3	−0.22	−0.02	14.7
$SR_{12B-7\sim9}$	278.5	0.22	−0.05	—	11.6
$SR_{13B-1\sim3}$	273.2	0.66	0.2	—	7.6
$SR_{12B-4\sim6}$	276	−0.5	−0.2	−0.5	16

编号	桩号	高程	埋设时间	高程
SR_{13B-1}	下0+100	273.0	89.11.12	垂直
SR_{13B-2}	下0+100	273.2	89.11.12	上下游水平

图6-63 $SR_{13B-1\sim3}$应力过程线

表 6-66　实测最大拉应力与温度应力

仪器编号	埋设高程(m)	最大拉应力及相应点温度应力(MPa) σ_x	σ_y	σ_z	注
SR$_{12B\text{-}1\sim3}$	273.0	−0.82			X—水流向
SR$_{12B\text{-}4\sim6}$	276.0	−0.88	−0.56	−1.25	Y—竖向
SR$_{12B\text{-}7\sim9}$	278.5	−0.90	−1.43		Z—坝轴线方向
SR$_{13B\text{-}1\sim3}$	273.2	−0.60	−0.44		
SR$_{13B\text{-}4\sim6}$	276.0	−0.90	−0.23	−0.88	
SR$_{13B\text{-}7\sim9}$	279.0	−0.00			
SR$_{13B\text{-}10}$	273.0	−0.42			
SR$_{13B\text{-}11}$	276.0	−0.53			
SR$_{13B\text{-}12}$	273.0	−0.48			
SR$_{13B\text{-}13}$	276.0	−0.50			
SR$_{13B\text{-}10\sim14}$	295.0	−0.20	−0.10	−0.18	
SR$_{13B\text{-}95\sim96}$	295.0	−0.56	−0.75		
SR$_{13B\text{-}100\sim104}$	245.0	−1.09	−1.06	−1.27	
SR$_{14B\text{-}1\sim3}$	274.0	−197	−1.83	−2.56	
SR$_{12B\text{-}1}$	274.5			−0.49	应力计
SR$_{14B\text{-}1}$	274.5			−0.43	应力计

从观测成果看出,当13坝段内部温度下降到7.6℃时,才产生0.66MPa的拉应力,并向上很快转为压应力;而12坝段内部接近稳定温度时,拉应力远小于混凝土的抗拉强度,这显然是这种水泥的低热与微膨胀补偿温降收缩两大特点发挥了作用,从而较大的降低了降温收缩产生的拉应力。

另外,并仓浇筑,纵缝顶部的应力只是靠14只钢筋计测量的,根据钢筋计观测,观测均很小,只有两只出现了58、59MPa的拉应力,根据本国原型观测会议讨论,当钢筋计拉应力超过45MPa时,混凝土就有微裂的可能性。观测中出现58、59MPa的拉应力的两只钢筋计,测值并没有发生突变,随着体温度的回升,应力值又在缓慢而平滑的减小,表面纵缝没有向上延伸,说明利用低热微膨胀水泥混凝土的低热和微膨胀共同作用并仓是成功的。

(四)横缝升合度

应用低热微膨胀水泥混凝土浇筑,根据计算,在横缝面上,温度膨胀时的位移大于温度收缩时的位移,横缝是张不开的,可以省略为接缝灌浆而设置的冷却灌浆系统,从而达到进一步简化温度控制措施。

为了尽快检验这一计算成果,在试验块中埋设了冷却水管以加快冷却速度,观测资料表明,横缝开合度随温度下降而逐渐张开,其值均达0.5mm,可以满足接缝灌浆的要求,如图6-64。

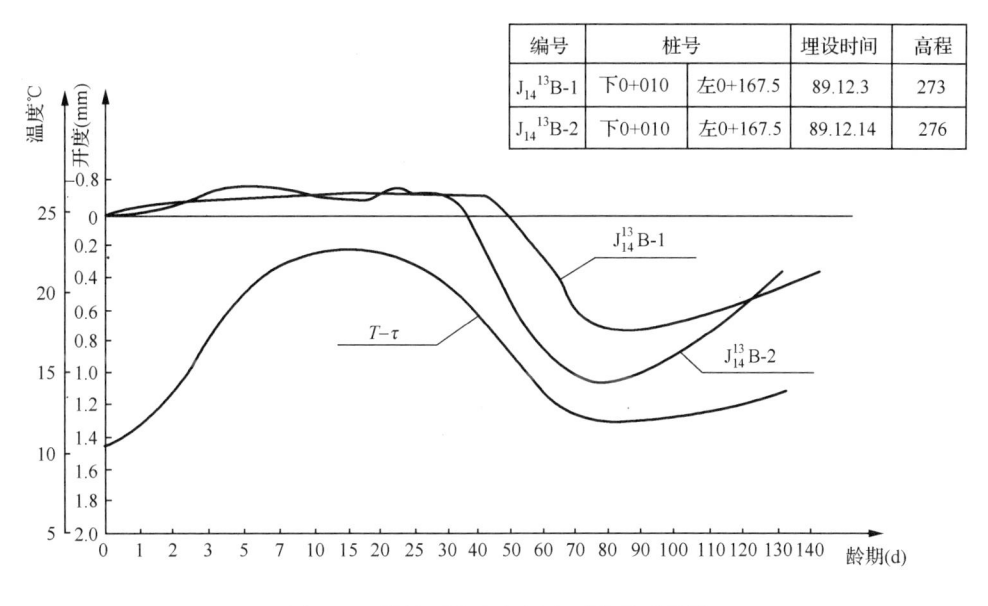

编号	桩号		埋设时间	高程
J_{14}^{13}B-1	下0+010	左0+167.5	89.12.3	273
J_{14}^{13}B-2	下0+010	左0+167.5	89.12.14	276

图 6-64 横缝开合度与温度下降关系曲线

又为了验证观测资料和计算值的不一致,根据实际施工情况进行了准仿计算。计算结果试验块横缝有 0.8~11.5MPa 的拉应力,所以横缝被拉开了。究其原因则由于试验块下部有 13m 长的横缝尚未灌浆,引起应力集中而使上部新浇低热微膨胀水泥混凝土横缝产生拉应力造成的。

(五) 防止过水冷击混凝土发生开裂

水利水电工程在建设中,常遇到汛期新浇坝体混凝土过水受冷击发生开裂的情况,如岩滩上游碾压混凝土围堰,1988 年 5 月初竣工后三个月,遭洪水冷击,产生大小裂缝 10 条,至次年 2 月缝宽发展到 6.2mm,最大一条迎水面缝宽 32mm。就连自然、原材料、设计、施工条件较好的乌江渡水电站大坝新浇混凝土也因过水冷击而发生裂缝。这是因为硅酸盐水泥混凝土水化热高、内外温差大,抗拉强度低,特别是早期抗拉强度更低,再加上自生收缩遇冷水冷击收缩叠加的共同作用,使混凝土拉应力较大的超过允许拉应力,导致开裂。因此,水利电力部将它列为水利水电工程建设技术攻关课题。

安康大坝要求水工补偿收缩混凝土建坝技术解决大三问题:在优质建坝基础上,一要将因各种原因造成延误的工期赶回来(1989 年冬季),二是渡汛前将导流缺口坝段上升到预定高程(1990 年 4 月),三是一个月五个缺口坝段全面上升 10m(1990 年 11 月)。三项任务都要求取消大坝甲、乙块纵缝,免去甲、乙块纵缝灌浆工序,大坝建设还要优质快速。第二项任务就会发生汛期新浇混凝土过水冷击,著者和设计院一道在过水浇筑块混凝土表层 10cm 处,设计埋设 ϕ5 钢筋,间距 10cm×10cm 钢筋网,由著者和建设者一起将钢筋网浇筑于混凝土表层(距表面 10cm)中,浇筑完毕后 6 天和 10 天,3m 和 6m 浇筑块,就发生汛期过水冷击混凝土,但安康大坝混凝土没有发生裂缝。原因是低热微膨胀水泥水化热低(比中热硅酸盐水泥外掺 40%粉煤灰混凝土低 6℃),内外温差较小,抗拉强度高,特别是7天早期抗拉强度比中热硅酸盐水泥混凝土高1.8倍;而且水工补偿收缩混凝土受老混凝土以及钢筋的约束,产生预压应力和同步膨胀变形,抵消和补偿了大部分过水冷击混凝土的收缩变形。防过水冷击混凝土产生裂缝的新设计和施工的成功,再一次证明水工补偿收缩混凝土优质快速建坝的优越性。

六、结语

1) 安康水电站导流缺口坝段采用水工补偿收缩混凝土建坝新技术,施工中曾创造13坝段14d浇筑三层3m的浇筑块,升高9m,以及五个缺口坝段44d浇筑22块全面升高10~12m的快速施工的高产记录,不仅保证了安康水电站1989年导流底孔按期下闸和1990年大坝安全渡汛,使导流缺口回填从计划的113d减少到44d缩短工期69d,安康工程导流缺口坝段采用此技术共升高32m,使用水工补偿收缩混凝土快速筑坝,使原设计大坝升高32m,328d的建设工期,缩短为108d,创造了上亿元的经济效益,而且工程质量高、无裂缝。最大拉应力实测为0.66MPa,最小抗裂安全系数4.7。

2) 水工补偿收缩混凝土建坝,其低热微膨胀水泥混凝土的力学指标,抗裂安全度以及耐久性均较优越。

力学指标均能满足水工混凝土的要求,且早期强度高,一般7d强度达到28d强度的70%~80%,对防止早期裂缝十分有利,这是其他水泥混凝土难以做到的。

抵抗裂缝的重要指标7d的极限拉伸值,大于$0.60×10^4$,28d的一般均大于$0.90×10^4$,比中热硅酸盐水泥外掺粉煤灰混凝土大。它更远高于辗压式混凝土坝。如岩滩碾压混凝土工程的极限拉伸7d只有$0.2×10^4$,28d也只达到$0.41×10^4$。

渗透系数为$(0.568~0.226)×10^{-9}$m/s(w/c=0.65-0.55),远小于硅酸盐水泥混凝土$10^{-6}~10^{-7}$m/s,辗压坝10^{-4}m/s的渗透指标。大大超过现行规范混凝土高坝$S_8~S_{10}$的要求。

抗冻性,只要引气剂含量达到5%~6%其快速可达D_{300},可满足严寒地区的要求。

抗冲耐磨,根据南京科学院的试验,略优于硅酸盐水泥混凝土,如掺入硅粉效果更佳。

低热微膨胀水泥的碱度仅为0.39%,故无碱骨料反应。其抗硫酸盐侵蚀也高于其他水泥。

具有$(140~200)×10^{-6}$的自生体积变形为这种水泥的第一大特点,这部分变形在约束条件下,可在坝内产生一定的预压应力,以补偿坝体降温收缩时产生的拉应力。

3) 水化热极低,温度应力小是低热微膨胀水泥混凝土的第二特点。159kg/m³水泥用量的混凝土坝体内实测绝热温升为12.39℃,比美国上静水坝每方混凝土43kg水泥用量(掺160kg粉煤灰)的辗压混凝土坝的绝热温升18℃还低。我国碾压混凝土水泥用量45~96kg/m³,岩滩35kg/m³,28d绝热温升16.1℃,90d为20.33℃。

安康水电站导流缺口坝段甲乙两仓并仓以后浇筑块长达38m,700多m²的大仓面连续浇筑,当浇筑温度低于15℃时,实测坝体最大拉应力为0.66MPa,有较大的抗裂安全系数(抗裂安全系数达到4.7)。

甲乙两仓并仓以后,纵缝顶端的钢筋计基本处于受压状态或有很小的拉应力,从而表明安康水电站并缝浇筑是成功的,大仓面长浇筑块的温度应力也是较小的,简化温控是可行的。

在浇筑12坝段286~288.5m时,由于相隔仅10d,遇汛期过水冷击,大坝没有发生裂缝。这是低水化热和补偿收缩联合作用的结果。

4)温度应力小、抗裂性能好。

低热微膨胀水泥混凝土最高温升低,试验块的最高温度实测25~27℃,它又有一定的补偿收缩能力,其混凝土的徐变量又高于其他水泥混凝土,而且拉、压徐变不同,抗拉徐变又大于抗压徐变。基于上述3个原因大仓面(19×38m)3.0m的浇筑块,最大拉应力只有0.66MPa。6m连续浇筑块,最大拉应力仅0.4MPa,抗裂安全系数达到7.5。

混凝土温度徐变应力小是裂缝不发生或少发生的主要原因,另外,低热微膨胀水泥混凝土早期强度高,一般7d强度达到28d强度60%以上,这样又增加了混凝土抗气温骤降和冷击裂缝的能力。所以低热微膨胀水泥混凝土抗裂性能优于中热硅酸盐水泥混凝土。

1989年底浇筑的试验块以及以后浇筑缺口混凝土,至今未发现裂缝,就连3m层厚浇筑块6d后过水,6m层厚浇筑块10d后过水,也未发现裂缝。

5)通过安康水电站导流缺口坝段的浇筑,以及其他中小工程的计算实践表明,采用水工补偿收缩混凝土筑坝,并选择合理施工季节,可以取消温控措施,取消大坝纵缝,达到快速施工的目的。

第六节 三峡大坝应用Ⅲ-1型低热微膨胀水泥混凝土取消纵缝温度应力仿真计算*[13]

一、概述

长江三峡工程是跨世界的宏伟工程。装机容量1820万kW,年平均发电量846.8亿kW·h,混凝土方量2941万m³。

三峡大坝泄洪坝段设计上拟分区采用常规混凝土和碾压混凝土(RCC)浇筑。坝体断面为"金包银"型式,即上、下游面为常规混凝土防渗层,厚3.0~5.0m,基础设1.0~2.0m厚常规混凝土垫层,内部为碾压混凝土。

碾压混凝土用于泄洪坝段,坝体只设横缝而不设纵缝,通仓长块浇筑。横缝间距21.0~24.0m,坝底顺水流向量大宽度118.0~129.0m。通仓浇筑面积达2500~3000m²。在如此大的浇筑仓面下,坝体温度变化对坝体应力状态和结构安全有着显著影响。尤其是大坝采用碾压混凝土后,一旦上、下游面常规混凝土保护层产生裂缝,极有可能形成沿碾压混凝土层面的渗水通道渗漏,危及坝体安全。因此,温度应力对碾压混凝土坝更为重要。为验证起见,已在泄洪坝段取一典型断面,选用425号低热硅酸盐水泥掺粉煤灰混凝土(简称"普通混凝土"),进行了坝体温度、温度应力有限元仿真计算,其计算成果不能满足坝体温控要求。为此,再选用本书著者Ⅲ-1型低热微膨胀水泥混凝土(以下简称"补偿收缩混凝土"),采用与普通混凝土计算相同的浇筑方式和边界条件进行计算。

＊ 本计算由长江科学院完成。

在仿真计算中,按实际情况模拟施工过程,考虑了混凝土浇筑进度、不同浇筑层厚和间歇期、不同混凝土分区、混凝土徐变和自生体积变形以及边界变化等因素。为满足碾压混凝土浇筑层厚 0.3m 的要求,单元最小厚度取 0.15m;为计入碾压混凝土入模后覆盖前这段时间的温度变化,取计算时段长 4h,对高程 44.0m 以上的常规混凝土层,取单元厚度为 0.5m,计算时段长 1d。在坝块浇筑结束后,适当放宽计算步长。

在坝体温度和温度应力有限元分析中,取坝体为弹性徐变体,基岩不考虑徐变,计算体采用四节点等参元离散。计算了从浇筑开始至坝体达到稳定温度大约 200 年时间的温度和徐变温度应力,给出了坝体浇筑结束、蓄水时、100 年、200 年等时刻的温度场和应力场,以及坝体中心剖面温度包络线和点温度历时过程等成果,并对补偿收缩与普通混凝土的计算成果进行了比较。

二、Ⅲ-1 型低热微膨胀水泥混凝土试验成果

(一)水泥、骨料、配合比

1. 水泥

混凝土胶凝材料为本书著者在陕西省略阳水泥厂生产的 425 号低热微膨胀水泥。其物理性能见表 6-67。

表 6-67　水泥物理性能

项目	抗压(MPa)			抗折(MPa)			细度	比重
	3d	7d	28d	3d	7d	28d		
指标	17.1	34.7	42.5	3.78	7.53	11.3	2.1	2.96

2. 骨料

试验用骨料为天然砂石料,其物理性能见表 6-68。

表 6-68　砂石料基本参数

骨料种类	比重(g/cm^3)	吸水率(%)	细度模数
石	2.67	0.78	/
砂	2.65	1.02	2.29

3. 混凝土配合比

混凝土配合比见表 6-69。

表 6-69　混凝土配合比

试件编号	级配	设计参数				配合比(水泥∶砂∶石)
		W/C	W	C	S	
B-1	混合料级配	0.70	115	164	23.1	1∶3.15∶10.46
B-2	三级配	0.65	108	166	25.0	1∶3.34∶10.09
B-3	四级配	0.65	102	157	23.0	1∶3.29∶11.08

(二) 试验方法

试验按《水工混凝土试验规程》(SD105—82)进行。

徐变试验试件为 $\phi15cm\times45cm$ 圆柱体,试件成型后46h拆模,并进行密封处理,使试件在试验全过程中保持绝湿和恒温($20\pm2℃$)状态。徐变加荷龄期分3d、7d、28d、90d、180d五组,每组两个试件,另设两个补偿试件,加荷荷载取其徐变试件强度的1/3,徐变试件的抗压强度近似取 $15cm\times15cm\times15cm$ 试件强度的70%。

自主体积变形试件尺寸为 $\phi20cm\times50cm$,试验在绝湿和恒温($20\pm2℃$)条件下进行。

热学性能试验试件尺寸为 $\phi20cm\times40cm$。

线膨胀系数试验试件尺寸为 $\phi20cm\times50cm$。

(三) 试验成果

1. 混凝土强度

混凝土各龄期强度见表6-70。

表6-70 各龄期混凝土强度 单位:MPa

试件编号 \ 龄期(d)	3	7	28	90	180
B-1	6.20	10.60	19.60	24.60	/
B-3	3.55	14.32	20.09	25.90	26.67

2. 弹性模量

混凝土弹性模量由徐变加荷过程测得的应力应变关系求得。其值见表6-71。

表6-71 混凝土弹性模量

龄期(d)	3	7	28	90	180
弹性模量(GPa)	1.79	23.33	31.91	36.08	37.00

3. 混凝土自生体积变形

混凝土自生体积变形见第三章第一节表3-9,四级配湿筛混凝土最终膨胀量为 260×10^{-6} 左右,三级配合料混凝土最终膨胀量为 180×10^{-6} 左右。混凝土最大膨胀量发生在10~12d,以后膨胀仍略有增加,直到190d终止,190d后期不收缩。

4. 混凝土热学性能

热学性能试验成果见表6-72。

表6-72 热学性能参数

导热系数 k(W/m·℃)	比热 C(J/kg·℃)	容量 ρ(kg/m³)	线膨胀系数 α(10^{-6}/℃)
3.2	1000.6	2460	10.7

5. 混凝土徐变度

混凝土徐变度是加荷载龄期 τ 和持荷时间 $t-\tau$ 的函数,其变化过程见图6-65。变化规律可用指数型或对数型表达式拟合。

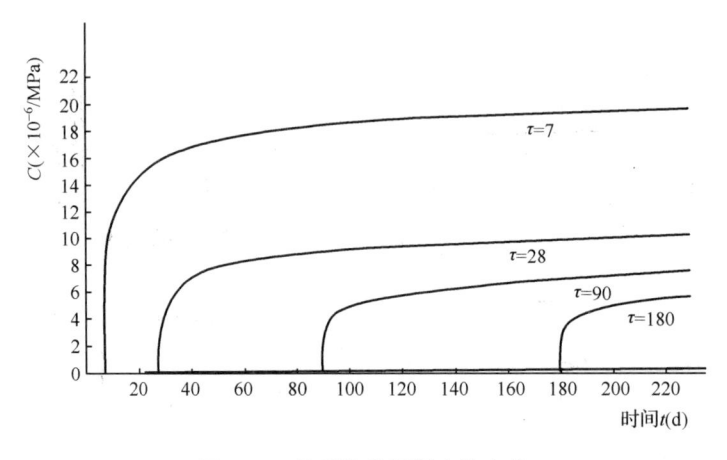

图 6-65 补偿收缩混凝土徐变度

三、基本资料

（一）结构尺寸与混凝土分区、浇筑方案与浇筑温度

1. 结构尺寸与混凝土分区

坝体顺水流向最大计算长度 129.0m，最大计算高度 80.0m。混凝土：碾压混凝土（RCC）部分，高程 10.0～44.0m 上、下游保护层为 200 号常规 41.0～44.0m 为 150 号（RCC1）；高程 44.0m 以上为 150 号常规混凝土。

2. 浇筑方案与浇筑温度

1999 年 1 月初开始浇筑 1.5m 厚基础垫层常规混凝土（7d）及 5 层压实得 0.3m 碾压混凝土（8d），随后进行固结灌浆（15d），2 月初开始大规模浇筑碾压混凝土至 44.0m 高程，5 月初完成碾压混凝土浇筑，然后继续浇筑常规混凝土。碾压混凝土上升方式为：压实层厚 0.3m，层间间歇 6～8h，2 月份连续上升 10 层后停歇 4d，3 月份连续上升 10 层后停歇 5d，4 月份连续上升 7 层后停歇 5d，5 月份连续上升 5 层后停歇 5d。此后浇筑常规混凝土，层厚 1.51m，间歇 10～15d。具体进度见表 6-73。

混凝土浇筑温度根据其类型、浇筑时间取用表 6-73 值。

表 6-73 混凝土浇筑进度及浇筑温度

高程(m)	施工月份	浇筑温度(℃) 碾压混凝土	浇筑温度(℃) 常规混凝土	高程(m)	施工月份	浇筑温度(℃) 碾压混凝土	浇筑温度(℃) 常规混凝土
10.0～13.0	1	9.1	9.0	62.0～66.5	10		21.5
13.0～22.0	2	10.4	10.5	66.5～69.5	11		16.1
22.0～34.0	3	16.4	16.3	69.5～74.0	12		10.1
34.0～42.0	4	15.4	16.4	74.0～77.0	1		9.0
42.0～47.0	5	12.3	11.9	77.0～81.5	2		10.5
47.0～51.5	6		12.9	81.5～84.5	3		16.3
51.5～54.5	7		13.5	84.5～89.0	4		20.4
54.5～59.0	8		13.5	89.0～90.0	5		17.1
59.0～62.0	9		12.2				

(二) 基岩、混凝土力学及热学性能

1. 混凝土标号及配合比

两种混凝土的标号及配合比见表 6-74。

表 6-74 两种混凝土标号的配合比

混凝土种类	混凝土类型	标号(90d)	级配	煤灰掺量(%)	胶材用量(kg/m³)	水灰比	混凝土种类	混凝土类型	标号(90d)	级配	煤灰掺量(%)	胶材用量(kg/m³)	水灰比
普通	碾压	150	三	40	170	0.54	补偿收缩	碾压	150	三	0	150	0.54
		200	三	35	180	0.53			200	三	0	160	0.53
	常规	150	四	20	170	0.70		常规	150	四	0	170	0.70
		200	三	0	200	0.60			200	三	0	200	0.60

2. 混凝土绝热温升

两种混凝土绝热温升采用值见表 6-75。

表 6-75 两种混凝土绝热温升值

混凝土种类	混凝土类型	标号	龄期 (d) 1	3	5	7	14	28	90
普通	碾压	200	7.38	13.77	16.66	18.30	20.87	22.45	23.68
		150	5.54	10.60	12.97	14.34	16.53	17.90	18.98
	常规	200	3.98	8.33	10.67	12.13	14.62	16.30	17.70
		150	3.20	6.97	9.12	10.52	13.00	14.74	16.24
补偿收缩	碾压	200	4.10	13.34	15.40	16.38	17.32	17.32	17.32
		150	3.48	11.34	13.40	13.92	14.73	14.73	14.73
	常规	200	3.28	10.67	12.50	13.10	13.86	13.86	13.86
		150	3.07	10.01	11.70	12.16	12.99	12.99	12.99

普通混凝土绝热温升只考虑到 90d 龄期，90d 以后视为常量，补偿收缩混凝土绝热温升 14d 后视为常量。其表达式分别为式(6-4)、(6-5)

$$\theta = \frac{WQ_\tau}{c\rho} \tag{6-4}$$

$$\theta = \theta_0(1 - e^{-m\tau}) \tag{6-5}$$

$$Q_\tau = A\tau/(B+\tau)$$

其中

$$T_0 = \theta_0 \frac{WQ_0}{c\rho}$$

式中　τ——龄期，d；

W——单位水泥用量，kg/m³；

c——混凝土比热，kJ/kg·℃；

ρ——混凝土容重，kg/m³；

Q_τ——胶凝材料水热，kJ/kg，A、B 为常数；

T_0——混凝土最终绝热温升，℃；

Q_0——水泥水化热总量，kJ/kg，m 为常数。

3. 混凝土力学性能采用表6-76值。

表6-76 混凝土力学性能指标(90d)

混凝土种类	混凝土类型	标号(90d)	抗拉弹模(GPa)	极限拉伸值($\times 10^{-4}$)	抗压强度(MPa)	轴拉强度(MPa)	泊松比
普通	碾压	150	28.82	0.65	20.7	1.52	0.167
		200	29.51	0.70	23.7	1.64	0.167
	常规	150	27.0	0.70	19.2	1.64	0.167
		200	30.8	0.80	26.8	2.24	0.167
补偿收缩	碾压	150	30.0	0.70	22.0	1.70	0.167
		200	32.0	0.75	24.0	1.85	0.167
	常规	150	28.0	0.75	21.0	1.85	0.167
		200	33.0	0.85	27.0	2.40	0.167

普通混凝土弹性模量用下列表达式拟合

$$E(\tau) = E_0(1-e^{A\tau}) \tag{6-6}$$

或

$$E(\tau) = E_0 \cdot \tau/(B+\tau)$$

补偿收缩混凝土弹性模量用下列表达式拟合

$$E(\tau) = E_5\left(\frac{\tau}{k}\right)^m \quad 0 \leqslant \tau \leqslant 5\text{d} \tag{6-7}$$

$$E(\tau) = E_0(1-e^{-n\tau}) \quad \tau \geqslant 5\text{d}$$

式中 A、B、m、n——常数；
τ——龄期，d；
E_5——混凝土龄期为5d时的弹模，GPa；
E_0——最终弹模值，GPa。

4. 混凝土徐变

混凝土徐变由表6-77给出。

$$C(t,\tau) = C_1(\tau)(1-e^{-k_1(t-\tau)}) + C_2(\tau)(1-e^{-k_1(t-\tau)}) \tag{6-8}$$

其中 $C_1(\tau) = C_{10} + D_{10}/\tau, C_2(\tau) = C_{20} + D_{20}/\tau$

式中 C——徐变度，10^{-6}/MPa；
t——龄期，d；
τ——加荷龄期，d；

C_1、C_2、k_1、k_2——系数。

各系数见表6-77。

表6-77 徐变表达式系数表

混凝土种类	混凝土类型	C_{10}	D_{10}	C_{20}	D_{20}	k_1	k_2
普通	碾压	4.0	266.0	8.1	72.0	0.25	0.009
	常规	7.58	183.1	12.4	35.3	0.30	0.005
补偿收缩	碾压						
	常规	6.13	95.0	10.0	28.5	0.25	0.003

5. 混凝土热学性能

普通混凝土与补偿收缩混凝土采用相同的热学性能参数,其值见表6-78。

表6-78 混凝土热学性能采用值

混凝土类型	导热系数(W/m·℃)	比热(J/kg·℃)	导温系数(m²/h)	线胀系数(10⁻⁶/℃)	容重(kg/m³)
碾压	2.16	1000.6	0.00355	8.5	2430
常规	2.51	958.8	0.003471	8.5	2430

6. 基岩

基岩物理力学性能指标采用值见表6-79,其他指标同常规混凝土值。

表6-79 基岩物理力学性能参数

岩石名称	类别	容重(kg/m³)	泊松比	变形模量(GPa)	弹性模量(GPa)	抗压强度(MPa)	抗拉强度(MPa)
闪云斜长花岗岩、闪长岩(包裹体)	新鲜	2700	0.2	45	50	100	3.5
	微风化	2700	0.2	40	45	90	3.5

(三)边界条件

1. 气温、水温

坝区多年月平均气温见表6-80。

表6-80 三斗坪多年月平均气温

月份	1	2	3	4	5	6	7	8	9	10	11	12	年平均
温度(℃)	6.0	7.4	12.1	16.9	21.7	26.0	28.7	28.0	23.4	18.1	12.3	7.0	

气温、水温取表达式(6-9)

$$T = T_0 + T_B + \sin\omega(\tau - \tau_0) + T_s \tag{6-9}$$

式中 T_0——年平均气温,℃;

T_B——气温年变幅,℃;

ω——年气温变化频率,$\omega = 2\pi/365$;

τ——计算时刻至1月1日的距离,以d计;

τ_0——年气温变化曲线坐标原点至1月1日的距离,以d计;

T_s——考虑太阳辐射热的温度修正值,℃。

不同部位边界温度表达式系数见表6-81。

蓄水后,上游高程107.0m以下的水温取高程107.0m处的值,高程107.0～175.0m之间按线性变化。下游水温按线性变化。

表 6-81　边界温度表达式系数

项　目		T_0(℃)	T_B(℃)	τ_0(d)	T_s(℃)
阳光照射下混凝土表面		17.3	11.6	105	3.0
溢流面表面气温		17.3	11.6	105	0
廊道气温	蓄水前	17.3	8.6	120	0
	蓄水后	15.0	5.5	120	0
	上游高程 107.0m	14.0	3.7	165	0
	上游高程 175.0m	18.0	7.0	120	0
	下游高程 10.0m	15.0	5.0	150	0
	下游高程 62.0m	17.0	7.5	110	0
	河水温度	18.0	8.2	110	0

2. 基础温度

基础温度以河水温度为边界条件,在混凝土浇筑前计算 50 年,以此作为温度场计算时的地基初温。

3. 放热系数

放热系数根据不同的部位和介质取不同的值,见表 6-82。

表 6-82　放热系数值

部位或介质	廊　道	溢流面	上下游面	表面水接触
放热系数($m^2 \cdot$℃)	5.28	5.28	15.1	2326

四、温度场计算

1. 平面导热方程

$$\frac{\partial T}{\partial t} = a\left(\frac{\partial^2 T}{\partial x^2} + \frac{\partial^2 T}{\partial y^2}\right) + \frac{\partial \theta}{\partial t}$$

式中　θ——混凝土绝热温升(℃);

　　　a——导温系数(m^2/h);

　　　t——时间(h)。

2. 边界条件

1) 第一类边界条件:固体表面是时间 t 的已知函数,即在边界上

$$T = \varphi(t)$$

2) 第二类边界条件:固体表面与流体接触时,通过固体表面的热流密度与固体表面温度 T 和流体温度 T_a 之差成反比,即在边界上

$$-\lambda \frac{\partial T}{\partial n} = b(T - T_c)$$

式中　λ——导热系数[W/(m·℃)];

　　　β——表面放热系数[W/(m·℃)];

　　　n——边界法线正方向。

当 $\beta\to\infty$ 时,上式变为 $T=T_c$,即在第二类边界条件退化为第一类边界条件;当 $\beta\to 0$ 时,上式又变成 $\frac{\partial T}{\partial n}=0$,即绝热边界条件,基岩深处取为此各边界条件。因此,第一类边界条件和绝热边界条件可分别通过取较大的 β 值和令 $\beta=0$ 来统一作为第二类边界条件处理。

3) 第三类边界条件:当两种不同的固体接触时,如果接触良好,则在接触面上温度和热量都是连续的。即

$$T_1 = T_2$$
$$\lambda\left(\frac{\partial T_1}{\partial n}\right) = \lambda_2\left(\frac{\partial T_2}{\partial n}\right))$$

混凝土浇筑层之间的接触取为第三类边界条件。

4) 初始条件

初始瞬间结构的温度分布规律

$$T_1 = T_2(x, y)$$

基础初温取以河水温度作为边界条件,在混凝土浇筑前计算 50 年,然后再在空气中暴露 15d 计算得出的基岩温度;各浇筑层混凝土初温取相应浇筑温度或入模温度。

5) 隐式差分方程

在温度场计算中,采用平面有限元对时间向后差分的隐式体格式。单元一点的温度用形函数插值表示如下:

$$T^e = [N]\{T\}^e$$

此外,单元内温度变化率也用形函数插值表示如下:

$$\frac{\partial T^e}{\partial t} = [N] \frac{\partial \{T\}^e}{\partial t} \tag{6-10}$$

式中　$[N]$——形函数;

$\{T\}^e$——单元结点温度。

对于平面不稳定热传导问题,温度场 $T(x, y)$ 须满足热传导方程(6-4),以及初始条件式(6-8)和边界条件式(6-6)。根据变原理,这一问题可化为泛函数的极值问题。将 T^e 的表达式(6-9)和 $\frac{\partial T^e}{\partial t}$ 的表达式(6-10)代入泛函表达式,极小化后得隐式差分方程:

$$\sum_e \left([H]^e + \frac{1}{\Delta t}[P]^e\right)\{T\}^e_{t+\Delta t} + \sum_s [B]^e \{T\}^e_{t+\Delta t}$$
$$= \sum_e \frac{1}{\Delta t}[P]^e \{T\}^e_t + \sum_s \bar{\beta} \int_s T_c|_{t+\Delta t}[N]^T ds + \sum_e \frac{\Delta \theta}{\Delta t} \int_A [N]^T dA$$

其中

$$\bar{\beta} = \beta/c \cdot \rho$$

式中　$\int_s$、$\int_A$——分别表示线积分和面积分;

$\sum_e$、$\sum_s$——分别表示对单元循环和对气温边界单元循环;

Δt——时间步长;

$$h_{ij}^e = a\int_{\Delta A}\left(\frac{\partial N_i}{\partial x}\times\frac{\partial N_j}{\partial x}+\frac{\partial N_i}{\partial y}\times\frac{\partial N_j}{\partial y}\right)dA; \tag{6-11}$$

$$P_{ij}^e = \int_{\Delta A} N_i N_j dA;$$

$$b_{ij}^e = \bar{\beta}\int_{\Delta s} N_i N_j ds;$$

式中 $\frac{\Delta\theta}{\Delta t}$——混凝土绝热温升变化率。

求解方程组(6-11),即可得到 $t+\Delta t$ 时刻的温度场。方程组的系数矩阵在没有新的浇筑块之前保持不变,若有新的浇筑块则重新分解。

3. 温度应力计算

补偿收缩混凝土的温度应力计算,除了考虑温度变形外,还需计入混凝土自生体积膨胀变形。对混凝土自生体积变形拟采用等效温差考虑。

(1) 等效温差

在时段 Δt_i 内,混凝土自生体积变形为 $\Delta\varepsilon_i^g$ (膨胀为正,收缩为负)。根据温度变形的意义,可将自生体积变形写作

$$\Delta\varepsilon_i^g = \alpha\Delta T_i^g \tag{6-12}$$

将上式变为

$$\Delta T_i^g = \frac{\Delta\varepsilon_i^g}{\alpha} \tag{6-13}$$

式中 $\Delta\varepsilon_i^g$——Δt_i 时段内的自生体积变形;

ΔT_i^g——Δt_i 时段的等效温差;

α——线膨胀系数。

将式(6-13)计算出的等效温差 ΔT_i^g 叠加到同时段的变温温差中,作为计算补偿收缩混凝土温度应力的温度荷载。

(2) 应力应变关系

在温度应力计算中,取混凝土为线弹性徐变体,将计算实体离散为若干单元,则单元内某一点任一时段的应力应变关系为

$$\{\Delta\sigma\} = [D](\{\Delta\varepsilon\}-\{\Delta\varepsilon^0\}) \tag{6-14}$$

式中 $\{\Delta\sigma\}$——应力增量;

$[D]$——弹性矩阵;

$\{\Delta\varepsilon\}$——应变增量;

$\{\Delta\varepsilon^0\}$——初变增量。

(3) 初应变增量

初应变增量包括温度应变和徐变形增量,即

$$\{\Delta\varepsilon^0\} = \{\Delta\varepsilon^c\}-\{\Delta\varepsilon^T\} \tag{6-15}$$

式中 $\{\Delta\varepsilon^T\}$——温度应变,包括温差变形和自生体积变形两部分,即

$\{\Delta\varepsilon^T\} = \alpha\cdot(\Delta T+\Delta T^g)[110]^T$,$\Delta T$ 和 ΔT^g 分别为 Δt 时段内的温差和等效温差,α 为线膨胀系数。

$\{\Delta\varepsilon^c\}$——徐变变形增量。

在 t——$t+\Delta t$ 时段内的徐变变形增量为
$$\{\Delta\varepsilon^c\} = (1-e^{-k_i\Delta t})\{\omega\}_{t+\Delta t} + (1-e^{-k_2\Delta t})\{\gamma\}_{t+\Delta t}$$
则
$$\{\omega\}_{t+\Delta t} = e^{-k_i\Delta t}\{\omega\}_i + C_1(\tau)|_i\{\Delta\bar{\sigma}\}_i$$
$$\{\gamma\}_{t+\Delta t} = e^{-k_i\Delta t}\{\omega\}_i + C_2(\tau)|_i\{\Delta\bar{\sigma}\}_i$$
$$\{\omega\}_1 = C_1(\tau)|_{i=0}\{\Delta\bar{\sigma}\}_{i=0}$$
$$\{\gamma\}_1 = C_2(\tau)|_{i=0}\{\Delta\bar{\sigma}\}_{i=0}$$
$$\{\Delta\bar{\sigma}\}_t = [\overline{D}]\{\Delta\sigma\}_i$$
$$[\overline{D}] = \begin{bmatrix} 1 & -\mu & 0 \\ -\mu & 1 & 0 \\ 0 & 0 & 1 \end{bmatrix}$$

$\{\Delta\sigma\}_i$ 为前一时段的应力增量，徐变度按式(6-8)计算。

(4) 平衡方程

根据虚功原理，引入单元应变与位移的关系
$$\{\Delta\varepsilon\}_t = [B]\{\Delta\delta\} \tag{6-16}$$
则式(6-14)变为
$$\int_{\Delta A}[B]^T[D][B]\mathrm{d}A\{\Delta\delta\} = \{\Delta F\}\int_{\Delta A}[B]^T[D]\{\Delta\varepsilon^0\}\mathrm{d}A \tag{6-17}$$
式中　$\{\Delta F\}$——单元结点力增量；

$\{\Delta\delta\}$——单元结点位移增量；

$[B]$——应变转换矩阵。

若不考虑外荷作用，则
$$\{\Delta F\} = 0$$
令
$$[k]^e = \int_{\Delta A}[B]^T[D][B]\mathrm{d}A\{\Delta\delta\}$$
$$\{\Delta R\}^e = \int_{\Delta A}[B]^T[D]\{\Delta\varepsilon^0\}\mathrm{d}A$$

将式(6-18)、(6-19)、(6-20)代入式(6-7)得
$$[k]^e\{\Delta\delta\} = \{\Delta R\}^e$$
集合所有单元，则
$$[k]\{\Delta\delta\} = \{\Delta R\}$$

从式(6-22)解出$\{\Delta\delta\}$后，根据式(6-16)求出$\{\Delta\varepsilon\}$，然后代回式(6-14)，可确定任一时段的应力增量$\{\Delta\sigma\}$。总应力由下式求得
$$\{\sigma\}_{t+\Delta t} = \{\sigma\} + \{\Delta\sigma\}_{t+\Delta t-t}$$

五、两种混凝土的计算成果比较

(一) 温度场

温度场是在模拟施工过程和不同边界介质条件下仿真计算得出的。报告中给出了坝体最高温度、坝体中心剖面不同高程点温度历过程、混凝土浇筑结束蓄水时、100 年、200

年等时刻的温度场成果。

1. 最高温度

Ⅲ₁型低热微膨胀水泥补偿收缩混凝土坝体中心剖面碾压混凝土部分最高温度，RCC2(200号)29.16℃,在高程39.0m处；高程44.0m以上常规混凝土(150号)28.6℃,在高程44.0m以上常规混凝土(150号)最高温度31.94℃,在高程52.0m处；上游常规混凝土(200号保护层最高温度31.86℃,在高程39.0m处。普通混凝土相应的温度值为31.97℃、32.3℃、33.4℃和33.54℃(详见表6-75)。

2. 坝体中心区域稳定温度

从坝体基面中心点降温过程线，由于坝体庞大，降温时间很长，直到200年左右时，基面中心点的年降温幅度才小于0.01℃,此时可认为坝体中心区域温度基本稳定，稳定温度为16.0℃左右。在此基础上，再比较该时期前后各个月份的温度场，从中选定最低温度场作为计算最终温差的基准。

3. 水化热温升

结束区内混凝土水化热温升引起的最高温度是坝体基础温差控制的关键指标。而混凝土水化热温升当浇筑时间、浇筑温度、浇筑层厚、间歇期和散热条件相同时，只与水泥品种和用量有关。为比较两类混凝土的水化热温升，取高程39.0m中心处的混凝土进行比较。此高程混凝土的浇筑时间在4月，相应的月平均气温为16.9℃。碾压混凝土(RCC2)的浇筑温度为15.4℃,常规混凝土的浇筑温度为16.4℃,浇筑温度与气温相差不大，基本不存在气温倒灌。计算出补偿收缩混凝土(RCC2)的最高温度为29.16℃,相应水化热温升为13.76℃;补偿收缩混凝土(200号)的最高温度为31.84℃,相应的水化热温升为15.44℃。普通碾压(RCC2)和常规(200号)混凝土的最高温度、温升相应的值分别为31.96℃、16.56℃和35.54℃、17.14℃。补偿收缩混凝土与普通混凝土相比，不论是碾压混凝土(RCC2)还是常规混凝土(200号),其水化热温升前比后者低2~3℃。

4. 两类混凝土最高温度与水化热温升的比较

从温度场计算成果可知，补偿收缩混凝土与普通混凝土相比，前者的坝体最高温度和水化热温升都低于后者。这主要是因为补偿收缩混凝土的胶凝材料为低热微膨胀水泥具有低发热量这一性能带来的好处。两种混凝土的主要温度值比较见表6-83。

表6-83 主要温度值比较

混凝土种类	最高温度(℃)				水化热温升(℃)	
	常规(200号)	常规(150号)	RCC2	RCC1	常规(200号)	RCC2
补偿收缩	31.84	31.94	29.16	28.6	15.44	13.76
普通	33.54	33.40	31.97	32.3	17.14	16.56

从表6-83可见：在前述具体条件下，用补偿收缩混凝土浇筑泄洪坝段，与普通混凝土相比，可使坝体最高温度降低2~3℃;另外，常规200号与150号混凝土的最高温度值相接近，是由于前者浇筑在坝体上、下游表面，其散热条件与后者不同的原因引起的。

(二) 温度应力

温度应力是模拟浇筑过程考虑徐变进行仿真计算得出的，给出了与坝体温度场成果同样时间的坝体应力成果。补偿收缩混凝土坝体大部分区域应力均在-0.75～1.70MPa之间,其后期最大水平向应力(σ_x)比普通混凝土小0.2～0.4MPa,尤其是坝踵、坝趾区域内,由于补偿收缩混凝土的膨胀作用,一直处于受压状态,这与普通混凝土完全不同。两类混凝土坝体内部区域应力比较见表6-84,它们的坝踵、坝趾应力值比较见表6-85。

表6-84 坝体大部分区域应力比较

应力分析时间	σ_x(MPa) 补偿收缩	σ_x(MPa) 普通	σ_y(MPa) 补偿收缩	σ_y(MPa) 普通	τ_{xy}(MPa) 补偿收缩	τ_{xy}(MPa) 普通
浇筑结束	-0.75～0.70	-0.30～0.44	0.0～0.95	0.10～0.30	-0.60～0.60	-0.15～0.15
蓄水时	-0.70～0.35	-0.15～0.40	0.0～0.75	-0.10～0.05	-0.50～0.50	-0.15～0.15
100年	0.10～1.70	0.40～2.10	0～1.00	0～0.70	-0.40～0.45	-0.65～0.72
200年	0.0～1.45	0.50～1.64	0.0～0.80	0～0.30	-0.40～0.50	-0.55～0.55

表6-85 坝踵、坝趾应力比较

部位	坝踵 σ_x(MPa) 补偿收缩	普通	坝踵 σ_y(MPa) 补偿收缩	普通	坝趾 σ_x(MPa) 补偿收缩	普通	坝趾 σ_y(MPa) 补偿收缩	普通
100年	-15.25	2.46	-14.05	2.36	-15.03	3.37	-8.60	2.66
200年	-13.81	4.11	-12.72	4.17	-13.05	5.86	-7.50	4.35

六、分析与结论

(一)成果分析

本研究课题的主要目的,是计算Ⅲ₁型低热微膨胀水泥水工补偿收缩混凝土用于碾压混凝土泄洪坝段的坝体温度、坝体应力,并将其计算成果与普通混凝土对比,分析应用补偿收缩混凝土后对坝体温度场和应力状态有何改善。因碾压混凝土全部位坝体约束区内,它的温度变化、应力分布对坝体安全有很大影响,所以就着重对它的温差、温度应力分布及对照温控指标进行分析比较。

从基础温度与温差来看,在强约束区(高程10.0～36.0m)补偿收缩混凝土水化热引起的沿中心最高温度平均值24.77℃,相应基础温差8.77℃,小于允许值12.0℃;在弱约束区,它们分别为28.43℃和12.43℃,也小于允许值15.0℃,满足基础温差控制标准,并有一定的安全储备。普通混凝土在强约束区和弱约束区的基础温差分别为10.52℃和15.23℃,也基本满足基础温差控制标准,但补偿收缩的基础温差比普通混凝土低2.0～3.0℃,前者优于后者。

坝体内外温差的控制,同样可从限制最高温度来反映和体现。从这一角度出发,设计中对基础约束区提出了如表6-78所列的最高温度允许值。计算结果表明,补偿收缩混凝土坝体约束区高程10.0～22.0m中心剖面最高温度平均值为21.97℃,小于允许值23.0℃,而高程22.0～44.0m范围中心剖面最高温度由下至上为26.5～28.6℃,平均值

28.0℃,在低温月份(11月～次年3月超过允许值。普通混凝土也存在着同样的问题,并且它超过标准的范围大(高程17.0～44.0m),温度也高(平均值30.0℃)。两类混凝土超标范围的最高温度平均值与允许值的比较见表6-86。

表6-86 最高温度平均值与允许值比较

月 份	12～2	3、11	4、10	5～9
允许值	23.0	26.0	28.0～30.0	28.0～31.0
补偿收缩混凝土	28.0	28.0	28.0	28.0
普通混凝土	30.0	30.0	30.0	30.0

混凝土水化热引起的最高温度值是控制基础温差的一个重要指标;利用补偿收缩混凝土浇筑碾压混凝土泄洪坝体,其目的之一就是利用它的低绝热温升来降低基础最高温度与温差。从计算成果可以看出,补偿收缩混凝土与普通混凝土相比,在相同施工条件下,混凝土水化热温升,前者比后者低2.0～3.0℃。这一差异,将给坝体温度控制与改善应力状态带来一定的好处。

混凝土水化热温升呈低温月份浇筑时低、高温月份浇筑时高的规律。这主要是因高温月份,混凝土浇筑温度低于气温太多,气温倒灌使得混凝土最高温度上升;以高程43.5m处的混凝土为例,该处混凝土浇筑时间为5月,相应的月平均气温为21.7℃、碾压混凝土(RCC1)和常规混凝土(200号)浇筑温度分别为12.3℃和11.9℃,它们的温升分别为18.16℃和18.53℃,这里面有4～5℃是因气温倒灌引起的;当混凝土入仓后4h,它们的温度分别为15.62℃和15.68℃,8h分别为18.16℃和18.53℃。8h的温升分别达5.86℃和6.63℃,而RCC1和常规200号混凝土8h的水化热绝热温升只有1.36℃和1.87℃,则气温在浇筑层被覆盖前引起的倒灌温升为4.5℃和4.76℃。因此,高温季节如何在碾压混凝土浇筑过程中减少气温倒灌,降低最高温度,是施工中应考虑的问题。

用水工补偿收缩混凝土浇筑,坝体内大部分区域应力在1.70MPa以内。与普通混凝土相比,其水平向(σ_x)最大拉应力减少了0.2～0.4MPa左右,并且坝踵、坝趾区域一直处于受压水平。

Ⅲ$_1$低热微膨胀水泥补偿收缩混凝土坝体从应力分布来看,坝体中心大部区域垂直向(σ_y)基本处于受拉和微压状态,最大拉应力1.0MPa,发生在100年左右。在水平向(σ_x)最大拉应力值为1.70MPa。均出现在100年左右。其值小于该时间的混凝土抗拉强度。而中热硅酸盐水泥混凝土拉应力值达2.1MPa,远超过混凝土抗拉强度1.64MPa。上、下游面保护层内垂直向应力(σ_y)在0～-3.5MPa之间,一直处于受压状态。水平应力(σ_x)最大值在0.7MPa以内,较大拉应力区在保护层下部。从所给各时刻的坝体应力分布图可知,坝基面附近一下处于受压状态。坝体内的剪应力,在浇筑结束时只有0.15MPa,后期最大时达0.7MPa左右。

(二)结论

1)Ⅲ$_1$型低热微膨胀水泥混凝土用于三峡泄洪坝段,其坝体碾压混凝土应力值在1.7MPa之内,小于Ⅲ型混凝土抗拉强度1.85MPa(3.05MPa—Ⅲ型)。上、下游保护层和内部碾压混凝土的σ_y值小于1.0MPa。同时,坝体内部早期剪应力很小。采用低热硅酸盐水泥混凝土,其拉应力达 2.1MPa,远超过该混凝土抗拉强度 1.64MPa。

2) 坝体基础温差小于允许值,满足碾压混凝土温差控制标准,并且比普通混凝土有较大的富余。

3) 采用Ⅲ₁型低热微膨胀水泥混凝土浇筑后,使坝踵、坝趾区域的温度应力为-73～-15MPa,即一直处于受压状态。而低热硅酸盐水泥混凝土温度应为 2.36～5.86MPa,远超过混凝土抗拉强度 1.64MPa。

4) Ⅲ₁型低热微膨胀水泥混凝土用于碾压混凝土泄洪坝段,因其低热和微膨胀性能,降低了坝体混凝土的最高温度与基础温差,削减了最大水平向拉应力,改善了坝体应力状态。故它用于筑坝优于低热硅酸盐水泥混凝土。

第七节 优质快速筑坝工程实践成果分析

安康水电站高坝取消甲、乙块纵缝设计施工取得成功后,宝珠寺水电站高坝也按安康设计、施工办法,将原设计中热硅酸盐水泥外掺粉煤灰,甲乙块分缝设计、间歇施工,改为Ⅱ型低热微膨胀水泥,大坝取消甲、乙块纵缝设计连续浇筑施工,并获得成功。为工程节约了成本,提高了工程质量,而且使水电站大幅度提前发了电,取得了良好的技术经济效益。继而铜街子水电站厂坝间连接深槽也推广采用了Ⅱ型低热微膨胀水泥。铜街子水电厂坝间深槽长 128.5m,高 35m,宽 1m。为使厂坝连成整体,采用了水工补偿收缩混凝土优质快速筑坝技术,对深槽工程进行连续浇筑,一次完成,不灌浆。埋设仪器经多年原型观测表明,效果很好,厂坝间结合紧密、无缝隙。

20 世纪 90 年代初,武汉长江公路桥桥墩,也采用了Ⅱ型低热微膨胀水泥进行整体设计连续浇筑混凝土桥墩,工程顺利提前竣工。既提高了工程质量,节约成本,又使桥墩的建设工期大为缩短。

水工补偿收缩混凝土以后又相继在莲花水电站工程,万家寨、小浪底水利枢纽、故县水库导流洞堵头工程中推广应用。

在这期间,著者突破原国际 GB2938—82 SO₃ 含量限制,又研制成功了一种混凝土膨胀期为 190d,其膨胀变形曲线距著者提出的大体积混凝土工程理论补偿收缩曲线(第五章)略接近一些的Ⅲ₁型低热微膨胀水泥。

水工补偿收缩混凝土建坝 10 余座工程实践,它们既有一般坝块受老混凝土约束,又有河床坝段的基础部位以及全坝整体设计长块连续浇筑的情况,既有拱坝、又有重力坝和导流洞快速封堵工程。具有广泛的代表性。工程实践表明,低热微膨胀水泥混凝土在大坝提高工程质量,大幅度缩短工程建设周期,节约成本,及温度控制防裂方面带来的好处是一致的,可归纳为以下几点优点和认识。

一、几点优点

(一)降低坝块最高温度

水泥的低热性能,使混凝土坝块有较低的水化热温升,在相同浇筑条件下,和低热硅酸盐水泥混凝土相比,低热微膨胀水泥混凝土能够相对降低坝块的最高温度,及相应减少的加冰量(当量加冰)其实测效果如表 6-87 所示。

表 6-87 各工程两种混凝土实测水化热温升

现场试验	浇筑厚度(m)	水化热温升(℃) 低热硅酸盐水泥	水化热温升(℃) 低热微膨胀水泥	降低的温度 ΔT(℃)	降低的温度 当量加冰(kg/m³)
长 诏	5.0	22.0	17.1	4.9	54
池 潭	3.0	18.4	15.6	2.8	31
池 潭	4.0	21.1	17.0	4.1	46
紧水滩	10.0	25.0	18.0	7.0	78
鲁布革	6.0	24.0	14.0	10.1	113
安 康	6.0	18.41（中热硅酸盐水泥＋40%粉煤灰）	12.39	6.02	67

当浇筑层厚为 3.0m 时，低热微膨胀水泥混凝土浇筑坝块的最高温度，比低热硅酸盐水泥混凝土低 2.8℃；而浇筑 10m 时，仅和浇筑层厚 3.0m 的低热硅酸盐水泥混凝土及浇筑层厚 2.5m 的纯大坝水泥混凝土的最高温度相当。可见，应用低热微膨胀水泥混凝土筑坝，低热效果明显，若采用高块连续浇筑，效果更突出。安康大坝实测比外掺 40% 粉煤灰中热硅酸盐 52.5 水泥混凝土低 6℃。鲁布革工程比低热硅酸盐水泥混凝土低 10~13℃。

国内外许多工程，为了降低坝块最高温度，往往花费很大代价，加冰拌和是常用的手段。当把第 1m³ 混凝土的浇筑温度降低到 1℃ 时，需要加冰量(冰屑融解时所吸收的热量为 80×1000kg)：

$$1℃ = \left(\frac{W_i T_w + 80 W_i}{C_{S1} W_{S1} + C_{S2} W_{S2} + C_C W_C + W_w}\right) \cdot K$$

式中 T_w——水温(℃)；

C_{S1}、C_{S2}、C_C——砂子、石子、水泥的比热，其值接近 0.20；

W_{S1}、W_{S2}、W_C、W_w、W_i——砂、石子、水泥、水、冰的重量(kg)；

K——折减系数，通常为 0.6。

在长诏坝混凝土配比(1m³ 混凝土材料用量：水为 118kg，砂为 549kg，石子为 1562kg，水泥为 211kg) 及假定水温为当地年平均气温(16.5℃)的条件下，根据上式计算得

$$W_i = \frac{0.2 \times 549 + 0.2 \times 1562 + 0.2 \times 211 + 118}{(16.5 + 80) \times 0.6} = 11.1 \text{kg}$$

因此浇筑相同厚度的坝块，必需在低热硅酸盐水泥混凝土内加一定数量的冰屑(表 6-87)，才能和低热微膨胀水泥混凝土的温度一致，也就是低热微膨胀水泥混凝土减少坝块最高温度所相当的加冰效果。如 5m 层厚，相应减小冰量为 54kg/m³。

紧水滩水电站上游围堰，由于截流时间所限，只有工程整体设计，长块连续浇筑，才能使主体工程当年开工，提前一年发电。如果采用硅酸盐水泥混凝土，必须要有冷却措施，才能满足规范限定的温差，并且浇筑块还需一定的间歇期，当年工程就不能截流，影响了主体工程，要迟后一年施工。而选用低热微膨胀水泥混凝土，并有相应的新设计、新施工

配合,既满足温差控制要求又达到快速施工,并提前产生一年发电效益。

鲁布革工程,由于采用Ⅱ型低热微膨胀水泥,并有相应的新设计、新施工配合,实现了工程整体设计、连续浇筑并免去了灌浆工序,使 5 个月的建设工期缩短为 13 天,使工程提前 4 个月发电。

(二) 减小坝体的内外温差

内外温差的过大将导致坝块发生裂缝,用低热微膨胀水泥混凝土筑坝,可以减小坝体内外温差,长诏、池潭及紧水滩、安康、宝珠寺等大坝的工程实践都表明了这一点。

不论采用哪种水泥混凝土筑坝,表面温度都与气温相接近,而内外温差的减少,体现在坝体内部水化热的降低,因此其效果如表 6-87。当近似取坝体在最大内外温差时,温度分布如图 6-66 所示,以公式表示:

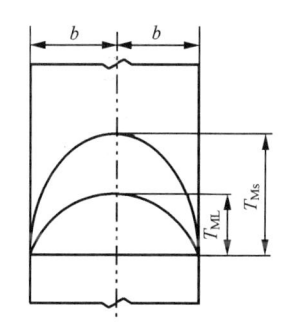

图 6-66 坝体最大内外温差时温度分布图

$$T = T_W\left(1 - \frac{x^2}{b^2}\right)$$

则低热微膨胀水泥混凝土与低热硅酸盐水泥混凝土两者之差为

$$\Delta T = (T_{MS} - T_{ML})\left(1 - \frac{x^2}{b^2}\right)$$

$$= \Delta T_M\left(1 - \frac{x^2}{b^2}\right)$$

式中 T_{MS}——低热硅酸盐水泥混凝土坝块最高温度;

T_{ML}——低热微膨胀水泥混凝土坝块最高温度(见图 6-65)。

在紧水滩围堰浇筑层厚为 10.0m 的情况下,实测 $\Delta T_M = 7.0$℃,代入上式则有

$$\Delta T = 7.0\left(1 - \frac{x^2}{b^2}\right)$$

相应减少温度应力为

$$\Delta \sigma_y = \frac{E\alpha\Delta T}{1-\mu} + 补充解$$

补充解用能量法求解于 F。取应力函数

$$\phi = \frac{1}{2}\left(\frac{E\alpha\Delta T_M}{1-\mu}\right)x^2\left(1-\frac{x^2}{6b^2}\right) + (x^2-b^2)^2$$
$$(y^2-b^2)^2(a_1 + a_2 x^2 + a_3 y^2)$$

微分上式代入

$$V = \frac{1}{2E}\iint\left[\left(\frac{\partial^2\phi}{\partial x^2}\right)^2 + \left(\frac{\partial^2\phi}{\partial y^2}\right)^2 + 2\left(\frac{\partial^2\phi}{\partial x\partial y}\right)^2\right]\mathrm{d}x\mathrm{d}y$$

再由极值条件 $\frac{\partial v}{\partial a_i} = 0$

求得 $a_1 = 0.0793\dfrac{E\alpha\Delta T_M}{(1-\mu)H^4 b^2}$

$a_2 = 0.1593\dfrac{E\alpha\Delta T_M}{(1-\mu)H^6 b^2}$

$$\alpha_3 = 0.3686 \frac{E\alpha\Delta T_M}{(1-\mu)H^6 b^2}$$

从而得低热微膨胀水泥混凝土,减小内外温差使坝块表面拉应力减少

$$(\Delta\sigma_y)_{x=\pm b} = \left[-\frac{E\alpha\Delta T(x)}{1-\mu} + \frac{\partial^2\phi}{\partial x^2}\right]_{x=\pm b}$$

$$= \frac{8K_P E\alpha\Delta T_M}{(1-\mu)H^4}(0.0797 + 0.0001026 y^2) \cdot (y^2 - H^2)^2$$

代入混凝土弹性模量(25.0GPa),线膨胀系数(10×10^{-6}),徐变松弛系数(0.5),泊松比(1/6)及围堰高度 H(25.0m),得紧水滩工程基础部位所减少的表面拉应力:

$$(\Delta\sigma_y)_{x=\pm b} = 0.67\text{MPa}$$

原型观测仪器实测预压应变-233×10^{-6}、-220×10^{-6},气温骤降后,仍有-190×10^{-6}压缩变形,工程没有发生表面裂缝。

(三) 简化基础温差的控制

在大坝基础温差控制中低热微膨胀水泥混凝土所能起到的作用,是它优越性的集中反映。它综合了低热、微膨胀两者的效果。

一般水泥混凝土的基础允许温差,常由下式确定

$$\frac{R}{1-\mu}E\alpha K_P[T] = [\sigma]$$

则相应的低热微膨胀水泥混凝土确定为

$$\frac{R}{1-\mu}E\alpha K_P([T] - \Delta T_g - \Delta T_M) = s[\sigma]$$

式中 $[T]$——基础允许温差;

ΔT_g——微膨胀补偿的降温量;

ΔT_M——低热性能削减的水化热微升;

$[\sigma]$——混凝土抗拉强度;

s——约束条件下混凝土强度增长系数(1.1~1.2)。

反复试验证明,Ⅰ型低热微膨胀水泥与低热硅酸盐水泥混凝土在相同配比下,有接近相等的强度与极限拉伸值,则有

$$\varepsilon_{os} = \varepsilon_{oL}$$

或

$$\left(\frac{[\sigma]}{K_P E}\right)_s = \left(\frac{[\sigma]}{K_P E}\right)_L$$

因此,两种水泥混凝土浇筑相同结构时,有

$$\frac{(1-\mu)[\sigma]}{RE\alpha K_P} = \left|\frac{(1-\mu)[\sigma]}{\frac{R}{s}E\alpha K_P}\right|_L$$

比较两种水泥混凝土的基础温差控制算式,可见低热微膨胀水泥混凝土可使基础温差控制放宽:

$$\Delta T = \Delta T_g + \Delta T_M$$

在池潭电站大坝Ⅰ型低热微膨胀水泥每浇筑层厚为4.0m的情况下:

$$\Delta T = \Delta T_g + \Delta T_M = (2\sim3)\text{℃} + 4.1\text{℃} = (6\sim7)\text{℃}$$

像紧水滩、鲁布革、安康水电站那样，长块连续浇筑，其简化温度控制的作用更大。如Ⅲ型低热微膨胀水泥 6m 以上连续浇筑，则有 10℃ 左右简化温并控制作用。即 $\Delta T = \Delta T_g + \Delta T_M = 4\text{℃} + 6\text{℃} = 10\text{℃}$。鲁布革导流洞封堵工程原型观测结果，仅削减最高温度一项就比低热硅酸盐水泥混凝土多出 10.1～13.3℃ 的好处。

安康大坝采用Ⅱ型低热微膨胀水泥混凝土，进行取消甲、乙块纵缝，浇筑层厚度 3m 和 6m，原型观测仪器实测最大拉应力为 0.66MPa 和 0.41MPa，最小抗裂安全系数 4.7 和 7.5，工程无裂缝。而中热硅酸盐水泥外掺粉煤灰混凝土，浇筑块长度小一半，也达不到上述结果。

（四）提高坝块抗御气温骤降的能力

已有工程的实践表明，大坝基础及深层裂缝绝大部分是表面裂缝形成的。而使坝块发生表面裂缝的主要原因，是气温骤降的冲击。对于一般宽为 20～30m 的坝块，当遭受日平均气温在 2～5d 内下降到 6～8℃ 以上的气温骤降冲击，即引起表面裂缝，并多发生在早期，6～20d 占 80% 以上。

坝块受气温骤降冲击在表面引起的应力，可由下式计算：

$$\sigma = -\frac{RE\alpha K_P}{1-\mu}T_C\left(1 - \frac{\lambda b}{\beta\alpha\tau_0} + \frac{b^2}{\alpha\tau_0}\sum_{n=1}^{\infty}\frac{A_n}{\mu_n^2}\cdot\cos\mu_n\cdot e^{-\mu_n^2\cdot\frac{\alpha\tau_0}{b^2}}\right)$$

$$A_n = \frac{2\sin\mu_n}{\mu_n + \sin\mu_n\cos\mu_n}$$

式中　μ_n——下列方程之根：$\mu_n tg\mu_n = \frac{\beta b}{\lambda}$；

T_C——气温骤降幅度；

τ_0——气温骤降的历时；

α、β、λ——导温、放热、导热系数。

坝块所能承受的许可气温骤降幅度为

$$[T_c]_s = -\frac{(1-\mu)[\sigma]}{RE\alpha K_P} \times \frac{1}{\left(1 - \frac{\lambda b}{\beta\alpha\tau_0} + \frac{b^2}{\alpha\tau_0}\sum_{n=1}^{\infty}\frac{A_n}{\mu_n^2}\cdot\cos\mu_n\cdot e^{-\mu_n^2\cdot\frac{\alpha\tau_0}{b^2}}\right)}$$

而低热微膨胀水泥混凝土坝块，由于表面具有预压应力，则上式为

$$[T_C]_L = -\frac{(1-\mu)(s[\sigma]+\Delta\sigma_g)}{RE\alpha K_P} \times \frac{1}{\left(1 - \frac{\lambda b}{\beta\alpha\tau_0} + \frac{b^2}{\alpha\tau_0}\sum_{n=1}^{\infty}\frac{A_n}{\mu_n^2}\cdot\cos\mu_n\cdot e^{-\mu_n^2\cdot\frac{\alpha\tau_0}{b^2}}\right)}$$

因为有：

$$\left.\frac{(1-\mu)[\sigma]}{RE\alpha K_P}\right|_S = \left.\frac{(1-\mu)[\sigma]}{\frac{R}{s}E\alpha K_P}\right|_L$$

则低热微膨胀水泥混凝土补偿气温骤降的幅度

$$\Delta T_c = [T_c]_L - [T_c]_s = -\frac{(1-\mu)\Delta\sigma_g}{RE\alpha K_P} \times \frac{1}{\left(1 - \frac{\lambda b}{\beta\alpha\tau_0} + \frac{b^2}{\alpha\tau_0}\sum_{n=1}^{\infty}\frac{A_n}{\mu_n^2}\cdot\cos\mu_n\cdot e^{-\mu_n^2\cdot\frac{\alpha\tau_0}{b^2}}\right)}$$

当低热微膨胀水泥混凝土早期在坝块表面具有预压应力 0.35MPa,坝块宽为 20m($b=10$m),β 为 $20\times1000\times4.1868$J/(m·h·℃),λ 为 $2.5\times1000\times4.1868$J/(m·h·℃),$a$ 为 0.04m²/h,α 为 10×10^{-6},E 为 16.0GPa,K_P 为 0.85,μ 为 1/6,由实测得 R 为 0.9,取 τ_0 为 3d,代入上式得:

$$\Delta T_C = 2.6 ℃$$

相当于坝面保护一层草袋的作用。

池潭大坝低热微膨胀水泥混凝土施工期曾遭受历时 2～5 天,气温下降幅度 13.8～16.7℃五次。紧水滩水电站拱围堰施工期也遭受 6.0～11.1℃气温骤降七次,工程均未发生表面裂缝。安康高混凝土坝等工程同样没有表面裂缝发生。

(五)限制裂缝的发展

坝块发生了裂缝,人们最关心的是它会不会再继续发展和恶化,成为危及大坝安全的深层或贯穿性裂缝。因此为处理裂缝往往花费很大代价。目前国内外对裂缝常采用凿槽回填及跨缝铺筋处理,事实表明这样处理后,许多裂缝还要向上发展,尤其是大坝基础和长期暴露的部位。

在池潭大坝和紧水滩围堰工程的基础填塘硅酸盐水泥混凝土中,都具有比较大的裂缝,并长期暴露在外,浇筑低热微膨胀水泥混凝土时,也作了跨缝铺筋处理。并埋设了观测仪器;监测裂缝的动态。两个试块的内部温度降至最低,而且暴露的裂缝面反复受气温骤降冲击,但裂缝并没有向上发展。跨缝埋设的钢筋计实测应力也长期处于受压状态,这表明在裂缝上部浇筑低热微膨胀水泥混凝土,受老混凝土及钢筋约束,形成一层预压层,改变了裂缝尖端应力状态,起到限止裂缝发展的作用。

二、几点认识

1) WD-Ⅲ型低热微膨胀水泥混凝土自由状态下的强度与极限拉伸值,和 52.5 硅酸盐水泥混凝土相比,WD-Ⅲ型低热微膨胀水泥混凝土 28d、90d 抗拉强度比中热 52.5 硅酸盐水泥高 48.8%和 55.0%。28d 极限拉伸值高 65.2%。当各外掺 20%粉煤灰,龄期 7d,28d,抗拉强度比 52.5 中热硅酸盐水泥高 79.2%和 49.2%,28d 极限拉伸值比 52.5 中热硅酸盐水泥高 46.2%(见表 6-88)。而且在约束条件下它又有提高。而抗裂、抗渗、抗冻性均比 52.5 硅酸盐水泥混凝土好,特别是抗裂、抗渗提高的幅度更大(见表 6-88,表 8-5)。另外低热微膨胀水泥混凝土的施工性能比硅酸盐水泥混凝土好。故特别适宜大坝等水工建筑物,而且效果、效益显著。

2) 低热微膨胀水泥混凝土的低热性能是明显的。浇筑一般水工结构都可体现和得到,尤其对高块连续浇筑可削减水化热温升 7℃,原型观测结果鲁布革工程比低热硅酸盐水泥低 11～13℃。对比外掺粉煤灰的中热硅酸盐水泥混凝土或普通硅酸盐水泥混凝土相比,低热微膨胀水泥混凝土的低热效果也十分显著。如安康大坝原型观测结果比中热硅酸盐水泥外掺 40%粉煤灰水化热温升低 6℃。

混凝土的膨胀量基本为 200×10^{-6}～300×10^{-6},并长期稳定不收缩。受约束产生的预压应力约 0.2～0.5MPa,其补偿作用随结构的降温时间及速度而异。补偿气温骤降效果明显,补偿大坝后期降温效果,Ⅰ型(第一代水泥产品)为 2℃,Ⅲ型为 4℃左右。

表6-88 各种水泥、混凝土性能综合比较表

水泥品种	抗压强度(MPa) 3d	7d	28d	90d	抗拉强度(MPa) 7d	28d	90d	抗折强度(MPa) 7d	28d	90d	水化热(kJ/kg) 3d	7d	含碱量(%)	抗硫酸盐(海水)侵蚀(mg/L)
中热硅酸盐525水泥	26.8	39.6	56.6				4.9		6.2	8.2	252	273	0.5~0.6	2500~7500
美国波特兰水泥Ⅱ ASTMC 150-98	10	17.0										290	<0.6	
英国波特兰高炉水泥 BS4246		14	28									250		
美国K型膨胀水泥	8.2	14.7	24.5				4.1		5.3	7.8		291	<0.6	
明矾石膨胀水泥	24.5	30.0	52.5				3.0		6.2	11.3	200	251		
WD-Ⅲ型低热微膨胀525水泥	13.5	30.4	56.2	1年 71.6 / 3年 82.7 / 5年 100.5						1年 11.6 / 3年 10.5 / 5年 11.7	164.9	175.8	0.38~0.41	20000

	抗压(MPa) 7d	28d	90d	抗拉(MPa) 7d	28d	90d	极限拉伸(×10⁻⁴) 7d	28d	90d	自生体积变形(×10⁻⁶)
R₂₈200 中热硅酸盐525水泥掺20%粉煤灰混凝土	18.1	27.0	37.9	1.25	1.77	2.85	0.75	0.91	1.01	三峡大坝5天为5,以后逐渐收缩至90天稳定至-22
R₂₈200 WD-Ⅲ 525低热微膨胀水泥掺20%粉煤灰混凝土	18.8	28.0	38.8	2.24	2.88	3.41		1.33		180~220
R₂₈200 WD-Ⅲ 525低热微膨胀水泥掺0%粉煤灰混凝土	24.8	33.9	39.4	2.27	3.05	3.40		1.52		
R₂₈200 中热硅酸盐525水泥掺0%粉煤灰混凝土		28.7	37.0		2.05	2.20		0.92	0.93	

	渗透系数(cm/s)	抗冻(快冻)次	绝热温升(℃)	干缩(10⁻⁶) 3d	28d	90d	热强比 kJ/MPa	抗裂系数	抗开裂系数	工程实测最小抗裂安全系数
中热硅酸盐水泥掺20%粉煤灰混凝土	1×10⁻⁷	250~300	23.4	46	296	379	992.6	0.218	4.047	
WD-Ⅲ 525低热微膨胀水泥掺20%粉煤灰混凝土	1.43×10⁻¹⁰	>300	17.3	-60	-10	40	605.2	3.436	10.299	4.7

3) 低热微膨胀水泥混凝土,又可称为水工补偿收缩混凝土,因为低热的性能特别适宜浇筑水工大体积结构;微膨胀又具有补偿收缩的能力。因此低热微膨胀水泥的研制把补偿收缩混凝土从国内外一般梁板薄壁结构的应用范围,发展到水工建筑上,为从材料方面解决大坝温度控制、防裂和大体积混凝土工程整体设计、快速经济施工开辟一条新途径。

大型水利水电工程的通仓浇筑及中小型水电站的施工条件,往往由于温度控制防裂问题而影响建设速度。严格控制入仓温度对一些工程又难以实现,或花费代价太大,应用低热微膨胀水泥混凝土可使温度控制简化和放宽。

混凝土重力坝设计规范规定,在底长为20~30m的坝块,基础允许温差为22~19℃。实践表明当采用低热微膨胀水泥混凝土浇筑,则允许温差可以放宽。在水泥用量为211kg/m³ 时,低热微膨胀水泥混凝土的绝热温升(T_0)为18.2℃。当取坝块的稳定温度(T_f)为一般地区的年平均气温(16℃),则允许入仓温度可以放宽到:

$$[T_P] = [T] + T_f - T_0 \leqslant 17 \sim 20℃$$

只要因地制宜采取简便措施,即满足这一要求。即使对于长块浇筑,一般水泥混凝土要求浇筑温度在5℃左右,若改用Ⅲ型低热微膨胀水泥混凝土,可以放宽至12~15℃,使温度控制措施大为简化。

4) Ⅰ型低热微膨胀水泥混凝土的补偿作用,在单向约束条件下,相对于低热的作用效果较小。主要是由于膨胀发生的太早,龄期5d以前基本结束,这时混凝土的弹性模量低,膨胀能不大;同时所转化的变形能,又由于混凝土的塑性、徐变变形及弹性模量的增长(在早期都比较突出),而大部被损失掉。另一方面水工大体积混凝土结构散热迟、速度慢,也不利于膨胀能的有效利用。

Ⅲ型低热微膨胀水泥混凝土已经适当和部分做到膨胀与降温同步和将膨胀期延续到190d,故补偿能力得到了较为充分的利用,施工中可以充分利用早期通水冷却,强迫坝体降温与膨胀同步有效地削减水化热温升。这样做对低热微膨胀水泥混凝土是允许和必要的。在鲁布革工程施工过程中,著者和施工人员就对大体积混凝土堵头进行早期连续通水(河水)冷却,不仅加快了降温速度,使堵头温度及早达到稳定,而且可削减最高温升3.54℃。因为只要微膨胀大于或等于通水冷却带来的收缩,理论和实践都证明是可行的,效果也是好的。但对硅酸盐水泥混凝土坝,通水冷却水速度有限制,不允许早期通水冷却太快,一期通水冷却削减最高温度为2~3℃,否则会引起裂缝。紧水滩水电站主坝发生的水平裂缝就是一例。

5) WD-Ⅲ型低热微膨胀水泥目前是世界唯一性能和耐久性最好,而且生产无污染的高档水泥品种(见表2-23、表6-88)。

大面积推广应用我国自主创新的发明专利WD-Ⅲ型低热微膨胀水泥和混凝土工程整体设计、连续浇筑施工新技术,对大力发展我国无污染、高性能、低能耗、高效益的新型低碳水泥产业,构筑耐久、高效益新型建筑工程体系,具有世界开拓创新的重大意义。由于水泥生产实现产品高质量、低成本、无污染。混凝土工程高质量、耐久、成本低(混凝土成本低、模板、灌浆工程量的减少或省略)。而工程建设工期大幅度的缩短,效益就更为巨大,以鲁布革工程为例,由于采用该发明专利全套技术(新理论、新材料、新设计、新施工),将硅酸盐水泥混凝土5个月的工程建设期,缩短为13天,创提前发电效益7.398亿元。

第七章 水工补偿收缩混凝土刚性防渗屋面*

第一节 刚性防渗屋面设计

随着工业民用建筑的发展,高层楼房和大厦的屋顶防止雨水渗漏,是一个普遍存在的问题。利用水工补偿收缩混凝土浇筑屋顶,可以长期有效地起到防漏防渗作用,是我们在应用中逐步体验和认识到的。长江科学院用低热微膨胀水泥混凝土在武汉变电站房屋顶(20m×8m),铺设一层厚为 8cm 的水工补偿收缩混凝土,至今近 30 年,毫不漏水。以后华东水电勘测设计研究院和著者又在浙江紧水滩水电站屋顶及略阳水泥厂综合楼屋顶应用,均具有很好的防水、防渗效果。实践证明,水工补偿收缩混凝土不仅对水工结构的温控防裂具有显著的作用,在工业民用建筑中也具有广泛的前途。

在屋顶上浇筑水工补偿收缩混凝土,是利用混凝土的膨胀受底部预制板或老混凝土的约束,在防水屋内部形成一定的预压应力,以补偿混凝土干缩及气温骤降引起的拉应力,使它不致发生裂缝而起到防水作用。另外水工补偿收缩混凝土的密实性好,抗渗性能强的优点,也有利于它的防水作用。

屋顶防水层是很薄的,厚度一般只有 5～10cm,和屋顶平面尺寸相比,只有其1/200～1/1000。防水层的预压应力计算,可视为在无限大域的基础上,浇筑一层很薄的嵌固板(图 7-1)。

水工补偿收缩混凝土的膨胀是随时间不断增长的,早期增长较快,后期缓慢。而混凝土为均质各向同性体,即膨胀不随坐标变化,只是时间的函数,同时新浇水工补偿收缩混凝土在膨胀期间的弹性模量,相对于基础老混凝土要小得多,可视为在平面上受到全约束的嵌固板。因此,有

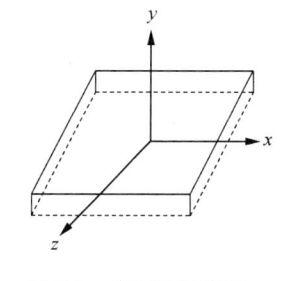

图 7-1 嵌固板示意图

$$\varepsilon_x = \varepsilon_z = 0$$

即

$$\varepsilon_x = \frac{1}{E}(\sigma_x - \mu\sigma_z) + \varepsilon_g(t) = 0$$

$$\varepsilon_z = \frac{1}{E}(\sigma_z - \mu\sigma_x) + \varepsilon_g(t) = 0$$

介以上两式有

$$\frac{1-\mu^2}{E}\sigma_x + (1+\mu)\varepsilon_g(t) = 0$$

---

* 水工补偿收缩混凝土刚性防渗屋面,《中国科学报》1992 年 4 月 7 日发表。

$$\sigma_x = \sigma_z = -\frac{E}{1-\mu}\varepsilon_g(t) = 0$$

如果按膨胀过程计算预压应力,即视混凝土弹性模量为变化的,可分时段进行计算。在应用上述公式时,取段时段的增量 $\Delta\varepsilon_g$ 和相应龄期的混凝土弹性模量,即有

$$\sigma_x = \sigma_z = -\frac{1}{1-\mu}\sum_{i=1}^{n}\Delta\varepsilon_{gi}E_i$$

另外,由于补偿收缩混凝土的膨胀在防水板内各点各向是相同的,也可用约束系数法求得预压应力,即为

$$\sigma_x = \frac{E}{1-\mu}R_x\varepsilon_g$$

$$\sigma_z = \frac{E}{1-\mu}R_z\varepsilon_g$$

式中:R 为约束系数,是随补偿收缩混凝土和底部老混凝土的弹性模量之比及防水板的高宽比而变化的,可由图(5-10)查得。从中可见,当 $H/L<0.05$ 以后,R 值基本不再随 E_C/E_B 随值变化。R_x 与 R_z 相等且等于 1.0,和上述嵌固板的计算公式是一样的。

为了使补偿收缩混凝土防水层的自生体积膨胀,受到比较均匀的约束,最好在防水层内铺设一层直径较小的钢筋(采用 φ5mm 铁丝),这样也可以减缓混凝土徐变给预压应力带来的损失。

【例】某屋顶平面尺寸为 30m×10m,用补偿收缩混凝土在预制板上浇筑一层厚度为 6cm 的防水层,混凝土膨胀与弹性模量如表 7-1 所示,泊松比为 0.167。求其内部所产生的预压应力。

表 7-1 各龄期混凝土膨胀量与弹性模量表

混凝土龄期(d)	1	2	3	4	5	7	12	28
混凝土膨胀量(10^{-6})	180	240	280	286	290	296	300	300
混凝土弹性模量(GPa)	1.5	4.0	10.5	10.5	15.0	20.0	24	30

解:由式,计算预压应力

$$\sigma_g = -\frac{1}{1-\mu}\sum_{1}^{12}\Delta\varepsilon_{gi}E_i$$

$$= -\frac{1}{1-\mu}(180\times0.75 + 60\times2.75 + 40\times7.25 + 6\times12.75$$

$$+ 4\times16.0 + 6\times18.0 + 4\times22.0)\times10^{-2}$$

$$= -1.11\text{ MPa}$$

其中混凝土弹性模量取为两龄期间的平均值。

假定防水板在浇筑后 7d 龄期,遇有历时 3d、降温幅度 10℃ 的气温骤降袭击。混凝土导热系数为 $61\times4.1868\times10^3$(J/m·d·℃),放热系数为 $737\times4.1868\times10^3$(J/m²·d·℃),其表面降温 ΔT 为 8.7℃,则在防水板产生拉应力为

$$\Delta T = \frac{E}{1-\mu}\alpha\Delta T = 21.0\times10^4\times8.7\times10^{-5}$$

$$= 2.19\text{MPa}$$

如果防水板是采用普通水泥混凝土浇筑,一般就要发生裂缝。但由于防水板是用补偿收缩混凝土浇筑的,内部已蓄存有 1.11MPa 的预压应力,起到了补偿作用,使拉应力减少为

$$\sigma = 2.19 - 1.11 = 1.08 \text{MPa}$$

在混凝土抗拉强度范围以内,而不致发生裂缝了。

第二节　屋面防水工程影响膨胀量的因素

1. 低热微膨胀水泥储存时间和方法

根据试验,低热微膨胀水泥储存时间愈长,则补偿收缩混凝土的膨胀量愈小。储存方法、环境愈干燥,愈通风愈好,膨胀量减少愈小。因此,水泥应尽可能储存在没有潮气的干燥环境中,应尽可能及早使用,力求储存时间不要过久。制定施工方案时应周密考虑,水泥的储存方法、时间和地点。

2. 外加剂

外加剂对于补偿收缩混凝土的膨胀有明显的影响,有的可提高了补偿收缩混凝土的膨胀量,有的则降低了膨胀量。此项掺用外加剂工作,在施工以前应有充足的时间来完成,以便对各种外加剂进行选择和评价。

3. 拌和时间

补偿收缩混凝土从加水到浇筑的时间应尽可能缩短,使坍落度和膨胀的损失减至最小,如果延长拌和时间,就会使膨胀量降低。

4. 坍落度

不论是外加剂还是拌和时间都对补偿收缩混凝土的坍落度有影响。但即使混合料在 1 小时后只有 0.6cm 的坍落度,混凝土仍可用振捣法密实,并能满足收浆和抹面。

5. 养护

要使补偿收缩混凝土获得所需要的膨胀,必须在一定的时间内保持给水养护。在养护期间,使补偿收缩混凝土保持的养护水分愈多,不仅膨胀量会大些,而且对强度等各项性能均为有利。因为膨胀的根源在钙矾石的形成,它需有 31 个克分子的水。因此,在极限内,膨胀量与水泥水化所需的水量有关。在混凝土表面上有隔汽材料覆盖以防水分蒸发,保持拌和用水量不变,就会获得有效的膨胀量。但是用不断洒水的湿粗麻布覆盖它,效果更要好一些。用喷雾养护剂来养护,则膨胀量将显著地降低。因此,最好是采用湿的粗麻布或其他措施维持混凝土表面的湿度,其次是采用隔汽材料来覆盖混凝土,在抹面完成后立即进行。

6. 约束

补偿收缩混凝土在养护期间必须加以约束使之产生压应力,可利用模板、地基的摩擦力,相邻建筑物或内部的钢筋来实现此种约束。

第三节　刚性防渗屋面工程施工

1. 材料的选择和加工

(1) 骨料:凡是适用于波特兰水泥混凝土的骨料同样也适用于水工补偿收缩混凝土,

凡满足混凝土骨料标准（见表7-2～7-5）要求的骨料用来拌制水工补偿收缩混凝土，都可以获得良好的结果。然而，骨料的种类对于水工补偿收缩混凝土膨胀的特性和干缩有显著的影响。为此，建议工地上的骨料都必须在实验室进行配合比的试验。

骨料加工厂的主要任务是生产纯净的、粒径适当的骨料。从天然砂场采来的砂的级配往往不符合要求，需掺适当的混合砂，或压碎多余的大粒砂，或去掉过多的同粒径的砂，或同时并举。

满足水工补偿收缩要求的骨料的物理性质如表7-2。

表7-2 骨料的物理性质

骨料性质	砂	砾 石
细度模数	2.4～2.8	
颗粒比重（t/m³）	>2.5	>2.55
吸水率（%）		<2.50

表7-3 骨料允许杂质含量

杂 质 名 称	外部或水位变化区混凝土	普通或内部混凝土
天然砂黏土，淤泥及细屑含量（%）	<3	<3
人工砂石粉含量（%）	<10	<12
其中黏土含量（%）	<1.0	<1.0
硫化物及硫酸盐含量（以SO_3重量%计）	<1	<1
云母含量（%）	<1	<1
有机物含量	用比色法 砂料上方溶液的颜色不得深于标准色，深于标准色时，其砂浆强度不得低于先用石灰水后用清水冲洗的同种砂的砂浆强度	
活性骨料的矿物含量	当水泥含碱量超过0.6%时应进行专门研究	

注 1. 砂料中不应含有黏土团块。
2. 不合本规定的砂料，须经技术经济论证后，方可使用。
3. 人工砂中石粉系指小于0.15mm颗粒。

表7-4 石料中杂质的允许含量

杂 质 名 称	允许含量（%）
黏土、淤泥及细屑	<0.5
硫化硫及硫酸盐（以SO_3计）	<0.5
有机质	同矿料规定
活性骨料矿物	同矿料规定

表 7-5　碎石或卵石坚固性的规定

混凝土所处的环境条件	在硫酸钠溶液中的循环次数	重量损失不宜大于(%)
在干燥条件下使用的混凝土	5	12
寒冷地区室外使用并经常处于干湿交替状态的混凝土	5	6
严寒地区室外使用并经常处于若湿交替状态的混凝土	5	3

注　1. 严寒地区指最寒冷月平均温度低于－15℃,寒冷地区为－5～15℃。
　　2. 在干燥条件下,仅在发现粗骨料有显著缺陷(指风化状态及软弱颗粒过多)方进行坚固性检验,但有抗疲劳、耐磨、冲击要求或标号在 400 号以上的混凝土,5 次循环重量损失不应大于 5%。

（2）水泥：Ⅲ、V、Ⅵ型低热微膨胀水泥。

（3）外加剂：市场上所能买到的并符合国家规范的外加剂,都可以用。加气剂、减水剂、缓凝剂和促凝剂对于膨胀水泥的膨胀作用可能是有利的,也可能是有害的,都要进行试验来确定取舍。实验室和现场试验都表明外加剂的性能受到水泥的成分、周围的湿度及拌和时间等的影响较大。

（4）水：拌制补偿收缩混凝土的用之水与拌制波特兰水泥混凝土所用之水性质相同。

2. 配料

水工补偿收缩混凝土的配料,应根据实验室试验结果来进行。混凝土的温度应大致和工地的温度相同。试拌时应考虑混凝土的运送时间。如果从加水到浇筑的时间不超过 15min,不必增加水量。如果超过 15min,就应根据试验结果决定是否增加需水量,以抵偿运行时间的坍落度损失。

3. 拌和

目前水工补偿收缩混凝土一般是用汽车拌和机拌和的。拌和机在汽车上,从配料厂接受混合料后,边行驶边搅拌直到模板处入仓。汽车拌和机上有搅拌器,在运送途中不时对已拌好的混凝土进行轻微的搅动,以防离析。有时混凝土需要保持其塑性与和易达 90min 之久,视天气情况和混合料的组织成分而定,这时就要搅拌器作不时的转动。为了使一批一批的混凝土搅拌均匀,汽车拌和机应配备精确的水表,要装在供水柜和拌和机之间,应配备可靠的转数计,确定拌和指标相关的数量；应能在鼓筒转动时使骨料、水泥、水等原料成"条带喂料式"倒进拌和机应限制初始拌和用水以排除超过适当的坍落度的可能性,应在拌和机上留一孔口,以便当它到达模仓中易于确定混凝土的稠度,应该用效率试验法确定拌和机在一定配料容量下的最优转速等等,亦可在施工点附近使用小型拌和机,拌和均匀后,组织好工人,手推车提升机连续供料。

4. 浇筑

水工补偿收缩混凝土的塑性特点和普通混凝土极为相似,浇筑时不需要什么特殊的设备和技术,用独轮车、汽车拌和机、吊罐、皮带机、喷混凝土机等设备都能进行浇筑。一般说来,与硅酸盐水泥混凝土相比较,水工补偿收缩膨胀混凝土具有更大的粘聚性。同时离析的倾向也要小一些。因此,它更能适用泵浇。浇筑硅酸盐水泥混凝土的注意事项同样适用于水工补偿收缩混凝土,对两者都是同等重要。此外,根据水工补偿收缩混凝土的特性提出了一定的预防措施,以保证其有足够的膨胀和满意的结果。

当塑性混凝土在干燥的地面或早已浇完的干燥的混凝土面浇筑时,接触面必须彻底用水湿润。轻轻地洒点水是不够的,应在浇筑之前把触面用水浸泡一夜,第二天再浇筑。必要时,浇筑前还要洒水对于结构混凝土,浇筑前用水湿润模板和钢筋,也是一个好经验。特别是在炎热天气中更是如此。因为在炎热的、干燥的和多风的浇筑条件下,一切混凝土都易不均匀地丧失水分。

应注意在浇筑时保持钢筋按设计图的布置位置,以保证预压应力更好发挥,并在浇筑后捣实以保证所需的约束力和握裹力。

已拌好的混凝土应赶快浇下去,力求不再耽搁。耽搁就要加水,不仅降低强度,而且降低膨胀量,这是很不利的。

拌和机内混凝土的温度和时间(从水泥与湿骨料互相混合时算起)对膨胀有影响。建议拌和温度不超过 35℃,而在 30℃ 以上的温度时,拌和时间限制在 1h 以下。低于 30℃ 的补偿收缩混凝土,其拌和时间最长不得超过 1.5h。

浇筑硅酸盐水泥混凝土底板时,地基上常覆一道隔汽层。在炎热的、干燥的、多风的天气下,浇在这隔汽层上的底板易于干燥并且存在着不均匀的水分损失,有时底板顶面上生一层皮壳。塑性收缩可能在抹面时即发展。也可能在抹面后立即发展。浇于地基上的补偿收缩混凝土底板,建议不要直接浇在隔汽层上。实在需要时,应在隔汽层上铺一层厚度为 3~8cm 的砂,并将砂砌底湿润。

浇筑在地基上的板,其中钢筋位置很重要,一定要放在板的上半部,切勿放在下半部,最好是放在上部约三分之一厚度范围内,还要有足够的覆盖层。若将钢筋放在下半部,则主要的约束力将在板底出现,就会使板向上翘曲,引起新的裂缝。

5. 收浆及抹面

水工补偿收缩混凝土的粘聚性提供了优越的收浆抹面的方便,其性能和同样粘性的加气混凝土很相似。还有,即令水工补偿收缩混凝土的坍落度比较高,但由于泌水现象很小或竟完全没有,可以提早收浆抹面。大多数抹面者都欣赏水工补偿收缩混凝土的易于平整饰面的特性,都认为它比硅酸盐水泥混凝土容易抹平抹光。

在炎热、干燥、多风的天气下,所有的混凝土表面皆易于变干,常发生裂纹。在这种情况下,必须减小很高的蒸发率。最好的办法是在新浇混凝土附近连续喷雾,维护高的相对湿度,否则就要用聚乙烯薄膜,防水牛皮纸或其他适合的材料在混凝土浮浆后立即覆盖表面以资保护。这些薄的覆层,只要它们能防止水分损失,就应保持在原位不动。

6. 养护

水工补偿收缩混凝土和普通混凝土一样需要连续的养护,在适当的温度下,至少要持续 28 天,尽可能长一些,最好大于 40 天以防止早期干缩,并提高混凝土的强度,耐久性和其他性能。养护上有缺陷,就会降低用来抵消而后的干缩所必须的初始膨胀量。

常用的养护方法对水工补偿收缩混凝土同样适用,例如围埝蓄水、连续洒水、用湿的材料覆盖它等都是可取的,使混凝土增加湿气。还有隔汽层,液体薄膜养护剂等都可以用,但用养护剂覆盖时必须有足够的厚度,而且要在两个方向均匀施用,以防整个混凝土面上水汽损失。

水工补偿收缩混凝土在收浆抹面后应立即开始养护工作,如果用别的养护方法来不及时,可用临时喷雾的方法湿润混凝土表面。利用现场的模板进行养护也是一个很好的办法。在炎热天气下利用通水软管或喷水器来补充现场模板的保护性能。如果模板在 7

天以前就要拆除,立即用其他方法来替换,继续进行养护。

由于用水工补偿收缩混凝土浇筑的板块面积相当大,施工人员往往有这样一种倾向,即推迟喷铺养护薄膜的施用,直至大面积硬化后再用。如果由于这个原因或其他任何原因而推迟混凝土的养护时,最好是临时喷雾或覆盖其表面,尤其是在炎热、干燥、多风的天气下此种措施是很有效的。

补偿收缩混凝土,日本采用下列公式计算养护水量。

$$W = 0.37C + 11.3y$$

式中 W——需水量(kg/m^3)。
C——单位水泥用量(kg/m^3)。
y——单位膨胀剂用量(kg/m^3)。

但实际用水量比计算量要大。

水工补偿收缩混凝土,养护需水量建议以下式估算:

$$W = 1.5C + KC$$

式中 K——气温影响系数,计算中可取 $K=0.3\sim0.8$。

7. 质量控制

(1) 稠度:当混凝土温度低于 24℃时,可采用 5cm 的坍落度;在高温时,可采用 10cm 的坍落度。

(2) 抗压强度:从水工补偿收缩混凝土中取样进行圆柱试件的强度试验,是衡量其质量的一个好办法。混凝土施工的第一阶段中早期强度是很重要的,它对确定混合料的配合比有帮助。因此,要进行 7d、28d 的强度试验,反映了结构物混凝土的实际强度,有很大的参考价值。重要建筑物,要求同时进行 7d、28d 抗拉强度试验。

一般来说,要使评价可靠,至少要有 30 次试验成果。

为了控制质量,可采用混凝土强度 1~1.5h 快速测定方法,快速了解混凝土强度,并及时调正混凝土配合比,确保工程质量。

第四节 屋面防水工程实例

水工补偿收缩混凝土应用科学实验组和陕西省略阳水泥厂组成联合试验小组于 1991 年 4 月 6 日在略阳水泥厂新建综合楼 20m×7m 房面工程实施了混凝土刚性屋面的试验。

1. 施工技术要求及实施

1) 屋面整理成起伏差≤0.5cm 的平整度,将空隙填平和对低热微膨胀水泥混凝土接触面(5 个面)凿毛,并清洗至净。

2) 钢筋绑扎(按钢筋设计)用 $\phi5mm$ 钢筋,制成间距 15cm×15cm 钢筋网,其周边框采用 $\phi10$,如图 7-2。

3) 钢筋绑扎要求距每个节点绑扎牢固。

4) 将钢筋网置于距原屋面 2cm 的高度位置。

5) 清理屋面至净,并洒水至湿润。

6) 拌制卵石、水泥、河砂制成的低热微膨胀水泥混凝土,要求水灰比:W/C

＝0.45～0.5。

　　7) 湿润 5 个凿毛面,铺设水泥浆 1cm。
　　8) 铺设低热微膨胀水泥混凝土于屋面,震实成 6cm(四周成小斜面)。
　　9) 混凝土从短边向一个方面铺设(如图 7-2),要求 6h 内铺设完毕。
　　10) 抹平终凝面后洒水养护 40d。
　　注:屋顶出水口底高程距钢性屋面至少 5cm 以上。

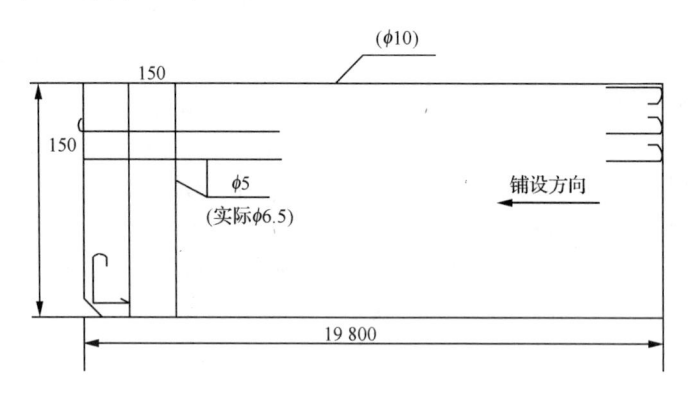

图 7-2　屋面布筋(单位:mm)

　　根据拟定方案,略阳厂和施工单位认真研究了施工细节,充分保证了施工技术要求的正确实施,但亦在施工过程作两处调整。

　　2. 施工过程中的调整
　　(1) 混凝土配比:水 22kg、水泥 50kg、砂(含圆砾,砾:砂＝3:10)162kg、碎石 108kg。
　　计算水灰比:$W/C=0.44$
　　在施工中,由于轴线铺设震捣后出浆不好,出浆面仅为 10% 左右,所以从轴线中部开始调整水灰比为 $W/C=0.5$。
　　(2) 对第 7 条技术要求:施工单位感觉保证铺设净浆均匀性困难较大,征求实验组试验人员同意改为充分湿润后洒低热微膨胀水泥干粉。
　　施工从 4 月 6 日 9 时开始,13 时浇筑结束,15 时至 18 时完成抹平作业,整个施工除调整内容外,均符合技术要求。4 月 8 月 8 时放水养护水深约 10cm,养护时间三周,屋面水自然干涸后退出养护。

　　3. 施工气象条件
　　阴间多云,气温 8～20℃。

　　4. 施工后的观测
　　施工后,混凝土凝结正常,放水养护后观察有两处线状渗水,两处点渗漏。渗漏分布见图 7-3。线状渗漏处在调整水灰比的过渡带,一处点渗漏是震捣不良所致,另一处点渗漏是接梯间顶层施工架杆未拆除局部铺设不到所致。但各处渗漏均在三四天内消失。

　　这种情况与低热微膨胀水泥的膨胀作用时间相吻合。可认为,由于该水泥膨胀作用使混凝土的密实度不断增加堵塞了渗漏通道而表面出现良好的防水性能。

　　到目前为止,该屋面防水工程已历时十余年,经历了春夏秋冬四季的考验,现在屋面仍然无龟裂痕迹,雨季亦无渗漏现象,而硅酸盐水泥刚性屋面在施工后一两个月内就会出现龟裂。有对比性的是:在低热微膨胀水泥混凝土周围的"女儿墙"抹面使用了硅酸盐水泥,硅酸盐混凝土各处均有正常龟裂纹,显然低热微膨胀水泥混凝土的防裂防水作用是良好的。

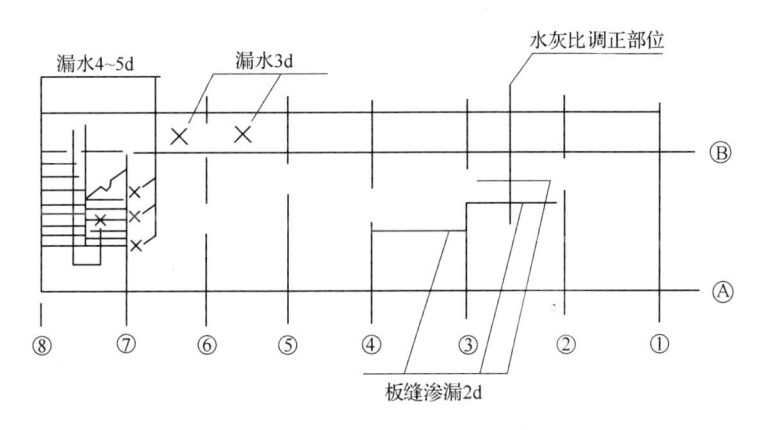

图 7-3 养护初期渗漏情况

5. 结论

1) 低热微膨胀水泥用于刚性屋面防水,性能比"三油二毡"及硅酸盐水泥刚性屋面好,值得推广。

2) 低热微膨胀水泥刚性屋面施工简便,工程施工周期短。

3) 造价低可比"三油二毡"降低造价23%。

4) 耐久性能好。

5) 比应用一般膨胀水泥便宜、性能更优越。

另外在浙江、湖北等地20世纪70年代末期和20世纪80年代初期共实施了刚性防水屋面7个,目前情况均良好。如1979年施工的武汉地区某变压站,屋面尺寸为20m×8m,至今已历时30年,自工程完工后,至今不渗不漏,工程耐久性好。

第五节 刚性防渗屋面经济分析

1990年夏,在陕西略阳综合楼进行了刚性防水屋面新技术的实际应用,不仅在新型屋顶防水技术开发方面迈出可喜的一步,刚性防水屋面竣工多年不渗水无裂缝。屋面使用年限长,施工简便,工期短。而且屋面的一次性造价也有明显的下降。现将屋顶刚性防水与油毡屋面一次性使用单位造价分析对比如下:

1. 分析说明

1) 该造价分析以《陕西省建筑工程综合预算定额(89)为计算依据》。

2) 该分析以1992年定额基价(西安地区)为准,未计地区材料差价,以免给分析带来困难。

3) 定额中尚无屋顶刚性防水所用的低热微膨胀水泥Ⅱ型基价,给分析带来困难。但我厂出厂的低热微膨胀水泥价格与普通硅酸盐水泥价格基本相同,故计价中套用了普通硅酸盐水泥定额基价。

4）该分析以单位面积造价为分析依据，以提高不同工程的可比性。

5）该分析造价为直接费，但含管理费及含税价上升比例相同。

2. 造价对比

表 7-6 两种不同屋面材料构成比例表

材料名称	单位	两毡三油防水屋面 水泥砂浆找平	两毡三油防水屋面 细石混凝土找平	三毡四油防水屋面 水泥砂浆找平	三毡四油防水屋面 细石混凝土找平	刚性防水屋面新技术（50mm厚）
水 泥	(kg/m²)	10.22	13.20	10.22	13.20	19.20
净 砂	(m³/m²)	0.03	0.02	0.03	0.02	0.0275
油 毡	(m²/m²)	2.24	2.24	3.36	3.36	—
沥 青	(kg/m²)	6.23	6.23	8.01	8.01	—
滑石粉	(kg/m²)	1.46	1.46	1.89	1.89	—
汽 油	(kg/m²)	0.37	0.37	0.37	0.37	—
粒 砂	(m³/m²)	0.0051	0.0051	0.0051	0.0051	—
砾 石	(m³/m²)	—	0.025	—	0.025	0.0414
冷拔丝（φ4(a)）	(kg/m²)	—	—	—	—	1.03

预算：屈亚莉　　　　　制表：常荣兴　　　　　制表日期：1992年5月16日

可以看出屋顶刚性防水屋面造价为三毡四油的72%，下降幅度为28%。

造价为二毡三油的65.3%，其下降幅度34.7%。

因两毡三油防水效果不佳，目前设计已采用三毡四油。因此，采用刚性防水屋面，一次性屋面造价将下降28%，效果是明显的。

从材料构成表示亦可看出该刚性屋顶所用材料种类大大减少，简化了施工过程，降低了造价。

全国每年工业与民用建筑投入约4000亿元，其中屋面处理费用约280亿元，若改用屋顶刚性防水技术，每年可节约费用97.16亿元，效果是可观的，与高分子材料屋面相比，一次性造价效果更为显著。

第八章 混凝土工程裂缝防治

第一节 混凝土工程裂缝现状及危害

混凝土工程裂缝在人们日常生活和生产实践中,已经成为司空见惯的现象。2002年12月26日北京青年报写了一篇反映北京广大市民意见的新闻调查,题目叫"三环何时消灭裂缝"(目前北京主要交通干线已全部改为沥青路面),北京乃至全国岂止三环路,全国、全世界混凝土道路工程,桥梁工程、机场、工民建筑、地下建筑及重要的蓄水建筑物水坝、水闸工程,港口、码头均普遍存在不同程度的裂缝问题,有的还相当严重,国内外很多科学家称裂缝为混凝土工程的"通病"。有些水工建筑物建设过程中,就发生大量贯穿性裂缝,不得不停工进行堵缝防渗处理。有的大坝刚竣工,经测试裂缝、渗漏严重,继而全面灌浆补强处理再行蓄水。1980年我国水利水电系统有关单位对全国26个省市241项水利水电工程进行病害调查,共有1000起工程事故,其中裂缝型工程事故253起,占25.3%,渗漏264起,占26.4%。1985年又对已建的70余座大型混凝土工程进行了调查,它们全部有裂缝与渗漏溶蚀问题,如新安江水电站大坝竣工后就要进行裂缝渗漏大修。有的已危害及大坝安全,混凝土工程正常寿命可达100年,我国水利水电工程建设期就发生严重裂缝,不少工程运行20余年就要大修,其主要元凶是工程裂缝与渗漏,水工混凝土工程裂缝的实际情况见表8-1。

表8-1 国内部分水工混凝土建筑物裂缝情况表

序号	工程名称	修建年代	建筑物形式	产生裂缝的部位	裂缝数量(条)	裂缝概况
1	参窝水库	1970~1972	重力坝	坝体、廊道、底孔、闸墩等	641	施工期发现350条,73~81年逐年增加,最大缝深17.65m,最大缝宽1~3mm
2	丹江口水电站	1959~1974	宽缝重力坝	坝体、厂房、防渗板、闸墩等	1152	施工期发现在3332条,运行后检查发现1152条,其中危害性大的有171条
3	桓仁水电站	1958~1967	大头坝	大头、空腔、廊道	699	施工期发现大小裂缝2000多条,699条是大头部位的裂缝,缝宽0.5mm
4	柘溪水电站	1959~1960	宽缝重力坝	坝面、大头、闸墩	426	大坝溢流段单支墩大头坝1#、2#墩出现劈头大裂缝,裂穿大头,严重漏水
5	陈村水电站	1958~1978	重力拱坝	坝体、廊道	222	下游面4105高程有一条贯穿整个坝段的水平裂深5m,宽15mm
6	黄龙滩水电站	1969~1978	重力坝	坝体、厂房	220	施工中出现基础贯穿裂缝,深层裂缝,上游面裂缝203条,坝顶出现17条挤压裂缝

续表

序号	工程名称	修建年代	建筑物形式	产生裂缝的部位	裂缝数量（条）	裂缝概况
7	新丰江水电站	1958～1962	大头坝	坝体上、下游面	400	1962年地震，在右岸14～17墩108.5高程，产生一条长约80m，贯穿上、下游的裂缝
8	凤滩水电站	1970～1979	空腹重力坝	坝面、廊道、腹腔、尾水管	1200	缝深一般小于2.5m，长度大于10m或贯穿的有24条，其余大部分已闭合
9	枫树岭水电站	1970～1975	宽缝重力坝	坝面	300	施工期发现63条，缝宽大于0.5mm的占10%左右，缝深4～4.5m
10	龚嘴水电站	1966～1972	重力坝	坝面、廊道	149	下游面裂缝有17条，最长十几米，廊道内顶部裂缝较多，长达10～20m
11	磨子潭水库	1956～1958	大头坝	挡水板、坝面、廊道		裂缝较多，其中4#垛有一条宽10.9mm，长11.7m的裂缝
12	盐锅峡水电站	1958～1964	宽缝重力坝	坝面、厂房、防渗板、门机梁	92	挡水坝37条，溢流坝上游面31条，下游19条，隔墩5条，进水口胸墙，门机大梁等
13	云峰水电站	1959～1966	重力坝	坝面、廊道	100	缝宽一般0.5～1.0mm，最宽1.5mm
14	潘家口水库	1975～1985	宽缝重力坝	坝体、厂房	1000	迎水面445条，溢流面裂缝55条，坝体其他裂缝346条，宽度达1.0mm，有的贯穿迎水面
15	安砂水电站	1971～1975	宽缝重力坝	坝体、厂房		厂房地面有一条长19m，宽4mm，贯穿40cm厚度的大裂缝
16	湖南镇水电站	1958～1980	梯形坝	迎水面、溢流面、廊道等	231	迎水面34条，深层裂头缝有4条，溢流面和导墙裂缝有190条，8～11坝段较严重
17	陆浑水库	1960～1965	溢洪道	闸墩、公路桥梁、厂房	100	闸墩裂缝为贯穿裂缝，最大宽度大于1mm
18	荆江分洪工程	1952	北闸	阻滑板、闸室板等		54孔阻滑板全部有贯穿性裂缝，板内钢筋锈蚀严重，其他底板均有裂缝
19	蚌埠闸	1958～1961	节制闸	闸墩		多处裂缝，最大缝宽2mm，最大缝长7.2m
20	韶山灌区	1965～1967	渡槽	槽身、支架		26座渡槽及支架均产生裂缝

我国1985年以后建成的特大型水利水电工程如葛洲坝水利枢纽，和近年建成的二滩水电站大坝、长江三峡水利枢纽和小湾水电站大坝，亦同样发生裂缝和严重裂缝的问题。如三峡大坝施工期，据长江三峡总公司施工和监理单位资料[45]，第二阶段（1998～2002

年)施工的混凝土大坝,共发生裂缝 153 条,其中缝宽 0.3～0.5mm、深 1～5m。对结构物整体有影响的Ⅲ类裂缝 25 条,缝宽大于 0.5mm、深大于 5m 的贯穿性裂缝 8 条。并在 2000 年 11 月首先在个别坝段中墩上游面发现垂直向裂缝,12 月中旬数个坝段底孔中墩上游面仍发现垂直向裂缝,缝长 3.3～10m,宽 0.1mm。2001 年底,未出现裂缝的坝段出现了新裂缝,原有裂缝长度方向有发展。2002 年 1 月底,在泄洪坝段上游面均发现了裂缝,裂缝位置均位于底孔中墩上游面中部附近,大多在高程 45～77m,缝宽一般为 0.1～0.3mm,缝深一般小于 2m。葛洲坝大坝施工期也发生大量危害性裂缝,裂缝处理费可观。小湾水电站拱坝蓄水前发生缝长百米的裂缝。国外,前苏联 1978 年建成萨扬舒申斯克(Sayaho-Shushenskaga)水电站,1985 年发现裂缝 5590 条,其中贯穿裂缝 300 条。美国德沃歇克(Dworshak)混凝土高坝 1980 年蓄水后发现坝面发生较大范围和深层劈头裂缝。导致坝体漏水,漏水量达 0.30～0.46m³/s,经上游坝面裂缝铺敷塑料止水带,用环氧材料堵塞缝体和进行堵漏灌浆等,才使 35 号坝块裂缝的漏水量减少到 15L/s。

第二节 混凝土工程裂缝发生的原因

混凝土工程设计与施工中,由于裂缝会影响到结构的整体性和耐久性,防止混凝土裂缝具有十分重要的意义。混凝土工程裂缝大都由下列作用引起:体积变化,其中有温度应力,干缩,自生体积变形收缩,持续荷载下的徐变,混凝土成分在化学上的不协调。由于荷载的直接和连续作用,温度和温度的变化和混凝土的脆性和不均性。此外,原料的不合格(如骨料碱性反应),模板走样,地基不均匀沉陷等也会引起裂缝。混凝土工程最常见的是温度和干缩裂缝。

混凝土是一种非均质合成材料,它的破坏过程很复杂。已有的固体强度理论还不能确切地解决混凝土破裂时的复杂机理。近年来的一些研究表明,在不同的受力状态下混凝土工程的破裂过程实际上总是和微裂缝的发展相关联的。

混凝土工程裂缝,有些通过优秀的设计、混凝土砂石骨料、外加剂优选和级配优化以及精心施工即可避免,如碱骨料反应、MgO 含量超标等引起的化学反应、不均匀沉陷等引起的裂缝。但混凝土工程最常见和经常发生的是混凝土的干缩和温度升降变化引起温度变形(应力)而产生的裂缝。

上述二类裂缝(或叠加),是混凝土工程中裂缝发生的最主要原因,也是当前国内外没有解决的技术难题。

1. 由于混凝土干缩引起的裂缝

混凝土在周围介质的影响下,由于水分散失引起的体积收缩现象称为干缩。

众所周知,混凝土为一多孔聚集体,其孔隙分胶孔、毛细孔与气孔三种。气孔最大,直径在 1～0.01mm 之间。

毛细孔的尺寸约为气孔的 1/1000。胶孔尺寸又为毛细孔的 1/1000,即约为 10～40Å°,约为水分子直径的 5 倍。

一般胶体粘子的直径约为水分子直径的 100 倍,倘若胶孔中的水分完全被蒸发,那么水泥石的收缩率按长度计算,应为 10000×10^{-6}。但由于环境的湿度总大于零,这种完全蒸发的情况并不存在,实际观测的水泥石最大干缩率为 6000×10^{-6}。而且同一品种硅酸盐水泥,同一标号、不同地区、不同生产厂,由于原材料等不尽相同,其干缩率,现在实测已知的可相差4倍。

长期以来,世界各国的科学工作者对混凝土的干缩机理进行了大量的分析研究,但时至今日还没有人能够做出完全令人满意的解释。兹将对干缩机理的研究情况择要介绍如下:

美国柏惠尔斯(T. C. Powers)对于干缩机理提出如下假说:在凝胶的固体粒子之间存在着吸力——范德华力(Van der Waals forces)。与此相反,在两个固体粒子的接点处存在着反作用力,以及由于凝胶结构本身的刚性引起的反弹力。当水分子进入"干燥"的凝胶结构时,水分子处于一种高度密集状态或称为"被吸附状态",这种吸附水被均匀地分布到固体粒子的全部表面上。当环境相对湿度为50%时,固体粒子表面吸附水膜的平均厚度为两个水分子直径。因此,两个固体粒子间至少需要4个水分子直径的间距来容纳吸附水。当湿度最大时,固体粒子表面吸附水层的厚度可达5个水分子直径,也就是在两个固体粒子间需要有10个水分子直径的间距。但是凝胶中胶孔的平均尺寸只有约5个水分子直径,容纳不下10个水分子直径厚度的吸附水,因此产生吸附水对固体粒子的推力。此推力的大小随环境湿度而变。当相对湿度为100%或放在水中时,推力最大,于是体积就膨胀,即所谓湿胀现象。湿度降低,推力就减小,同时毛细孔水也开始蒸发,在毛细孔中产生拉应力,相应地在周围固体结构中产生压应力。随着推力减小与压应力增加,体积就收缩。毛细孔含量愈多,周围的压应力就愈大,收缩率也愈大。当环境湿度长时间低于相对湿度40%时,固体粒子表面吸附水膜的厚度不足两个水分子直径,胶孔中就不饱含水分,就不产生推力,体积收缩就更加剧烈。

前苏联A. E. 谢依庚的意见是:水泥石硬化初期,由于与外界湿度不平衡引起游离水的蒸发,或由于水被吸入扩散层时,新生成物的实际体积较原反应物较少,水泥浆就产生收缩。随着时间的推移,水泥石逐渐硬化,此时游离水的损失将只会留下大的气孔,而不再引起体积的变化。

在游离水蒸发及进入扩散层之后,凝胶体的亚微晶体的薄膜水即进入周围介质中。薄膜水的损失引起凝胶体的亚微晶体的接近,从而引起整个凝胶体结构组成的收缩。

从凝胶体的亚微晶体薄膜水的损失开始,在硬化的水泥石中即进入周围介质中。薄膜水的损失引起凝胶体的亚微晶体的接近,从而引起整个凝胶体结构组成的收缩。

从凝胶体的亚微晶体薄膜水的损失开始,在硬化的水泥石中即由于收缩而产生拉应力。收缩停止的特性可以解释为:随着薄膜水的输出及薄膜厚度的减小,水将为强度逐渐增长的亚微晶体所保持着。

英国A. M. Neville则认为:干缩一方面是由于胶孔水的蒸发,另一方面还可能为水化硅酸钙在干燥环境中,经历了晶体点阵空间从14A°~9A°的变化,这是一个胶体物理结构变化引起的体积收缩。

尽管各国对于干缩机理的细节说法不一,但在影响硬化后的水泥石的体积失水干缩的主要原因是毛细孔及胶孔水的蒸发散失这一点上,看法还是颇为一致的。

对于混凝土来说,尽管有些集料也会因失水产生体积收缩,但其影响较小。因此,混凝土的干缩主要是由水泥石的干缩引起的。

水泥石或混凝土的干燥过程,是其所含水转变为蒸气的蒸发过程,水泥石内可蒸发水存在于大孔隙、毛细孔及凝胶孔中,干燥过程首先是大孔隙的水蒸发,随后是毛细孔水蒸发,由粗孔到细孔到更细孔,脱水依次减少,而收缩量且依次增大;在强烈干燥下,凝胶孔里的吸附水也能分解蒸发并引起收缩,毛细孔经愈细小,可引起的蒸发的相对湿度愈低,国外试验资料如表8-2所示。

表8-2 毛细孔半径与可引起蒸发的相对湿度关系

毛细孔半径(μm)	1	0.1	0.01	0.001
可引起蒸发的相对湿度(%)	99.9	99.0	89.9	34.8

当前国内外研究表明,影响混凝土工程干缩的重要因素是混凝土的含水量、水灰比、水化度(水化龄期)、环境湿度,其次是骨料特性与含量、含砂率、坍落度、工程的裸露程度或形状尺寸、施工质量以及环境气象条件等,均直接、间接地产生影响。著者研究结果表明,影响混凝土干缩最重要的因素,是水泥的制造工艺、原材料、化学成分,还有水泥水化后水泥石的微观结构,包括孔隙率、孔径大小,孔隙级配、分布等。国外研究成果仅可将混凝土干缩率缩小一倍以内,我国的研究成果则可将干缩率减小十倍。

(1) 含水量(水灰比):含水量(W)、水灰比(W/C)对水泥石的毛细孔量和孔径分布有重要影响,也对混凝土干缩有重要影响(图8-1,图8-2)。按图8-1看,含水量的影响程度是显著大于水泥量和水灰比的。混凝土的拌合水量受制于混凝土的坍落度、含砂率、湿度以及骨料的颗粒级配、清洁程度、石子粒径等项,这些因素也都可影响混凝土的干缩变形(图8-5～图8-6)。看来,结合具体工程条件,在确保混凝土浇筑均匀、振捣密实的前提下,采用较少的拌合水量,较小的水灰比,较好的骨料级配以及较小的坍落度,较低的拌合温度等,都有助于减低混凝土的干缩性。

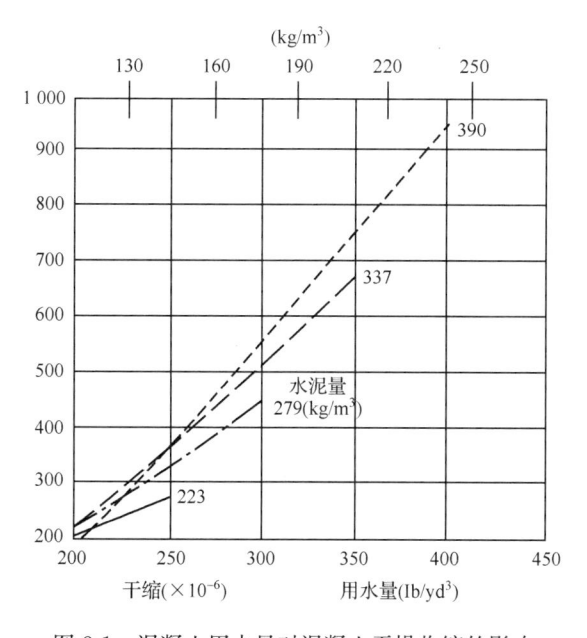

图8-1 混凝土用水量对混凝土干燥收缩的影响

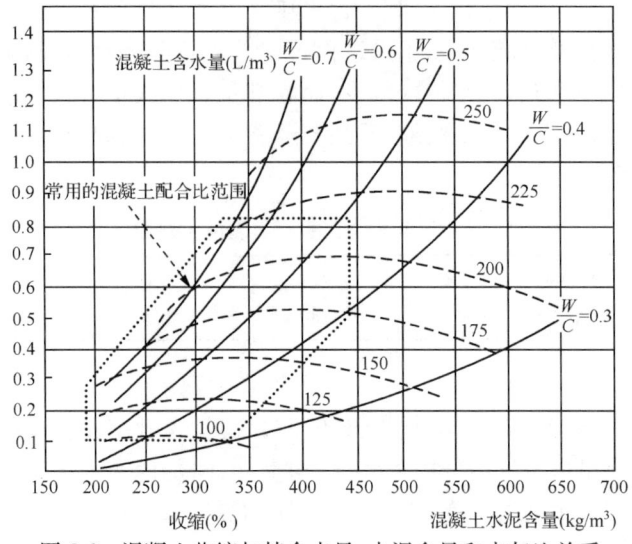

图 8-2 混凝土收缩与拌合水量、水泥含量和水灰比关系

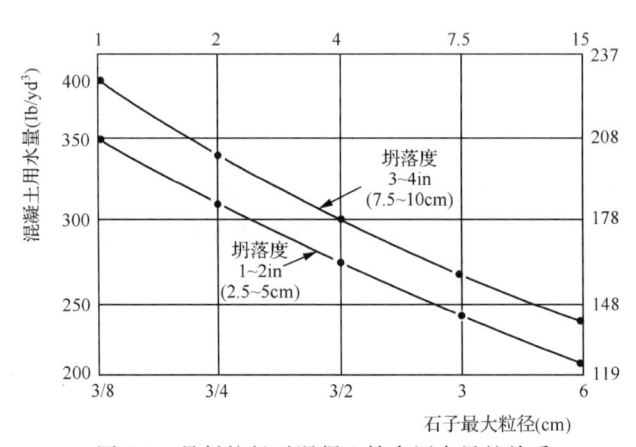

图 8-3 骨料粒径对混凝土拌合用水量的关系

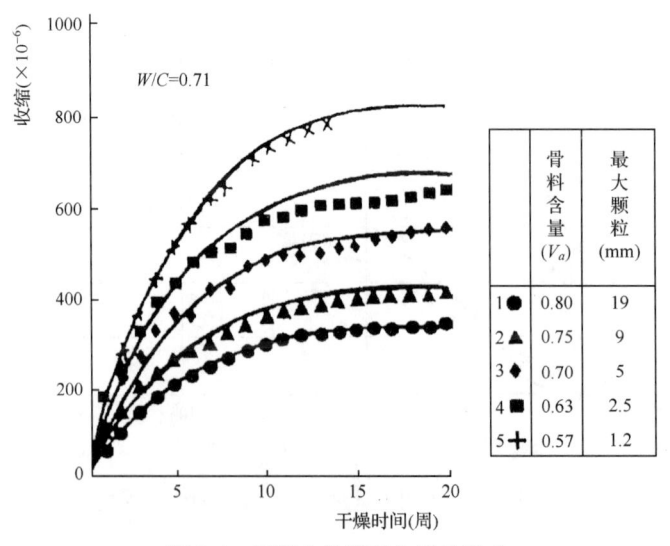

图 8-4 混凝土龄期对收缩的影响

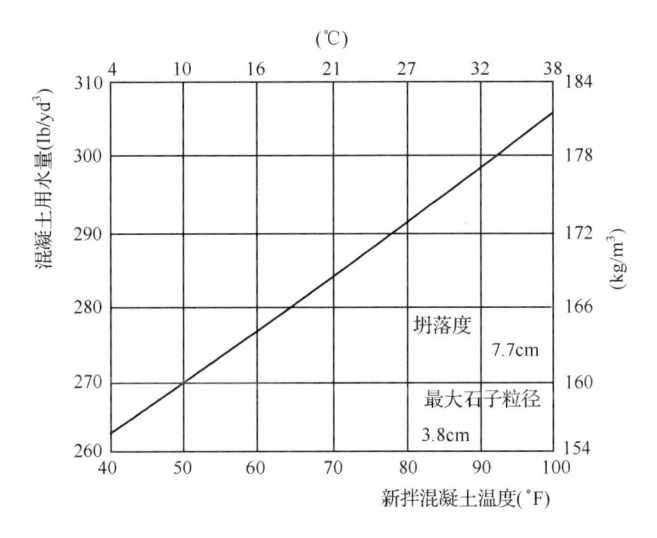

图 8-5 新拌混凝土温度对混凝土用水量的影响

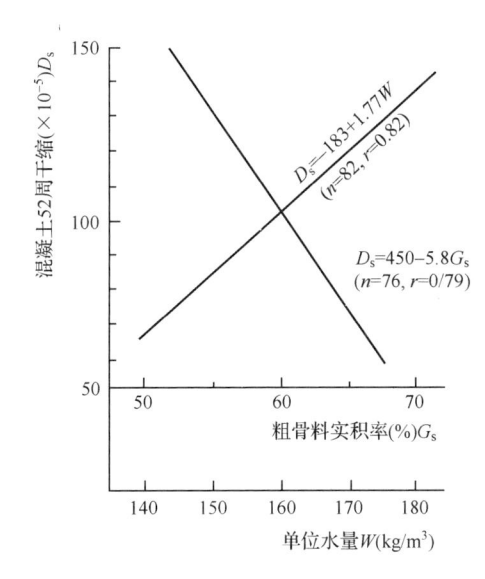

图 8-6 混凝土干缩受骨料实积率及单位水量的影响
($G_s = T/d_0 \times 10^{-6}$，$T$ 是单位容积质量，d_0 是干比重)

(2) 骨料：粗细骨料占混凝土体积很大部分，本身虽多不缩，但却可抑制水泥石收缩，从而可减少混凝土的干缩(ε_s)，有一个经验式 $\varepsilon_s \approx \varepsilon_{so}(1-V_a)^2$ (ε_{so} 是水泥石的干缩；V_a 是骨料容积%)。图 8-2 和图 8-6 等资料都很好表明这个问题。在湿度为 50% 环境中，水泥石干缩应变可达 $(1500 \sim 6000) \times 10^{-6}$，而混凝土的仅为 $(400 \sim 800) \times 10^{-6}$。增大骨料粒径尺寸不仅可影响拌合水量(从而影响收缩)，在抑制水泥石收缩上也更为有效。

粗骨料的岩石种类和骨料品质(吸水率、比重)也对混凝土干缩性产生影响(表 8-3)；低吸水率(低孔隙率、高比重)粗骨料混凝土的弹性模量比较高，而干缩性比较低。通常认为：石英岩、石灰岩、白云岩、花岗岩等骨料尾低收缩型的，而砂岩、黏板岩、玄武岩等的骨料属高收缩性的；但有些岩石(如花岗石、石灰岩、白云岩)的可压缩性变化较大，影响到混

213

凝土的干缩性也随着变化较大。骨料的清洁程度(洗与不洗)能影响混凝土拌合水量,所以也能影响混凝土干缩性,可影响到20%。看来,对于骨料问题也需予以重视,必要时通过试验研究选定。

表8-3 混凝土干缩率受骨料岩种的影响

骨料岩种	比重	吸水率	混凝土1年龄期的干缩率(%)
砂 岩	2.47	5.0	0.116
黏板岩	2.75	1.3	0.068
花岗岩	2.67	0.8	0.047
石灰岩	2.74	0.2	0.041
石英岩	2.66	0.3	0.032

(3) 水泥及外加剂:水泥品质影响水泥凝胶的组分、结构和数量,所以也影响水泥石毛细孔、凝胶孔的形状、尺寸和数量,并进而影响到混凝土的干缩性。美国研究人员曾就不同工厂的182种普通波特兰水泥,测试水泥石6个月的干缩应变,得到的结果是$1500\sim6000\times10^{-6}$,平均为$3000\times10^{-6}$,表明虽然都是符合标准的同品种水泥,但其干缩性却可差异很大。水泥石干缩性在硅酸盐水泥体系可随下列因素而降低:①较低的C_3A/SO_3比;②较低的Na_2O和K_2O含量;③较高的C_4AF含量[20]。水泥混合材或混凝土外加剂能否对混凝土干缩性产生影响或其程度如何,随其品种、特性、用量等而有不同;有的可能无任何影响,有的可能影响较大(如表8-4)。看来,关于水泥及混合材、外加剂对混凝土干缩性的影响问题,宜通过试验查明;而减水剂、引气剂能改善混凝土和易性和提高浇筑成形质量,这是个有利因素。但关键因素是水泥品种,由于水泥的制造工艺、原材料及化学成分不同。硅酸盐水泥混凝土干缩率一般为$400\sim600\times10^{-6}$,而低热微膨胀水泥两种水灰比(0.5,0.6),在原材料化学成分比例协调条件下,其干缩率仅40×10^{-6},干缩变形过程线见第四章图4-5。

表8-4 混凝土干缩应变($\times10^{-6}$)受外加剂的影响例

水泥品种	混凝土坍落度(cm)	外加剂	混凝土水灰比		
			0.45	0.55	0.65
硅酸盐水泥	10以下	— 引 气 剂 引气减水剂	540 470 390	560 500 370	540 440 350
硅酸盐水泥	15以下	— 引 气 剂 引气减水剂	640 540 560	620 550 490	590 490 400
低热微膨胀水泥	5~7	—	—110逐步收缩至90d稳定至40(水灰比0.5)	—110逐步收缩至30d为0,至90d稳定至40(水灰比0.6)	

特别要指出的是,近年某些厂以"重量法"设计水泥配合比,原材料化学成分比例不协调,其生产的Ⅰ型低热微膨胀水泥干缩率竟达到400×10^{-6},究其原因是原材料的化学成

分与水分产物的化学成分两者质量不守恒。为了保证低热微膨胀水泥极低的干缩率，原材料的化学成分必须比例协调，即原材料的化学成分与水化产物化学成分必须质量守恒，这样以"化学法"设计水泥配合比(第二章第八节)，同时应用第二章第八节"以耐久性为指标，低热微膨胀水泥新标准"，对产品生产进行质量控制，这样才能生产出质量、性能优异的低热微膨胀水泥正品。

(4) 混凝土结构与施工：混凝土结构的裸露程度或形状尺寸对混凝土干缩有重要影响，因为混凝土内部水分是从裸露表面蒸发散失，所以混凝土体积(V)愈大而裸露表面面积(S)愈小，即体积比(V/S)愈大时，混凝土干缩愈小；反之亦然。

混凝土浇筑的均匀性、密实性可影响混凝土内水的转移、扩散，混凝土保湿养护良否可影响水泥水化程度并进而影响混凝土内的细孔数量和孔径分布，所以这些因素也可影响混凝土的干缩性。

(5) 环境气象条件：混凝土在潮湿养护期中的内部孔隙湿度可保持100%，仅在结束湿养并裸露于大气中后才开始从表面蒸发脱水并引发干缩。显然，大气湿度是制约混凝土干缩的重要因素，而湿度高低、风力强弱等也都有影响。有个反映环境湿度(H，%)对混凝土极限干缩率($\varepsilon_{s,\infty}$)影响的经验式是：$\varepsilon_{s,\infty} = \beta P \sqrt{\dfrac{100-H}{100}}$ (式中：P是随水灰比和混凝土龄期而定的总孔隙率，β是比例系数)。图8-7则表示混凝土蒸发脱水依从于气温、湿度、风速及混凝土温度等的关系。

这里要指出的是，延长湿养时间可推迟干缩的发生与发展，但对最终干缩率并无显著影响。干燥的速度也不能影响最终干缩率。

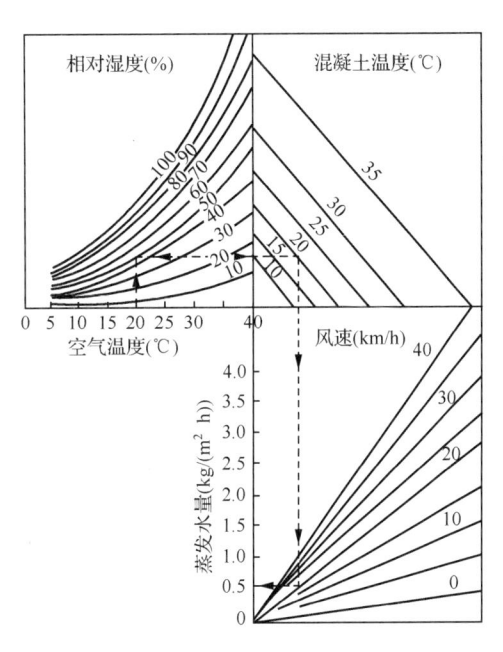

图8-7 混凝土蒸发失水和气温、湿度、风速及混凝土温度

国内外试验研究表明，硅酸盐水泥混凝土的干缩率为4/万～6/万，而干缩率超过3/万，工程混凝土裂缝发生的几率就很大。

因此，为防止混凝土工程因干缩发生开裂，关键是要选择干缩率小的水泥品种。同时注意上述其他因素的影响。

下面介绍混凝土干缩的计算公式[2]：

法国列尔密脱(R. L(Hermite))通过试验与数学分析来探索水分蒸发量与体积收缩之间的量的关系。他认为水分从多孔体向外蒸发与散热一样服从傅里叶定律

$$\frac{\mathrm{d}B}{\mathrm{d}t} = \lambda\left[\frac{\partial^2 B}{\partial x^2} + \frac{\partial^2 B}{\partial y^2} + \frac{\partial^2 B}{\partial z^2}\right]$$

式中　　B——蒸发量；

x、y、z——多孔体位置的直角坐标；

λ——系数。

因上式不易积分求解,故他采用了一个与上式理论式十分近似的函数式

$$B = B_h(1 - e^{-\frac{K\sqrt{t}}{G}})$$

式中　B_h——可以蒸发的全部水量;

　　　G——体积/面积;

　　　t——放在一定环境湿度中的时间;

　　　K——扩散系数。

一般常用的蒸发公式为:$B = B_h(1-\theta)\varphi(t)$,亦即在相对湿度为 θ 的环境中经过时间 t 后,蒸发出的水量应与 $(1-\theta)$ 和时间函数 $\varphi(t)$ 成正比。列尔密特认为时间函数 $\varphi(t)$ 应该与相对湿度 θ 有一定关系,因此将蒸发量公式改为

$$B = B_L\varphi_L(t) + B_\theta(1-\theta)\varphi_\theta(t)$$

式中　B_L——当相对湿度接近 100% 时的蒸发量。

如将时间 $\varphi_L(t)$ 与 $\varphi_\theta(t)$ 改为上述函数式的形式,又令 $\lambda = K/D$,最后得出蒸发量公式如下:

$$B = B_L(1 - e^{-\lambda_L\sqrt{t}}) + (1-\theta)B_\theta[1 - e^{-\lambda_\theta\sqrt{t}}]$$

他又提出收缩系数 $\delta = \Delta/B$,这样把蒸发量 B 与收缩率 Δ 联系起来。根据试验证明,收缩系数 δ 与时间的关系与蒸发量与时间的关系属于相同的类型,故

$$\delta = \delta_0[1 - e^{-K_\delta\sqrt{t}}]$$

式中的 K_δ 可通过试验来定出。

在砂浆和混凝土中,集料起着阻止水泥石收缩的作用。在通常情况下,混凝土的收缩率只及水泥石收缩率的十分之一左右。

列尔密脱认为,在混凝土中水泥石包裹集料。当水泥石收缩时对集料粒子施加压力,而集料对水泥石则有反作用力,这两个力处于平衡状态。混凝土的收缩率应该等于水泥石的收缩率加上水泥石受到集料作用力所产生的应变。用公式表示:

$$\Delta_B = \Delta_c + T_c X_v$$

式中　Δ_B——混凝土的收缩率;

　　　Δ_c——水泥石的收缩率;

　　　T_c——水泥石的压应力;

　　　X_v——水泥石的压缩系数。

他提出混凝土收缩率的通式如下:

$$\Delta_b = \Delta_c \frac{c}{c + [1 - (c+e+v+f)]m}$$

式中　c——水泥体积率(%);

　　　e——拌合水体积率(%);

　　　v——气体体积率(%);

　　　f——尺寸小于 0.1mm 的粒子的体积率(%);

　　　m——系数,随集料的压缩系数的增大而减小,连续级配的石英质集料 m 在 0.8~1 之间。

式中 $[1-(c+e+v+f)]$ 亦即随集料体积率(%),故上式具有"折减"的意思。混凝

土的收缩率是由水泥石的收缩率按集料的多少与集料的压缩性大小予以折减而得的。

其他研究者也根据折减的原理提出混凝土收缩率的计算公式。例如，美国 G. 匹克脱根据材料压力学理论，假定集料本身不收缩以及集料与水泥石均为弹性体，推导出混凝土收缩率与水泥石收缩率的关系式如下：

$$\Delta_b = \Delta_c (1 - \frac{A}{V})^{n(G)}$$

式中 Δ_B——混凝土或砂浆收缩率；

Δ_c——水泥石的收缩率；

A——集料所占体积；

V——混凝土或砂浆体积。

$$n(G) = -\frac{3(1-\tau)}{1+\tau+2(1-2\tau)\frac{E_c}{E_a}}$$

式中 τ——混凝土与集料的泊桑比；

E_c 和 E_a——分别为混凝土与集料的弹性模量。

在混凝土和膨胀混凝土中，干缩率是一个关键性的数据。几十年来很多人从事混凝土干缩的研究，提出了不少假说、公式和大量试验数据，上面只举出较有代表性的资料。但是这些资料运用到实际中去常常得不到满意的结果，只能帮助读者对干缩问题加深认识。当前还必须结合具体条件通过试验来测定干缩率。

各种混凝土干缩率见表 8-5。

表 8-5 各种混凝土干缩及养护 7～14d 后置于空气干缩率

混凝土品种	干缩率（×10⁻⁶）		
	3d	28d	90d
低热微膨胀水泥混凝土	−60	−10	40
中热硅酸盐水泥混凝土（外掺 20% 粉煤灰）	46	296	379
低热微膨胀水泥混凝土 7d 养护后置于空气中	170	170	130
美国 K 型膨胀水泥混凝土 7d 养护后置于空气中	−200	−300	0
美国波特兰水泥混凝土 7d 养护后置于空气中	0	200	550
我国低热硅酸盐水泥混凝土 7d 养护后置于空气中	0	190	260
明矾石膨胀水泥混凝土 14d 养护后置于空气中	−150	−220	200
掺 10%UEA 膨胀剂混凝土 14d 养护后置于空气中	−100	100	300(60d)
我国硅酸盐水泥混凝土 14d 养护后置于空气中	−30	180	580

国内外其他膨胀水泥混凝土干缩率，因仍系波特兰水泥类型，其干缩率与波特兰水泥混凝土相近，但随膨胀率增加而略增[48]。如明矾石膨胀水泥和掺 UEA 膨胀剂混凝土在养护 14d 后置于空气中，前者 90d 龄期，干缩率为 200×10^{-6}，后者 60d 龄期，干缩率为 300×10^{-6}（10% 膨胀剂）。

2. 混凝土工程由于温度变化而产生开裂

和一般材料一样，混凝土也是一种遇热膨胀，降温收缩材料。混凝土的热胀冷缩都是在相邻部分或整体性的限制条件下发生的。故热胀属于相向变形,而冷缩则属背向变形,很容易引起开裂。因此,在混凝土或钢筋混凝土结构物中,特别是大体积、大跨度、连续浇筑的结构物,如大坝、基础、地上或地下的大型建筑物、桥梁、道路、机场跑道等结构物中,如何防止温降收缩开裂,是一个十分棘手的问题。

造成混凝土温度升高的原因主要有:①原材料自身的温度较高,如炎热天气暴露于阳光下集料,其温度常可达 60℃以上;②气温的升高;③水泥水化时放出的热量(叫做水泥水化热),这是温度升高的主要原因。

水泥水化热的数量与发热的迟早随水泥的品种、矿物组成、细度等因素而异。快硬高强水泥因所含硅酸三钙与铝酸三钙较多,故水化热较高。水泥细度愈细,则水化热放出愈早,但总的发热量不变。补偿收缩混凝土和自应力混凝土最常用的硫铝酸钙类水泥,其水化热不高,但放出热量较早并且较为集中。混凝土水化热与水泥用量成正比,而水灰比增高可使水化热略有增加。

大体积混凝土中水化热温升常达 20~30℃,最高竟达 50℃之多,一旦降温收缩就不可避免地引起严重开裂。目前大体积混凝土中唯一使水化热温升小于 15℃,仅有《水工补偿收缩混凝土》,如安康混凝土高坝水化热温升仅 12.39℃。

为了降低因水泥水化热引起的温升,通常可采用降低原材料的温度、选择较低的环境温度施工、尽可能地增加散热面积以及选用热容量大、热扩散速度快、热传导系数高的混凝土,将水化热引起的温升降低或尽快耗散在环境中,不使混凝土中出现过高的温升。

温升引起膨胀,降温引起收缩。当温升为一定值时,混凝土膨胀变形的大小,取决于混凝土的线膨胀系数。常用的混凝土膨胀系数(线胀系数)为 $10\times10^{-6}/℃\sim11\times10^{-6}/℃$,但实际值随混凝土的材料与组成而异,尤其受集料岩种的影响最大。氧化硅集料的混凝土具有最大的膨胀系数,火成岩集料的混凝土居次,石灰岩集料的混凝土最小。根据 F.C. 哈普等的试验,各种集料混凝土(波特兰水泥:集料=1:6)在空气中和水中的线膨胀系数如表 8-6。

表 8-6 各种集料混凝土的线膨胀系数

集料名称	空气中的线胀系数	水中的线胀系数
高炉矿渣	10.6×10^{-6}	9.2×10^{-6}
白云石	10.1×10^{-6}	8.5×10^{-6}
泡沫矿渣	12.1×10^{-6}	9.2×10^{-6}
卵　石	13.1×10^{-6}	12.1×10^{-6}
花岗石	10.1×10^{-6}	8.6×10^{-6}
石灰岩	7.4×10^{-6}	6.1×10^{-6}
砂　岩	12.8×10^{-6}	12.1×10^{-6}

至于混凝土的龄期以及水泥品种对于膨胀系数的影响则很小。

除了控制混凝土的温升外,选择膨胀系数比较小的混凝土,从而减小混凝土在升温和降温时的胀缩变形,也是防止冷缩开裂的主要措施之一。

在此必须指出:与水化热引起温升以及散热引起降温的同时,混凝土的内部结构也随着龄期而发展,表现为强度与弹性模量的增加和塑性的减少(徐变随之减少)。这此变化着的性能,对于混凝土因温度变化所造成的变形值有着很大的影响;也可以说,温度变化与变形之间存在着颇为复杂多变的关系。例如,水泥的水化热一般均在3~7d内大量产生(膨胀水泥要早些),因此混凝土在早期升温最快;随着散热速度的不同,一般3~5d内就接近或达到最高温度值。此后不过几天或十几天,温度就开始下降。在升温阶段,混凝土内部因热胀而引起相向变形(属于限制条件下的膨胀)。但由于此时结构发育得还不够,塑性还较大,这种因热胀引起的相向变形大部分为塑性变形和徐变所消耗。在温降开始后不久,混凝土就出现收缩而引起背向变形(属于限制条件下的收缩)。但此时塑性已大大减小,因此背向变形就能够较快地引起开裂。为了比较清楚地说明这几个变化着的关系,现引用G.C.凯雷[2]研究不同龄期大体积混凝土中温度、应变、应力以及几种物理性能的相互变化的一些测试结果(见图8-8)。

凯雷用的是火山灰质波特兰水泥,卵石最大粒径7.5cm,水灰比0.63,单位水泥用量222kg/m³,混凝土初温14℃,以6h后的温度15℃为基准。

图8-8A是混凝土温升曲线[2]。绝热温升在最初5d上升速度最快,到第15d以后就基本稳定。实际温升在第3d就接近最高值。图8-8B到D是有关的混凝土物理、力学性能,其中热膨胀系数在约1d以后就基本不变了;徐变率在最初3d变化最大,7d以后变化要小得多,10d以后就接近最终值;弹性模量在最初10d,尤其是前5d上升很快,到了30d以后就接近最大值。

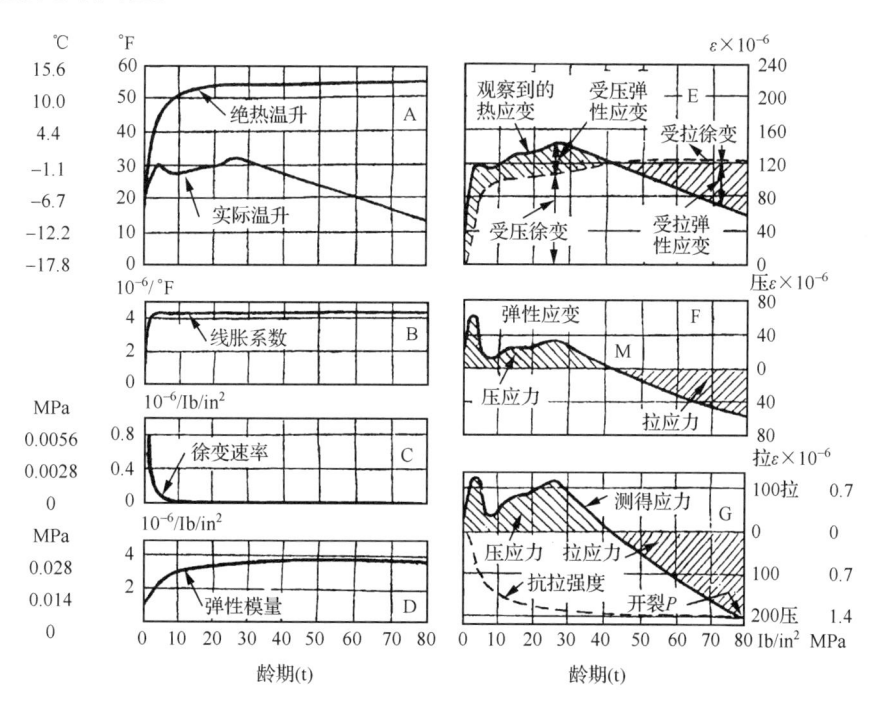

图8-8 大体积混凝土中温度、应力、应变等物理、力学性能的变化

图8-8E的热应变曲线与图8-8A的实际温升曲线形状相似,这是因为热膨胀系数在第一天以后就接近定个常数。由于早期热胀所产生的大部分热应变(约占80%)因塑性变形和徐变而消失,其剩余的应变值便是受压弹性应变(在相应压应力下的徐变值,见图8-8E左侧虚线,弹性应变见虚线上部或图8-8F左侧)。当温升曲线从顶点下降后不

久,混凝土中的压应变转为拉应变,亦即从限制下的膨胀(相向变形)转为限制下的收缩(背向变形),见图 8-8F 中的 M 点。由于混凝土转为受拉状态时塑性已很小,受拉徐变率也很低,受拉应变减去受拉徐变(约占受拉应变1%)后剩余的应变便是受拉弹性应变(图8-8E 右侧)。为了看清图 8-8E 的受压、受拉弹性应变值,图 8-8F 将其分别单独画出。在解释混凝土开裂破坏现象时,G.C. 凯雷使用了应力的概念而不是变形的概念。在图 8-8G 中,他将图 8-8F 的弹性应变值乘上相应龄期的弹性模量便得到各龄期的应力值。图中下侧虚线代表各龄期的抗拉强度,拉应力曲线与抗拉强度曲线的交点即拉应力开始超过抗拉强度的时间,也就是温降收缩引起开裂的时间。

从上面一系列曲线可知,当升温曲线经过顶点以后,升温值逐渐减少,但比起原始温度还高出不少时,混凝土中就出现拉应变。如按图示数值,即在达到最高温度后的 15d 以内就出现拉应力;而这时混凝土温度只比最高温度低约 3℃,比混凝土浇后 6h 的原始温度15℃还高出约 12℃。此后随着温度的进一步下降,混凝土中拉应变也不断增加,直至达到稳定温度(决定于外界平均气温)为止。如果混凝土达到的最高温度与稳定温度相差较大,则在降温过程中也必然会达到极限拉应变值。此时混凝土变形达到了出现裂缝的极限(或图 8-8G 中的 P 点,拉应力开始超过抗拉强度),于是就引起混凝土的开裂。按图示值,混凝土在浇后第 79 天出现开裂破坏,这时混凝土温度比原始温度(15℃)还高出约 7℃。

从上面所介绍的材料可以清楚地说明大体积混凝土的龄期,温度变化以及因此产生的应力应变等相互间的多变关系,也说明了温降收缩过程中各种因素的影响。

除了混凝土本身热量的散失能够产生收缩裂缝之外,表层混凝土还直接受到外界气温的影响。我国大坝工程的实践经验证明,对于坝块的外层混凝土来讲,外界气温下降不仅增加混凝土的降温幅度,更重要的是气温骤降,大大地增加了外层混凝土与内部混凝土的温度梯度,在外层混凝土中产生很大的限制收缩,成为表面混凝土裂缝发生的最重要和最常见的原因。

温降对混凝土的收缩变形有很大影响,例如温降 10℃ 所引起的变形,即温降收缩值,竟相当于一般混凝土在相对湿度 70% 的通常环境下 10~14d 龄期的干缩值。在大体积混凝土中由于散热温降收缩引起的开裂事故比干缩更为普遍与严重。

计算温降收缩值对大体积混凝土是十分重要的,长期以来各国的科学工作者为此进行了大量的分析研究工作。但是由于以前提出的各种解析方法都是建立在人为简化的假设前提和经典固体力学的基础之上的,往往不能符合混凝土的材料特性和变形的复杂多变的实际情况,因此计算数据与实测结果相去甚远。近年来发展起来的有限元法,对计算大体积混凝土内部各点的温降收缩值提供了一种有效的途径。但由于造成体积收缩的因素十分复杂(温降收缩、干缩、减缩、沉缩、碳化收缩、塑性变形及徐变可能同时发生),有些建立在模型试验基础上的数学模型尚需受混凝土不均匀性及尺寸效应的干扰,使计算误差也较大。目前为指导大体积混凝土施工、监督安全运行,校核设计的温降收缩数据的取得,仍主要依靠坝内埋设原型观测仪器,只是由于通过自动检测及计算机处理,使混凝土内部的温度、应变、应力和主应力等数据的取得比以前要方便和可靠多了。

归纳起来,要避免或减轻温降收缩裂缝,有三种有效途径:一是减少温升值从而可以降低以后的降温幅度;二是选择线胀系数小、受拉徐变大、极限拉伸值高的混凝土;三是采用补偿收缩混凝土。当前世界科学家一直在寻找一种水化热低、干缩小、变形性能好、极限拉伸值大、又有补偿干缩和温降的适时适量膨胀性能的水泥,则同时可以满足减少温升值和胀缩变形,同时提高抵抗温降收缩开裂能力(如早后期抗拉强度高、极限拉伸值大)和补偿收缩等要求(补偿收缩能系数≥1.4)。如果其他耐久性能也符合工程的需要,则可为大体积混凝土工程提供一种理想的水泥。目前世界上仅有我国自主创新研制成功的WD-Ⅲ、Ⅴ、Ⅵ型高档低热微膨胀水泥,才满足这种理想水泥标准。上述Ⅲ、Ⅴ、Ⅵ型水泥性能相近。Ⅲ、Ⅵ型设计以全面性能最优为原则。Ⅵ型为较大量外掺粉煤灰而设计。Ⅴ型为封堵工程而设计,其配合比要求在性能全面优秀条件下,还要更特出微膨胀能指标,如较大的膨胀量和较长的膨胀期,以更好满足混凝土与岩体(或老混凝土体)形成整体,并取消硅酸盐水泥混凝土设计所需的灌浆工序。

要决定温度变化是否使混凝土工程产生裂缝,首先要知道温度变化对工程带来的拉应力和应变。众所周知,水泥在水化时放出热量,在升温阶段混凝土呈塑性阶段,在到达最高温度后接着是冷却,此时混凝土强度增大,并渐接近弹性状态。如果在冷却时产生的收缩受到约束,则将产生拉应力,这种拉应力如果超过混凝土的抗拉强度则导致混凝土工程开裂。

引起温度变化的原因有两个:大气中的温度变化影响混凝土的外部温度,水泥发热是混凝土温度变化的内因。几个工程的实际资料都证明表面裂缝大多数在混凝土较早龄期遭遇外界气温骤降而发生。

混凝土温度裂缝起因于温度应变受以约束,温度应变(ε_t)起因于温差(ΔT),$\varepsilon_t = \alpha_t \Delta T$;混凝土干燥收缩应变($\varepsilon_{sh}$)往往是转换成当量温度 $T_{eq} = \dfrac{\varepsilon_{sh}}{\alpha_t}$ 补加进这个温差当中,α_t 为线膨胀系数。

设混凝土干缩应变为 300×10^{-6},混凝土线膨胀系数为 $10 \times 10^{-6}/℃$,则混凝土干缩的当量温度(T_{eq})就将是 $300 \times 10^{-6}/(10 \times 10^{-6}) = 30℃$,其意即混凝土干缩应变 300×10^{-6} 可相当于温降 30℃ 的收缩应变。

对于混凝土温差或温度裂缝问题,通常按两种情况分析。

一种情况是混凝土构件从最高的截面平均温度($T_{max,m}$)逐渐降至环境大气的平均温度(T_0),温差是指温降幅度 $\Delta T_m = T_{max,m} - T_0$,可示如图8-9。这种起因于 ΔT_m 的温度应变($\varepsilon_t = \alpha_t \Delta T_m$)受到外部约束时所引发的温度裂缝是贯穿性的。最高的截面平均温度($T_{max,m}$)较难测量取值,当混凝土截面较大时往往以截面中心的最高温度(T_{max})代替,虽有些偏差,但偏于安全。环境温度(T_0)通常是指当时的平均气温,普通截面混凝土结构构件的水化热高温(T_{max})大多在 7～20d 之内就可降至常温 T_0(图8-9中的A点),取 $\Delta T_m = T_{max} - T_0$,温度裂缝大多即出现在这期间。另如大坝之类的大体积工程也可长期在冬季最低气温中出现温度裂缝,这时的环境温度可取为最冷时1周期间的平均气温(T_{min}),$T_{m,冬} = T_{max} - T_{min}$ 示如图8-9中的B点。当混凝土墙体背面或混凝土板块底面接触的岩(土)体保持有不同于环境气温的温度时,这也可对混凝土的最低温度产生影响,ACI 207.2R-73(80)对此给出有如下的经验式:

$$T'_{max} = T_{min} + \frac{2(T_s - T_{min})}{3} \sqrt{\dfrac{\dfrac{V}{S}}{244}}$$

式中 T'_{min}——混凝土降温受到岩土影响的最低温度(℃);
   T_{min}——最低的裸露环境气温(1周低气温的平均值)(℃);
   T_s——岩土体内的稳定温度(℃);
   V/S——混凝土的体表比(cm)。

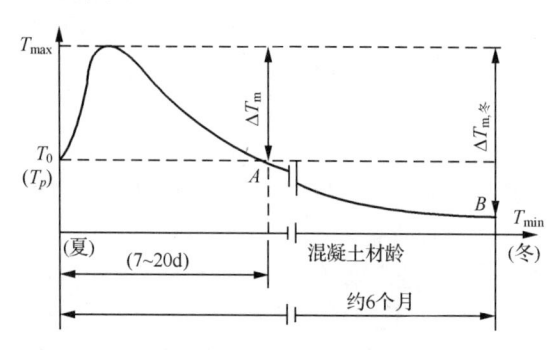

图 8-9 大体积混凝土的温度曲线与温降幅度示意

另一种情况是混凝土的内外温差(ΔT_d),即混凝土截面中心最高温度 T_{max} 与混凝土表面温度(T_0)之差,$\Delta T_d = T_{max} - T_0$。起因于这种表里温差($\Delta T_d$)的表层温度收缩应变($\varepsilon_t = \alpha_t \Delta T_d$)要受到内部约束,如果引发裂缝就将是表面性的。

水工建筑物、大坝温控设计,要计算基础温差和内外温差以及气温骤降引起收缩对建筑物产生裂缝的影响。该方面内容详见本书第六章第三、四、五、六节。

大体积混凝土最常见发生最多的温度裂缝是由内外温度差过大而引起。大体积混凝土建筑物不能迅速散发水泥水化热,当气温下降时,混凝土内外温度差产生的热应变受到约束,其收缩产生拉应变值超过混凝土极限变形,表面就会产生裂缝。

国内外硅酸盐水泥混凝土工程经验表明,在一年中冬春时期浇筑的坝块,浇筑块与基础之间由于温差而引起的裂缝较多,混凝土裂缝与内外温差密切相关。我国的混凝土坝工程也有类似的经验。

我国对硅酸盐水泥混凝土坝体长期现场观测表明,坝体表面竖向裂缝主要由于气温骤降引起,即日平均气温的突变造成的。它主要出现在混凝土的早龄期,且从坝块顶部开始起裂。坝体表面的水平裂缝主要由于坝块内外温差过大而引起。一般不论何时浇筑的坝块,水平裂缝总是在浇筑后第一年的冬季出现。除非坝块中心温度很高,且厚度不大,才有可能提前发生。对连续施工浇筑的高坝,水平裂缝既不发生在顶部附近又不靠近基础底部,而是在距顶面相当距离以下的部位,这是因为在距离顶面很近的平面上内外温差在坝块引起的铅直拉应力不大,而基础附近又由于叠加自重产生的压应力从而铅直拉应力也不很大。对于竖向表面裂缝,只有减少坝块表面降温梯度,采取连续施工浇筑和表面保护措施,才能防止或减少这类裂缝产生。对防止表面水平裂缝,则要严格控制入仓温度(加片冰、骨料风冷、水冷等),减低水泥的水化热温升(如选用低热水泥、掺用掺合料和外加剂、采用薄层浇筑等施工工艺),并相应采用保温措施,减小坝体混凝土的内外温差才能有效地防止或减少这类裂缝产生。

WD-Ⅲ型低热微膨胀水泥混凝土,水化热温升低,抗拉强度、极限拉伸值高,又有对温降、气温骤降的收缩补偿作用,故能有效防止工程裂缝发生。以安康高混凝土坝为例。其水化热温升比中热硅酸盐水泥外掺40%粉煤灰混凝土低6℃,加有2℃左右气温骤降变形收缩补偿作用,可削减内外温差8℃。加之还可进行连续通水冷却,其抗拉强度、极限拉伸值又高。如安康大坝Ⅱ型低热微膨胀水泥混凝土5个坝段,原型观测结果,最大拉应力仅0.66MPa,最小抗裂安全系数4.7,大坝无裂缝。就连施工期安康大坝新浇混凝土6d即遭过水冷击,也没有发生裂缝。硅酸盐水泥混凝土任何一个工程新浇混凝土遇到过水冷击,都会发生裂缝,就连自然条件、原材料、设计、施工条件较好的乌江渡水电站大坝也不例外。

经验表明,几乎所有的裂缝发生在暴露面。因此,防止产生表面裂缝最终将有助于防止或减少主要裂缝。

在基础温差方面,Ⅲ型低热微膨胀水泥混凝土即水工补偿收缩混凝土比在绝温条件下不收缩,中热硅酸盐水泥外掺40%粉煤灰混凝土有10℃左右好处(详见第五章)。即

$$\Delta T = \Delta T_s + \Delta T_M = 4℃ + 6℃ = 10℃$$

式中 ΔT_s——微膨胀补偿降温量;

ΔT_M——低热性能削减的水化热温升。

大体积硅酸盐水泥混凝土工程经常发生裂缝,是由于硅酸盐水泥水化热高(>270KG/kg),混凝土极限拉伸值小(<1/万)、抗拉强度低,自生体积变形收缩,干缩率大(>4/万),以及外部,如气温骤降等综合因素造成,但最主要的原因,而又不能通过工程优秀设计施工解决的因素,就是硅酸盐水泥本身性能缺陷满足不了工程防裂要求。其混凝土抗裂性能达不到不发生裂缝的抗裂技术指标$K_1 \geqslant 3$,$K_2 \geqslant 10$,补偿收缩能系数$\geqslant 1.4$,干缩率$\leqslant 50 \times 10^{-6}$的基本要求造成的。

理论和工程实践证明,工业民用建筑工程,只要采用特等和优质水泥(第二章),即其混凝土$K_1 \geqslant 3$,$K_2 \geqslant 10$,补偿收缩能系数$\geqslant 1.4$,干缩率$\leqslant 50 \times 10^{-6}$,并做好养护、保温措施。而大体积混凝土工程,还要在设计、施工条件配合下,如浇筑温度、温控措施和防气温骤降措施的落实,混凝土工程发生裂缝才可以防治。

第三节 混凝土工程裂缝防治

在水工补偿收缩混凝土中,最重要的变形是膨胀与收缩。这两种变形随着限制的不同,会产生不同的结果。不受限制的收缩叫做自由收缩,自由收缩不会引起开裂;受到限制的收缩叫做限制收缩,限制收缩达到某一定值时就引起开裂。相反,自由膨胀会引起开裂,而限制膨胀则不会发生开裂。说明如下:

1) 小尺寸的混凝土块、板、杆,当不配钢筋或只配少量细钢筋,又无其他限制时,收缩再大也不会开裂。

2) 配有较多粗钢筋的梁或大尺寸的板,岩石基础或基础嵌固很牢的路面或底板,在干燥或剧烈降温时,均会产生较大的限制收缩,引起混凝土开裂。

3) 小尺寸的混凝土梁、板、块,还有钢筋混凝土的保护层部分,变形时不受其他限制。当受到某些膨胀因素的作用,例如,含有氧化镁或氧化钙晶体进行长期持续的水化,或因冰冻、化学腐蚀等作用造成体积增大时,甚至膨胀混凝土的小试件因配合比不当产生过大的膨胀时,就会开裂或出现表面裂缝。

4) 当水工补偿收缩混凝土中配筋适度,或填孔嵌缝受到周围岩石或老混凝土的有效限制时,甚至有坚固的模板限制时,膨胀变形非但不会引起开裂,还能得到质地致密、抗渗性好、强度较高的混凝土。

5) 大体积混凝土的表层,在剧烈降温和干燥时产生较大的限制收缩,引起混凝土工程表面裂缝。

6) 基础或老混凝土约束新浇混凝土,可使新浇混凝土产生预压应力,不仅使混凝土不发生裂缝,而且可提高抗裂、抗渗性能。

为了能够更清楚地说明在自由与限制两种不同的条件下,膨胀与收缩两种不同的变形产生不同的后果,吴中伟院士在著作[2]中提出"相向变形"与"背向变形"两个概念。先用表解的形式表示如下:

$$\text{混凝土的主要变形}\begin{cases}\text{收缩}\begin{cases}\text{自由收缩——不会开裂,因为是相向变形}\\\text{限制收缩——会引起开裂,因为是背向变形}\end{cases}\\\text{膨胀}\begin{cases}\text{自由收缩——会引起开裂,因为是背向变形}\\\text{限制收缩——不会开裂,因为是相向变形}\end{cases}\end{cases}$$

所谓相向变形,就是使混凝土质点的间距缩小的变形,而背向变形则使质点的间距加大。因此,自由收缩是相向变形,自由膨胀则是背向变形。自由收缩使混凝土组织更加密实,使混凝土与钢筋的粘结力提高;而自由膨胀则相反,它使混凝土组织变松,膨胀超过一定限度就会开裂。限制条件下的收缩变形和膨胀变形,同时包含着相向与背向两种变形。可将限制膨胀,分解为两个部分的变形:一是假定未受到限制,质点间距从原长 l_1 增加到不受限制时能够达到的长度 l_2,也就是自由膨胀的全部变形,这个部分是背向变形。另一个是因为限制的作用,质点间距从上面达到的长度 l_2 减小到限制后实际达到的长度 l_3,这个部分是相向变形。当限制程度足够大的时候,这部分相向变形,非但能使混凝土避免开裂,并且能够起到增强和密实的好作用。同样,限制收缩也可分析为两个部分的变形:一是假定未受到限制,质点间距从原长 l_1 减小到不受限制达到的长度 l_2,也就是自由收缩的全部变形,这个部分是相向变形。另一是因为限制的作用,质点间距从上面达到的长度 l_2 加大到限制后实际达到的长度 l_3,这个部分是背向变形。当限制程度很大的时候,这部分背向变形就会引起开裂。兹用下表来说明相向变形与背向变形(表8-7)。

表8-7 相向变形向背向变形

	相 向 变 形	背 向 变 形
自由变形	收缩或受压	膨胀或受拉
限制变形	膨胀 (l_1, l_3, l_2)	收缩 (l_2, l_3, l_1)

注 ○表示质点原来的位置;⊗表示质点如果不受限制达到的位置;◯表示质点最终位置。

在实际工程中，从单一构件到尺寸较大的结构物，自由变形的情况几乎是不存在的。混凝土的变形，总是受到配筋、相邻部分、基础或结构物的整体性等的限制，同时，在混凝土的变形中最常见的是收缩变形。因此，限制收缩是混凝土开裂的最常见也是最主要的原因。而限制膨胀这种有利的相向变形，恰好用来抵消有害的限制收缩，从而达到避免或大大减轻混凝土开裂的目的。这部分是分析水工收缩混凝土的理论依据。也就是说水工补偿收缩混凝土补偿收缩是防止裂缝发生的主要技术措施之一，特别是针对工程实际的具体条件、情况，能提供适时适量收缩补偿，则补偿收缩效果为最佳。

硅酸盐水泥混凝土工程裂缝发生的原因是多方面的，那么其根本原因是什么呢？毛泽东在矛盾论中说"事物发展的根本原因，不是在事物的外部而是在事物的内部。"硅酸盐水泥混凝土工程发生裂缝根本原因，是由于硅酸盐水泥的基本性能，它不仅无补偿收缩功能，而且自生是收缩的，就是在绝湿和潮湿（或水中），它都是收缩的。加之它的干缩率太大（>4/万）、水化热太高（>270KJ/kg）、抗拉强度小（$R_{28}200$ 为 1.77MPa）、极限拉伸值太低（0.86/万），收缩大加二高二低是硅酸盐水泥混凝土工程发生开裂的最基本原因。著者经过 30 年的潜心研究，发现水泥生产工艺、原材料和适宜化学成分量与比例以及水泥石的微观结构，孔隙率太小，孔隙孔径大小、级配及分布对水泥混凝土水化热、干缩率、抗拉强度、极限拉伸有极为明显的作用，含有结晶水并与原材料化学成分质量守恒的水化产物，水泥石孔隙率小，孔隙孔径小（<50A°），孔径分布好，如图 8-10。水泥混凝土干缩率小（0.4/万）（图 8-11a），同上述条件的砂石骨料、配合比 $R_{28}200$ 抗拉强度为 3.05MPa、水化热低 185.8KJ/kg、极限拉伸值高于 1.52/万（表 8-8）。图 8-11(b)为两种水泥混凝土试件经 7 天养护后再干燥，硅酸盐水泥混凝土收缩近 3/万，低热微膨胀水泥混凝土膨胀 1.3/万。图 811(c)为 WD-Ⅲ型低热微膨胀水泥混凝土和低热硅酸盐水泥混凝土在绝湿（大体积混凝土工程内部）条件下，自生体积变形过程线，前者不同令期膨胀量保持不变，后者自终是收缩的。图 8-11(d)为 WD-Ⅲ型低热微膨胀水泥混凝土干燥后再遇水，其膨胀值又恢复到原始值的自生体积变形过程线。因此，水化热低、干缩小、抗拉强度大、极限拉伸值高是防止裂缝发生的重要辅助条件。

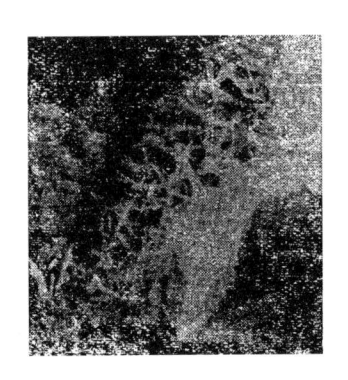

(a) 低热硅酸盐水泥水化7天电镜照片　　(b) WD-III型低热微膨胀水泥水化7天电镜照片

图 8-10　两种水泥的电镜照片

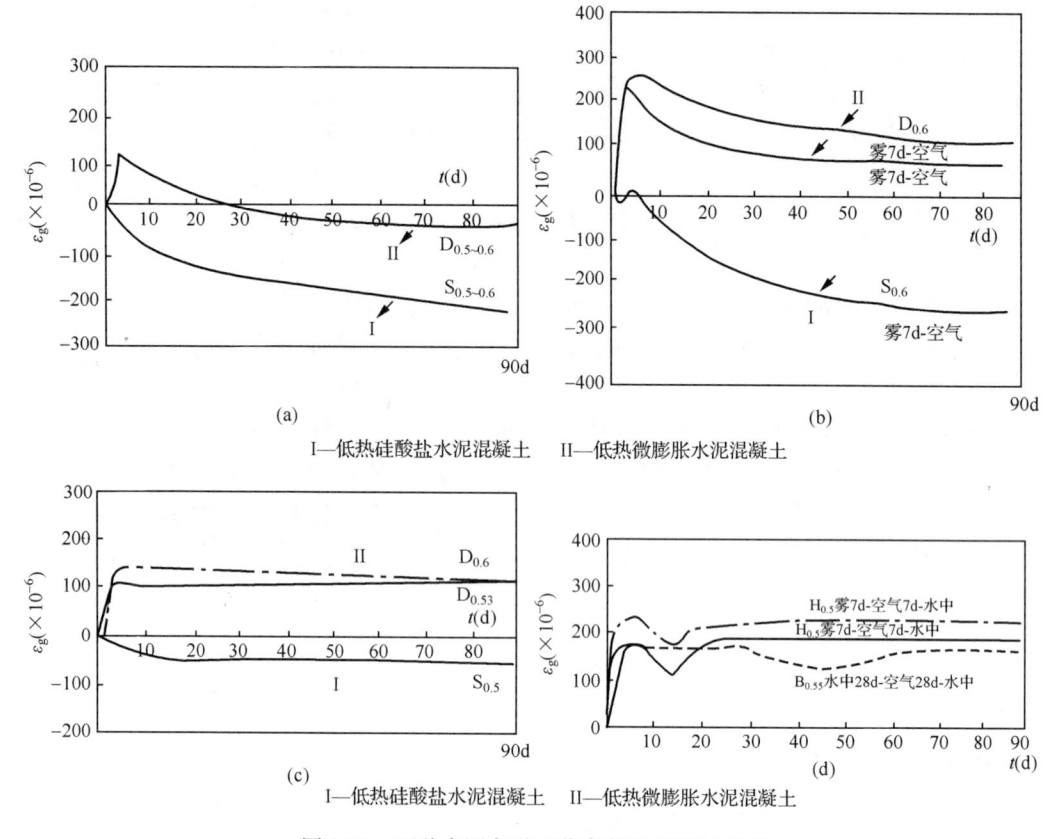

图 8-11 两种水泥各种工作条件的变形过程线

（a）空气养护时混凝土的膨胀变形过程线；（b）单式联合养护混凝土的膨胀变形过程线；
（c）绝温养护时混凝土的变形过程线；（d）复式联合养护时混凝土的变形过程线

Ⅰ—低热硅酸盐水泥混凝土　Ⅱ—低热微膨胀水泥混凝土

现将 WD-Ⅲ低热微膨胀水泥和长江三峡大坝采用的中热硅酸盐水泥在相同的骨料、水灰比、外加剂、掺合料及相同设备、人员试验条件下，其混凝土各项性能作对比试验结果如表 8-8[30]。

表 8-8　大坝混凝土抗裂几项综合指标（90d）

混凝土品种及混凝土标号	各种方案	水泥功能因素 MPa/Kg	热强比 KJ/MPa	弹强比 (×10³)	极限拉伸值 28d×10⁻⁴	干缩率 90d×10⁻⁶	抗裂系数 K_1	抗开裂系数 K_2	抗拉强度 MPa 7d	28d	90d	水化热温升℃
低热 425 硅酸盐水泥混凝土 $R_{90}200$	优化方案 15%粉煤灰	0.2169	1014.33	0.8473	0.80	387	0.197	3.887	0.78	1.71	2.46	中热硅酸盐水泥外掺40%粉煤灰混凝土 18.41
中热 525 硅酸盐水泥混凝土 $R_{28}200$（90d 自生体变－22×10⁻⁶）	优化方案 20%粉煤灰	0.2750	992.6	0.7941	0.91	395	0.218	4.047	1.25	1.77	2.85	
	优化方案 30%粉煤灰	0.3001	919.24	0.8281	0.86	368	0.201	3.341	1.09	1.93	2.59	低热微膨胀水泥混凝土 12.39

续表

混凝土品种及混凝土标号	各种方案	水泥功能因素 MPa/Kg	热强比 KJ/MPa	弹强比 (×10³)	极限拉伸值 28d×10⁻⁴	干缩率 90d×10⁻⁴	抗裂系数 K_1	抗开裂系数 K_2	抗拉强度 MPa 7d	28d	90d	水化热温升℃
WD-Ⅲ型低热微膨胀水泥混凝土 R₂₈200（90d自生体变160×10⁻⁶）	20%粉煤灰	0.3229	605.20	0.7432	1.33		3.436	10.299	2.24	2.88	3.41	低热微膨胀水泥混凝土12.39
	30%粉煤灰	0.3117	625.65	0.8188	1.22		2.560	7.673	1.87	2.59	2.77	
	0%粉煤灰	0.3442	512.88	0.6298	1.52	40	4.63	13.878	2.27	3.05	3.40	

$$抗裂系数\ K_1 = \frac{抗拉强度 \times 极限拉伸}{干缩 \times 抗拉弹模}$$

中热硅酸盐水泥20%粉煤灰混凝土90d干缩值395×10⁻⁶、30%粉煤灰混凝土90d干缩值368×10⁻⁶，低热微膨胀水泥混凝土（未掺粉煤灰）90d干缩值40×10⁻⁶。

表中抗拉弹模，因抗拉弹模资料不全，以抗压弹模代替。

表中抗开裂系数 K_2 为本文著者建议评定大体积混凝土抗开裂的评定指标。

$$K_2 = \frac{抗拉强度 \times 极限拉伸 \times 补偿收缩能系数}{绝热温升 \times 抗拉弹模}$$

抗拉强度7d、28dⅢ型低热微膨胀水泥比中热硅酸盐52.5水泥（均掺20%粉煤灰）高81.6%和62.7%。

水泥功能的因素：为每m³每kg水泥所产生的抗压强度，可以认为水泥功能因素体现了混凝土原材料、配合比优化水平，混凝土发热量也会因此减少。从表8-8以均掺20%粉煤灰R₂₈200看，WD-Ⅲ型低热微膨胀水泥混凝土比优化后的中热硅酸盐混凝土提高17.4%。如以每kg水泥所产生的抗拉强度，则前者比后者高52.7%。

水化热温升：在水泥用量159kg/m³，低热微膨胀水泥混凝土大坝实测水化温升为12.39℃，相应标号中热硅酸盐52.5水泥掺40%粉煤灰混凝土为18.41℃，前者比后者低6℃。

热强比：每m³混凝土所产生的热量与强度之比。热强比低。混凝土抗温度应力能力就愈强。必须指出，以热强比评定混凝土抗裂性能，仅适合相同砂石骨料所拌制的混凝土。以热强比论，WD-Ⅲ型低热微膨胀水泥混凝土比中热硅酸盐水泥混凝土降低39.0%。

弹强比：混凝土弹性模量与其强度之比，从提高混凝土抗裂能力考虑，希望混凝土高强度、低弹模，即混凝土每MPa强度所产生的弹模要小，从表8-8可见，WD-Ⅲ型抗裂水泥混凝土比中热硅酸盐水泥混凝土（均掺20%粉煤灰）弹强比下降6.4%。

补偿收缩能系数：混凝土补偿收缩能产生温控好处系数，如绝湿条件不收缩混凝土，该系数为1.0，WD-Ⅲ型低热微膨胀水泥混凝土绝湿条件90d自生体积变形260×10⁻⁶，其补偿收缩变形为40.8×10⁻⁶即可得到4℃补偿收缩好处，则该系数为1.4，如此类推。长江三峡大坝中热硅酸盐52.5水泥外掺30%粉煤灰混凝土90d自生体积变形为-22×10⁻⁶[4]，前者比后者多5℃左右温降补偿收缩变形好处。

抗裂系数 K_1 和抗开裂系数 K_2，是综合对混凝土产生裂缝影响的有关性能因素为一个指标，用以评定混凝土抗裂能力。混凝土抗裂系数越大，抗裂能力就越高。从表8-8可见，WD-Ⅲ型低热微膨胀水泥混凝土任何一项与抗裂有关的指标，均优于中热硅酸盐水泥混凝土,如强热比(抗拉强度/水化热温升)高121%,抗拉强度7d高79%,28d高49%,极限拉伸值28d高46%,补偿温降收缩多5℃,每kg水泥产生的抗拉强度功能高52.7%。抗裂性能综合性指标,WD-Ⅲ型低热微膨胀水泥混凝土抗开裂系数为K_2和抗裂系数K_1为优化后的中热硅酸盐水泥混凝土的2.5倍和15倍。安康大坝原型观测结果验证了著者K_2公式的正确性。

水工混凝土工程(包括一切大体积混凝土工程),特别是巨型大坝混凝土工程,为防止混凝土裂缝产生,要求混凝土具有[低]、[高]、[大]、[巧]、[小]五大性能,即[低]水化热、[高]抗拉强度、[大]的极限拉伸、[巧]妙、适时适量的微膨胀和极[小]的干缩率。硅酸盐水泥[低]与[高]是一对不可克服的矛盾,就是长江三峡大坝工程采用一级粉煤灰、高效减水剂也很难制造出水化热[低],早期强度[高],早、中、后期极限拉伸值[大]的优质混凝土。更难以实现极小的干缩率和适时适量的微膨胀。5d到15d龄期的混凝土早期强度高、极限拉伸值大,对防止大坝由于气温骤降引起表面裂缝十分有利。而适时适量微膨胀的补偿收缩混凝土是防止裂缝发生最佳途径。《水工补偿收缩混凝土》是当今世界唯一全部实现上述五大性能的优质高效益混凝土。波特兰水泥发明至今已有180年历史,虽经无数科学家研究探索,至今世界上仍未解决该类水泥及混凝土性能的[低]、[高]、[大]、[巧]、[小]的辩证统一。而硅酸盐水泥混凝土工程裂缝经常发生的原因,著者认为除未解决[低]、[高]、[大]、[巧]外,最重要还有一个原因是硅酸盐水泥混凝土在大气自然条件下收缩率太大(4/万～6/万)所造成。WD-Ⅲ型低热微膨胀水泥的发明创新,从原材料选择到制造工艺、再通过配比优化与工艺参数优化,使原材料能量充分释放,加之微观上使水泥石结构优化并以混凝土抗裂最优来设计水泥配比,故能较好地实现混凝土性能的[低]、[高]、[大]、[巧]、[小]并能在大气自然条件下不收缩。并在优秀的设计、施工条件配合下,才能较好地解决混凝土工程的最难解决的裂缝问题。

著者研究成果,并经工程实践证明,对一般混凝土工程、公路、机场、停车场、工业民用建筑、桥梁、地下建筑等,防止工程裂缝发生,除工程混凝土抗拉、极限拉伸值和各项耐久性能指标,满足设计要求外,工程运行在自然条件下,能做到工程混凝土不收缩,并能适时适量的补偿收缩,或抗裂系数$K_1 \geqslant 3.0$(结构长方向尺寸<30m,$K_1 \geqslant 2.5$),并及时做好养护和保温,即可防止工程裂缝发生。而大体积混凝土工程防裂,除满足上述全部条件外,还要求工程混凝土水化热低、抗拉强度高、干缩小、极限拉伸值大,并能对温降收缩进行适时适量的补偿,即抗开裂系数$K_2 \geqslant 10.0$(若设计浇筑块长方向尺寸$\leqslant 40m$,则$K_2 \geqslant 8.0$)。并在设计与施工方面做好:大坝内部混凝土最高温升≤30℃,气温骤降前做好混凝土表面保温和大坝内部温度上升期的通水冷却。上述混凝土防裂内部、外部4个因素的落实,即可防止大坝裂缝的发生。水坝设计工程师要特别注意,由于大坝顶部、上游面上部、下游面,在水库、电站运行过程中,这些部位的混凝土均长期暴露在大自然条件下,为防止裂缝发生,故也必须要计算K_1。工程防裂设计首要问题是选择满足K_1、K_2要求的特等、优质水泥,再辅以优秀的温度控制(浇筑温度、气温骤降保温措施落实等)、混凝土配比设计和精心施工,这样才能确保工程耐久,不发生裂缝。

美、日等国补偿收缩混凝土仅重视补偿收缩,而且实践中仅研究对混凝土干缩的补偿,产品水化热高,强度低,故工程仅可做到少裂。水工补偿收缩混凝土既重视补偿收缩,不仅研究对干缩的补偿,更研究对温降(气温和混凝土内部温度下降)收缩的补偿。而且它不仅有极低干缩率和水化热温升,并自主创新实现了水泥石微观结构优化,大幅度提高了混凝土自身的抗裂能力(抗拉强度、极限拉伸值高),从而实现工程的不裂和耐久。

美国建坝经验、机械设备、设计、施工、管理水平都很高,德沃歇克坝施工在通仓设计条件下,全年混凝土浇筑温度设计5℃工程实际达到4.7～6.3℃。(长江三峡大坝施工,混凝土出机温度7℃,浇筑温度12℃)。但美国只能在外部条件:低浇筑温度、均匀持续的高浇筑速度、优良保温措施、优秀的管理水平等方面高水平高投入满足了设计和建坝要求,但在混凝土内因水泥这个根本问题上,没有技术上的突破,由于美国只能采用收缩大、水化热高、抗拉强度低的波特兰水泥筑坝,这是大坝工程质量不好最根本的原因。果然大坝运行后发生贯穿性裂缝。而我国安康水电站混凝土高坝,实际无制冷温控措施,浇筑温度12～15℃,由于采用Ⅱ型低热微膨胀水泥,取消甲、乙块裂缝设计施工,工程实测最大拉应力0.66MPa,最小抗裂安全系数4.7,无裂缝。

小型水利水电工程,则无需制冷温控措施,只需安排好季节施工,气温骤降做好保温,采用 $K_1>3,K_2>10$ 的水泥,则可使工程耐久,不发生裂缝。

WD-Ⅲ型抗裂水泥制成的混凝土,不仅可满足混凝土工程防裂($K_1 \geqslant 3.0,K_2 \geqslant 10.0$,补偿收缩能系数$\geqslant 1.4$,干缩率$\leqslant 50 \times 10^{-6}$)的技术要求,而且其抗裂、抗渗、抗冻、抗碱骨料反应、抗硫酸盐侵蚀五大耐久性能指标均具国际领先水平,故 WD-Ⅲ 型抗裂水泥混凝土工程耐久、质量好、寿命长。并在理论和实践中实现世界首创的工程整体设计、连续施工,大幅度缩短工程建设周期,技术、经济、社会效益宏大。还在水泥、混凝土工程领域实现高性能、高质量、高效益、低物耗、低成本、低能耗、低碳、生产无污染的中国原创知识型循环体系产品经济。

第四节　水工补偿收缩混凝土无裂缝工程实例

一、池潭水电站水工补偿收缩混凝土9坝段工程

池潭水电站水工补偿收缩混凝土9坝段,经施工期和8年运行后,1987年10月由检查裂缝有经验的专业人员和电厂技术人员一道对9号坝段进行裂缝和渗漏检查,未发现裂缝和渗漏现象。检查结果如下:

池潭工程是闽江上游富屯溪支流—金溪干流上第一级电站。大坝分14个坝段,其中6～10号坝段为河床坝段,为减少大坝基础温差引起过大的温度应力,在河床第9号坝段,采用低热微膨胀水泥混凝土浇筑,一方面降低坝块最高温度,同时利用混凝土膨胀在基础部位所形成的预压应力,来补偿坝体降温的拉应力。

9号坝段坝高78m,底宽61m,设有一条纵缝,分甲、乙两块,在两块内从基础开始向上20m,均采用低热微膨胀混凝土浇筑(1.8万方)。

1979年初浇筑低热微膨胀水泥混凝土,至今已有8个年头,经过反复气温骤降、坝体降温和挡水考验,尚未发现裂缝;混凝土的膨胀仍保持初始的膨胀值,自生体积没有收缩;9号坝段基础填塘(硅酸盐水泥混凝土)中曾发生一条裂缝,在其上部使用低热微膨胀水泥混凝土浇筑,限制了裂缝的发展,未延伸。坝段上游基础廊道干燥无积水,没有裂缝及渗漏现象,表明低热微膨胀水泥混凝土的抗渗性能很好。

二、刚性防渗屋面工程

随着工业民用建筑的发展,高层楼房和大厦的屋顶防止雨水渗漏,是一个实际而有意义的问题。建筑部门统计,我国已建房屋渗漏率大于80%,应用水工补偿收缩混凝土浇筑屋顶,可以长期有效地起到防漏防渗作用。这是我们在应用中逐步体验和认识到的。1979年武汉某变电站房屋顶(20m×8m),铺设一层厚为8cm的水工补偿收缩混凝土,至今已30年,经雨水考验和多次检查,不裂不渗,毫不漏水。以后又在浙江紧水滩水电站屋顶及陕西略阳综合楼屋顶应用,均具有很好的防裂防渗效果。实践证明,水工补偿收缩混凝土不仅对水工结构的温控防裂具有显著的作用,在工业民用建筑中也具有广泛的前途。

三、安康水电站大坝水工补偿收缩混凝土坝段

水化热极低,有较大补偿收缩能力,温度应力小是低热微膨胀水泥的优点。安康水电站大坝159kg/m³水泥用量的水工补偿收缩混凝土绝热温升12.39℃,比美国上静水坝43kg硅酸盐水泥用量(掺160kg粉煤灰)的碾压混凝土坝的绝热温升18℃还低。比中热硅酸盐水泥外掺40%粉煤灰水化热温升18.41℃低6℃。

安康水电站导流缺口坝段甲乙两仓并仓以后浇筑块长达38m,700多m²的大仓面连续浇筑,当浇筑温度≤15℃时,3m层实测坝体最大拉应力为0.66MPa,6m层为0.4MPa。最小抗裂安全系数达到4.7,工程无裂缝。

四、过水冷击新浇水工补偿收缩混凝土不发生裂缝

水利水电工程因有渡汛要求,常常遇到新浇混凝土过水冷击的情况,新浇硅酸盐水泥混凝土过水冷击后工程常常发生裂缝。这是由于硅酸盐水泥混凝土坝块水化热温升高,内外温差大,收缩混凝土过水冷击叠加了混凝土表面收缩率,受内部混凝土约束,混凝土产生的拉应力远远超过混凝土早期龄期较低可承受的抗拉强度,故水利水电工程新浇硅酸盐水泥混凝土过水冷击后必然产生裂缝,裂缝宽度一般为2~3mm,但也有更严重的,如某工程硅酸盐水泥外掺粉煤灰混凝土由于过水冷击,产生33mm宽的深层裂缝[42]。安康大坝新浇6d和10d的水工补偿收缩混凝土坝块,遭过水冷击均没有发生裂缝(第六章第五节五)。

五、堵头工程

鲁布革水电站水工补偿收缩混凝土堵头工程,经多年高水位运行经验,原型观测仪器证明混凝土与岩石紧密结合成整体,无缝隙。堵头工程无裂缝、无渗漏。

六、铜街子水电站厂坝间连接的深槽工程

20世纪80年代末水工补偿收缩混凝土兴建的深槽工程长128.5m,宽1.0m,高35m,一次浇筑完成不灌浆。经多年仪器观测,厂坝结合紧密,无缝隙,无裂缝。

我国自主创新的"水工补偿收缩混凝土"应用于工程和技术问题更复杂的大体积混凝土工程,开创了工程耐久、不裂不渗。并又在国内外首次实现大体积混凝土工程的整体设计,通仓连续浇筑施工,工程优质高速创造了高效益,其核心技术的突破,被国内外著名科学家、院士称之为奇迹。

第九章 水工补偿收缩混凝土的应用和展望

防裂、耐久、高效益的水工补偿收缩混凝土是一门我国自主创新的新技术,应用于筑坝与碾压混凝土筑坝一样,开创了快速建坝的新途径,但前者工程耐久性、质量、速度、效益更好,使用范围普遍性和广泛性也更大,它不仅适用于任何坝型(拱坝或高于150m的混凝土大坝是否适用碾压混凝土均还在研究之中),而且可以在工民建、港工、交通、冶金、军工各行各业的混凝土工程和修补工程普遍应用。

各种建筑物通仓、连续浇筑施工,具有高质量、高速度和低成本的巨大的技术、经济和社会效益。以紧水滩上游围堰81m堰段的实施来看,其质量各项指标均达到设计要求,现场大量混凝土取样证明混凝土抗压保证率99%以上,堰段内部膨胀混凝土自生体积变形多年后仍保证定值$(200\sim250)\times10^{-8}$(理论上将永远保持这个数值)。堰体在3个冬季多次气温骤降10℃的寒潮冲击和内部降温,仅发生一条由于预裂孔影响而产生的小于0.2mm的表面裂缝。由于混凝土连续浇筑,其均匀性能好。混凝土的不均匀系数C_v:机口为0.09;仓面为0.11。工程质量评定为优良。鲁布革、安康、铜街子、宝珠寺水电站大坝工程,由于应用了水工补偿收缩性能更好的第二代低热微膨胀水泥,不仅混凝土膨胀期较长,而且自生体积变形至今保持值不变,后期强度增大,工程质量好,无裂缝。就速度来说,81m堰段每天同时上升1m,这在国内外均没有前例。美国德沃歇克坝浇筑速度较快,一天仅上升0.3m,瑞典互格福斯拱坝,以单个坝段10.8m进行滑模施工,按81m长度折算,略去每个坝段滑模安装时间,每天上升速度仅此0.41m。对比当前通用的硅酸盐水泥"柱状法"设计,不仅工程耐久性好,其建设工期也大为缩短。如紧水滩工程工期缩短4/5,鲁布革工程9/10,安康、宝珠寺2/3,且工程质量优良,经济、社会效益宏大。

在经济上,由于加快施工速度所获得的经济效益极为显著,我们曾对50m高的拱坝做过"柱状法"及水工补偿收缩混凝土通仓连续浇筑设计、施工方案对比,前者完成坝体施工要2.5年,后者仅需1.0年,以10万kW水电站提前一年发电所获得的效益就是数亿元。另外通仓、连续浇筑对比"柱状法"施工,取消纵缝模板,就可节约混凝土费用的10%,还可节约相应的灌浆费用$5\sim20$元/m^2,以及机械设备由于使用期短而节约租用费。而工程的耐久性,其效益也极为显著。

为解决工程耐久、优质快速施工,除新理论、新材料、新设计、新施工关键技术取得突破,特别是理论和材料科学的新突破,同时还必须解决另外一些技术问题,由于采用通仓连续浇筑,必须增大浇筑能力,要有相应混凝土制备、输送、浇筑、振捣机械和模板系统的配套和优化;水工补偿收缩混凝土同样要求有严格的洒水养护制度,并有严格的科学管理。

水工补偿收缩混凝土不仅是大坝基础约束防止收缩裂缝的理想材料,而且对防止气温骤降温度冲击形成的表面裂缝也有一定效果。并在隧洞回填、大坝底孔回填等方面均有良好的效果。在工业民用建筑物中,可以用水工补偿收缩混凝土作屋顶、刚性防水屋面(目前我国已达200余万m^2)。还可应用于管道工程、地下建筑、水池、大型容器、公路、停车场、预制建筑单元、正负温度交替作用的冰球场、滑冰道、建筑物的修补、补强等,都取得了良好的技术经济效益。

配制水工补偿收缩混凝土既可采用普通骨料,也可采用轻质骨料;既可用于现浇混凝土结构,也可用于预制构件和装配——整体式结构。国外大量实践(例如美国洛杉矶世界贸易中心)已充分证明,在后张法预应力结构或构件中采用补偿收缩轻骨料混凝土,优越性十分明显。补偿收缩混凝土的用途还可能扩大到泡沫(或加气)混凝土构件,以解决常见的裂缝问题,也可用于基础灌浆(如我国湖南镇水电站已经应用水工补偿收缩低热微膨胀水泥,对岩石基础进行灌浆,并取得满意的效果)、喷射混凝土、支护锚杆孔回填、土壤加固等方面。

根据美国的经验,虽然K型膨胀水泥售价高于普通水泥甚多,但因减少了其他费用(例如节约了防水费用、加快了工程建设速度等),建筑物造价反比普通水泥低。我国安康大坝实施结果,采用Ⅱ型低热微膨胀水泥浇筑大坝,比中热硅酸盐水泥外掺40%粉煤灰,工程成本还要低。如果计入工程耐久和提前发电产生的效益,那么经济、社会效益将更为宏大。

可以预见:水工补偿收缩混凝土将在一些工程中,例如混凝土筑坝、导流洞封堵、渠道防渗、填槽、压力钢管回填、灌浆、房屋顶防渗层、港口、码头、桥墩等大体积混凝土、防裂防渗混凝土工程,以及混凝土的修补工程等,逐步代替硅酸盐水泥混凝土,并必将促使混凝土建坝、建筑科学技术等方面取得新的进步。

为了加速发展"水工补偿收缩混凝土"特别是第三代低热微膨胀水泥,WD-Ⅲ、Ⅳ、Ⅴ型低热微膨胀水泥混凝土的应用,应抓紧进行以下几个方面的工作:

1) 研究并创立创新研究成果产业化的机制方针、政策和实施办法。做好知识产权保护宣传教育工作,加强执法力度,并将措施实施到位。

2) 研究水泥石微观结构、膨胀、变形进一步优化和扩大水工补偿收缩水泥品种。重点放在水泥石微观结构优化和混凝土补偿收缩能提高以及扩大原料来源,进一步节能、提高性能、降低成本等方面。原材料除矿渣、粉煤灰外,如磷碴的开发利用。探索研究产品不用熟料作激发剂,使产品从低碳转型为无碳经济产品,并更节能。

3) 研究膨胀机理、膨胀能有效利用及有效的限制方法。在限制方法上除单向限制外,还应对双向、三向、多向限制,不对称限制,不同程度的限制,基础限制以及钢筋截面形状与配置方式等的研究。以达到既提高膨胀能,又能用巧妙、适宜的限制,获得最经济、有效的补偿收缩混凝土建筑物。

4) 研究并选定补偿收缩混凝土标准的测试方法,提出统一的标准。取消不符合混凝土工程实际的水泥标准中,以净浆膨胀率确定膨胀的方法,改以砂浆膨胀率代之。

5) 加强以混凝土耐久性来评定水泥标准的研究。制定出符合工程实际、先进、创新的水泥等级划分标准,并实施我国自主创新发明的水泥新标准。

6) 加强水工补偿收缩水泥物理、化学等基础研究,以提高补偿收缩能并提高其他性能。主要研究硫铝酸钙和氢氧化钙、氧化镁等水化产物的数量、形态、微观结构、形成时间与变化速率等,并重视微观结构优化后和在限制条件下的特性研究。

7) 研究高强度科学施工机械化自动化。由于我国自主创新的发明专利《水工补偿收缩混凝土连续筑坝》,在技术上已经实现了大坝整体设计通仓连续浇筑施工。从我国十多个工程应用水工补偿收缩混凝土的实践,发现每个工程在浇筑强度上,都满足不了该技术的设计要求,如鲁布革水电站堵头工程,著者设计要求4d完成采用硅酸盐水泥设计建设周期5个月的工程任务,但由于浇筑能力不够,实际用了13d。安康水电站大坝,著者设计要求至少比硅酸盐水泥混凝土缩短建设周期80%以上,但因浇筑能力低而经常间断,仅实现比硅酸盐水泥混凝土缩短建设周期2/3。

若引进著者1984年和美国Rotec公司谈判的美国专利产品,混凝土塔、皮带输送机作为大坝主要浇筑手段(该机特点:浇筑强度大,混凝土输送过程砂浆不损失,垂直下落过程骨料不分离),并辅以其他设备配套优化和加强科学管理,那么工程建设周期会更短,效益效果会更好。该机已在世界多个国家和三峡大坝施工中应用。

8) 加强补偿收缩混凝土工程合理设计与施工方法研究。对应用水工补偿混凝土建设的工程,要加强长期观测,并加以总结。要在理论和工程实践的基础上,提出各种类型建筑物的正确设计和施工方法;制定设计、施工规程和应用规范。

9) 加强科学管理,建立健全研究、生产、设计、施工科学管理体制。水工补偿收缩混凝土建坝多年建设经验,特别是池潭、紧水滩、安康、宝珠寺等水电站大坝,鲁布革水电站大体积混凝土堵头工程等成功的建设经验表明,统一有权威的科研、设计、施工、生产工程建设领导小组,领导正确实施科学的工程设计、施工方案,是工程建成优质耐久重要和必要的条件之一。混凝土工程在完成综合经济社会效益最优的规划、设计工作后,要牢牢狠抓水泥这个中心环节,在工程建设前,充分做好选(建)厂和原材料选备,在专有技术人员和工厂技术生产人员一起,据不同约束和其他条件,采用III型(大坝使用)、V型(导流洞封堵使用)、VI型(著者和长江三峡总公司联合开发外掺粉煤灰混凝土早期强度不降低外掺使用)低热微膨胀水泥的配合比和生产工艺参数进行试验和试生产,确定方案后,工程建设方要与生产厂签订水泥出厂的具体技术指标和相应措施,包括原材料质量要求、配比、生产工艺参数、试验、试生产在内的全部条款和实施细则,并有专业技术人员驻厂,保证实施。安康、紧水滩等水电站大坝优质快速建坝试验组就是这样执行的,并经实践证明行之有效。绝不能我定货,你供应符合国家标准的产品即可,原因是多方面的,但最主要的是因为现行水泥产品等级划分、水泥标准及相应条款不科学,工程最需要的指标,水泥指标无反映。有些指标还误导用户,如标号等级高、价高而非好货;再如低热微膨胀指标、标准中规定的净浆膨胀率合格,但在混凝土和工程中不合格。工程追求安全、耐久,经济效益高。具体到建坝,则要求水泥水化热、补偿收缩能、强度(特别是抗拉强度)、抗裂、抗渗耐久性能综合指标好,而工厂追求抗压强度这个硬指标。

10) 成立"变废为宝"研究开发应用国际集团。通过高科技手段,将世界堆积如山的"废碴"资源,改造成循环经济产品,并达到"废碴"的高效益利用。研究以矿渣(炼铁废碴)、粉煤灰(火电厂废碴)、磷碴(磷肥厂废碴)等为原材料,开发"变废为宝"新产品为龙头,以发明专利生产自主创新国际领先水平高档生态水泥产品为依托,以节能无碳排放生产无污染和建设不裂、不渗、耐久、高效益混凝土工程为目标的大型"变废为宝"的国际集团公司,大面积推广"水工补偿收缩混凝土"和高档生态水泥的生产和应用,特别是大体积混凝土工程和防裂防渗耐久性要求高的混凝土工程中的应用。为全国和世界人民谋福祉,为"低碳经济"在全世界发扬广大,为应对全球气候变化和减少有害气体排放作出我国应有的贡献。

湖南镇水电站应用低热膨胀水泥代替高分子材料进行基础微细裂隙灌浆取得圆满成功，不仅为基础灌浆工程提供了环保廉价材料，而且使可灌区持久不渗漏，成为可能。

因此可以预见，在解决前述问题的同时，做好必要的宣传推广工作之后，特别是当前世界正处于推动低碳循环经济，各国和民众均呼吁减少 CO_2 排放，以扼制全球气候变化过快和保障人民身体健康。大力推广水工补偿收缩混凝土前景光明，开发工作的重点应该放在减少 CO_2 排放迫切要求的国家，抗裂抗渗要求极高的工程，波特兰水泥无法满足极高的抗压、抗拉强度和极限拉伸值要求的工程；砂石骨料碱含量过高，或环境水硫酸盐侵蚀严重的工程；要求高速度、高质量、低成本建成混凝土和大体积混凝土工程的国家，以及条件较适合的发展中国家。发展中国家对水泥的需求量正在迅速增长，这些国家在技术方面受传统影响较小，劳动力较多也较廉（如东南亚地区），而且有些地区自然条件较差（例如海湾国家），混凝土建筑物的裂缝和耐久性问题较多，加之产品性能高，价格低，这些都为发展水工补偿收缩混凝土提供了良好的广阔市场。只要能够保证产品质高价廉和工程的优质高速低成本，并注意树立好样板，《水工补偿收缩混凝土》在世界各国将会有一个大的发展。

目前全世界波特兰水泥年产量超过 16 亿 t，其中半数以上在第三世界应用。第一步推广如以 10% 估计，水工补偿收缩水泥产量将达 1.6 亿 t 以上。由于产量大、用途广，水工补偿收缩混凝土将以其显著的技术经济效益和社会、环保效益而受到举世瞩目。

在世界最大人造材料工业体系，以我国原创 WD-Ⅲ型低热微膨胀水泥和《水工补偿收缩混凝土》大仓面优质快速浇筑混凝土工程的知识型循环经济工业体系，开创水泥和混凝土工程行业四低（低碳、低能耗、低资源消耗、低成本）三高（高性能、高质量、高效益），承担起中国在对抗全人类最大威胁气候变化，包括气候变暖的全球行动中首先承担的国际角色和义务。

附录一 低热微膨胀水泥新标准

自主创新的新产品,以耐久性为指标的新标准,以确保产品稳定的高性能和高质量,更好地为工程和国民经济发展服务。

WD 型低热微膨胀水泥
WD-Low heat expansive Cement

一、范围

本标准规定了低热微膨胀水泥的定义、材料要求、强度等级、技术要求、试验方法、检验规则、包装、标志、运输和贮存等。

本标准适用于低热微膨胀水泥的生产、检验和验收。

二、规范性引用文件

下列文件中的条款通过本标准的引用而成为本标准的条款。凡是注日期的引用文件,其随后所有的修改单(不包括勘误的内容)或修订版均不适用于本标准,然而,鼓励根据本标准达成协议的各方研究是否可使用这些文件的新版本。

GB/T 176 水泥化学分析方法(GB/T 176—1996)

GB/T 203 用于水泥中的粒化高炉矿渣

GB/T 1346 水泥标准化稠度用水量、凝结时间、安定性检验方法(GB/T 1346—2001,eqv ISO 9597:1989)

GB/T 2022 水泥水化热测定方法(直接法)

GB/T 5488 石膏和硬石膏(GB/T 5483—1996,eqv ISO 1387:1975)

GB/T 8071 水泥比表面积测定方法(勃氏法)

GB 9774 水泥包装用袋

GB/T 12573 水泥取样方法

GB/T 12959 水泥水化热测定方法(溶解热法)

GB/T 17671 水泥胶砂强度检验方法(ISO 法)(GB/T 17671—1999,idr ISO 679:1989)

ASTMC227 水泥砂浆线膨胀率测试方法

JC/T 420 水泥原料中氯离子的化学分析方法

JC/T 667 水泥助磨剂

三、术语和定义

下列术语和定义适用于本标准。

低热微膨胀水泥(Low heat expansive cement)

以粒化高炉矿渣为主要成分,加入适量硅酸盐水泥熟料、粉煤灰和石膏,磨细制成的具有低水化热和膨胀性能的水硬性胶凝材料,称为低热微膨胀水泥,代号 LHEC。

四、材料要求

4.1 粒化高炉矿渣

符合 GB/T 203 规定的优等品粒化高炉矿渣。

4.2 石膏

天然石膏:符合 GB/T 5483 规定的 A 类或 G 类二级以上的石膏和硬石膏。

工业副产石膏:工业生产中以硫酸钙为主要成分的副产品。采用工业副产石膏时,应经过试验,证明对水泥性能无害。

4.3 硅酸盐水泥熟料

由主要含 CaO、SiO_2、Al_2O_3、Fe_2O_3 的原料,按适当比例磨成细粉烧至部分熔融所得以硅酸钙为主要矿物成分的水硬性胶凝物质。其中硅酸钙矿物质量分数不小于 66%,氧化钙和氧化硅质量比不小于 2.0。熟料强度等级要求达到 42.5 以上;游离氧化钙含量(质量分数)不得超过 1.5%;氧化镁含量(质量分数)不得超过 6.0%。

4.4 粉煤灰

符合混凝土外掺要求的一、二级粉煤灰。

4.5 微观结构优化剂

优化水泥石微观结构的化学元素。

4.6 助磨剂

水泥粉磨时允许加入助磨剂,其加入量应不超过水泥重量的 0.5%,助磨剂应符合 JC/T 667 的规定。

4.7 外掺物

经供需双方商定,允许掺加少量为提高水泥补偿收缩性能的外掺物。

五、强度等级

低热微膨胀水泥强度等级为 42.5 级和 32.5 级。

六、技术要求

6.1 三氧化硫

三氧化硫含量(质量分数)应为 4.0%～7.0%。

6.2 比表面积

比表面积 350～450 m^2/kg(现行标准不得小于 300 m^2/kg)。

6.3 凝结时间

初凝不得早于 45min,终凝不得迟于 12h,也可由生产单位和使用单位商定。

6.4 安定性

沸煮法检验应合格。

6.5 强度

水泥各龄期的抗压强度和抗折强度应不低于表1数值。

表1 水泥的等级和各龄期强度(括号内为现行标准值)

强度等级	抗折强度(MPa)		抗压强度(MPa)	
	7d	28d	7d	28d
42.5	6.0	9.0	22.5	42.5
32.5	5.5	7.5	20.0	32.5
(32.5)	(5.0)	(7.0)	(18.0)	(32.5)

6.6 水化热

水泥的各龄期水化热应不大于表2数值。

表2 水泥的各龄期水化热(括号内为现行标准值)

强度等级	水化热 kJ/kg	
	3d	7d
42.5	180	200
32.5	170	190
(32.5)	(185)	(220)

6.7 砂浆线膨胀率

砂浆线膨胀率应符合以下要求：

1d不得小于0.01%；

7d不得小于0.06%；

28d不得大于0.30%。

6.8 耐久性(混凝土)

表3 混凝土耐久性能表

干缩率	极限拉伸值	抗裂系数 K_1	抗开裂系数 K_2	渗透系数	抗冻(次)
$<60\times10^{-6}$	$\geqslant1.1\times10^{-4}$	$\geqslant2.5$	$\geqslant8.0$	$\leqslant10^{-8}$	200 300(严寒地区)

注：$K_1=\dfrac{抗拉强度\times极限拉伸值}{干缩率\times抗拉弹模}$

$K_2=\dfrac{抗拉强度\times极限拉伸值\times补偿收缩能系数}{绝热温升\times抗拉弹模}$

6.9 氯离子

水泥的氯离子含量(质量分数)不得大于0.06%。

6.10 碱含量

碱含量由供需双方商定。碱含量(质量分数)按 $Na_2O+0.658K_2O$ 计算值表示。

6.11 绿色指标

生产无任何有害或有污染的固体、液体排放，也无 CO_2 等任何有害或有污染气体排放。

七、试验方法

7.1 三氧化硫(SO_3)、氧化钠(Na_2O)和氧化钾(K_2O)

按 GB/T 176 进行。

7.2 比表面积

按 GB/T 8074 进行。

7.3 凝结时间和安定性

按 GB/T 1346 进行。

7.4 水化热

按 GB/T 2022 或 GB/T 12959 进行，采用直接法仲裁。

7.5 砂浆线膨胀率

按 ASTMC227 砂浆长度法进行，并作以下补充规定：
1) 试体经 24h 湿气养护胶模测初长，然后在水中养护至 1d、7d、28d 测长。
2) 终凝时间超过 12h，试体湿气养护时间按终凝时间后 12h 脱模测初长。

7.6 强度

按 GB/T 17671 进行。

7.7 氯离子

按 JC/T 420 进行试验。

八、检验规则

8.1 编号及取样

水泥出厂前按同品种编号和取样。袋装水泥和散装水泥应分别进行编号和取样。每一编号为一取样单位，水泥出厂编号按不超过 400t 为一编号。

取样方法按 GB/T 12573 进行。

取样应有代表性。可连续取，亦可从 20 个以上不同部位取等量样品，总量至少 14kg。

所取样品按本标准第 7 规定的方法进行出厂检验。

8.2 出厂水泥

出厂水泥技术要求应符合本标准第 6 中的 6.1～6.8 的技术要求。

8.3 判定规则

8.3.1 合格品

符合本标准第 6 中的 6.1～6.8 规定的技术要求为合格品。

8.3.2 不合格品

任一项不符合本标准第 6 中的 6.1～6.8 规定的技术要求为不合格品。

8.4 试验报告

试验报告内容应包括本标准规定的各项技术要求及试验结果,如使用助磨剂、工业副产石膏,应说明其名称和掺加量。水泥厂应在水泥发出日起 11d 内寄发除 28d 强度和 28d 砂浆线膨胀率以外的各项试验结果。28d 强度和 28d 砂浆线膨胀率数值,应在水泥发出日起 32d 内补报。

8.5 交货与验收

8.5.1 交货

交货时水泥的质量验收可抽取实物试样以其检验结果为依据,也可以水泥厂同编号水泥的检验报告为依据。采取何种方法验收由买卖双方商定,并在合同或协议中注明。

8.5.2 验收

8.5.2.1 以抽取实物试样的检验结果为验收依据时,买卖双方应在发货前或交货地共同取样和签封。取样方法按 GB/T 12573 进行,取样数量为 28kg,缩分为两等份,一份由卖方保存 40d,一份由买方按本标准规定的项目和方法进行检验。

在 40d 以内,买方检验认为产品质量不符合本标准要求,而卖方又有争议时,则双方应将卖方保存的另一份试样送省级或省级以上国家认可的水泥质量监督检验机构进行仲裁检验。

8.5.2.2 以水泥厂同编号的检验报告为验收依据时,在发货前或交货时买方在同编号水泥中抽取试样,双方共同签封后保存 90d;或委托卖方在同编号水泥中抽取试样,签封后保存 90d。

在 90d 内,买方对水泥质量有疑问时,则买卖双方应将共同签封的试样送省级或省级以上国家认可的水泥质量监督检验机构进行仲裁检验。

九、包装、标志、运输、贮存

9.1 包装

水泥可以袋装或散装,袋装水泥每袋净含量 50kg,且不得少于标志质量的 99％;随机抽取 20 袋总质量不得少于 100kg。其他包装形式由供需双方协商确定,但有关袋装质量要求,应符合上述原则规定。

水泥包装袋应符合 GB 9774 的规定。

9.2 标志

水泥袋上应清楚标明:产品名称、代号、净含量、强度等级、生产许可证编号、生产者名称和地址、出厂编号、执行标准号、包装年、月、日。包装袋两侧应印有水泥名称和等级,用黑色印刷。

散装时应提交与包装袋标志相同内容的卡片。

9.3 运输与贮存

水泥在运输下贮存时,不得受潮和混入杂物。

附录二 水工补偿收缩混凝土工程应用技术规范*

一、水泥运输保管

1) 水泥在运输和储存时不得受潮和混入杂物。

2) 应专设水泥仓库或储罐,水泥仓库宜设在干燥地点并应有排风通风设施。

3) 水泥存库内储存要求放置在干燥地面上,并在地面上搁置厚木板后再放置第一层袋装水泥。袋装水泥距地面、边墙至少 30cm,堆放高度不得超过 15 袋。

4) 不同品种和标号的水泥应分别储存,不得混杂。

5) 先到水泥先用,袋装水泥生产后从储运到存放不得超过 3 个月时间。

二、应用技术要求

1) 混凝土水灰比一般要求满足小于 0.55。

2) 每个仓面要求在一班(6~8h)时间内务必浇筑一层(>50cm),以保证膨胀能的有效利用。

3) 选用外加剂必须经过试验后方可确定,使用外加剂必须搅拌均匀并定期选有代表性样品进行鉴定。

4) 有抗冻要求的混凝土必须加气剂、减水剂联合掺用并严格限制水灰比(<0.5)。

5) 有抗冻要求的混凝土含气量一般为 0.55% 左右,具体通过试验确定。

6) 混凝土各组分允许称重偏差±1%(其中砂、石为±2%)。

7) 施工前,应结合混凝土配合比情况,检验拌和设备的性能,如发现不相适应,应适当调整混凝土配合比,调整拌和设备速度及叶片结构。

8) 混凝土拌和过程,应根据气候条件定时测定砂、石、骨料的含水量(尤其是砂子的含水量)在降雨的情况下,应相应增加测定次数,以便随时调整混凝土的加水量。

9) 混凝土拌和过程,应采取措施保持砂、石、骨料含水量的稳定,砂子含水率应控制在 6% 以内。

10) 必须将混凝土各组分拌和均匀。拌和程序、时间应通过试验确定。

11) 拌和设备应经常检验下列项目:拌和物的均匀性,特别是衡器准确性,拌和如发现问题应立即进行处理。

12) 运输混凝土后使混凝土不分离、漏浆、严重泌水及过多下降塌落度,并尽量减少转运次数。

13) 在气温 20℃ 左右的条件下,混凝土运输时间应小于 30min,并严禁途中加水运入仓中。

14) 混凝土入仓及运输中对日晒、雨淋应有必要的措施。

---

* 本规范由水利电力部水工补偿收缩混凝土快速建坝科学实验组负责解释。

15) 验收合格,岩基,老混凝土润湿才可浇混凝土。

16) 浇筑第一层混凝土,岩基应铺设 2~3cm 水泥砂浆(水灰比较混凝土小 0.05)。

17) 混凝土浇筑需随浇随平仓,要求振捣均匀,各部位不漏浆,振捣器前后两次插入混凝土中间距,应不超过振捣的有效半径 1.5 倍。

18) 混凝土应使用振捣器捣固,每一位置振捣时间以混凝土不再显著下沉,不出现气泡,不泛浆为止。

19) 振捣上层混凝土时,应将振捣器插入下层混凝土 5cm 左右,以加强上下层混凝土结合。

20) 混凝土修饰后应立即养护,洒水养护不得少于 28d。采用不断洒水的湿粗麻布(袋)覆盖,效果更好。

21) 当可能有气温骤降时,在混凝土浇筑后 4d 时间,应采取表面保护措施。除平面用保温被外,立面要求能与坝面紧密结合。

22) 混凝土拌和用水制成砂浆,28d 龄期强度大于饮用水制成的混凝土强度 90%,则该水质可作混凝土拌和用水。

23) 混凝土施工完成后,要求现场混凝土强度为设计强度的 100%~120%,C_v<0.15。

24) 坝体分三块浇筑,两块同时均匀上升,并均比中间块先浇 4d,以增加中间块约束面,增大膨胀能利用。

25) 混凝土浇筑完毕,立即开始连续通水冷却,以最大幅度降低坝体最高温升,通水过程对混凝土进行变形观测,只要混凝土微膨胀大于通水冷却带来收缩变形,即可继续连续通水冷却,直至坝体温度开始下降为止。

三、滑模

1) 滑模施工各工种必须互相配合,各工序必须衔接,以保证连续均衡施工。

2) 按照工程设计图纸放样,标出建筑物的设计轴线、边线,滑模装置主要构件的位置,安装完毕的滑模,应经总体检查验收后,才允许投入生产。

3) 混凝土早期强度增长速度,必须适应模板滑动速度。

4) 应分层、平起、对称、均匀地浇筑混凝土,各层浇筑的间隔时间不应超过允许间歇时间,再次滑开前应严格检查并排除防碍滑升的障碍物,采用液压千斤顶作提升机具时,应保证所有千斤顶均匀,能充分进油、回油。

5) 对脱模后的混凝土,应避免阳光爆晒,必须及时保护,一般养护期不应少于 28d,溢流面不应少于 40d。采取喷水养护时,应防止冲坏混凝土表面,始终保持混凝土表面湿润。采用喷自封闭养生剂,应防止漏喷。

6) 施工期在可能遇到气温骤降,应立即采取表面保温措施,平面宜采用保温被,立面喷或贴保温材料均可,但必须保证结合牢固。

7) 工程结构为竖直面混凝土的脱模强度应控制在 0.2~0.4MPa,拱坝等有倒悬坡部位的混凝土的脱模强度 0.3~0.4MPa。

8) 按要求平均滑升速度为 0.08~0.1M/h,两次提开间隔时间不宜超过 1.0h。

9) 有调坡,收分的拱坝,双曲拱坝等结构物,每次滑升应同时并严格按精度计算控制数据调坡,收分。

10) 拱坝等工程采用大仓面浇筑的滑模装置,采取分段滑升时,相邻段铺料高差,不得大于一个铺料层厚。

11) 每提升一个浇筑层,必须全面检查平台偏移情况,作出记录,并及时调整。操作平台发生较小偏移时,应及时调平;操作平台的累计偏移量超过 5cm,尚不能调平时,应停止滑升进行处理。

12) 滑升至顶,混凝土达到脱模强度后,应使模板与混凝土脱开,并及时加固操作平台。

13) 滑模要求从岩层表面开始起滑,防止薄长块由于安装滑模产生长间歇,以至发生贯穿性裂缝。

14) 两边块均匀上升 4d 后,中间块开始滑升,并一直保持原高差至顶。

四、观测仪埋设

仪器埋设是一项极其复杂的工作,它牵涉面广,与混凝土浇筑施工进度有一些矛盾,同时观测仪灵敏度高、弹模低,又易损坏,价格昂贵,因此在施工时应很好安排,施工时应特别注意保质保量埋好仪器,防止仪器损坏。

(一) 仪器埋设

1. 应变计埋设

单向应变计埋设较容易,当混凝土浇到仪器埋设高程时,待混凝土捣实后,用振动器在埋设位置插一个小孔,随后将应变器放入孔内,尽量控制所需方向,其误差±1 度,随后孔内填细骨料混凝土。应变计组的埋设一般要预埋构件固定应变计组,同时用模板保护应变计组。

1) 应变计周围应去掉大于 5cm 的骨料;
2) 仪器附近的混凝土用人工插实,小心填筑;振动器振动距仪器应有一定范围,其大小视振动器半径而定,一般距支座处要 1m 以上;
3) 模板内混凝土应比周围混凝土高一层(约 25cm),待外围混凝土填至模板内混凝土一样高时就要提升模板切勿振捣后提升,否则提升非常困难;
4) 仪器顶部浇筑 50cm 厚混凝土后,守护人员方可离开;
5) 施工中混凝土下料时应距仪器水平距离 1.5m 以上,以免打坏仪器;
6) 电缆牵引时,仪器应挽一个圈埋入,避免牵引时拉动仪器。

2. 无应力计埋设

为量测混凝土的温度、湿度及自生体积变形,在应变计组旁均设有无应力计,无应力计埋设方法一般大口向下,顶部加以密封,筒内混凝土一般浇筑到低于内筒顶 2～3cm,以免混凝土和积水流入夹筒内,筒内去掉大于 5cm 的骨料,人工捣实。

3. 应力计埋设

应力计可直接量测混凝土内应力,消除由混凝土本身性质及资料整理带来的误差,成果直观可靠,埋设时应注意:

1) 方向应按设计要求控制,误差在±度,为使仪器反映传力可靠仪器底板不应有气泡或不密实，必须压重10～20kg重物，待混凝土浇筑振捣后，再取出三角架。

2）若应力计水平埋设，打一支撑将仪器固定，待混凝土浇捣完后再拆除支撑。

3）填筑的混凝土去掉大于ϕ5cm的骨料，其他与应变计埋设相同。

4. 温度计埋设

温度计埋设较简单，将仪器水平放置，待混凝土浇筑到埋设位置时，仪器埋入混凝土即可，其误差控制在5cm范围内，注意将仪器轴线平行上游坝面。

5. 测缝计埋没

1）在先浇块的设计埋设高程预埋套筒，即将套筒盖用钉子钉在模板上，并在套筒的螺丝口灌入黄油和套筒内填满棉沙，然后旋在套筒上。

2）待混凝土浇到高于仪器20cm后，用锹将混凝土挖出，打开套筒盖，把测缝计放入套筒内，再将混凝土回填，这样可以避免捣实混凝土时损坏仪器，为防止仪器压坏，埋设时拟预拉1mm。

3）仪器顶部浇筑50cm后，守护人员方可离开，仪器顶部混凝土由埋设人员回填和插实。

（二）仪器观测

1. 观测时间

差动电阻式仪器均用水工比例电桥进行观测，观测时间初期较密，后期较稀，观测次数规定如下：

1）仪器埋设前后必须立即观测，以检查仪器是否正常，如电阻比相差50，应设法调换仪器，重新安装。

2）仪器埋设后1～3d，每天观测3次；埋设后4～7d，第天2次；埋设后8～15d，每天1次；埋设后16～30d，每3天观测1次；一个月后每星期观测一次；投入运行后，每月观测2次。

3）蓄水前后和泄水过程应增加观测次数，视蓄水计划而定，一般上游水位每上升5.0m必须观测一次，泄水前后每天观测3次。

4）当工程出现异常情况，遇地震、洪峰建筑物荷载迅速变化以及其他特殊情况应加测，个别仪器发生突变时，除上报外，也要增加观测次数。

2. 观测要求

1）观测现场记录一律采用钢笔，不得用铅笔，观测时一般2人以上，仪表读数二人互校。

2）前后两次观测若测值电阻相关小于0.2Ω，电阻比相差大于3×0.01%，应反测电阻比。

3）每3个月观测一次电缆电阻，一年对仪器鉴定一次，鉴定时包括正反测电阻比，电缆电阻，绝缘度等。

4）应作好观测记录，包括电桥调换（最好常用同一电桥），修电缆头，加长或剪短电缆，安集线箱以及观测时施工现场情况。

参 考 文 献

[1] 中华人民共和国水利电力部.混凝土重力坝设计规范(SDJ21—78),水利电力出版社,1979
[2] 吴中伟.补偿收缩混凝土(不裂或少裂混凝土).中国建筑工业出版社,1979
[3] 张锡祥.混凝土坝块基础约束与允许温差的分析计算.人民长江,1983(6)
[4] 徐芝伦.弹性力学.人民教育出版社,1979
[5] 吴来峰,储传英,张锡祥.补偿收缩混凝土在筑坝中应用.水力发电,1985(11)
[6] 水电部补偿收缩混凝土建坝科学试验组.通仓连续浇筑设计与施工.水力发电,1987(3)
[7] 朱伯芳,王同生,丁宝瑛,郭之章.水工混凝土结构的温度应力与温度控制.水利电力出版社,1976
[8] 刘崇熙,张锡祥,吴来峰.低热微膨胀水泥混凝土在池潭水电站大坝中的应用.水力发电,1981(9)
[9] 中华人民共和国水利电力部.水工钢筋混凝土结构设计规范(SDJ 20—78).水利电力出版社,1979
[10] 吴来峰,储传英,张锡祥著.建坝新途径.水利电力出版社,1987
[11] 水工补偿快速建坝科学实验组.水工补偿收缩混凝土在安康大坝中的应用,大体积混凝土结构温度应力与温度控制论文集.兵器工业出版社,1995
[12] 吴来峰,张锡祥.Ⅲ型水工补偿混凝土及补偿收缩变形预压应力计算.水电新技术研究中心长江三峡工程《水工补偿收缩混凝土快速建坝研究》论文集,1999
[13] 肖汉江,张锡祥.Ⅲ型水工补偿混凝土应用于三峡大坝温度应力仿真计算.长江科学院,长江三峡工程《水工补偿收缩混凝土快速建坝研究》论文集,1999
[14] 赵代深,候朝胜.《Ⅲ₁型三峡大坝水工补偿混凝土空间三维仿真计算》水电新技术研究中心,天津大学长江三峡工程《水工补偿收缩混凝土快速建坝研究》论文集,1999
[15] 吴来峰,岳强.水工混凝土工程施工,水利电力出版社,1991
[16] 吴来峰.水工补偿收缩水泥及混凝土研究.国家长江三峡大坝研究论文,长江三峡工程《水工补偿收缩混凝土快速建坝研究》论文集,1999
[17] P. K. MEHTA and G. J. KOMAN. DANT Magnesium oxide additive for Producing Selfstres in mass Concrete
[18] 吴来峰.低热微膨胀水泥.节能科技成果选集.国家经委编.冶金工业出版社,1982
[19] 成希粥等.特种水泥的生产及应用.中国建筑工业出版社,1994
[20] 吴来峰.国家"七五"科技攻关论文,东风水电站 37m 拱坝快速建坝研究,1988
[21] 吴来峰,张锡祥.鲁布格水电站堵头整体设计、连续浇筑施工、侧壁不灌浆的工程实践.1992
[22] 吴来峰,薛国荣.低热微膨胀水泥在安康水电站高混凝土坝工程中的应用.2000
[23] 吴来峰.水工补偿收缩混凝土快速建坝.长江三峡工程论文集.1999
[24] 朱伯芳.三峡大坝采用Ⅲ₁型低热微膨胀水泥混凝土仿真计算.长江三峡工程《水工补偿收缩混凝土快速建坝研究》论文集,1999
[25] 沙慧文等.Ⅲ₁型低热微膨胀水泥在长江三峡大坝碱活性反应试验及作用机理分析.长江三峡工程《水工补偿收缩混凝土快速建坝研究》论文集.1999
[26] 吴来峰.科学研究成果论文集.1999
[27] 吴来峰.水工补偿收缩混凝土快速建坝研究.2000
[28] 成希粥,刘崇熙,吴来峰.低热微膨胀水泥国家标准.GB 2938—1997
[29] 吴来峰.混凝土坝病害及防治措施.水力发电工程学报,1987(2)
[30] 吴来峰.长江三峡大坝新型材料研制.国家"85"科技攻关长江三峡工程验收报告,2001
[31] 吴来峰.双掺在混凝土工程中的应用.冶金工业出版社,1982

[32] 蒋元驷,吴来峰.科学管理与混凝土坝的工程质量.水利学报,1982(1)
[33] 吴来峰.制冷在混凝土坝温度控制中的应用.《制冷学报》,1983(3)
[34] 马君寿,吴来峰.关于混凝土坝设计中几个问题的商讨.水力发电,1984(10)
[35] 吴来峰.混凝土坝抗裂指标混凝土极限拉伸值的商讨.吴来峰论文集,1994
[36] 吴来峰,张锡祥.水工补偿收缩混凝土建坝.《大体积混凝土结构温度应力与温度控制论文集》,兵器工业出版社,1991
[37] 薛国荣,吴来峰.水工补偿收缩混凝土快速建坝实验组.水工补偿收缩混凝土在安康高坝中的应用,兵器工业出版社,1991
[38] 吴来峰,张津生.WD-Ⅲ型抗裂水泥及大体积混凝土工程整体设计快速施工.国际大坝会议论文,2002
[39] 吴来峰.水泥等级划分标准.《飞瀑》P286～287,中国戏剧出版社,2005
[40] 美国,中国,英国.水泥规范、标准.1998
[41] 水利电力情报所.国外大坝混凝土浇筑的温度控制和防裂措施,1991
[42] 丁宝瑛主编.大体积混凝土结构的温度应力与温度控制论文集.兵器工业出版社,1991
[43] 国家科委主编.攀登者的足迹.辽宁人民出版社,1995
[44] 吴来峰.混凝土工程裂缝与防治.《中国科学院论文》,2004
[45] 陆佑楣主编.长江三峡大坝混凝土施工.中国电力出版社,2003
[46] 吴来峰,洪淳生著.雾中的太阳.大众文艺出版社,2009
[47] 长江科学院,三峡试验中心.三峡工程导流洞底孔封堵材料试验研究.2005
[48] 吴中伟著.膨胀混凝土.中国铁道出版社,1990
[49] ASTM C845.膨胀水硬水泥.美国 K.M.S 型水泥标准
[50] 国家知识产权局中国专利信息中心.WD-Ⅲ型抗裂水泥,大体积混凝土工程整体设计、连续浇筑施工.专利实施,2002(11)
[51] 香港新华通讯出版社.水工补偿收缩混凝土建坝新技术.《世界优秀专利技术精选》(中国卷).1995
[52] 台湾经济部投资业务处技术引进中心.水工补偿收缩混凝土筑坝新技术.《技术提供汇总》(大陆篇),1999
[53] 汪澜编著.水泥混凝土——组成性能应用.中国建材工业出版社,2005
[54] 富文权,韩素芳.混凝土工程裂缝分析与控制.中国铁道出版社,2002

附 注

为了推广"不裂、绿色、高效益、水泥微观结构优化的,并由我国自己科学家研制生产的高档生态水泥和混凝土工程、大体积混凝土工程的建设与修补"。希望对我国高速发展基本建设——工民建筑,水利水电、海港、道路、桥梁、国防等工程方面发挥作用。特此,提供本书著者的有关信息如下。

本书著者:吴来峰

通讯地址:北京海淀区车公庄西路 22 号院 4-1-1603 室

电　　话:010-68473691

手　　机:13683088372